DELIUS KLASING

MIX
Papier aus verantwortungsvollen Quellen
Paper from responsible sources
FSC® C105338

Dr. Etzold
Diplom-Ingenieur für Fahrzeugtechnik

So wird's gemacht

pflegen – warten – reparieren

Band 145

OPEL CORSA D

Benziner
1,0 l/ 44 kW (60 PS) 10/06 – 12/09
1,0 l/ 48 kW (65 PS) 1/10 – 12/14
1,2 l/ 51 kW (70 PS) 1/10 – 12/14
1,2 l/ 59 kW (80 PS) 10/06 – 12/09
1,2 l/ 63 kW (85 PS) 1/10 – 12/14
1,4 l/ 64 kW (87 PS) 1/10 – 12/14
1,4 l/ 66 kW (90 PS) 10/06 – 12/09
1,4 l/ 74 kW (100 PS) 1/10 – 12/14
1,4 l/ 88 kW (120 PS) 6/12 – 12/14
1,6 l/110 kW (150 PS) 9/07 – 10/10

Diesel
1,3 l/ 55 kW (75 PS) 10/06 – 12/14
1,3 l/ 66 kW (90 PS) 10/06 – 12/14
1,3 l/ 70 kW (95 PS) 1/10 – 12/14
1,7 l/ 92 kW (125 PS) 10/06 – 2/10
1,7 l/ 96 kW (130 PS) 3/10 – 12/14

Delius Klasing Verlag

Redaktion: Günter Skrobanek (Text), Christine Etzold (Bild)

Bibliografische Information der Deutschen Nationalbibliothek
Die Deutsche Nationalbibliothek verzeichnet diese Publikation in der Deutschen Nationalbibliografie; detaillierte bibliografische Daten sind im Internet über http://dnb.dnb.de abrufbar.

6. Auflage
ISBN 978-3-667-12799-0

Alle Angaben ohne Gewähr
Druck: BoD Books on Demand, Nordersteht
Printed in Germany 2024

Delius Klasing Verlag GmbH, Siekerwall 21, D-33602 Bielefeld
Tel: 0521/559-0, Fax: 0521/559-115
E-Mail: info@delius-klasing.de
www.delius-klasing.de
http://sowirdsgemacht.com

Lieber Leser,

die Automobile werden von Modellgeneration zu Modellgeneration technisch immer aufwändiger und komplizierter. Ohne eine Anleitung kann man mitunter nicht einmal mehr die Glühlampe eines Scheinwerfers auswechseln. Und so wird verständlich, dass von Jahr zu Jahr immer mehr Heimwerker zum »So wird´s gemacht«-Handbuch greifen.

Doch auch der kundige Hobbymonteur sollte bedenken, dass der Fachmann viel Erfahrung hat und durch die Weiterschulung und den ständigen Erfahrungsaustausch über den neuesten Technikstand verfügt. Mithin kann es für die Überwachung und Erhaltung der Betriebs- und Verkehrssicherheit des eigenen Fahrzeugs sinnvoll sein, in regelmäßigen Abständen eine Fachwerkstatt aufzusuchen.

Grundsätzlich muss sich der Heimwerker natürlich darüber im Klaren sein, dass man mithilfe eines Handbuches nicht automatisch zum Kfz-Mechaniker wird. Auch deshalb sollten Sie nur solche Arbeiten durchführen, die Sie sich zutrauen. Das gilt insbesondere für jene Arbeiten, die die Verkehrssicherheit des Fahrzeugs beeinträchtigen können. Gerade in diesem Punkt sorgt das »So wird´s gemacht«-Handbuch jedoch für praktizierte Verkehrssicherheit. Durch die Beschreibung der Arbeitsschritte und den Hinweis, die Sicherheitsaspekte nicht außer Acht zu lassen, wird der Heimwerker vor der Arbeit entsprechend sensibilisiert und informiert. Auch wird darauf hingewiesen, im Zweifelsfall die Arbeit lieber von einem Fachmann ausführen zu lassen.

Sicherheitshinweis
Auf verschiedenen Seiten dieses Buches stehen »Sicherheitshinweise«. Bevor Sie mit der Arbeit anfangen, lesen Sie bitte diese Sicherheitshinweise aufmerksam durch und halten Sie sich strikt an die dort gegebenen Anweisungen.

Vor jedem Arbeitsgang empfiehlt sich ein Blick in das vorliegende Buch. Dadurch werden Umfang und Schwierigkeitsgrad der Reparatur offenbar. Außerdem wird deutlich, welche Ersatz- oder Verschleißteile eingekauft werden müssen und ob unter Umständen die Arbeit nur mithilfe von Spezialwerkzeug durchgeführt werden kann. **Besonders empfehlenswert: Wenn Sie eine elektronische Kamera zur Hand haben, dann sollten Sie komplizierte Arbeitsschritte für den Wiedereinbau fotografisch dokumentieren.**

Für die meisten Schraubverbindungen ist das Anzugsdrehmoment angegeben. Bei Schraubverbindungen, die in jedem Fall mit einem Drehmomentschlüssel angezogen werden müssen (Zylinderkopf, Achsverbindungen usw.), ist der Wert **f e t t** gedruckt. Nach Möglichkeit sollte man generell jede Schraubverbindung mit einem Drehmomentschlüssel anziehen. Übrigens: Für viele Schraubverbindungen sind Innen- oder Außen-Torxschlüssel erforderlich.

Als ich Anfang der siebziger Jahre den ersten Band der »So wird´s gemacht«-Buchreihe auf den Markt brachte, wurden im Automobilbau nur ganz wenige elektronische Bauteile eingesetzt. Inzwischen ist das elektronische Management allgegenwärtig; ob bei der Steuerung der Zündung, des Fahrwerks oder der Gemischaufbereitung. Die Elektronik sorgt auch dafür, dass es in verschiedenen Bereichen keine Verschleißteile mehr gibt. Das Überprüfen elektronischer Bauteile ist wiederum nur noch mit teuren und speziell auf das Fahrzeugmodell abgestimmten Prüfgeräten möglich, die dem Heimwerker in der Regel nicht zur Verfügung stehen. Wenn also verschiedene Reparaturschritte nicht mehr beschrieben werden, so liegt das ganz einfach am vermehrten Einsatz von elektronischen Bauteilen.

Das vorliegende Buch kann nicht auf jedes technische Fahrzeug-Problem eingehen. Dennoch hoffe ich, dass Sie mithilfe der Beschreibungen viele Arbeiten am Fahrzeug durchführen können. Eines sollten Sie jedoch bei Ihren Arbeiten am eigenen Auto beachten: Ständig werden am aktuellen Modell Änderungen in der Produktion durchgeführt, so dass sich die im Buch veröffentlichten Arbeitsanweisungen und Einstelldaten für Ihr spezielles Modell geändert haben könnten. Sollten Zweifel auftreten, erfragen Sie bitte den aktuellen Stand beim Kundendienst des Automobilherstellers.

Rüdiger Etzold

Inhaltsverzeichnis

Opel Corsa D

Aus dem Inhalt:

- **Modellvarianten**
- **Fahrzeugidentifizierung**
- **Motordaten**

Von dem erstmals 1982 eingeführten OPEL CORSA sind europaweit bis 2008 rund 10 Millionen Exemplare verkauft worden. Die vierte Generation des in der nordspanischen Stadt Zaragoza und in Eisenach gefertigten Bestsellers startete im August 2006 mit dem Drei- und Fünftürer. Beide Versionen stimmen in Länge und Höhe überein; nur bei der Breite gibt es einen geringfügigen Unterschied, denn der Dreitürer ist 24 mm breiter.

Die Radführung der Vorderräder übernehmen zwei MacPherson-Federbeine, während für die Führung der Hinterräder eine Torsionslenkerachse zum Einsatz kommt, die agiles Kurvenverhalten und hohe Fahrstabilität bietet.

Zu den praktischen Details des CORSA D gehört unter anderem der doppelte Laderaumboden »Dualfloor«, den die Ausstattungsversionen Edition, Sport und Cosmo serienmäßig besitzen. Auf Höhe der Ladekante angebracht, erleichtert er das Be- und Entladen, weil das Gepäck nicht aus der Tiefe des Gepäckraums gewuchtet werden muss. Zudem ermöglicht der Dualfloor bei umgeklappter Rücksitzlehne einen bis zu den Lehnen der Vordersitze ebenen Laderaumboden. Insgesamt bietet der CORSA bei dachhoher Beladung ein Ladevolumen von stattlichen 1.100 Litern.

Für den Vortrieb stehen in Leistung und Hubraum recht unterschiedliche Otto- und Dieseltriebwerke zur Verfügung, die allesamt über die Vierventiltechnik verfügen.

Im Januar 2011 erhält der CORSA ein Facelift mit geänderter Frontpartie und neu gestalteten Scheinwerfern.

CORSA D, Modell 2011

CORSA D, Modell 2007

Fahrzeug- und Motoridentifizierung

Anhand der Fahrzeug-Identifizierungsnummer (Fahrgestellnummer) kann das Fahrzeugmodell identifiziert werden. In der Fahrgestellnummer sind Modellreihe und Karosserievariante verschlüsselt aufgeführt.

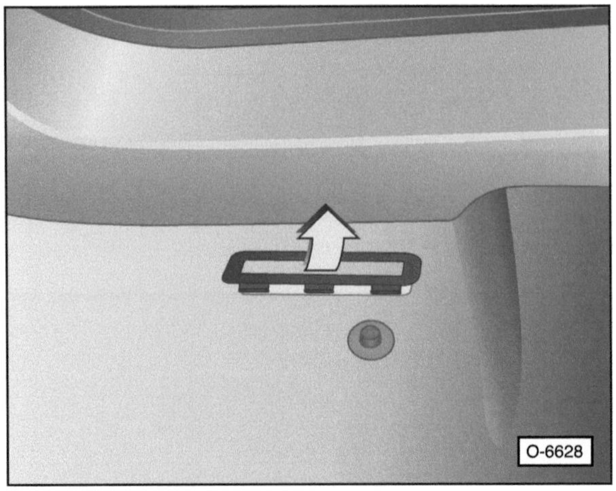

Die Fahrzeug-Identifizierungsnummer ist neben oder vor dem rechten Vordersitz in das Karosserie-Bodenblech eingeprägt und durch eine Abdeckklappe verdeckt. Außerdem ist die Fahrzeug-Identifizierungsnummer auf dem Armaturenbrett angebracht, so dass sie von außen lesbar ist.

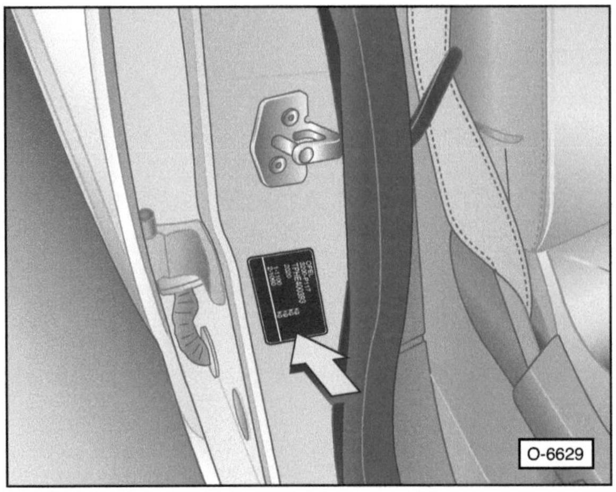

Das Typschild befindet sich am rechten Vordertürrahmen. Außer der Fahrzeug-Identifizierungsnummer enthält es weitere Daten, wie beispielsweise die Farbnummer.

Aufschlüsselung der Fahrzeug-Identifizierungsnummer

WOL	O	S	D	L08	7	6	0009721
①	②	③	④	⑤	⑥	⑦	⑧

① Weltherstellercode: WOL = Adam Opel GmbH.

② Sonderausführung: O = kein Sonderfahrzeug.

③ GM-Code: S = CORSA D.

④ Modell: D = CORSA D.

⑤ GM-Code für Karosserie: L08 = 3-Türer Limousine, L68 = 5-Türer Limousine.

⑥ Modelljahr: 7 = 2007, 8 = 2008, 9 = 2009, A = 2010, B = 2011 usw.

⑦ Herstellerwerk: 6 = Eisenach, 4 = Saragossa.

⑧ Fortlaufende Seriennummer.

Aufschlüsselung der Motornummer

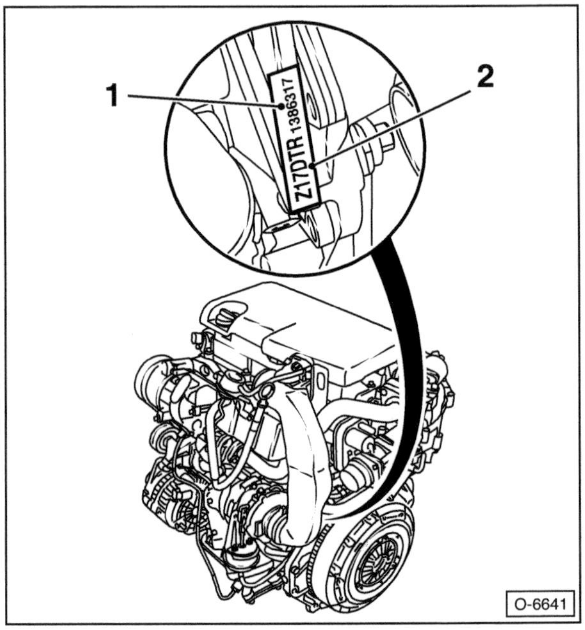

Die Motornummer (Motorkennzeichnung –2– und laufende Seriennummer –1–) ist in den Motorblock eingeschlagen. Die Abbildung zeigt beispielhaft die Motornummer beim Z17DTR.

Beispiel:

Z	12	X	E	P	–
Z	17	–	D	T	R
①	②	③	④	⑤	⑥

① **Abgasnorm:** Z = EURO-4, A = EURO-5.

② **Hubraum:** 12 = 1,2 l; 17 = 1,7 l usw.

③ **Verdichtungsverhältnis:** L = 8,5 – 9,0; N = 9,0 – 9,5; S = 9,5 – 10,0; X = 10,0 – 11,5; Y > 11,5. **Hinweis:** Beim Dieselmotor wird der Buchstabe »Y« in der aktuellen Bezeichnung weggelassen.

④ **Gemischsystem:** E = Benzin-Einspritzung; D = Diesel.

⑤ **Ausführung:** J/L = Niedrigere Leistung; P = Kanalabschaltung durch Twinport-System; T = Turboaufladung; R/H = Höhere Leistung .
Hinweis: Die Buchstaben »R«,»H«, »J« und »L« beziehen sich auf Basismotoren, deren Leistung erhöht (R/H) beziehungsweise vermindert (J/L) wurde. Beispielsweise wurde der Motor Z13DT**H** mit 90 PS vom Motor Z13DT mit 70 PS (nur im CORSA C) abgeleitet; der Motor Z13DTJ wiederum hat eine geringere Leistung (75 PS) wie der Motor Z13DTH (90 PS).

Motordaten

Motor/Modell	1.0	1.0	1.2	1.2	1.2	1.4
Motorbezeichnung	**Z10XEP**	**A10XEP**	**A12XEL**	**Z12XEP**	**A12XER**	**A14XEL**
Fertigung von – bis	10/06 – 12/09	1/10 – 12/14	1/10 – 12/14	10/06 – 12/09	1/10 – 12/14	1/10 – 12/14
Hubraum cm^3	998	998	1229	1229	1229	1398
Leistung kW bei 1/min PS bei 1/min	44/5600 60/5600	48/5300 65/5300	51/5600 70/5600	59/5600 80/5600	63/5600 85/5600	64/6000 87/6000
Drehmoment Nm bei 1/min	88/3800	90/4000	115/4000	110/4000	115/4000	130/4000
Bohrung ∅ mm	73,4	73,4	73,4	73,4	73,4	73,4
Hub mm	78,6	78,6	72,6	72,6	72,6	82,6
Verdichtung	10,5	10,5	10,5	10,5	10,5	10,5
Zylinder/Ventile pro Zylinder	3/4	3/4	4/4	4/4	4/4	4/4
Motormanagement	ME 7.6.2	ME 7.6.2	ME 7.6.2	ME 7.6.2	ME 7.6.2	ME 7.6.2
Kraftstoff (ROZ)	Super 95	Super 95	Super 95	Super 95	Super 95	Super 95
Wechselmengen Motoröl Liter Kühlflüssigkeit Liter	 3,0 4,6	 3,0 4,6	 4,0 6,0	 3,5 6,0	 4,0 6,0	 4,0 6,0

Motor/Modell	1.4	1.4	1.4	1.6	1.6 OPC	1,6 OPC[1)]
Motorbezeichnung	**Z14XEP**	**A14XER**	**A14NEL**	**A/Z16LEL**	**Z16LER**	**A16LES**
Fertigung von – bis	10/06 – 12/09	1/10 – 12/14	6/12 – 12/14	9/07 – 10/10	3/07 – 12/14	6/11 – 12/14
Hubraum cm^3	1364	1398	1364	1598	1598	1598
Leistung kW bei 1/min PS bei 1/min	66/5600 90/5600	74/6000 100/6000	88/4800 120/4800	110/5000 150/5000	141/5850 192/5850	155/5850 211/5850
Drehmoment Nm bei 1/min	125/4000	130/4000	175/1750	210/2000	230/2000	250[2)]/2250
Bohrung ∅ mm	73,4	73,4	72,5	79,0	79,0	79,0
Hub mm	80,6	82,6	82,6	81,5	81,5	81,5
Verdichtung	10,5	10,5	9,5	8,8	8,8	8,8
Zylinder/Ventile pro Zylinder	4/4	4/4	4/4	4/4	4/4	4/4
Motormanagement	ME 7.6.2	ME 7.6.2	ME 7.6.2	ME 7.6.3	ME 7.6.2	ME 7.6.3
Kraftstoff (ROZ)	Super 95	Super 95	Super 95	Super 95	S-Plus 98	S-Plus 98
Wechselmengen Motoröl Liter Kühlflüssigkeit Liter	 4,0 6,0	 4,0 6,0	 4,0 6,6	 4,5 5,2	 4,5 5,2	 4,5 5,2

Motormanagement ME = BOSCH-Motronic
OPC = **O**pel **P**erformance **C**enter. Die OPC-GmbH ist zuständig für die sportlichen OPEL-Modelle sowie für die Koordination sämtlicher Motorsport-Aktivitäten der Marke OPEL.
Hinweis: Die Wechselmengen sind ungefähre Angaben. Abweichungen je nach Fahrzeugausstattung sind möglich.
[1)] Nürburgring Edition
[2)] Mit Overboost-Funktion: 280 Nm

Motor/Modell	1.3 CDTI EF	1.3 CDTI	1.3 CDTI EF	1.7 CDTI	1.7 CDTI
Motorbezeichnung	**Z13DTJ/ A13DTC**	**Z13DTH**	**Z13DTE/A13DTE/ A13DTR**	**Z17DTR**	**A17DTS**
Fertigung von – bis	10/06 – 12/14	10/06 – 12/14	1/10 – 12/14	10/06 – 2/10	3/10 – 12/14
Hubraum cm^3	1248	1248	1248	1686	1686
Leistung kW bei 1/min PS bei 1/min	55/4000 75/4000	66/4000 90/4000	70/4000 95/4000	92/4000 125/4000	96/4000 130/4000
Drehmoment Nm bei 1/min	190/1750 [1)]	200/1750	190/1750	280/2300	300/2000
Bohrung ∅ mm	69,6	69,6	69,6	79,0	79,0
Hub mm	82,0	82,0	82,0	86,0	86,0
Verdichtung	18,0	18,0	16,8	18,2	16,5
Zylinder/Ventile pro Zylinder	4/4	4/4	4/4	4/4	4/4
Motormanagement	Multijet 6J0	Multijet 6J0	EDC17	Denso DECe01	Denso-HP-3
Kraftstoff (ROZ)	Diesel	Diesel	Diesel	Diesel	Diesel
Wechselmengen Motoröl Liter Kühlflüssigkeit Liter	 3,5 6,6	 3,5 6,6	 3,5 6,6	 5,4 7,1	 5,4 7,1

[1)] Bis 10/07: 170 Nm/1750
Motormanagement Multijet = Common-Rail-Diesel-Direkteinspritzung von Magneti-Marelli
EDC = BOSCH **E**lectronic **D**iesel **C**ontrol.
CDTI = **C**ommon Rail **D**iesel **T**urbo **I**njection
Hinweis: Die Wechselmengen sind ungefähre Angaben. Abweichungen je nach Fahrzeugausstattung sind möglich.

Dieselmotor

1,3-l-CDTI Z13DTH

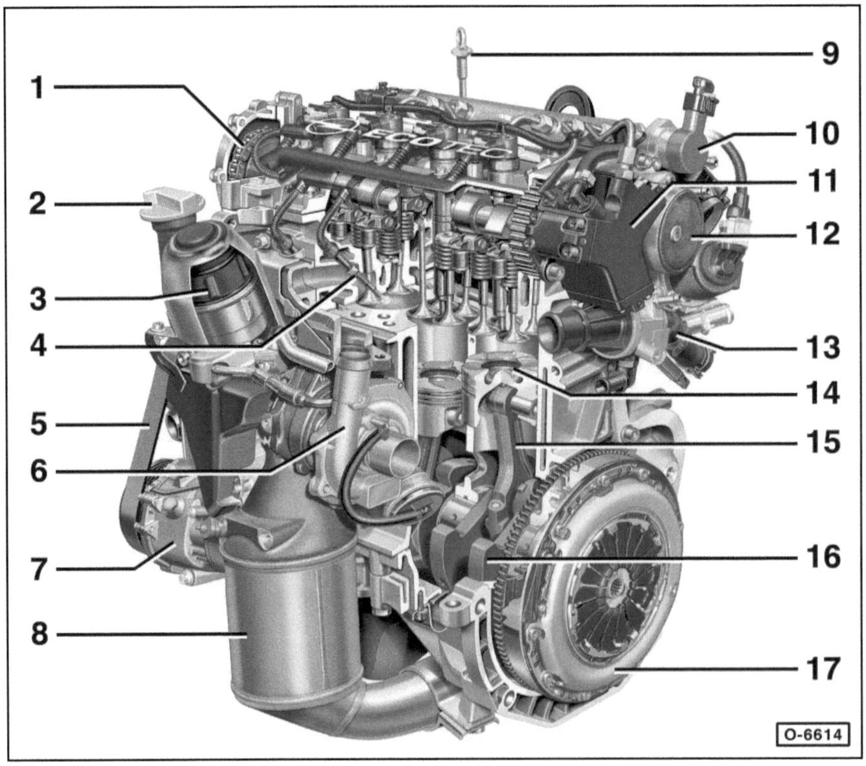

1 – Steuerkette
2 – Öleinfülldeckel
3 – Ölfilter
4 – Glühkerze
5 – Keilrippenriemen
6 – Abgas-Turbolader
7 – Klimakompressor
8 – Katalysator
9 – Ölmessstab
10 – Druckregler
11 – Hochdruckpumpe
12 – Vakuumpumpe
13 – Thermostatgehäuse
14 – Kolben
15 – Pleuel
16 – Kurbelwelle
17 – Kupplungs-Druckplatte

Wartung

Aus dem Inhalt:

Die Wartung des CORSA erfolgt nach **flexiblen** Intervallen. Dabei werden von einem Steuergerät die Wartungsintervalle je nach Fahrweise aufgrund folgender Faktoren berechnet: Zurückgelegte Fahrstrecke, Motordrehzahl, Motordrehmoment, Fahrzyklen, Kühlmitteltemperatur und Öltemperatur.

Hinweis: Das Wartungssystem kann auch auf »starre Wartungsintervalle« umprogrammiert werden (Werkstattarbeit). Dadurch kann ein anderes, kostengünstigeres Motoröl (andere Ölqualität) verwendet werden.

Die Restlaufstrecke bis zur nächsten Wartung kann bei ausgeschalteter Zündung folgendermaßen angezeigt werden: Rückstellknopf für den Tageskilometerzähler etwa 2 Sekunden drücken. In der Tageskilometer-Anzeige erscheint »InSP« und die verbleibende Restlaufstrecke, zum Beispiel »10000«.

Wenn die Restlaufstrecke bis zur Wartung weniger als 1.500 km beträgt, erscheint nach Einschalten der Zündung automatisch im Display »InSP« mit einer Restlaufstrecke von 1.000 km. Bei weniger als 1.000 km erscheint für einige Sekunden nur »InSP 0«.

Nachdem die Wartung durchgeführt wurde, muss die Service-Intervallanzeige zurückgesetzt werden.

Hinweis: Standzeiten, bei denen die Fahrzeugbatterie abgeklemmt ist, werden von der Service-Intervallanzeige nicht berücksichtigt.

Service-Intervallanzeige zurücksetzen

Die Service-Intervallanzeige muss nach jeder Wartung zurückgesetzt werden.

- Zündung ausschalten, Zündschlüssel steht in Nullstellung.
- Rückstellknopf für Tageskilometerzähler drücken und festhalten. Nach ca. 3 Sekunden erscheint die Service-Intervallanzeige »InSP 0«.
- Rückstellknopf weiter gedrückt halten und zusätzlich das Bremspedal treten, beides halten.
- Zündung einschalten und den Rückstellknopf gedrückt sowie das Bremspedal getreten halten. In der Anzeige blinkt »InSP- - - -«. Rückstellknopf und Bremspedal weiter halten, bis die Anzeige umspringt.
- Nach ca. 10 Sekunden wird in der Anzeige die maximale Laufleistung »InSP 30.000 km« angezeigt. Die Service-Intervallanzeige wurde zurückgesetzt. **Hinweis:** Dadurch wird der Zeitzähler im Kombiinstrument auf 12 Monate und die im Motor-Steuergerät abgelegte Information »Ölzustand« auf 100% gesetzt.

Wartungsplan

Die Wartung ist nach der Service-Intervallanzeige durchzuführen.

Beim CORSA mit **starren** Wartungsintervallen ist die Wartung jedes Jahr beziehungsweise nach 30.000 km durchzuführen.

Im Rahmen der Wartung sind ebenfalls die zusätzlichen, mit ■ gekennzeichneten Wartungspunkte nach den angegebenen Intervallen durchzuführen.

Nach erfolgter Wartung muss die Service-Intervallanzeige im Kombiinstrument zurückgesetzt werden.

Achtung: Bei häufigen Fahrten in staubiger Umgebung müssen Motor-Luftfilter und Pollenfilter bereits nach der Hälfte des ursprüngliche Wartungsintervalls gewechselt werden.

Motor

● Motor/Motorraum, Kraftstoffleitungen beziehungsweise Gasleitungen bei CNG-Fahrzeugen: Sichtprüfung auf Undichtigkeiten.

● Motor: Ölstand prüfen, Sichtprüfung auf Ölundichtigkeiten.

● Motor: Öl wechseln, Ölfilter ersetzen.

● Kühlsystem: Flüssigkeitsstand prüfen, Konzentration des Frostschutzmittels prüfen. Sichtprüfung auf Undichtigkeiten und äußere Verschmutzung des Kühlers.

● Dieselmotor: Bei hoher Luftfeuchtigkeit und/oder minderwertigem Kraftstoff den Kraftstofffilter einmal im Jahr entwässern.

● Abgasanlage: Auf Beschädigungen sichtprüfen.

Getriebe, Achsantrieb

● Getriebe: Sichtprüfung auf Undichtigkeiten.

Vorderachse und Lenkung

● Radaufhängung und Federung vorn und hinten: Sichtprüfen auf Beschädigungen.

● Niveauregulierung, falls vorhanden: Sichtprüfen.

● Lenkgetriebe: Manschetten prüfen.

● Gummimanschetten der Gelenkwellen: Auf Undichtigkeiten und Beschädigungen prüfen.

● Spurstangenköpfe und Achsgelenke: Staubkappen prüfen, Gelenke auf Spiel prüfen.

Bremsen, Reifen, Räder

● Bremsen vorn/hinten: Belagstärke prüfen.

● Bremsanlage: Flüssigkeitsstand prüfen.

● Bremsanlage: Leitungen, Schläuche und Anschlüsse auf Undichtigkeiten und Beschädigungen prüfen.

● Fahrzeuge mit Trommelbremse hinten: Bei erschwerten Verhältnissen wie häufigem Anhängerbetrieb die Bremstrommeln ausbauen, reinigen und sichprüfen.

● Bereifung: Reifenfülldruck und Profiltiefe prüfen (einschließlich Reserverad); Reifen auf Verschleiß und Beschädigungen prüfen.

Aufbau, Heizung

● Airbag-Einheiten: Sichtprüfen auf Beschädigungen.

● Flex-Fix-System: Verriegelungssystem auf Gangbarkeit prüfen und einölen.

● Klimakompressor: Auf Dichtheit sichtprüfen.

Elektrische Anlage

● Alle Stromverbraucher: Funktion prüfen.

● Signalhorn: Prüfen.

● Beleuchtungsanlage/Kontrolllampen: Funktion prüfen.

● Scheibenwischer: Wischergummis auf Verschleiß prüfen.

● Scheibenwaschanlage: Funktion prüfen, Düsenstellung kontrollieren, Flüssigkeit nachfüllen, Scheinwerfer-Waschanlage prüfen.

● Batterie: Batterie sowie Polklemmen auf Festsitz und Ladezustand der Batterie über das Batterieauge prüfen.

● Service-Intervallanzeige: Zurücksetzen.

Zusätzliche Wartungsarbeiten

Jedes Jahr / alle 20.000 km

■ 1,6-l-Motor OPC Nürburgring Edition A16LES: Schaltgetriebeöl wechseln.

Alle 2 Jahre unabhängig von den gefahrenen Kilometern

■ Bremsflüssigkeit für Bremssystem und Kupplungshydraulik wechseln.

■ Funk-Fernbedienung: Batterien wechseln.

■ Karosserie: Lackierung auf Beschädigung prüfen.

■ Unterbodenschutz: Prüfen.

■ Erste-Hilfe-Kasten: Haltbarkeitsdatum prüfen.

■ Abgasuntersuchung (AU) erstmalig nach 3 Jahren, dann alle 2 Jahre (Werkstattarbeit).

■ CNG-Fahrzeuge: Gasanlagenprüfung (GAP) erstmalig nach 3 Jahren, dann alle 2 Jahre (Werkstattarbeit).

Alle 2 Jahre / 60.000 km

■ Pollenfilter: Filtereinsatz ersetzen. **Hinweis:** Bei stark verschmutzter Luft, hohem Sand- oder Pollenanteil in der Luft beziehungsweise bei nachlassender Wirkung der Klimaanlage Pollenfilter schon früher wechseln.

■ Keilrippenriemen: Zustand sichtprüfen.

■ 1,3-l-Dieselmotor: Kraftstofffilter ersetzen.

■ 1,7-l-Dieselmotor: Kraftstofffilter entwässern, Filtereinsatz ersetzen.

■ Handbremse: Funktion prüfen.

- Räder: Radschrauben lösen. Schrauben einzeln nacheinander herausdrehen, Schraubenkonus leicht fetten oder ölen und Schrauben wieder einschrauben. Anschließend alle Radschrauben über Kreuz mit **110 Nm** festziehen.
- Reifenreparaturset, falls vorhanden: Vollständigkeit und Haltbarkeitsdatum des Dichtmittels prüfen. Dichtmittelflasche alle 4 Jahre ersetzen.
- Scheinwerfereinstellung: Prüfen (Werkstattarbeit).
- Türfeststeller und Türscharniere, Türschließzylinder, Schließbügel, Motorhaubenschloss und Heckklappenscharniere: Schmieren.

Alle 4 Jahre / 60.000 km

- Motor-Luftfiltereinsatz: Ersetzen.
- Benzinmotor außer A14NEL/NET: Zündkerzen ersetzen.
- Benzinmotor A/Z16LEL sowie Gasmotor: Außenliegenden Kraftstofffilter ersetzen.
- Automatisches Getriebe: Bei erschwerten Betriebsbedingungen wie häufiger Anhängerbetrieb oder überwiegend Kurzstreckenverkehr das Getriebeöl wechseln.

Alle 6 Jahre / 150.000 km

- Keilrippenriemen ersetzen.
- 1,6-l-Benzinmotor/1,7-l-Dieselmotor: Zahnriemen und Zahnriemenspannrolle ersetzen.

Alle 8 Jahre / 120.000 km

- Benzinmotor A14NEL/NET: Zündkerzen ersetzen.

Alle 10 Jahre / 150.000 km

- 1,6-l-Benzinmotor/1,7-l-Dieselmotor: Ventilspiel prüfen beziehungsweise einstellen.

Wartungsarbeiten

Hier werden, nach den verschiedenen Baugruppen des Fahrzeugs aufgeteilt, alle Wartungsarbeiten beschrieben, die gemäß dem Wartungsplan durchgeführt werden müssen. Auf die erforderlichen Verschleißteile sowie das möglicherweise benötigte Sonderwerkzeug wird jeweils hingewiesen.

Es empfiehlt sich, Reifendruck, Motorölstand und Flüssigkeitsstände für Kühlung, Wisch-/Waschanlage etc. mindestens alle 4 bis 6 Wochen zu prüfen und gegebenenfalls zu ergänzen.

Achtung: Beim **Einkauf von Ersatzteilen** ist zur Identifizierung des Fahrzeuges unbedingt die **Fahrzeug-Ident-Nummer** (Fahrgestellnummer) beziehungsweise der **KFZ-Schein** mitzunehmen. Sonst ist eine genaue Zuordnung der Ersatzteile oftmals nicht möglich.

Um ganz sicher zu sein, dass man die richtigen Ersatzteile erhalten hat, empfiehlt es sich nach Möglichkeit, das Altteil auszubauen und zum Ersatzteilhändler mitzunehmen. Dort kann man es mit dem Neuteil vergleichen.

Motor und Abgasanlage

Folgende Wartungspunkte müssen nach dem Wartungsplan durchgeführt werden:

- Motor/Motorraum, Kraftstoffleitungen beziehungsweise Gasleitungen bei CNG-Fahrzeugen: Sichtprüfung auf Undichtigkeiten.
- Motorölstand prüfen, Sichtprüfung auf Ölundichtigkeiten.
- Motoröl wechseln, Ölfilter ersetzen.
- Kühlsystem: Flüssigkeitsstand prüfen, Konzentration des Frostschutzmittels prüfen. Sichtprüfung auf Undichtigkeiten und äußere Verschmutzung des Kühlers.
- Dieselmotor: Kraftstofffilter entwässern, ersetzen.
- Keilrippenriemen: Zustand sichtprüfen, ersetzen.
- Motor-Luftfilter: Filtereinsatz ersetzen.
- Abgasanlage auf Beschädigungen sichtprüfen.
- Benzinmotor: Zündkerzen ersetzen.
- Benzinmotor A/Z16LEL sowie Gasmotor: Außenliegenden Kraftstofffilter ersetzen, siehe auch Kraftstofffilter ersetzen beim Dieselmotor.
- Falls vorhanden, Zahnriemen und Zahnriemenspannrolle ersetzen (Werkstattarbeit).
- Motor A/Z16LEL, A/Z16LER, Z17DTR, A17DTS: Ventilspiel prüfen beziehungsweise einstellen, siehe Kapitel »Motor-Mechanik«.
- Abgasuntersuchung (AU) erstmalig nach 3 Jahren, dann alle 2 Jahre (Werkstattarbeit).
- CNG-Fahrzeuge: Gasanlagenprüfung (GAP) erstmalig nach 3 Jahren, dann alle 2 Jahre (Werkstattarbeit).

Motor/Motorraum: Sichtprüfung auf Undichtigkeiten

Spezialwerkzeug: nicht erforderlich.

- Obere Motorabdeckung ausbauen, siehe Seite 159.
- Leitungen, Schläuche und Anschlüsse
  - der Kraftstoffanlage beziehungsweise Gasanlage,
  - des Kühl- und Heizungssystems,
  - der Bremsanlage

  auf Undichtigkeiten, Scheuerstellen, Porosität und Brüchigkeit sichtprüfen.

Ölundichtigkeit suchen

Bei ölverschmiertem Motor und hohem Ölverbrauch überprüfen, wo das Öl austritt. Dazu folgende Stellen überprüfen:

- Öleinfülldeckel öffnen und Dichtung auf Porosität oder Beschädigung prüfen.
- Kurbelgehäuse-Entlüftung: Zum Beispiel Belüftungsschlauch vom Zylinderkopfdeckel zum Luftansaugschlauch.
- Zylinderkopfdeckel-Dichtung.
- Zylinderkopf-Dichtung.
- Ölablassschraube (Dichtring).
- Ölfilterdichtung: Ölfilterdeckel am Ölfiltergehäuse.
- Ölwannendichtung.
- Wellendichtringe vorn und hinten für Nockenwelle und Kurbelwelle.

Da sich bei Undichtigkeiten das Öl meistens über eine größere Motorfläche verteilt, ist der Austritt des Öls nicht auf den ersten Blick zu erkennen. Bei der Suche geht man zweckmäßigerweise wie folgt vor:

- Motorwäsche folgendermaßen durchführen: Generator mit Plastiktüte abdecken. Motor mit handelsüblichem Kaltreiniger einsprühen und nach einer kurzen Einwirkungszeit an einer Autowaschanlage mit Wasser abspritzen.
- Trennstellen und Dichtungen am Motor von außen mit Kalk oder Talkumpuder bestäuben.
- Ölstand kontrollieren, gegebenenfalls auffüllen.
- Probefahrt durchführen. Da das Öl bei heißem Motor dünnflüssig wird und dadurch schneller an den Leckstellen austreten kann, sollte die Probefahrt über eine Strecke von ca. 30 km auf einer Schnellstraße durchgeführt werden.
- Anschließend Motor mit Lampe anstrahlen, undichte Stelle lokalisieren und Fehler beheben.

Kühlsystem prüfen

- Kühlmittelschläuche durch Zusammendrücken und Verbiegen auf poröse Stellen untersuchen, hart gewordene und aufgequollene Schläuche erneuern.
- Die Schläuche dürfen nicht zu kurz auf den Anschlussstutzen sitzen.
- Festen Sitz der Schlauchschellen kontrollieren, gegebenenfalls Schellen erneuern.
- Dichtung des Verschlussdeckels für den Ausgleichbehälter auf Beschädigungen überprüfen.

Achtung: Ein zu niedriger Kühlmittelstand kann auch von einem nicht richtig aufgeschraubten Verschlussdeckel herrühren.

- Deutlicher Kühlmittelverlust und/oder Öl in der Kühlflüssigkeit sowie weiße Abgaswolken bei warmem Motor deuten auf eine defekte Zylinderkopfdichtung hin.

Achtung: Mitunter ist es schwierig, die Leckstelle ausfindig zu machen. Dann empfiehlt sich eine Druckprüfung durch die Werkstatt (Spezialgerät erforderlich). Hierbei kann ebenfalls das Überdruckventil des Verschlussdeckels geprüft werden.

- Obere Motorabdeckung einbauen, siehe Seite 159.

Motorölstand prüfen

Spezialwerkzeug: nicht erforderlich.

Erforderliche Betriebsmittel/Verschleißteile:

- Zum Nachfüllen ein von OPEL freigegebenes Motoröl verwenden, siehe Seite 20.

Hinweis: Zum Nachfüllen kann auch bis zu einer Menge von 1 Liter Motoröl der Spezifikation ACEA C3 verwendet werden.

Prüfen

- Motor warm fahren und auf einer ebenen, waagerechten Fläche abstellen.
- Nach Abstellen des Motors mindestens 5 Minuten lang warten, damit sich das Öl in der Ölwanne sammelt.

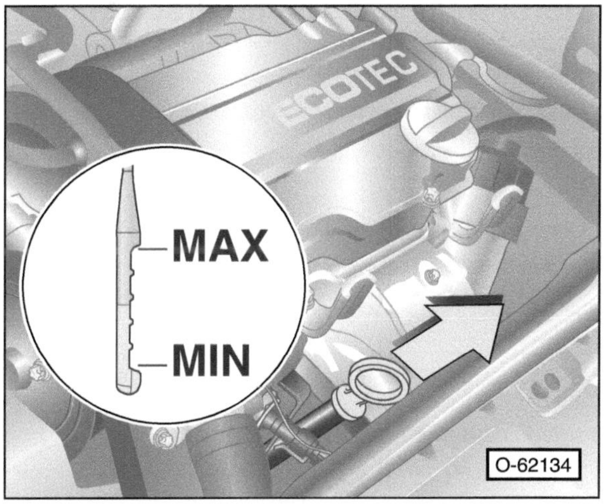

O-62134

- Ölmessstab herausziehen –Pfeil– und mit sauberem Lappen abwischen.
- Anschließend Messstab bis zum Anschlag in das Führungsrohr einführen und wieder herausziehen. Der Ölstand muss zwischen den beiden Markierungen –MAX– und –MIN– liegen.
- Neues Öl erst nachfüllen, wenn sich der Ölstand der MIN-Marke nähert. Die Ölmenge von der MIN- bis zur MAX-Markierung beträgt **1,0 l.**

Hinweis: Der Ölverbrauch darf höchstens 0,6 l/1000 km betragen.

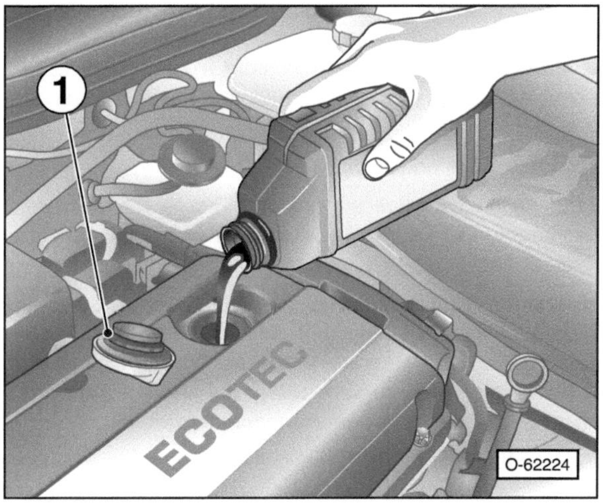

O-62224

- Nachgefüllt wird am Verschluss des Zylinderkopf- oder Nockenwellengehäusedeckels. Beim Nachfüllen vorgeschriebene Ölsorte verwenden, keine Ölzusätze verwenden. 1 – Öleinfülldeckel.

Achtung: Zu viel eingefülltes Motoröl (oberhalb der MAX-Markierung) muss wieder abgesaugt werden, da sonst die Motordichtungen beziehungsweise der Katalysator beschädigt werden können.

- Bei hoher Motorbeanspruchung, beispielsweise durch längere Autobahnfahrten im Sommer, bei Anhängerbetrieb oder Gebirgsfahrten, sollte der Ölstand im oberen Teil des Sollbereichs liegen.

Motoröl wechseln/Ölfilter ersetzen

Erforderliches Spezialwerkzeug:

- Stecknuss zum Lösen des Ölfilterdeckels.

Wenn das Motoröl abgesaugt wird:

- Ölabsauggerät.
- Ölauffangbehälter.

Wenn das Motoröl abgelassen wird:

- Grube oder hydraulischer Wagenheber mit Unterstellböcken.
- Ölauffangwanne, die je nach Motor bis zu 7 Liter Öl fasst.

Erforderliche Betriebsmittel/Verschleißteile:

- Je nach Motor 3,0 bis 6,6 Liter Motoröl. Dabei nur ein von OPEL freigegebenes Motoröl verwenden.

Motor	Motoröl-Spezifikation	Viskosität
Benziner	**Opel-Dexos2** ACEA A3/B3 ACEA C3 API-SM	SAE 0W-30, 0W-40, SAE 5W-30, 5W-40
Diesel	**Opel-Dexos2** ACEA A3/B4 ACEA C3 GM-LL-B-025	SAE 0W-30, 0W-40, SAE 5W-30, 5W-40

Achtung: Grundsätzlich Motoröl der Qualität Dexos2 verwenden. Die anderen Motorölqualitäten können zum Nachfüllen verwendet werden. Die Motorölqualitäten **ACEA-A1/B1** und **ACEA-A5/B5** sind ausdrücklich **nicht freigegeben**. Unter bestimmten Betriebsbedingungen können damit Motorschäden auftreten.

- Je nach Motor entsprechenden Ölfiltereinsatz.
- Nur wenn Öl abgelassen wird: Dichtring für die Ölablassschraube. Der Dichtring wird manchmal mit dem Ölfilter mitgeliefert.

Hinweis: Die Öl-Verkaufsstellen nehmen die entsprechende Menge Altöl kostenlos entgegen, deshalb beim Ölkauf Quittung und Ölkanister für spätere Altölrückgabe aufbewahren! **Um Umweltschäden zu vermeiden, keinesfalls Altöl einfach wegschütten oder dem Hausmüll mitgeben.**

Die **Ölwechselmenge** mit Filterwechsel steht bei den Motordaten auf Seite 13.

Hinweis: Die angegebenen Ölwechselmengen sind ungefähre Mengenangaben. Auf jeden Fall nach dem Ölwechsel den Ölstand mit dem Ölmessstab prüfen und gegebenenfalls korrigieren.

Das Motoröl kann entweder durch das Ölmessstab-Führungsrohr abgesaugt werden oder aus der Ölwanne abgelassen werden. Zum Absaugen ist eine geeignete Absaugpumpe erforderlich, dabei darauf achten, dass der Absaugschlauch in das Ölmessstab-Führungsrohr passt.

Motoröl ablassen

- **1,7-l-Dieselmotor:** Schließteil an der Stirnwand ausbauen, siehe Seite 211.
- **1,3-l-Dieselmotor:** Motorabdeckung nach oben abziehen. Prüfen, ob sich die Haltegummis unten an der Motorabdeckung gelöst haben, gegebenenfalls aufstecken.

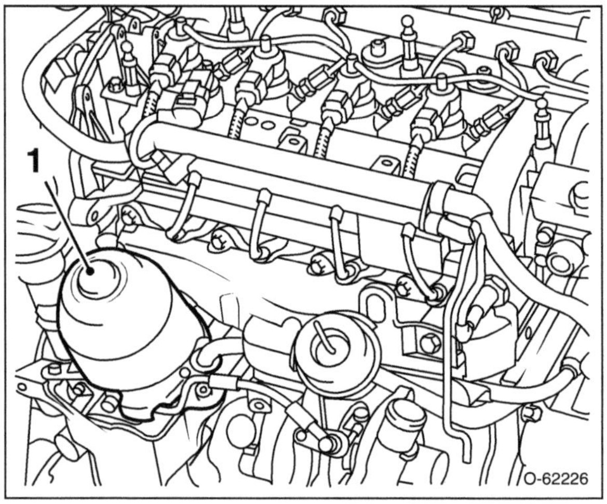

- **1,3-l-Dieselmotor:** Abdeckung –1– für Ölfilterdeckel abschrauben. Dazu 2 Innentorxschrauben und 1 Sechskantmutter herausdrehen. **Hinweis:** Die Innentorxschrauben sitzen mitunter sehr fest, deshalb empfiehlt es sich, einen Innentorx-Bit T30 mit Verlängerung und Ratsche zu verwenden.
- Öleinfülldeckel –1– abschrauben, siehe Abbildung O-62224 auf Seite 19.
- Auffangwanne bereitstellen, um abtropfendes Öl vom Filterdeckel oder Filtereinsatz aufzufangen.

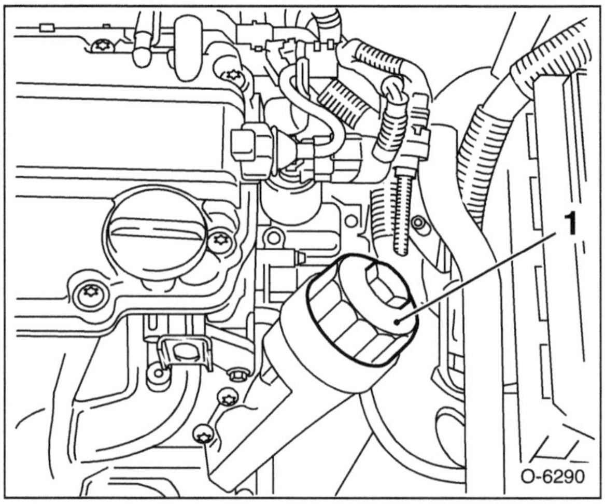

- Deckel –1– vom Ölfiltergehäuse mit geeigneter Stecknuss abschrauben und abnehmen. **Achtung:** Durch Abschrauben des Filterdeckels wird ein Ventil geöffnet, wodurch das Öl aus dem Filter in die Ölwanne zurücklaufen kann. **Hinweis:** Die Abbildung zeigt den 1,0-/1,2-/1,4-l-Benzinmotor.

- Nachdem das Öl aus dem Filter abgelaufen ist, Ölfiltereinsatz herausnehmen. **Hinweis:** Je nach Motor wird der Deckel zusammen mit dem Filtereinsatz abgenommen. In diesem Fall Filtereinsatz aus dem Deckel herausnehmen.
- Motoröl mit einem Ölabsauggerät über das Ölmessstab-Führungsrohr absaugen.
- Steht das Ölabsauggerät nicht zur Verfügung, Motoröl ablassen. Dazu Fahrzeug waagerecht aufbocken oder über eine Montagegrube fahren.

Sicherheitshinweis
Beim Aufbocken des Fahrzeugs besteht Unfallgefahr! Hinweise im Kapitel »Fahrzeug aufbocken« beachten.

- Altöl-Auffangwanne unter die Ölablassschraube stellen.

Sicherheitshinweis
Darauf achten, dass beim Herausdrehen der Ölablassschraube das heiße Motoröl nicht über die Hand läuft. Deshalb beim Abschrauben mit den Fingern den Arm waagerecht halten.

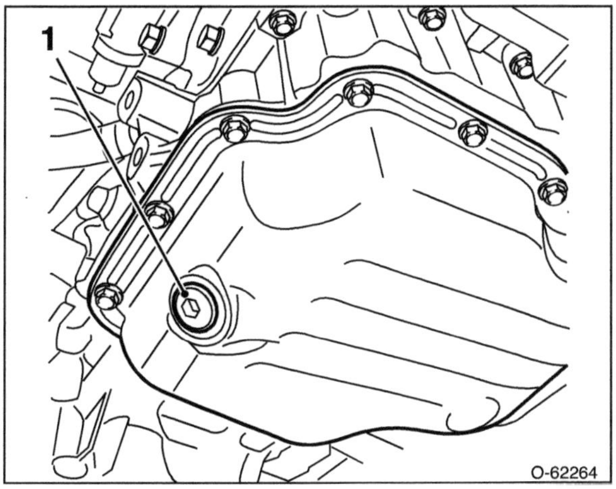

- Ölablassschraube –1– mit Innentorxschlüssel aus der Ölwanne herausdrehen und Altöl ganz ablassen. **Hinweis:** Die Abbildung zeigt den Motor Z17DTR.
- Ölablassschraube mit **neuem** Dichtring anschrauben.
Anzugsdrehmomente:
1,2-l-Benzinmotor A/Z12XEP
mit Sechskantschraube . . . . **10 Nm**
Benzinmotor und 1,2-l-Motor
A/Z12XEP mit Innentorxschraube . . . . **14 Nm**
1,3-l-Dieselmotor . . . . **25 Nm**
1,7-l-Dieselmotor . . . . **20 Nm**

Achtung: Werden im Motoröl Metallspäne und Abrieb in größeren Mengen festgestellt, deutet dies auf Fressschäden hin, zum Beispiel Kurbelwellen- oder Pleuellagerschäden. Um Folgeschäden nach erfolgter Reparatur zu vermeiden, ist die sorgfältige Reinigung von Ölkanälen und Ölschläuchen unerlässlich, gegebenenfalls Ölkühler erneuern.

- Fahrzeug ablassen, außer 1,6-l-Benzinmotor.

Ölfilter wechseln

Achtung: Benutzte Ölfilter oder Filtereinsätze müssen als Sondermüll entsorgt werden.

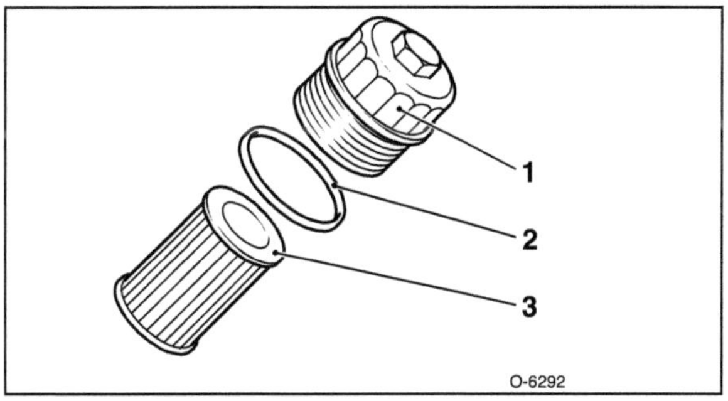

- Ölfilterdeckel –1– mit **neuem** Filtereinsatz –3– und **neuem** Dichtring –2– am Ölfiltergehäuse handfest anschrauben. Anschließend Filterdeckel beim Benzinmotor mit **25 Nm**, beim 1,3-l-Dieselmotor mit **30 Nm** festziehen.

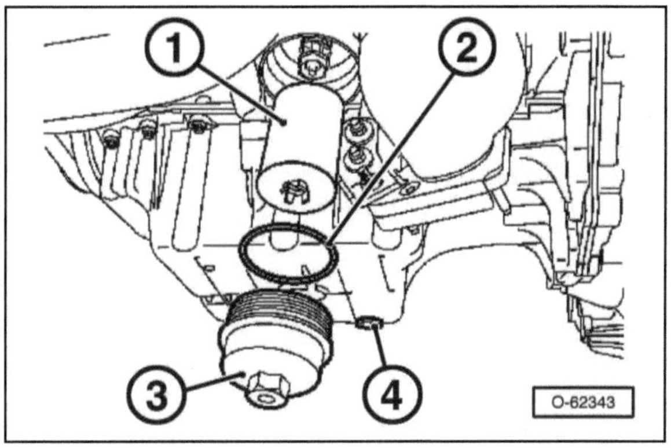

- **1,6-l-Benzinmotor:** Auffangwanne unter den Ölfilter stellen. Ölfilterdeckel –3– von unten abschrauben und Filtereinsatz –1– herausnehmen und ersetzen. Filterdeckel mit **25 Nm** anziehen. 2 – Dichtring, 4 – Ölablassschraube.
- **1,3-l-Dieselmotor:** Abdeckung für Ölfilterdeckel mit 2 Innentorxschrauben, 1 Sechskantmutter und **9 Nm** anschrauben. Motorabdeckung mit den Haltegummis über den Haltern ansetzen, nach unten drücken und einrasten.

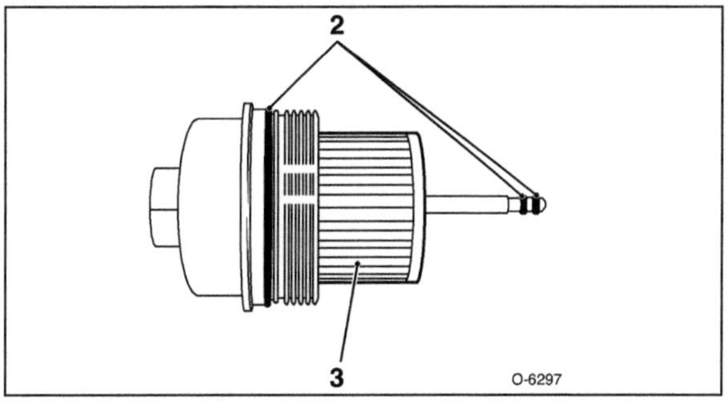

- **1,7-l-Dieselmotor:** Ölfilterdeckel mit **neuem** Filtereinsatz –3– und **neuen** Dichtringen –2– am Ölfiltergehäuse anschrauben und mit **30 Nm** festziehen.
- **1,7-l-Dieselmotor:** Schließteil an der Stirnwand einbauen, siehe Seite 211.

Motoröl auffüllen

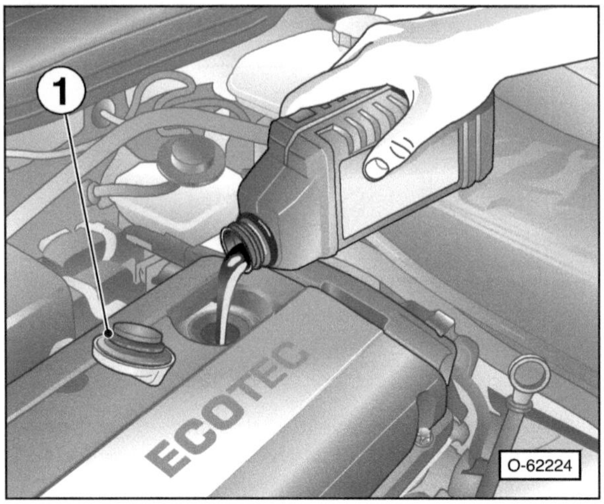

- **Neues** Öl am Einfüllstutzen des Zylinderkopfdeckels einfüllen. 1 – Verschlussdeckel.

Achtung: Grundsätzlich empfiehlt es sich, zunächst ½ Liter Motoröl weniger einzufüllen, den Motor warm laufen zu lassen und nach einigen Minuten den Ölstand mit dem Messstab zu kontrollieren und gegebenenfalls zu ergänzen. Zu viel eingefülltes Motoröl muss wieder abgesaugt werden, da sonst die Motordichtungen beziehungsweise der Katalysator beschädigt werden können.

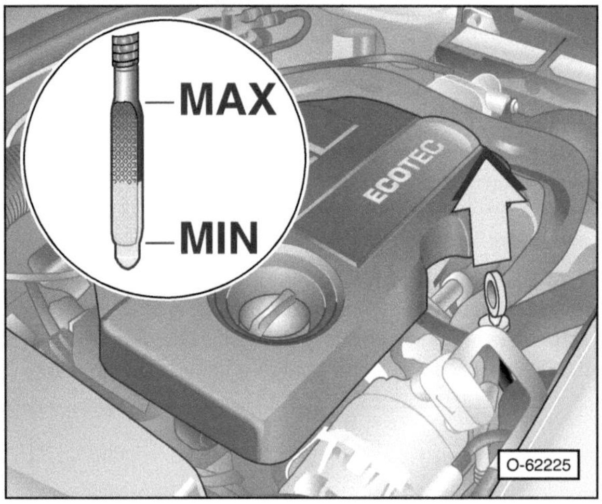

- Ölmessstab herausziehen –Pfeil– und mit sauberem Lappen abwischen.
- Anschließend Messstab bis zum Anschlag in das Führungsrohr einführen und wieder herausziehen. Der Ölstand muss zwischen den beiden Markierungen –MAX– und –MIN– liegen.
- Motor starten und im Leerlauf drehen lassen, bis die Öldruckkontrollanzeige erlischt.
- Nach Probefahrt Dichtigkeit von Ölablassschraube und Ölfilter überprüfen, gegebenenfalls vorsichtig nachziehen.
- Ölstand ca. 5 Minuten nach Abstellen des Motors nochmals prüfen, gegebenenfalls korrigieren.
- Neues Öl nur nachfüllen, wenn der Ölstand im Bereich der MIN-Marke oder darunter liegt. Die Ölmenge von der MIN- bis zur MAX-Markierung beträgt **1,0 l**.

Kühlmittelstand prüfen/auffüllen

Der Kühlmittelstand sollte grundsätzlich vor jeder größeren Fahrt geprüft werden.

Spezialwerkzeug: nicht erforderlich.

Erforderliche Betriebsmittel zum Nachfüllen:

- Von OPEL freigegebenes Kühlerfrostschutzmittel. **Hinweis:** Grundsätzlich nur helloranges, silikatfreies Kühlerfrostschutzmittel verwenden. **Auf keinen Fall grünblaues,** silikathaltiges Frostschutzmittel zum Nachfüllen verwenden.
- Sauberes, kalkarmes Wasser in Trinkwasserqualität.

Zum Nachfüllen – auch in der warmen Jahreszeit – nur eine Mischung aus Kühlerfrostschutzmittel und kalkarmem, sauberem Wasser verwenden.

Achtung: Um die Weiterfahrt zu ermöglichen, kann auch, insbesondere im Sommer, reines Wasser nachgefüllt werden. Der Kühlerfrostschutz muss dann jedoch baldmöglichst korrigiert werden.

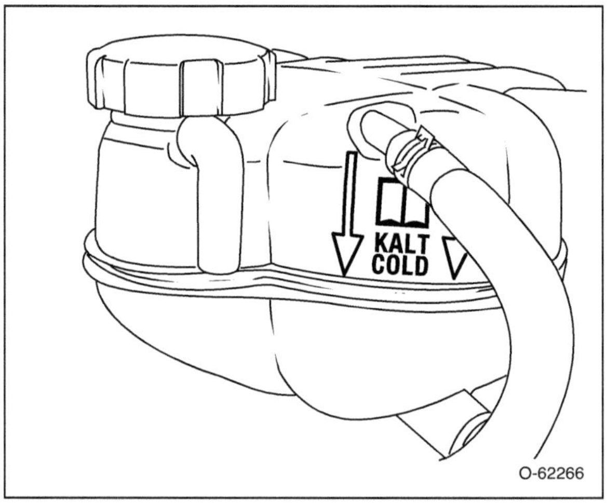

- Der Kühlmittelstand soll bei kaltem Motor (Kühlmitteltemperatur ca. +20° C) etwas über der Markierung »KALT/COLD« am Ausgleichbehälter liegen.

Hinweis: Die ursprünglich hellorange bis orangefarbene Kühlflüssigkeit kann nach längerem Betrieb eine gelbliche Färbung annehmen. Dies ist normal und hat keinen Einfluss auf die Funktion der Kühlflüssigkeit.

- Wenn der Kühlmittelstand bei kaltem Motor die Markierung »KALT/COLD« unterschreitet, Kühlmittel nachfüllen.
- **Kaltes** Kühlmittel nur bei **kaltem Motor** nachfüllen, um Motorschäden zu vermeiden.

Sicherheitshinweis
Verschlussdeckel bei heißem Motor vorsichtig öffnen. **Verbrühungsgefahr!** Beim Öffnen Lappen über den Verschlussdeckel legen. Verschlussdeckel nur bei einer Kühlmittel-Temperatur unter +90° C öffnen.

- Verschlussdeckel beim Öffnen zuerst etwas aufdrehen und Überdruck entweichen lassen. Danach Deckel weiterdrehen und abnehmen.
- Sichtprüfung auf Dichtheit durchführen, wenn der Kühlmittelstand in kurzer Zeit absinkt.

Frostschutz prüfen/korrigieren

Regelmäßig vor Winterbeginn sollte sicherheitshalber die Konzentration des Frostschutzmittels geprüft werden, insbesondere wenn zwischendurch reines Wasser nachgefüllt wurde.

Erforderliches Spezialwerkzeug:

- Prüfspindel zum Messen des Frostschutzanteils. Eine Frostschutz-Prüfspindel liegt auch oft an Tankstellen zur Benutzung aus.

Hinweis: Eventuell ist es erforderlich, die Prüfspindel zu eichen. Dabei ist folgendermaßen vorzugehen: 50 ml Kühlkonzentrat mit 50 ml Trinkwasser mischen. Diese Mischung hat einen Frostschutz von –40° C. Frostschutz mit der Prüfspindel messen und eventuelle Abweichung zum Sollwert von –40° C notieren. Beispiel: Die Prüfspindel zeigt –36° C an. Die Abweichung beträgt also –4° C. Wird dann am Fahrzeug ein Wert von –16° C gemessen, dann beträgt der korrekte Frostschutz (–16°) + (–4°) = –20° C.

Erforderliche Betriebsmittel zum Nachfüllen:

- Von OPEL freigegebenes Kühlerfrostschutzmittel. **Hinweis:** Grundsätzlich nur helloranges, silikatfreies Kühlerfrostschutzmittel verwenden. **Auf keinen Fall grünblaues,** silikathaltiges Frostschutzmittel zum Nachfüllen verwenden.
- Sauberes, kalkarmes Wasser in Trinkwasserqualität.

Prüfen

- Motor warm fahren, bis der obere Kühlmittelschlauch zum Kühler etwa handwarm ist.
- Verschlussdeckel am Ausgleichbehälter vorsichtig öffnen. **Achtung:** Nicht bei heißem Motor öffnen, siehe unter »Kühlmittelstand prüfen«.

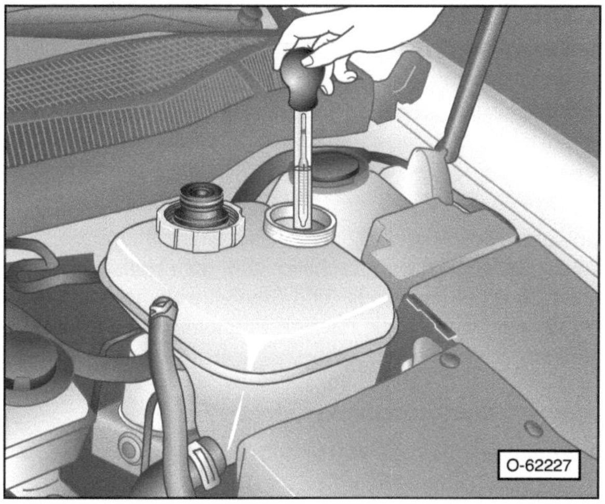

O-62227

- Mit Prüfspindel Kühlflüssigkeit ansaugen und am Schwimmer die Kühlmitteldichte ablesen. Der Frostschutz soll in unseren Breiten bis –30° C reichen.

OPEL-Kühlkonzentrat ergänzen

Achtung: Da Kühler und Wärmetauscher aus Aluminium gefertigt sind, darf nur ein dafür geeignetes und von OPEL freigegebenes Frost- und Korrosionsschutzmittel verwendet werden.

Beispiel: Die Frostschutz-Messung mit der Spindel ergibt beim 1,2-l-Motor einen Frostschutz bis – 10° C. In diesem Fall aus dem Kühlsystem 1,5 l Kühlflüssigkeit ablassen und dafür 1,5 l reines Frostschutzkonzentrat auffüllen. Dadurch wird ein Frostschutz bis –30° C erreicht. Für einen Frostschutz von –40° C ist der Austausch von 1,8 l Flüssigkeit erforderlich.

Gemess. Wert in °C		0	–5	–10	–15	–20	–30	Füllmenge
Motor	Sollwert	Differenzmenge in Liter						
1,0-l	–30°	1,8	1,6	1,3	1,1	0,8	–	4,6
	–40°	2,3	2,0	1,7	1,4	1,1	0,4	
1,2-/1,4-l	–30°	2,0	1,7	1,5	1,2	0,9	–	5,0
	–40°	2,5	2,2	1,8	1,5	1,2	0,5	
1,6-l	–30°	2,3	2,0	1,7	1,4	1,1	–	5,8
	–40°	2,9	2,5	2,1	1,7	1,3	0,6	
1,3-l CDTI	–30°	2,6	2,3	1,9	1,6	1,2	–	6,6
	–40°	3,3	2,8	2,4	1,9	1,5	0,6	
1,7-l CDTI	–30°	2,8	2,4	2,1	1,7	1,3	–	7,1
	–40°	3,6	3,1	2,6	2,1	1,6	0,7	

Achtung: Die in der Tabelle angegebenen Werte gelten bei einer Kühlflüssigkeitstemperatur von ca. +20° C.

- Verschlussdeckel am Kühler verschließen und nach Probefahrt Frostschutz erneut überprüfen.

Achtung: Eine zu hohe Konzentration des Frostschutzmittels führt zu einer Verschlechterung von Kühleigenschaften und Frostschutz. Dies ist der Fall ab einem Frostschutzanteil von ca. 55 %.

Kraftstofffilter für Dieselmotor entwässern/ersetzen

Achtung: Auslaufender Dieselkraftstoff muss besonders von Gummiteilen, beispielsweise Kühlmittelschläuchen, sofort abgewischt werden, sonst werden die Gummiteile im Lauf der Zeit zerstört.

Hinweis: Dieselkraftstoff ist ein Problemstoff und darf auf keinen Fall einfach weggeschüttet oder dem Hausmüll mitgegeben werden. Gemeinde- und Stadtverwaltungen informieren darüber, wo sich die nächste Problemstoff-Sammelstelle befindet.

Erforderliches Spezialwerkzeug:

- Zum Auffangen des Wassersatzes ist ein geeignetes Auffanggefäß erforderlich.
- Kraftstoffresistenten, durchsichtigen Schlauch zum Aufstecken auf die Ablassschraube.
- Spezialzange zum Öffnen von Schnellverschlüssen der Kraftstoffleitungen, zum Beispiel HAZET 4501-1.
- **1,3-l-Dieselmotor:** Spezialwerkzeuge zum Öffnen des Filtergehäuses, siehe Abbildung O-62162.

Erforderliche Verschleißteile, um den Filter zu ersetzen:

- Kraftstofffiltereinsatz.
- Dichtungen für Filterdeckel.
- Etwa 0,2 l sauberen Dieselkraftstoff zum Füllen des Filters.

Entwässern

- Batterie abklemmen. **Achtung:** Hinweise im Kapitel »Batterie aus- und einbauen« beachten.

Motor A/Z13DT(J/H)

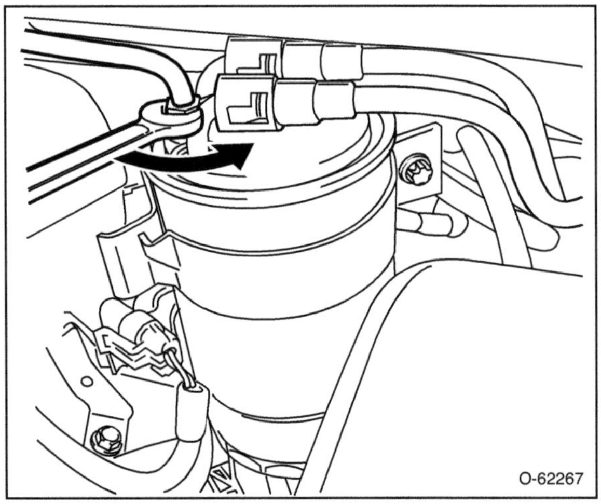

O-62267

- Kraftstoffresistenten Schlauch –1– auf den Anschlusstutzen der Ablassschraube aufstecken und das andere Ende des Schlauches in das Auffanggefäss führen .
- Ablassschraube mit Maulschlüssel –2– in Pfeilrichtung detwa 2 Umdrehungen öffnen.
- Zündung für 20 Sekunden einschalten. Dadurch baut sich im Kraftstoffsystem der Systemdruck auf, wodurch das Wasser aus dem Filter hausgedrückt wird. Dazu Batterie kurzzeitig anschließen.
- Ablassschraube verschließen.
- Ablassschlauch abziehen.

Motor Z17DTR

- Luftfiltergehäuse ausbauen, siehe auch Seite 187.

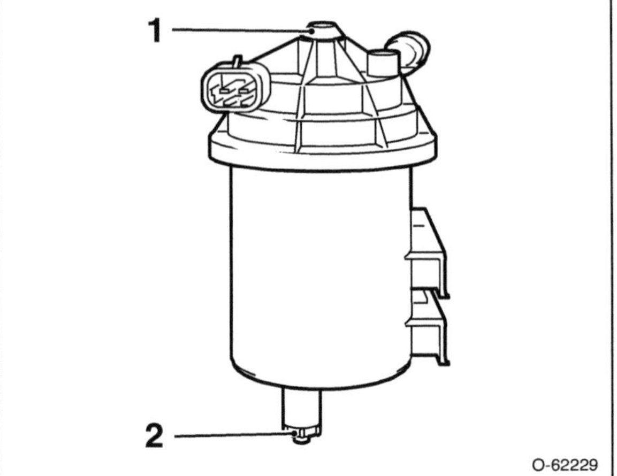

O-62229

- Geeignete Auffangwanne unter das Filtergehäuse stellen. **Hinweis:** Es kann auch ein geeigneter Schlauch am Stutzen der Ablassschraube –2– aufgesteckt werden. In diesem Fall Schlauch durch den Motorraum in einen Auffangbehälter führen.
- Zentralschraube –1– am Filterdeckel etwas lösen.
- Ablassschraube –2– unten am Filter ca. 1 Umdrehung öffnen und Wassersatz (ca. 100 cm^3) in das Auffanggefäß ablaufen lassen. Sobald reiner Kraftstoff austritt, Ablassschraube festziehen. **Achtung:** Kraftstofffiltergehäuse nicht leer laufen lassen.
- Zentralschraube am Filterdeckel mit **6 Nm** festziehen. **Achtung:** Schraube **nicht zu stark anziehen,** sonst können Undichtigkeiten auftreten.
- Luftfiltergehäuse ausbauen, siehe Seite 187.

Alle Dieselmotoren

Achtung: Die Kraftstoffanlage braucht nach dem Entwässern nicht entlüftet zu werden.

- Batterie anklemmen. **Achtung:** Hinweise im Kapitel »Batterie aus- und einbauen« beachten.

Ersetzen

Ausbau

- Batterie abklemmen. **Achtung:** Hinweise im Kapitel »Batterie aus- und einbauen« beachten.

Motor A/Z13DT(J/H)

- Luftfiltergehäuse ausbauen, siehe Seite 187.

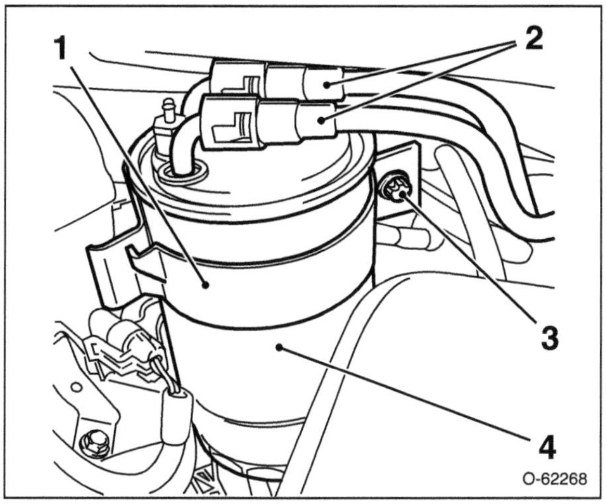

- Schraube –3– herausdrehen und Haltebügel –1– abnehmen.
- Kraftstofflaufleitungen –2– abziehen. Dazu Verschluss mit OPEL-Spezialwerkzeug KM-796-A oder HAZET 4501-1 öffnen. Kraftstoffleitungen mit geeigneten Stopfen verschließen.

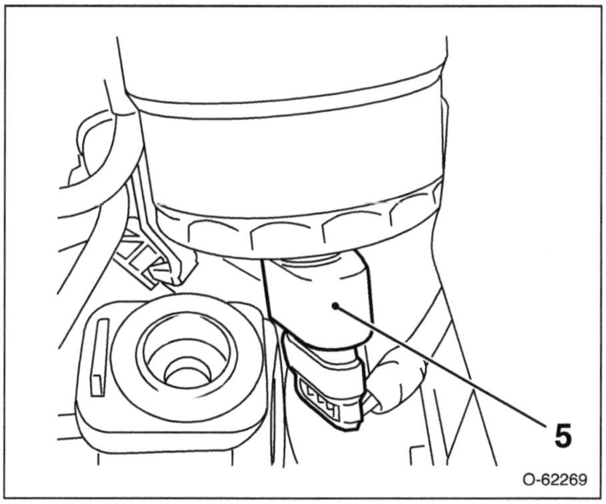

- Mehrfachstecker von Wasserstandssensor und Kraftstoffvorwärmung –5– abziehen.

Achtung: Auslaufenden Kraftstoff auffangen.

- Wasserstandssensor und Kraftstoffvorwärmung aus dem Kraftstofffilter herausdrehen.
- Kraftstofffilter in geeignetem Behälter ablegen.

Motor Z17DTR

- Gesamte Flüssigkeit aus dem Kraftstofffilter ablaufen lassen, siehe unter »Entwässern«.
- Schließteil an der Stirnwand ausbauen, siehe Seite 211.

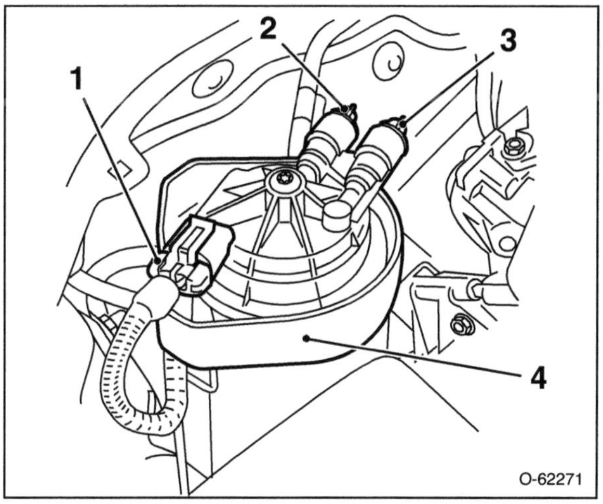

- Stecker für Filterheizung –1– abziehen.
- Kraftstofflaufleitungen –2– und –3– abziehen. Dazu Verschluss mit OPEL-Spezialwerkzeug KM-796-A oder HAZET 4501-1 öffnen. Kraftstoffleitungen mit geeigneten Stopfen verschließen.
- Kraftstofffiltergehäuse vorsichtig nach oben aus der Crash-Box –4– herausziehen.

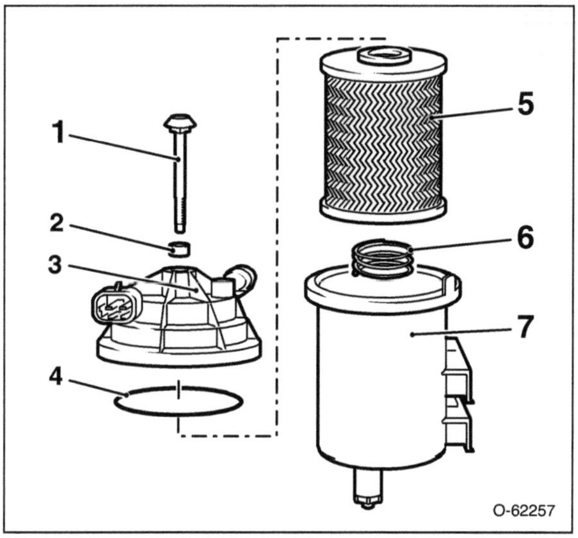

1 – Zentralschraube
2 – Dichtung
3 – Deckel
4 – Deckeldichtung
5 – Filtereinsatz
6 – Feder
7 – Filtergehäuse

- Kraftstofffilterdeckel –3– vom Kraftstofffiltergehäuse –7– abschrauben.
- Kraftstofffiltereinsatz –5– aus dem Kraftstofffiltergehäuse herausnehmen und in geeignetem Behälter ablegen.

- Kraftstoffrestmenge aus Kraftstofffiltergehäuse in einen geeigneten Behälter entleeren.
- Filterdeckel und Kraftstofffiltergehäuse innen mit flusenfreiem Lappen reinigen.

Einbau

1,3-l-Dieselmotor

- Wasserstandssensor und Kraftstoffvorwärmung in den neuen Kraftstofffilter einschrauben und mit **3 Nm** festziehen.
- Mehrfachstecker an Wasserstandssensor und Kraftstoffvorwärmung aufstecken und einrasten.
- Stopfen abnehmen, Kraftstoffleitungen am Kraftstofffilter aufstecken und einrasten.

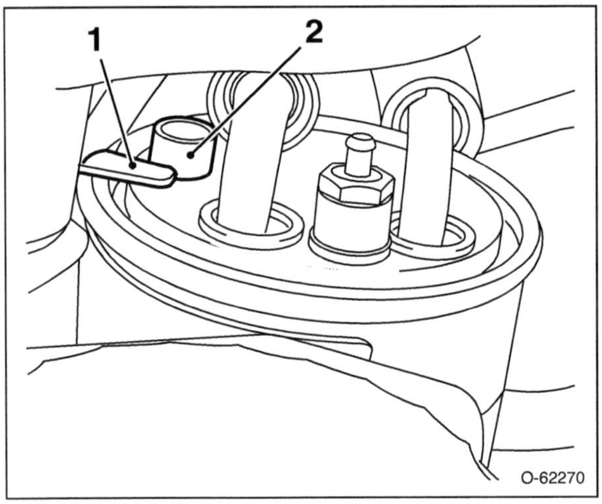

- Kraftstofffilter in Einbauposition bringen: Der Ring –2– muss mit dem Halter –1– fluchten.
- Haltebügel ansetzen und festschrauben.
- Luftfilter einbauen, siehe Seite 187.

1,7-l-Dieselmotor

- **Neues** Filterelement in das Filtergehäuse einsetzen.
- Filtergehäuse bis kurz unterhalb vom Rand mit **sauberem** Dieselkraftstoff füllen. **Achtung:** Schon ein Sandkorn auf der Filter-Reinseite kann zur Zerstörung der Einspritzpumpe führen.
- Deckel mit neuen Dichtungen –2– und –4– aufsetzen, siehe Abbildung O-62257.
- Zentralschraube –1– (Abbildung O-62257) mit **6 Nm** festziehen. **Achtung:** Schraube **nicht zu stark anziehen,** sonst können Undichtigkeiten auftreten.
- Kraftstofffiltergehäuse in die Crash-Box einsetzen.
- Kabelsatzstecker aufstecken und einrasten.
- Stopfen abnehmen, Kraftstoffleitungen am Kraftstofffilter aufstecken und einrasten.
- Schließteil an der Stirnwand einbauen, siehe Seite 211.

Alle Dieselmotoren

- Batterie anklemmen. **Achtung:** Hinweise im Kapitel »Batterie aus- und einbauen« durchlesen.
- Motor starten und im Leerlauf laufen lassen. Kraftstoffsystem auf Dichtheit sichtprüfen. **Achtung:** Die Kraftstoffanlage entlüftet sich beim Starten des Motors normalerweise automatisch. Sollte der Motor nicht anspringen oder sofort wieder ausgehen, Kraftstofffiltergehäuse entlüften. Dazu »Zündung« 3-mal für jeweils 15 Sekunden einschalten. Anschließend Motor starten. Dabei kann der Anlasser bis zu 40 Sekunden lang betätigt werden. **Hinweis:** Beim Einschalten der Zündung läuft jedes Mal die Kraftstoff-Vorförderpumpe im Tank an und pumpt Kraftstoff in das Kraftstofffiltergehäuse. Sollte der Motor nicht anspringen, Zündung ausschalten und Entlüftungsvorgang nach kurzer Zeit wiederholen.

Keilrippenriemen prüfen

Der Keilrippenriemen muss nicht nachgespannt werden, da eine automatische Spannrolle die Riemenspannung konstant hält. Im Rahmen der Wartung muss der Keilrippenriemen auf Beschädigungen geprüft und gegebenenfalls erneuert werden.

Spezialwerkzeug: nicht erforderlich.

Erforderliche Betriebsmittel/Verschleißteile bei defektem Keilrippenriemen:

- Keilrippenriemen für die jeweilige Motorausführung.

Zustand prüfen

Achtung: Prüfung bei kaltem Motor durchführen, da sich bei warmem Motor jederzeit der Kühlerlüfter einschalten kann. Verletzungsgefahr!

- Zündung ausschalten.
- Riemen an gut sichtbarer Stelle mit einem Kreidestrich markieren.
- Motor stückweise langsam durchdrehen und dabei Zustand des Keilrippenriemens sichtprüfen. Motor durchdrehen, siehe Seite 160.

Achtung: Motor nicht rückwärts drehen.

- Keilrippenriemen auf folgende Beschädigungen prüfen:
- Öl- und Fettspuren.

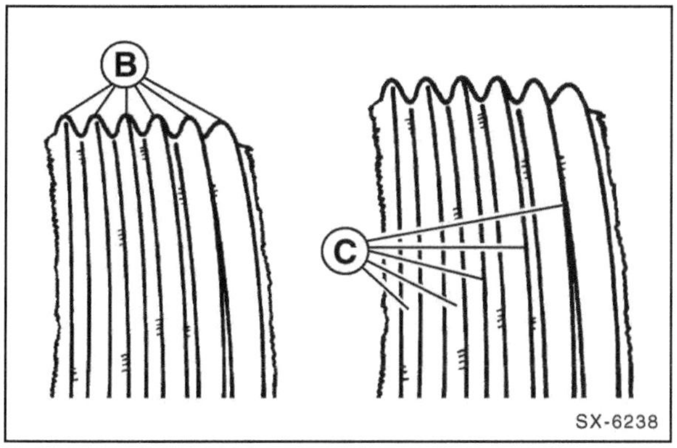

- Flankenverschleiß: Rippen laufen spitz zu –B–, neu sind sie trapezförmig. Der Zugstrang ist im Rippengrund sichtbar, erkenntlich an den helleren Stellen –C–.
- Flankenverhärtungen, glasige Flanken.

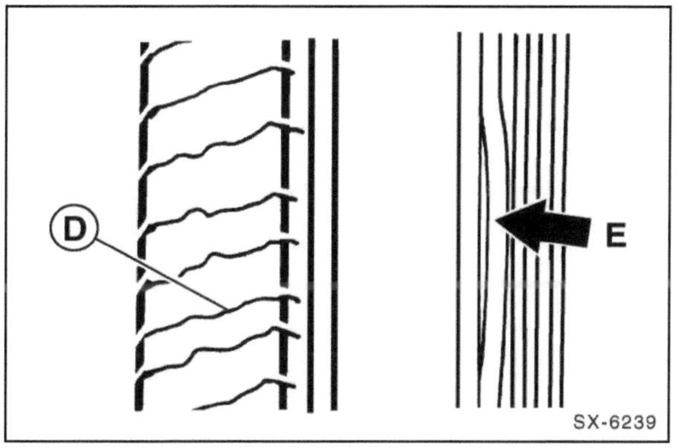

- Querrisse –D– auf der Rückseite des Riemens.
- Einzelne Rippen lösen sich ab –E–.

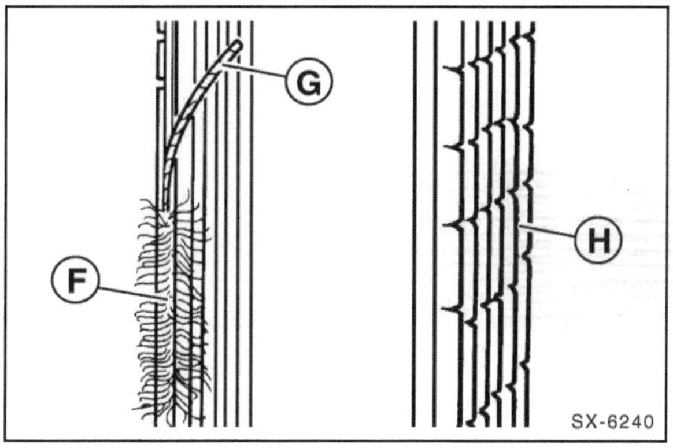

- Ausfransungen der äußeren Zugstränge –F–.
- Zugstrang seitlich herausgerissen –G–.
- Querrisse –H– in mehreren Rippen.

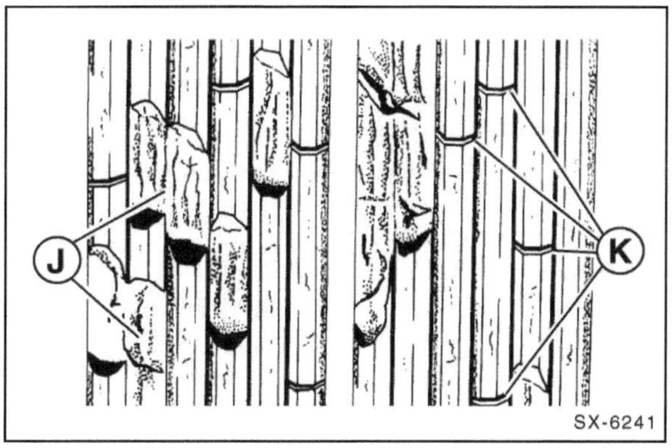

- Rippenbrüche –J–.
- Einzelne Rippenquerrisse –K–.
- Einlagerung von Schmutz und Steinen zwischen den Rippen.
- Gummiknollen im Rippengrund.
- Wenn eine oder mehrere dieser Beschädigungen vorhanden sind, Keilrippenriemen ersetzen, siehe Seite 162.

Motor-Luftfilter: Filtereinsatz erneuern

Spezialwerkzeug: nicht erforderlich.

Erforderliche Betriebsmittel/Verschleißteile:

- Luftfiltereinsatz.

Ausbau

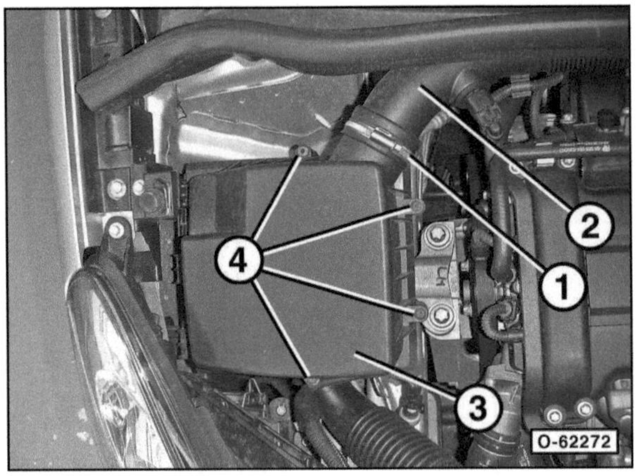

- Schlauchschelle –1– öffnen und zurückschieben.
- Luftschlauch –2– am Filterdeckel –3– abziehen.
- 4 Schrauben –4– für Luftfilterdeckel herausdrehen.
- Luftfilterdeckel –3– hochklappen, an der Kotflügelseite aushängen und abnehmen.
- Filtereinsatz herausnehmen.

Einbau

- Luftfilter-Gehäuse mit sauberem Lappen auswischen.
- **Neuen** Filtereinsatz einsetzen.
- Filterdeckel an der Kotflügelseite einhängen, herunterklappen und mit **3,5 Nm** anschrauben.

Achtung: Bei den Befestigungsschrauben handelt es sich um selbstfurchende Schrauben, die sich das Gewinde in das Luftfiltergehäuse selbst schneiden. Die Schrauben können bis zu 10-mal verwendet werden. Falls der Deckel nicht mehr festgeschraubt werden kann, Gewinde ausbohren und neue Schrauben mit Muttern einsetzen.

- Der weitere Einbau erfolgt in umgekehrter Ausbaureihenfolge.

Sichtprüfung der Abgasanlage

Spezialwerkzeug: nicht erforderlich.

Sicherheitshinweis
Beim Aufbocken des Fahrzeugs besteht Unfallgefahr! Hinweise im Kapitel »Fahrzeug aufbocken« beachten.

- Fahrzeug aufbocken.
- Befestigungsschellen und -flansche auf festen Sitz prüfen.
- Abgasanlage auf Löcher, durchgerostete Teile sowie Scheuerstellen absuchen.
- Stark gequetschte Abgasrohre ersetzen.
- Gummihalterungen durch Drehen und Dehnen auf Porosität überprüfen und gegebenenfalls austauschen.
- Benziner: Elektrischen Anschluss und festen Sitz der Lambdasonde(n) prüfen.
- Fahrzeug ablassen.

Zündkerzen wechseln

Benzinmotor

Erforderliches Spezialwerkzeug:

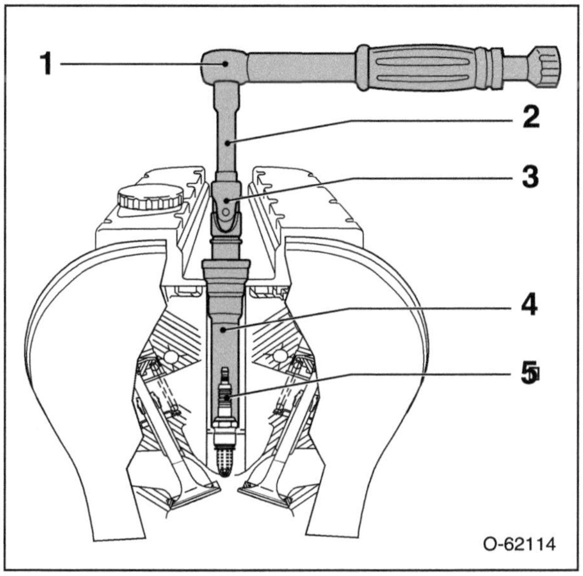

- Ein 16 mm-Zündkerzenschlüssel, zum Beispiel HAZET 4766-1. **Achtung:** Für die DOHC-Motoren darf nur ein Schlüssel verwendet werden, dessen Gehäuse –4– sich **nicht** an den Isolator –5– der Zündkerze anlegen (verkanten) kann. Außerdem wird eine Verlängerung –2– mit Gelenk –3– benötigt. 1 – Drehmomentschlüssel.

Erforderliche Verschleißteile:

- 4 Zündkerzen.

Motor	Zündkerzen	EA*	Anzugs-drehmom.
Z10XEP, Z12XEP, Z14XEP, A14NEL	BOSCH FQR 8 LEU2	0,9	**25 Nm**
A10XEP, A12XEL, A12XER, A14XEL, A14XER	CHAMPION RC10MCC R6	1,0	**25 Nm**
A/Z16LEL, A/Z16LER, A16LES	NGK ZFR 6 BP-G	1,0	**25 Nm**
	BOSCH FR 7 KPP 33+ FR 6 KI 332 S	0,7	

*) **EA** = Elektrodenabstand in mm.

Achtung: Es kann sein, dass für einzelne Motoren andere Zündkerzenwerte gelten, so dass unsere Tabelle nicht auf dem neuesten Stand ist. Um die aktuelle Zündkerze für Ihren Fahrzeugmotor zu ermitteln, benötigt der Fachhandel die **Fahrzeug-Ident.-** und die **3 Schlüsselnummern**. Diese Nummern sind im Fahrzeugschein aufgeführt. Sie sollten beim Kauf von Zündkerzen angegeben werden.

Ausbau

Achtung: Zündkerzen nur bei kaltem oder handwarmem Motor wechseln. Wenn die Zündkerzen bei heißem Motor herausgedreht werden, kann das Zündkerzengewinde des Leichtmetall-Zylinderkopfes ausreißen.

- Falls vorhanden, obere Motorabdeckung vorsichtig an 4 Stellen nach oben abclipsen. **Achtung:** Dabei Abdeckung nicht verkanten.

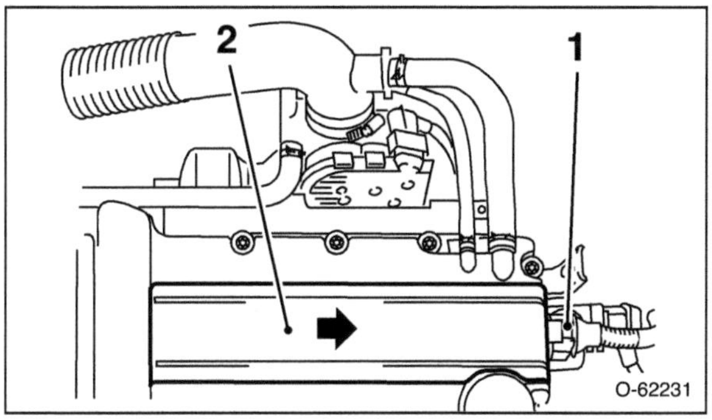

- Mehrfachstecker –1– für Zündmodul abziehen.
- Abdeckung für Zündmodul –2– in Pfeilrichtung vom Zylinderkopfdeckel abziehen. **Hinweis:** Je nach Motor Pfeilrichtung auf der Abdeckung beachten.

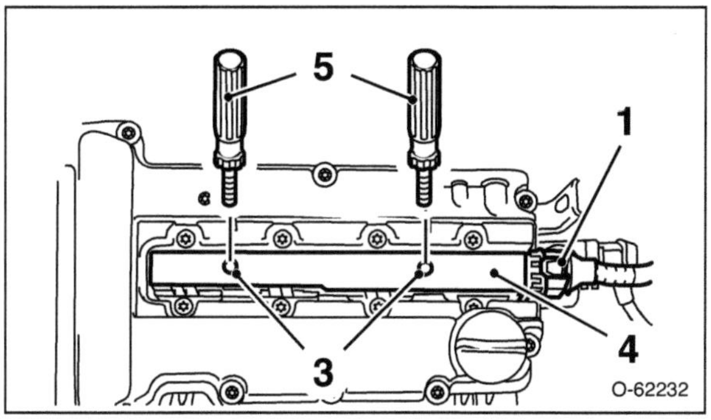

- Schrauben –3– für Zündmodul herausdrehen.
- Zündmodul –4– nach oben aus dem Zylinderkopf herausziehen. Die Werkstatt schraubt dazu die Spezialgriffe KM-6009 –5– in das Zündmodul ein. Steht das Spezialwerkzeug nicht zur Verfügung, geeignete Schrauben eindrehen und Schrauben mit Zündmodul herausziehen.

Achtung: Zündmodul beim Abziehen von den Zündkerzen nicht verkanten, sonst können die Zündkerzenstecker beschädigt werden.

- Zündkerzen mit geeignetem Kerzenschlüssel herausdrehen. Dabei darauf achten, dass der Kerzenschlüssel nicht verkantet wird, was zum Bruch des Keramikisolators führen kann.

Prüfen

- Zustand der Kerze (so genanntes »Kerzengesicht«) prüfen. Eine verölte Kerze deutet auf Aussetzen der betreffenden Zündkerze oder schlecht abdichtende Kolbenringe hin (Kompression prüfen).

Einbau

- Zündkerzen mit Kerzenschlüssel von Hand bis zur Anlage am Zylinderkopf einschrauben. **Achtung:** Dabei Kerzen nicht verkanten.
- Zündkerzen mit **25 Nm** festziehen. **Achtung:** Dabei Zündkerzenschlüssel nicht verkanten, damit der Keramikisolator nicht beschädigt wird.
- Zündmodul auf die Zündkerzen aufstecken und mit 2 Schrauben sowie **8 Nm** anschrauben.
- Abdeckung für Zündmodul am Zylinderkopfdeckel aufschieben.
- Mehrfachstecker anschließen.
- Falls vorhanden, obere Motorabdeckung über den 4 Befestigungsstellen ansetzen, nach unten drücken und einclipsen.

Alle Motoren:

Zündkerzengewinde erneuern

Hinweis: Falls festgestellt wird, dass das Zündkerzengewinde defekt ist, muss dieses erneuert werden. Dazu gibt es unter anderem von BERU einen entsprechenden Werkzeug- und Reparatursatz. Mit einem Spezialbohrer wird das alte Gewinde herausgeschält; der Zylinderkopf muss dazu nicht ausgebaut werden. Anschließend wird ein neues Gewinde in den Zylinderkopf geschnitten und die Zündkerze mit einem speziellen Gewindeeinsatz reingedreht. Nachträglich eingebaute Zündkerzengewindeeinsätze sitzen sicher und sind kompressionsdicht.

Getriebe/Achsantrieb

Folgende Wartungspunkte müssen nach dem Wartungsplan durchgeführt werden:

- Schaltgetriebe/Automatikgetriebe: Sichtprüfung auf Undichtigkeiten.
- Automatisches Getriebe: Getriebeöl wechseln (Werkstattarbeit).

Achtung: Getriebe-Altöl **keinesfalls einfach wegschütten oder dem Hausmüll mitgeben**. Die Öl-Verkaufsstellen nehmen die entsprechende Menge Altöl kostenlos entgegen, daher beim Ölkauf Quittung und Ölkanister für spätere Altölrückgabe aufbewahren!

Getriebe-Sichtprüfung auf Dichtheit

Spezialwerkzeug: nicht erforderlich.

Folgende Leckstellen sind möglich:

- Trennstelle zwischen Motorblock und Getriebe.
- Antriebswelle an Getriebe.
- Öleinfüllschraube.
- Ölablassschraube.

Prüfen

Bei ölverschmiertem Getriebe und Ölverlust überprüfen, wo das Öl austritt. Bei der Suche nach der Leckstelle folgendermaßen vorgehen:

- Getriebegehäuse mit Kaltreiniger reinigen.
- Mögliche Leckstellen mit Kalk oder Talkumpuder bestäuben.
- Probefahrt durchführen. Damit das Öl besonders dünnflüssig wird, sollte die Probefahrt auf einer Schnellstraße über eine Entfernung von ca. 30 km durchgeführt werden.

Sicherheitshinweis
Beim Aufbocken des Fahrzeugs besteht Unfallgefahr! Hinweise im Kapitel »Fahrzeug aufbocken« beachten.

- Fahrzeug aufbocken und Getriebe mit einer Lampe anstrahlen und nach der Leckstelle absuchen.
- Leckstelle umgehend beseitigen. Anschließend Getriebeöl auffüllen.

Getriebeölstand prüfen

Achtung: Der Getriebeölstand kann bei der Erstbefüllung bis zu 20 mm unter der Kontrollöffnung liegen. Der Ölstand muss nur geprüft werden, wenn bei der Sichtprüfung Ölundichtigkeiten festgestellt werden beziehungsweise nach Reparatur- und Instandsetzungsarbeiten am Getriebe.

Motor A/Z10/12/14XEP, A/Z13DTJ mit Getriebe F13+/F17+:

Sicherheitshinweis
Beim Aufbocken des Fahrzeugs besteht Unfallgefahr! Hinweise im Kapitel »Fahrzeug aufbocken« beachten.

- Fahrzeug aufbocken.

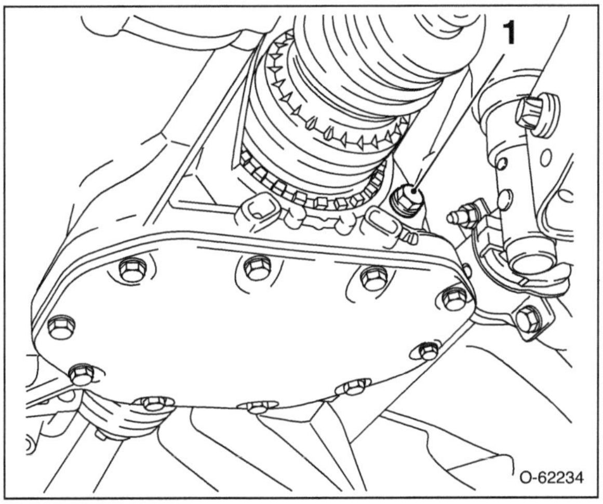

- Ölkontrollschraube –1– herausdrehen. Die Kontrollschraube befindet sich links hinten am Getriebe (hinter der Antriebswelle).
- Der Ölstand liegt produktionsseitig bis zu 20 mm unter der Unterkante der Kontrollöffnung. Das entspricht gleichzeitig dem Mindestölstand. Zur Kontrolle rechtwinklig gebogenen Hilfsdraht einführen.

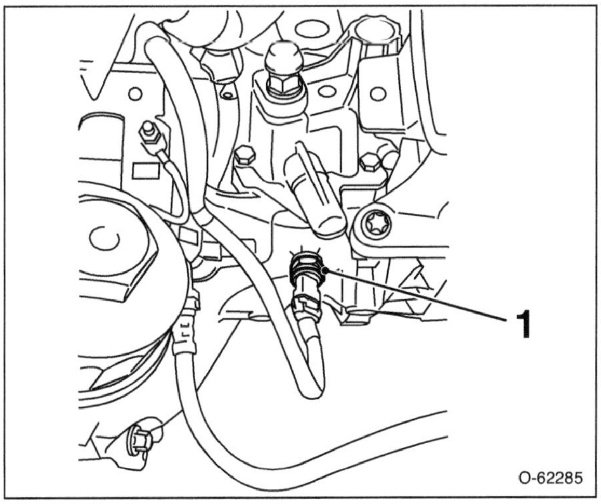

- Zum Nachfüllen Stecker am Schalter für Rückfahrscheinwerfer –1– abziehen und den Schalter herausdrehen. Getriebeöl durch die Bohrung des Schalters einfüllen.

- Getriebeöl langsam einfüllen, bis es an der Kontrollbohrung herausläuft. **Achtung:** Getriebeöl ist zähflüssig und braucht Zeit, bis es sich unten im Getriebe sammelt. Nicht zu viel Öl auf einmal einfüllen, zwischendurch Ölstand prüfen.
  Gesamt-Füllmenge: ca. 1,6 l.
- Kontrollschraube wieder einschrauben, mit **4 Nm** anziehen und anschließend mit starrem Schlüssel um **45° bis 135°** (also ⅛ bis maximal ⅜ Umdrehung) weiterdrehen.
- Falls ausgebaut, Schalter für Rückfahrscheinwerfer mit **neuem** Dichtring einschrauben und mit **40 Nm** festziehen. Stecker aufschieben.
- Fahrzeug ablassen.

Speziell Motor A/Z16LE(L/R), A/Z13DTH, Z17DTR mit 6-Gang-Getriebe M20/M32

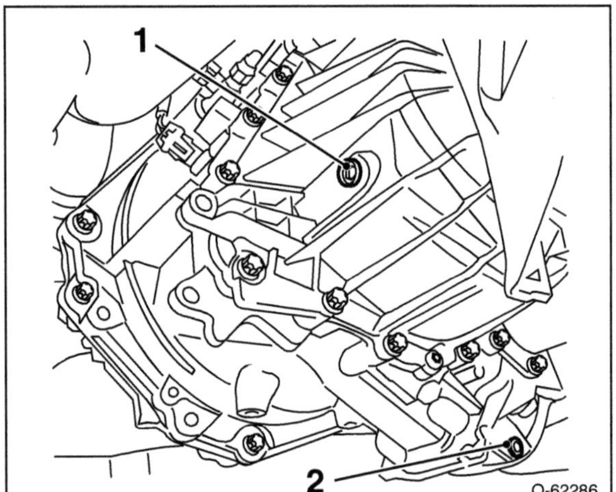

O-62286

Achtung: Die Kontrolle des Getriebeölstandes ist nicht vorgesehen. Die **Ölkontrollschraube** –1– darf **nicht** geöffnet werden, sonst kann es zu Undichtigkeiten am Getriebe kommen. Bei Verdacht auf Ölverlust, Ursache beseitigen und Getriebeöl wechseln.

Getriebeöl wechseln

- Getriebeöl vor dem Ablassen auf Betriebstemperatur bringen.
- Ablassschraube –2– herausdrehen und Getriebeöl in eine Auffangwanne ablaufen lassen. Dabei das Getriebeöl mindestens 10 Minuten herauslaufen lassen.
- **Neue** Ablassschraube einschrauben und mit **20 Nm** festziehen.
- Batterieträger ausbauen, siehe Seite 58.

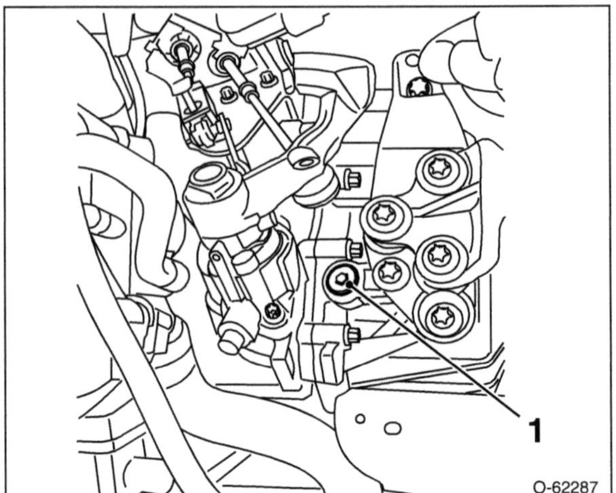

O-62287

- Öleinfüllschraube –1– oben am Getriebe, neben dem Getriebeträger, herausdrehen.
- **Getriebe M20/M32:** Getriebe mit 2,2 l neuem Getriebeöl befüllen. **Achtung:** Die Füllmenge beträgt eigentlich 2,4 l, aber 0,2 l verbleiben beim Ablassen im Getriebe. Ein neues Getriebe ist werksseitig bereits mit 0,7 l Öl befüllt, daher in diesem Fall nur 1,7 l Öl auffüllen.
- **Getriebe M20MTA (Motor Z13DTH):** Getriebe mit 1,7 l neuem Getriebeöl befüllen. **Achtung:** Die Füllmenge beträgt eigentlich 1,9 l, aber 0,2 l verbleiben beim Ablassen im Getriebe. Ein neues Getriebe ist werksseitig bereits mit 0,7 l Öl befüllt, daher in diesem Fall nur 1,2 l Öl auffüllen.
- **Neue** Öleinfüllschraube mit **30 Nm** festziehen.
- Batterieträger einbauen, siehe Seite 58.

Automatikgetriebe: Ölstand prüfen/ Getriebeöl wechseln

Der vorgeschriebene Ölstand ist für die einwandfreie Funktion des automatischen Getriebes äußerst wichtig. Darum ist die Prüfung mit großer Sorgfalt durchzuführen.

Der Peilstab für die Prüfung befindet sich im Motorraum. Hier wird auch das Getriebeöl eingefüllt. **Achtung:** Bei allen Arbeiten am automatischen Getriebe ist auf peinliche Sauberkeit zu achten.

Erforderliches Spezialwerkzeug:

- Trichter mit feinmaschigem Sieb.

Erforderliche Betriebsmittel/Verschleißteile:

- Spezial-Getriebeöl **OPEL-19 40 767**, ET-Nr. 09 117 946.

Achtung: Das Automatik-Getriebeöl **ATF-Dexron II** oder **Dexron III** darf **nicht** verwendet werden (ATF = Automatic Transmission Fluid).

Prüfen

- Fehlerspeicher auslesen lassen (Werkstattarbeit).
- Fahrzeug unbeladen auf ebener Fläche abstellen.
- Handbremse anziehen.
- Wählhebel bei laufendem Motor nacheinander kurz in alle Fahrstufen von P bis 1 und von 1 bis P einlegen.
- Wählhebel in die Stellung »P« (Parkstellung) bringen und Motor weiter mit Leerlaufdrehzahl laufen lassen.

Achtung: Der Motor muss während der Prüfung im Leerlauf laufen, damit sich der Drehmomentwandler füllen kann.

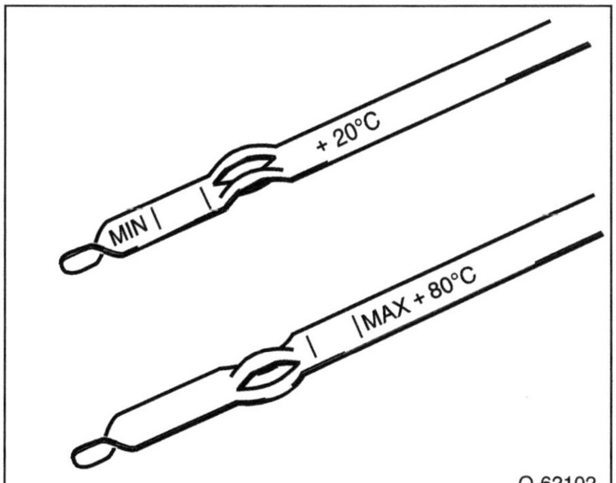

O-62102

- Die Prüfung kann bei kaltem oder warmem Getriebe erfolgen. Da der Ölstand bei kaltem oder warmem Öl unterschiedlich ist, hat der Messstab 2 Messskalen. Auf der einen Seite wird bei einer Öltemperatur von +80° C und auf der anderen Seite bei einer Öltemperatur von +20° C abgelesen.

Achtung: Zum Abwischen des Peilstabes darf nur ein sauberer, nicht fasernder Lappen verwendet werden.

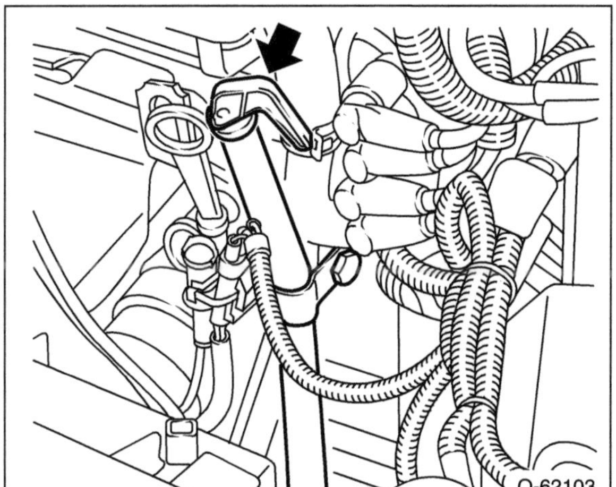

O-62103

- Bei kaltem Getriebe (Umgebungstemperatur unter +35° C) muss die Prüfung nach einer Minute Motorleerlauf abgeschlossen sein. Ölmessstab –Pfeil– herausziehen und mit einem sauberen, nicht fasernden Lappen abwischen. Anschließend Messstab voll eintauchen, wieder herausziehen und Ölstand ablesen. Der korrekte Ölstand muss auf der mit »+20° C« bezeichneten Seite des Ölmessstabes zwischen den beiden Markierungen »MIN« liegen.
- Bei betriebswarmem Getriebe wird der Ölstand auf der anderen mit »+80° C« bezeichneten Seite des Ölmessstabes abgelesen. Der korrekte Ölstand liegt zwischen den beiden Markierungen »MAX«. Die Betriebstemperatur wird nach einer Fahrt auf einer Schnellstraße von mindestens 20 km Länge erreicht.
- Das Nachfüllen erfolgt durch das Ölstandskontrollrohr. Muss Getriebeöl nachgefüllt werden, sauberen Trichter, möglichst mit feinmaschigem Sieb, verwenden.

Achtung: Nicht zu viel Öl einfüllen. Zu viel Öl kann Störungen im Automatikgetriebe hervorrufen. In jedem Fall muss zu viel eingefülltes Öl wieder abgelassen oder mit einer Spritze abgesaugt werden.

- Altes Öl gleichzeitig am Peilstab auf Aussehen und Geruch prüfen. Verbrannte Reibbeläge verursachen Brandgeruch. Durch verschmutztes Öl können Störungen in der Getriebesteuerung auftreten.

Achtung: Es darf nur das OPEL-Spezialöl verwendet werden. **Kein** ATF-Öl »Dexron II« oder »Dexron III« verwenden.

Ohne Ölfüllung im Drehmomentwandler und im automatischen Getriebe darf weder der Motor laufen noch darf der Wagen abgeschleppt werden.

- Nach erfolgter Prüfung oder Korrektur des Ölstandes Messstab wieder ganz einstecken und festklemmen.
- Fußbremse betätigen und sämtliche Wählhebelstellungen langsam durchschalten. Anschließend Ölstand nochmals kontrollieren.
- Motor abstellen.

Getriebeöl wechseln

Ablassen

- Ölstand prüfen.
- Motor abstellen.

Sicherheitshinweis
Beim Aufbocken des Fahrzeugs besteht Unfallgefahr! Deshalb die Hinweise im Kapitel »Fahrzeug aufbocken« beachten.

- Fahrzeug waagerecht aufbocken.

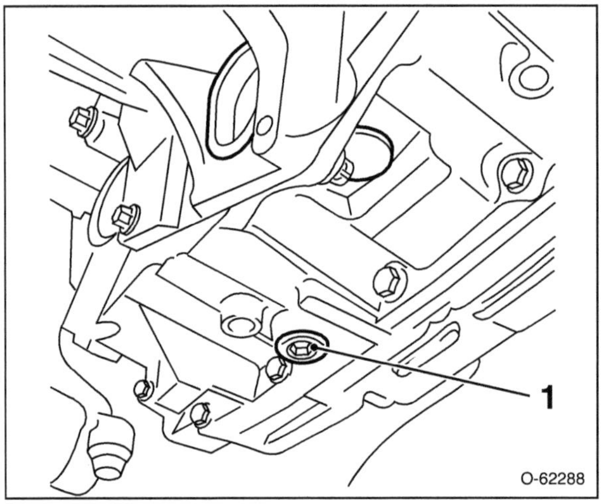

- Ölauffangwanne und die Getriebeöl-Ablassschraube –1– stellen.
- Ablassschraube –1– herausdrehen und Getriebeöl ablassen.
- Ablassschraube mit **neuem** Dichtring einschrauben und mit **40 Nm** festziehen.

Getriebeölzustand prüfen

- Rotes, ungetrübtes Getriebeöl ohne Partikel weist auf einen einwandfreien Getriebeölzustand hin.
- Braun-schwarz getrübtes und verbrannt riechendes Getriebeöl weist auf beschädigte weist auf beschädigte Belaglamellen der jeweiligen Kupplungen oder Bremsen hin. (Werkstattarbeit).
- Bei einem hohen Anteil von Metallpartikeln muss das Getriebe möglicherweise ersetzt werden (Werkstattarbeit).

Auffüllen

- Getriebeöl auffüllen, siehe unter »Nachfüllen« im Abschnitt »Ölstand prüfen«.
  Füllmenge: 3,3 l.
- Fahrzeug ablassen.
- Getriebeölstand erneut prüfen.

Vorderachse/Lenkung

Folgende Wartungspunkte müssen nach dem Wartungsplan durchgeführt werden:

- Radaufhängung sichtprüfen: Federn auf Bruch, Stoßdämpfer auf deutliche Ölspuren prüfen – etwas Feuchtigkeit ist unbedenklich.
- Gummimanschetten der Gelenkwellen: Auf Undichtigkeiten und Beschädigungen prüfen.
- Lenkgetriebe: Manschetten prüfen.
- Spurstangenköpfe und Achsgelenke: Staubkappen prüfen, Gelenke auf Spiel prüfen.
- Niveauregulierung, falls vorhanden: Sichtprüfen.

Gummimanschetten der Gelenkwellen prüfen

Für die Prüfung werden weder Spezialwerkzeuge noch Verschleißteile benötigt.

Sicherheitshinweis
Beim Aufbocken des Fahrzeugs besteht Unfallgefahr! Hinweise im Kapitel »Fahrzeug aufbocken« beachten.

- Fahrzeug aufbocken.

- Gummi der Manschetten –1– mit Lampe anstrahlen und auf Porosität und Risse untersuchen. Eingerissene Gelenkschutzhüllen umgehend erneuern.
- Sollte eine Manschette durch Unterdruck im Gelenk nach innen gezogen oder defekt sein, so ist sie umgehend auszutauschen.
- Auf sichtbare Fettspuren an den Manschetten und in deren Umgebung achten.
- Festen Sitz der Manschettenbänder –2– prüfen.

Lenkmanschetten prüfen

Für die Prüfung werden weder Spezialwerkzeuge noch Verschleißteile benötigt.

Sicherheitshinweis
Beim Aufbocken des Fahrzeugs besteht Unfallgefahr! Hinweise im Kapitel »Fahrzeug aufbocken« beachten.

- Fahrzeug vorn aufbocken.

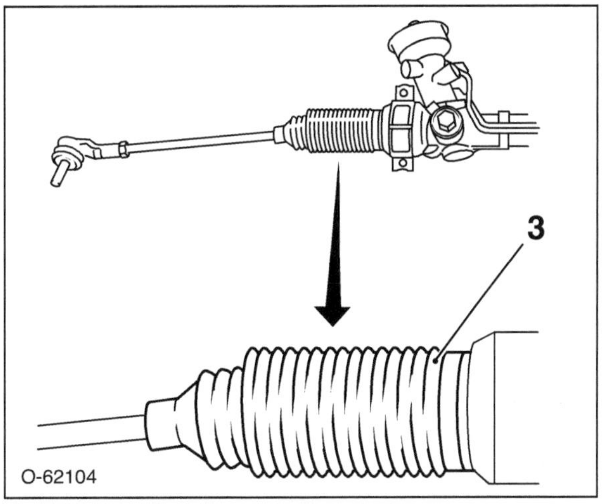

- Gummimanschetten –3– links und rechts mit Lampe anstrahlen und auf Beschädigungen überprüfen, dabei auf Fettspuren an den Manschetten und in deren Umgebung achten.
- Manschetten auf Risse, Einschnitte oder Marderbisse prüfen.
- Festen Sitz der Manschettenbänder prüfen.
- Fahrzeug ablassen.

Spurstangen- und Achsgelenke: Auf Undichtigkeit und Spiel prüfen

Staubkappen prüfen

Für die Prüfung werden weder Spezialwerkzeuge noch Verschleißteile benötigt.

Sicherheitshinweis
Beim Aufbocken des Fahrzeugs besteht Unfallgefahr! Hinweise im Kapitel »Fahrzeug aufbocken« beachten.

- Fahrzeug vorn aufbocken.

Spurstangengelenk

Achsgelenk

- Staubkappen links und rechts mit Lampe anstrahlen und auf Beschädigungen überprüfen, dabei auf Fettspuren an den Manschetten und in deren Umgebung achten.
- Manschetten auf Risse, Einschnitte und festen Sitz prüfen.
- Bei beschädigter Staubkappe sicherheitshalber entsprechendes Gelenk mit Schutzkappe auswechseln. Eingedrungener Schmutz zerstört das Gelenk.
- Befestigungsmuttern für die Gelenke auf festen Sitz prüfen, dabei Mutter jedoch nicht verdrehen.
- **Achsgelenke auf Spiel prüfen.** Dazu Vorderrad oben und unten packen und versuchen, dieses über den Nabenmittelpunkt zu schwenken. Dabei darf kein spürbares Spiel vorhanden sein, andernfalls entsprechendes Achsgelenk ersetzen.
- Fahrzeug ablassen.

Spurstangengelenk auf Spiel prüfen

Für die Prüfung wird eine Grube benötigt.

- Fahrzeug über eine Montagegrube fahren.
- Räder und Lenkrad in Geradeausstellung bringen.
- Zündschlüssel abziehen und Lenkradschloss einrasten.
- Handbremse anziehen.
- Von unten Spurstangen mit beiden Händen fassen und abwechselnd Axialbewegungen (nach links und rechts schieben) und Torsionsbewegungen (drehen) ausführen. Dabei darf in den Spurstangengelenken kein spürbares Spiel vorhanden sein. Andernfalls entsprechendes Spurstangengelenk ersetzen.

Folgende Wartungspunkte müssen nach dem Wartungsplan durchgeführt werden:

- Bremsflüssigkeitsstand prüfen.
- Bremsanlage vorn/hinten: Belagstärke prüfen.
- Handbremse: Funktion prüfen.
- Bremsanlage: Leitungen, Schläuche und Anschlüsse auf Undichtigkeiten und Beschädigungen prüfen.
- Fahrzeuge mit Trommelbremse hinten: Bremstrommel ausbauen, reinigen und sichprüfen.
- Bremsflüssigkeit für Bremssystem und Kupplungshydraulik wechseln (Werkstattarbeit).
- Bereifung: Reifenfülldruck und Profiltiefe prüfen (einschließlich Reserverad); Reifen auf Verschleiß und Beschädigungen prüfen.
- Reifendichtmittel: Haltbarkeitsdatum prüfen, Dichtmittelflasche alle 4 Jahre ersetzen.
- Räder: Radschrauben lösen. Schrauben einzeln nacheinander herausdrehen, Schraubenkonus leicht fetten oder ölen und Schrauben wieder einschrauben. Anschließend alle Radschrauben über Kreuz mit **110 Nm** festziehen.

Bremsflüssigkeitsstand prüfen

Spezialwerkzeug: nicht erforderlich.

Erforderliche Verschleißteile:

- Bremsflüssigkeit der Spezifikation **DOT 4+**.

Der Vorratsbehälter für die Bremsflüssigkeit befindet sich im Motorraum vor der Stirnwand.

Der Vorratsbehälter ist durchscheinend, so dass der Bremsflüssigkeitsstand von außen überprüft werden kann. Außerdem wird ein zu niedriger Bremsflüssigkeitsstand durch eine Warnleuchte im Kombiinstrument signalisiert. Dennoch ist es ratsam, bei der regelmäßigen Motorölkontrolle auch einen Blick auf den Vorratsbehälter zu werfen.

- Der Flüssigkeitsstand soll zwischen der MAX- –1– und der MIN-Marke –2– liegen.
- Falls nachgefüllt werden muss, nur **neue** Bremsflüssigkeit einfüllen.

Hinweis: Durch Abnutzung der Scheibenbremsbeläge entsteht ein geringfügiges Absinken der Bremsflüssigkeit. Das ist normal. Es muss keine Bremsflüssigkeit nachgefüllt werden.

Achtung: Sinkt die Bremsflüssigkeit jedoch innerhalb kurzer Zeit stark ab oder liegt der Flüssigkeitsspiegel unter der MIN-Marke, ist das ein Zeichen für Bremsflüssigkeitsverlust.

Die Leckstelle muss dann sofort ausfindig gemacht werden. Sicherheitshalber sollte die Überprüfung der Anlage von einer Fachwerkstatt durchgeführt werden.

Bremsbelagdicke prüfen

Für die Prüfung werden weder Spezialwerkzeuge noch Verschleißteile benötigt.

Sicherheitshinweis
Beim Aufbocken des Fahrzeugs besteht Unfallgefahr! Hinweise im Kapitel »Fahrzeug aufbocken« beachten.

- Fahrzeug aufbocken.
- Reifen-Laufrichtung mit Pfeil am Reifen markieren. Radschrauben lösen. Fahrzeug aufbocken und Räder abnehmen. **Achtung:** Unbedingt Hinweise im Kapitel »Rad aus- und einbauen« beachten.

Scheibenbremse

- Bremsscheibendicke prüfen, siehe Seite 141.

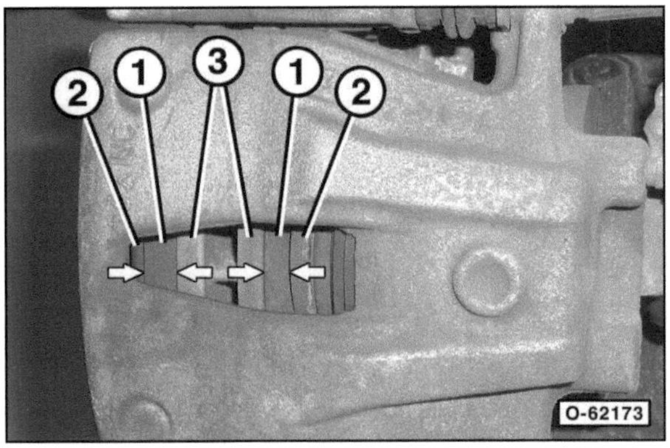

- Dicke der Bremsbeläge –1– ohne Rückenplatte –2– sichtprüfen. Die Dicke des Belags muss mindestens **2 mm** betragen. 3 – Bremsscheibe.
- Im Zweifelsfall Bremsbeläge ausbauen und Belagdicke mit einer Schieblehre messen.
- Ist die Verschleißgrenze der Bremsbeläge erreicht, Bremsbeläge wechseln. Dabei müssen immer alle vier Beläge einer Achse ersetzt werden. Auch dann, wenn nur ein Belag die Verschleißgrenze erreicht hat.

Hinweis: Nach einer Faustregel entspricht bei den vorderen Scheibenbremsen 1 mm Bremsbelag einer Fahrleistung von mindestens 1.000 km. Diese Faustregel gilt unter ungünstigen Bedingungen. Im Normalfall halten die Beläge viel länger. Bei einer Belagdicke der Scheibenbremsbeläge von 5,0 mm (ohne Rückenplatte) beträgt die Restnutzbarkeit der Bremsbeläge also noch mindestens 3.000 km.

- Reifen-Laufrichtung beachten, Räder anschrauben, Fahrzeug ablassen, erst dann Radschrauben über Kreuz mit **110 Nm** festziehen. **Achtung:** Unbedingt Hinweise im Kapitel »Rad aus- und einbauen« beachten.

Hinterrad-Trommelbremse

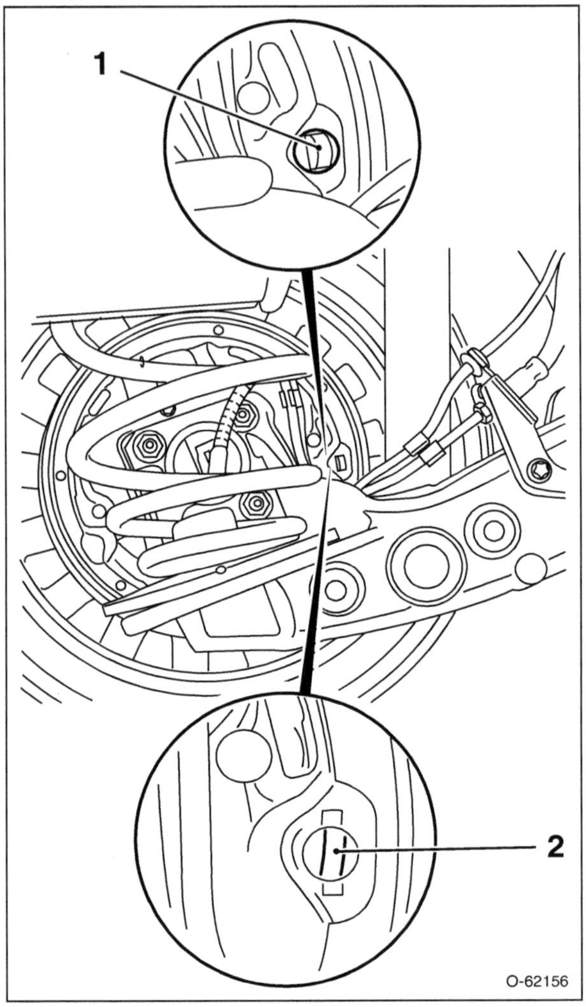

- An den hinteren Bremsträgern Gummikappe –1– vom Schauloch abnehmen und mit Taschenlampe durch die Öffnung –2– leuchten und Belagdicke sichtprüfen. Die Verschleißgrenze ist erreicht, wenn der Belag eine Stärke von ca. 1,0 mm (ohne Metall-Trägerbacke) hat. Im Zweifelsfall Bremstrommel ausbauen und Belagstärke messen.
- Stopfen einsetzen und auf gute Abdichtung achten.
- Reifen-Laufrichtung beachten, Räder anschrauben, Fahrzeug ablassen, erst dann Radschrauben über Kreuz mit **110 Nm** festziehen. **Achtung:** Unbedingt Hinweise im Kapitel »Rad aus- und einbauen« beachten.

Bremstrommeln prüfen

Für die Prüfung werden weder Spezialwerkzeuge noch Verschleißteile benötigt.

Sicherheitshinweis
Beim Aufbocken des Fahrzeugs besteht Unfallgefahr! Hinweise im Kapitel »Fahrzeug aufbocken« beachten.

- Fahrzeug aufbocken.
- Reifen-Laufrichtung mit Pfeil am Reifen markieren. Radschrauben lösen. Fahrzeug aufbocken und Räder abnehmen. **Achtung:** Unbedingt Hinweise im Kapitel »Rad aus- und einbauen« beachten.
- Bremstrommel ausbauen, siehe Seite 142.
- Bremstrommeln und Bremsbeläge auf Riefen, Risse, Verschleiß und Verölung prüfen, gegebenenfalls ersetzen. **Achtung:** Verölte Bemsbeläge grundsätzlich erneuern.

- Manschette Radbremszylinder zurückziehen und auf Feuchtigkeit hinter der Manschette prüfen. Gegebenenfalls Radbremszylinder auswechseln.
- Ist die Verschleißgrenze der Bremsbeläge erreicht, Beläge auswechseln. Grundsätzlich alle Beläge einer Achse erneuern.
- Bremstrommeln einbauen, siehe Seite 142.
- Reifen-Laufrichtung beachten, Räder anschrauben, Fahrzeug ablassen, erst dann Radschrauben über Kreuz mit **110 Nm** festziehen. **Achtung:** Unbedingt Hinweise im Kapitel »Rad aus- und einbauen« beachten.

Handbremse prüfen

Erforderliches Spezialwerkzeug:

- Eine Grube oder ein hydraulischer Wagenheber mit Unterstellböcken.

Verschleißteile/Betriebsmittel: nicht erforderlich.

Sicherheitshinweis
Beim Aufbocken des Fahrzeugs besteht Unfallgefahr! Deshalb vorher das Kapitel »Fahrzeug aufbocken« durchlesen.

- Fahrzeug aufbocken und durch Unterstellböcke sichern. Die Räder sollen sich mindestens 5 cm über dem Boden befinden.
- Handbremse lösen und Hinterräder drehen. Die Räder müssen frei drehbar sein, die Bremsen dürfen nicht schleifen.
- Handbremshebel um 3 Zähne anziehen und Hinterräder drehen.
- Die Bremswirkung auf die Hinterräder muss gerade einsetzen. Die Hinterräder dürfen sich gerade noch drehen lassen (schwergängig).
- Handbremshebel um 4 Zähne anziehen. Die Hinterräder dürfen sich jetzt nicht mehr drehen lassen.
- Andernfalls Handbremse einstellen, siehe Seite 151.
- Fahrzeug ablassen.

Bremsleitungen sichtprüfen

Für die Prüfung werden weder Spezialwerkzeug noch Verschleißteile benötigt.

Sicherheitshinweis
Beim Aufbocken des Fahrzeugs besteht Unfallgefahr! Hinweise im Kapitel »Fahrzeug aufbocken« beachten.

- Fahrzeug aufbocken.
- Bremsleitungen mit Kaltreiniger reinigen.

Achtung: Die Bremsleitungen sind zum Schutz gegen Korrosion mit einer Kunststoffschicht überzogen. Wird diese Schutzschicht beschädigt, kann es zur Korrosion der Leitungen kommen. Aus diesem Grund dürfen Bremsleitungen nicht mit Drahtbürste, Schmirgelleinen oder Schraubendreher gereinigt werden.

- Bremsleitungen vom Hauptbremszylinder zu den einzelnen Radbremszylindern mit Lampe anstrahlen und überprüfen. Der Hauptbremszylinder sitzt im Motorraum unter dem Vorratsbehälter für Bremsflüssigkeit.
- Bremsleitungen dürfen weder geknickt noch gequetscht sein. Auch dürfen sie keine Rostnarben oder Scheuerstellen aufweisen. Andernfalls Leitung bis zur nächsten Trennstelle ersetzen.
- Bremsschläuche verbinden die Bremsleitungen mit den Radbremszylindern an den beweglichen Teilen des Fahrzeugs. Sie bestehen aus hochdruckfestem Material, können aber mit der Zeit porös werden, aufquellen oder durch scharfe Gegenstände angeschnitten werden. In einem solchen Fall sind sie sofort zu ersetzen.

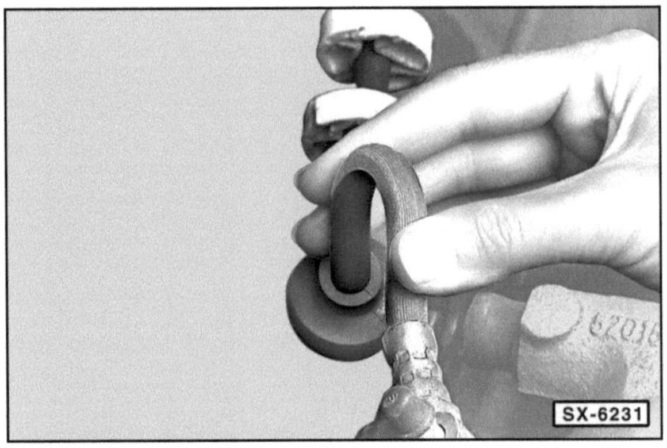

- Bremsschläuche mit der Hand hin- und herbiegen, um Beschädigungen festzustellen. Schläuche dürfen nicht verdreht sein, farbige Kennlinie beachten, falls vorhanden!
- Lenkrad nach links und rechts bis zum Anschlag drehen. Die Bremsschläuche dürfen dabei in keiner Stellung Fahrzeugteile berühren.
- Anschlussstellen von Bremsleitungen und -schläuchen dürfen nicht durch ausgetretene Flüssigkeit feucht sein.

Achtung: Wenn der Vorratsbehälter und die Dichtungen durch ausgetretene Bremsflüssigkeit feucht sind, so ist das nicht unbedingt ein Hinweis auf einen defekten Hauptbremszylinder. Vielmehr dürfte die Bremsflüssigkeit durch die Belüftungsbohrung im Deckel oder durch die Deckeldichtung ausgetreten sein.

- Fahrzeug ablassen.

Bremsflüssigkeit wechseln

Achtung: Da die Kupplungsbetätigung ebenfalls mit Bremsflüssigkeit arbeitet, muss im Rahmen der Wartung auch der Inhalt des Kupplungssystems ersetzt werden. Dazu schreibt OPEL vor, dass die hydraulische Kupplungsbetätigung nur noch mit einem Bremsentlüftungsgerät entlüftet werden darf. Manuelles Entlüften ist nicht mehr zulässig.

Es empfiehlt sich daher, das Wechseln der Bremsflüssigkeit in der Fachwerkstatt vornehmen zu lassen.

Reifenprofil/Radbefestigung prüfen

Spezialwerkzeug: nicht erforderlich.

Die Reifen ausgewuchteter Räder nutzen sich bei gewissenhaftem Einhalten des vorgeschriebenen Fülldrucks und bei fehlerfreier Radeinstellung und Stoßdämpferfunktion auf der gesamten Lauffläche annähernd gleichmäßig ab. Bei ungleichmäßiger Abnutzung können verschiedene Fehler vorliegen, siehe Kapitel »Räder und Reifen«. Im Übrigen lässt sich keine generelle Aussage über die Lebensdauer bestimmter Reifenfabrikate machen, denn die Lebensdauer hängt von unterschiedlichen Faktoren ab:

- Fahrbahnoberfläche
- Reifenfülldruck
- Fahrweise
- Witterung

Vor allem sportliche Fahrweise, scharfes Anfahren und starkes Bremsen fördern den schnellen Reifenverschleiß.

Achtung: Die Rechtsprechung verlangt, dass Reifen lediglich bis zu einer Profiltiefe von 1,6 mm abgefahren werden dürfen, und zwar müssen die Profilrillen auf der gesamten Lauffläche noch mindestens 1,6 mm Tiefe aufweisen. Es empfiehlt sich jedoch, sicherheitshalber die Reifen bereits bei einer Mindestprofiltiefe von 2 mm auszutauschen.

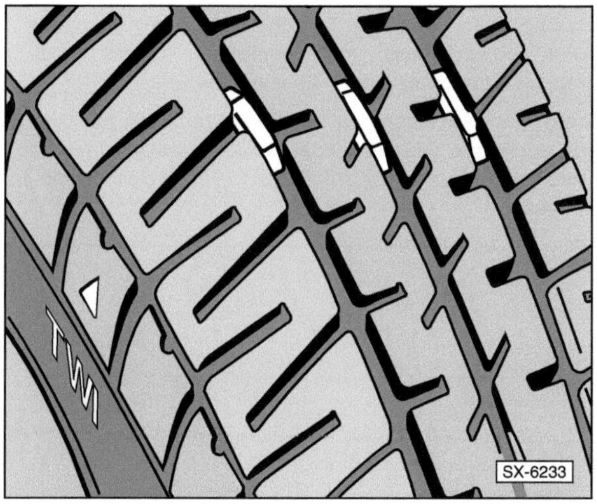

Nähert sich die Profiltiefe der gesetzlich zulässigen Mindestprofiltiefe, das heißt, weist der mehrmals am Reifenumfang angeordnete 1,6 mm hohe Verschleißanzeiger kein Profil mehr auf, müssen die Reifen gewechselt werden.

Achtung: »M+S«-Reifen haben auf Matsch und Schnee nur den gewünschten Grip, wenn ihr Profil noch mindestens 4 mm tief ist.

Achtung: Reifen auf Schnittstellen untersuchen und mit kleinem Schraubendreher Tiefe der Schnitte feststellen. Wenn die Schnitte bis zur Karkasse reichen, korrodiert durch eindringendes Wasser der Stahlgürtel. Dadurch löst sich unter Umständen die Lauffläche von der Karkasse, der Reifen platzt. Deshalb: Bei tiefen Einschnitten im Profil aus Sicherheitsgründen Reifen austauschen.

- Sämtliche Radschrauben lösen und über Kreuz mit **110 Nm** festziehen.

Reifenfülldruck prüfen

Für die Prüfung werden weder Spezialwerkzeug noch Verschleißteile benötigt.

Reifenfülldruck einmal im Monat an der Tankstelle prüfen. Vor längeren Autobahnfahrten Fülldruck zusätzlich kontrollieren, da hierbei die Temperaturbelastung für den Reifen am größten ist.

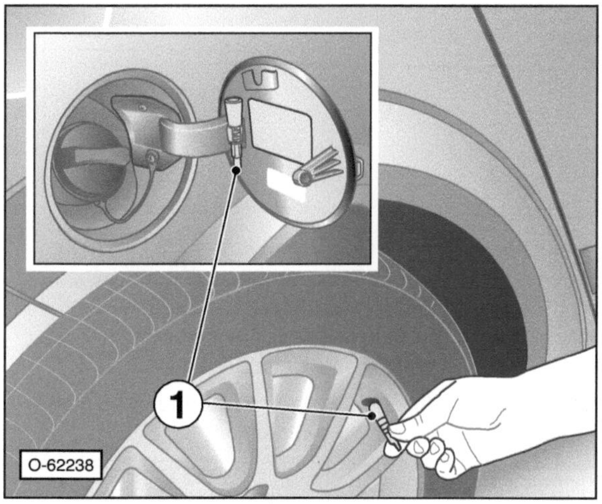

- Ventilkappe abschrauben. Damit die Finger nicht verschmutzen, Kunststoffröhrchen (Ventilkappenschlüssel) –1– innen an der Tankklappe abnehmen und damit die Ventilkappe abschrauben.

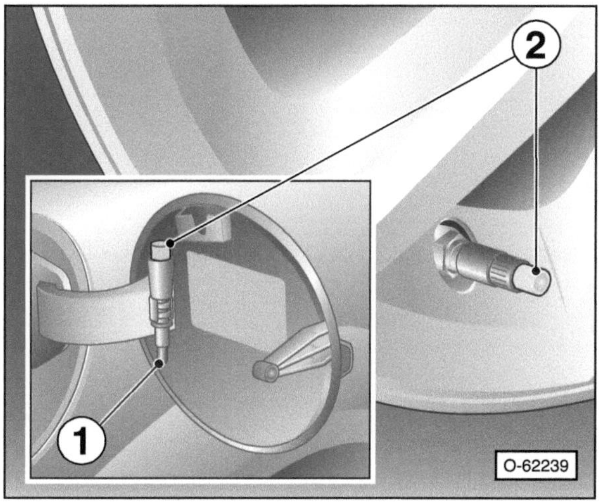

- Bei Fahrzeugen mit Reifendruck-Kontrollsystem vor dem Ansetzen des Reifendruckprüfgerätes Adapter –2– aus dem Ventilkappenschlüssel –1– herausnehmen und auf das Ventil aufschrauben. **Achtung:** Andernfalls kann der Alu-Ventilkörper beschädigt werden. **Hinweis:** Bei Fahrzeugen mit Reifendruck-Kontrollsystem ist der Ventilschaft aus Metall (sonst Gummi) und die Ventilkappe aus Aluminium (sonst Kunststoff).

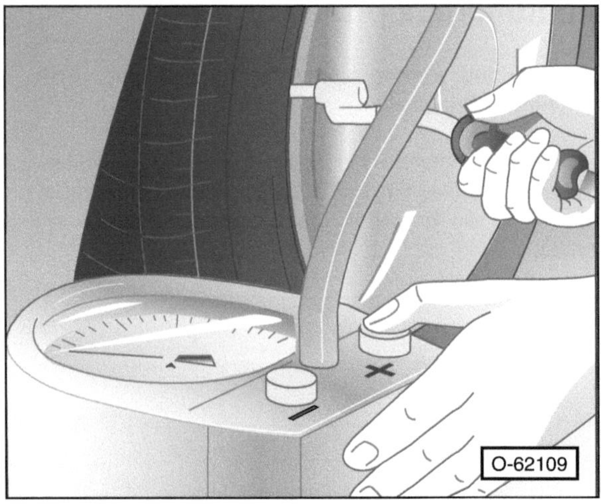

- Reifenfülldruck grundsätzlich am kalten Reifen prüfen. Höherer Druck infolge Reifenerwärmung durch längere Fahrt darf nicht reduziert werden. Der richtige Reifenfülldruck steht auf der Innenseite der Tankklappe. Anhaltswerte für den Reifenfülldruck, siehe Seite 131.
- Bei der Druckprüfung im Rahmen der Wartung ebenfalls das Reserverad prüfen, falls vorhanden. Der richtige Fülldruck entspricht dem höchsten angegebenen Druck bei voller Beladung.
- Ventilkappe mit Hilfswerkzeug fest aufschrauben. Gegebenenfalls vorher Adapter abschrauben und in den Ventilkappenschlüssel einsetzen.

Reifenventil prüfen

Erforderliches Spezialwerkzeug:

- Ventil-Metallschutzkappe oder HAZET 666-1.

Prüfen

- Staubschutzkappe vom Ventil abschrauben.

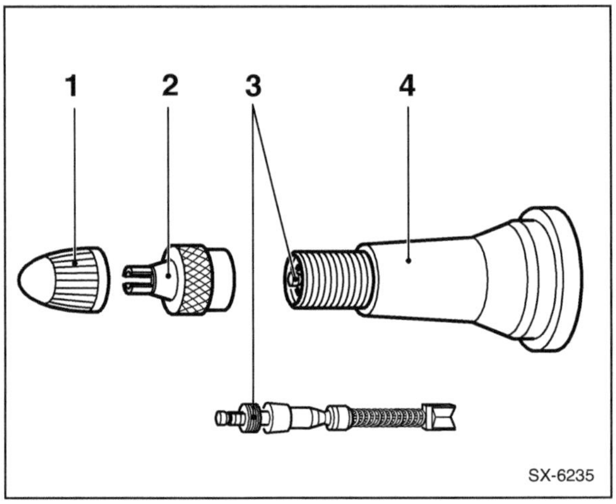

- Etwas Seifenwasser oder Speichel auf das Ventil geben. Wenn sich eine Blase bildet, Ventileinsatz –3– mit umgedrehter Metallschutzkappe –2– festdrehen.

Achtung: Zum Anziehen des Ventileinsatzes kann nur eine Metallschutzkappe –2– verwendet werden. Metallschutzkappen sind an der Tankstelle erhältlich. 1 – Gummischutzkappe, 4 – Ventil.

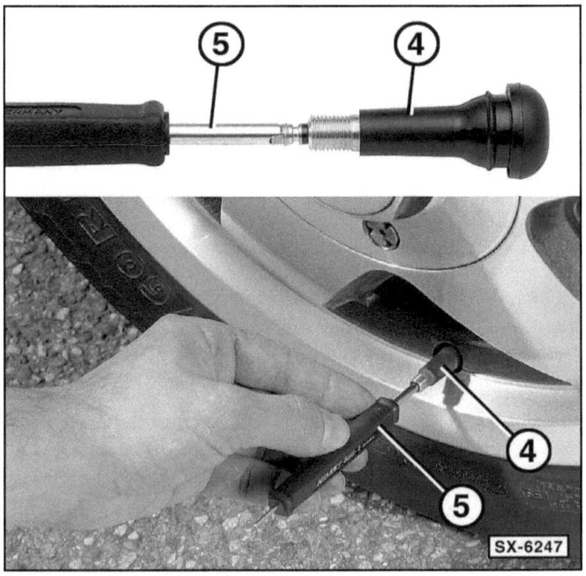

Hinweis: Anstelle der Metallschutzkappe kann auch das Werkzeug HAZET 666-1 –5– verwendet werden. 4 – Ventil.

- Ventil erneut prüfen. Falls sich wieder Blasen bilden oder das Ventil sich nicht weiter anziehen lässt, Ventileinsatz beziehungsweise Ventil erneuern.
- Grundsätzlich Staubschutzkappe wieder aufschrauben.

Reifenreparatur-Set prüfen/ersetzen

Spezialwerkzeug: nicht erforderlich.

Prüfen/Ersetzen

Das Reifenreparatur-Set, falls vorhanden, befindet sich im Gepäckraum rechts hinter einer Abdeckung. Zum Öffnen die Abdeckung ausrasten und herunterklappen.

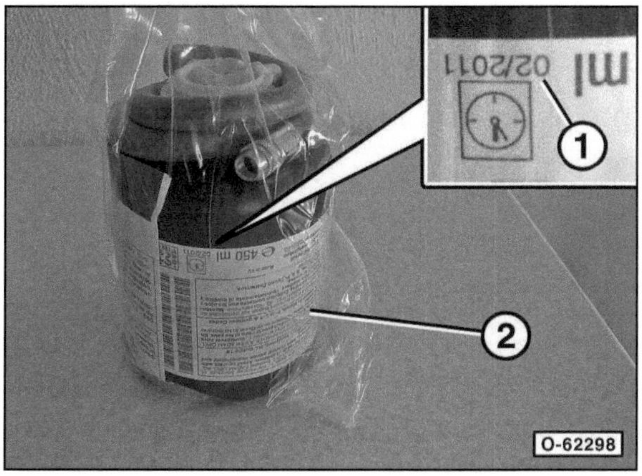

- Haltbarkeitsdatum –1– auf der Dichtmittelflasche –2– überprüfen. Bei Ablauf des Verfallsdatums, hier: 02/2011, Flasche erneuern. In der Regel muss die Dichtmittelflasche alle 4 Jahre ersetzt werden.
- Nach Benutzung muss das Reifendichtmittel grundsätzlich ersetzt werden.

Karosserie/Innenausstattung/Heizung

Folgende Wartungspunkte müssen nach dem Wartungsplan durchgeführt werden:

- Airbag-Einheiten: Sichtprüfen auf Beschädigungen.
- Flex-Fix-System: Verriegelungssystem auf Gangbarkeit prüfen und einölen, siehe Seite 48.
- Klimakompressor auf Dichtheit sichtprüfen.
- Pollenfilter: Filtereinsatz ersetzen.
- Türfeststeller und Türscharniere, Tür-Schließzylinder, Schließbügel, Motorhaubenschloss und Heckklappenscharniere: Schmieren.
- Erste-Hilfe-Kasten: Haltbarkeitsdatum überprüfen, gegebenenfalls Erste-Hilfe-Kasten ersetzen.
- Karosserie: Lackierung auf Beschädigung sichtprüfen.
- Unterbodenschutz und Hohlraumkonservierung: Sichtprüfen, Beschädigungen ausbessern.

Airbageinheiten sichtprüfen

Spezialwerkzeug und Verschleißteile/Betriebsmittel sind nicht erforderlich.

Erkennungsmerkmal für den Airbag ist der Schriftzug »AIRBAG« auf der Polsterplatte des Lenkrades beziehungsweise auf der Abdeckung an der rechten Seite der Armaturentafel.

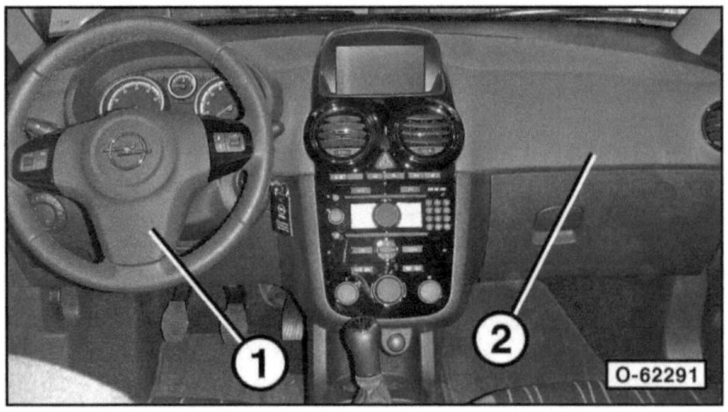

- Sichtprüfung der Airbageinheiten –1– und –2– auf äußere Beschädigungen durchführen.

Sicherheitshinweise
- Die Abdeckungen der Airbag-Einheiten dürfen nicht beklebt, überzogen oder anderweitig verändert werden.
- Die Abdeckungen der Airbag-Einheiten dürfen nur mit einem trockenen oder mit Wasser angefeuchteten Lappen gereinigt werden.

Zusätzliche Hinweise:

- Bei Ausstattung mit Seitenairbags dürfen die Sitzlehnen nur mit speziellen und von OPEL freigegebenen Bezügen überzogen werden.

Pollenfilter ersetzen

Spezialwerkzeug: nicht erforderlich.

Erforderliche Betriebsmittel/Verschleißteile:

- Filtereinsatz.

Der Filter sitzt unterhalb der Windschutzscheibe in der Mitte hinter einer Abdeckung. Er reinigt die von außen eintretende Luft von Staub, Ruß, Pollen und Sporen. Bei häufigen Fahrten in staubiger Umgebung Filter in kürzeren Abständen wechseln.

Hinweis: Fahrzeuge mit Klimaanlage besitzen einen herkömmlichen Pollenfilter, Fahrzeuge ohne Klimaanlage einen Filter mit Aktivkohlebeschichtung (dunkleres Filterflies). Filter immer gegen einen gleicher Ausführung ersetzen.

Ausbau

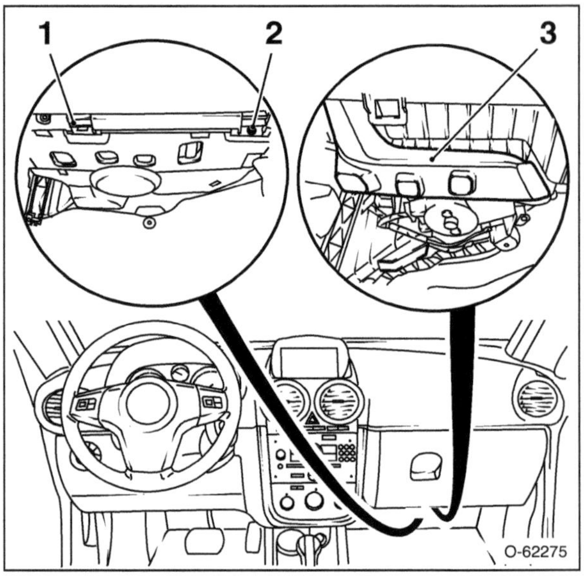

- Fußraum-Abdeckung unter dem Handschuhkasten im Beifahrerfußraum ausbauen. Dazu Schraube –2– herausdrehen und Clip –1– eindrücken.
- Luftführung im Beifahrerfußraum –2– ausbauen. Dazu Spreizniet herausdrücken. Zum Ausbau von Spreiznieten siehe auch Seite 210.

Hinweis: Für den leichteren Einbau ist es empfehlenswert sich die Einbaulage des Filtereinsatzes zu merken.

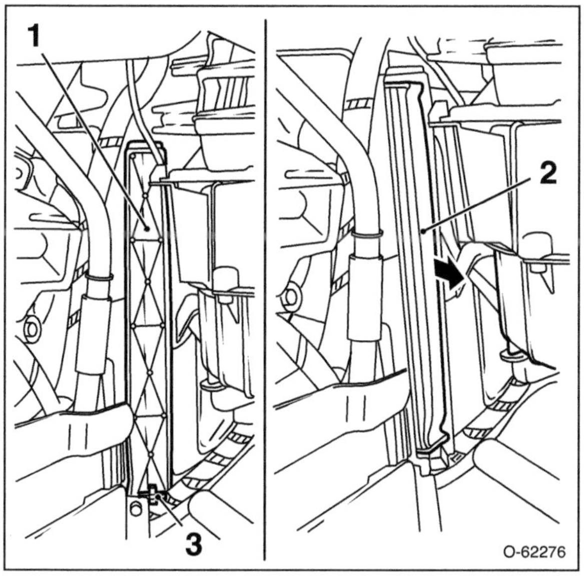

- Serviceklappe –1– für Pollenfilter unten ausclipsen –3–.
- Pollenfilter –2– in Pfeilrichtung herausziehen.

Einbau

- Filtereinsatz vorsichtig in das Gehäuse einschieben. Darauf achten, dass die Lamellen nicht beschädigt werden.
- Serviceklappe schließen und einclipsen.
- Der weitere Einbau erfolgt in umgekehrter Ausbaureihenfolge.

Schließeinrichtungen schmieren

Spezialwerkzeug: nicht erforderlich.

Erforderliches Betriebsmittel:

- Für Schließzylinder: OPEL-Sprühfett mit der Kat-Nr. 19 48 610 und der ET-Nr. 09163311.
  Für die übrigen Schmierstellen: Radlager- oder Hochdruckfett, zum Beispiel OPEL-Fett mit der Kat-Nr. 19 48 606/-608 und der ET-Nr. 90 510 336/-2 280.

Schmierstellen

- Türscharniere.

- Haltebänder der Türbremsen mit einem Lappen abwischen und mit neuem Fett bestreichen.

- Schließbügel nur dünn fetten.

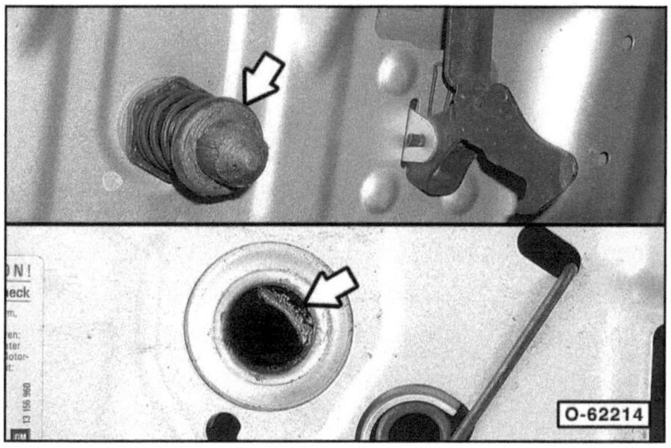

- Motorhaubenschloss.

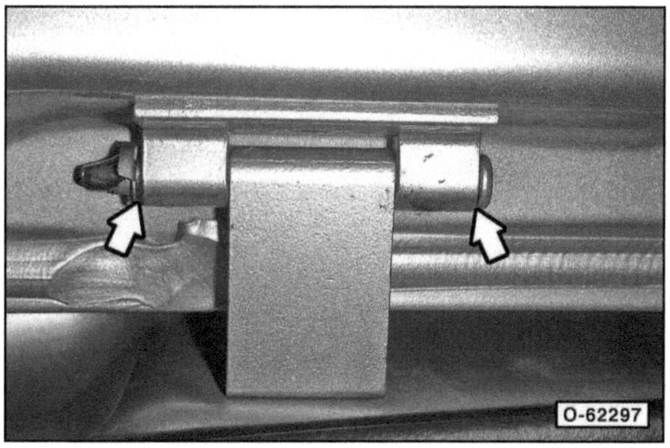

- Heckklappenscharniere.
- Türschließzylinder. Spezialfett ca. 1 Sekunde in den Schließzylinder sprühen. Anschließend Fett durch mehrere Schließvorgänge einarbeiten.

Achtung: Bei Verwendung von Türschloss-Enteisungsmittel müssen die Schließzylinder nachgefettet werden.

Elektrische Anlage

Folgende Wartungspunkte müssen nach dem Wartungsplan durchgeführt werden:

- Alle Stromverbraucher: Funktion prüfen.
- Hupe: Funktion prüfen.
- Beleuchtungsanlage/Kontrolllampen: Funktion prüfen.
- Scheinwerfereinstellung prüfen (Werkstattarbeit).
- Scheibenwischer: Wischergummis auf Verschleiß prüfen.
- Scheibenwaschanlage: Funktion prüfen, Düsenstellung kontrollieren, Flüssigkeit nachfüllen, Scheinwerfer-Waschanlage prüfen, siehe Kapitel »Scheibenwischanlage«.
- Funk-Fernbedienung: Batterien wechseln.
- Batterie: Batterie sowie Polklemmen auf Festsitz und Ladezustand der Batterie über das Batterieauge prüfen. **Hinweis:** Fahrzeuge ab Modelljahr 2010 haben kein Batterieauge.
- Eigendiagnose: Fehlerspeicher auslesen (Werkstattarbeit). Dazu wird ein geeignetes Fahrzeugdiagnosegerät, zum Beispiel OPEL-TECH2 mit einem passenden Verbindungskabel benötigt.
- Diagnosegerät bei ausgeschalteter Zündung an den Diagnoseanschluss in der Mittelkonsole über dem Aschenbecher anschließen.

Stromverbraucher prüfen

Für die Prüfung werden keine Spezialwerkzeuge benötigt.

Folgende Funktionen prüfen, gegebenenfalls Fehler beheben. Je nach Ausstattung sind nicht alle Verbraucher vorhanden:

- Beleuchtung: Abblendlicht, Fernlicht, Standlicht, Nebellicht vorn, Blinkleuchten, Warnblinkanlage, Schlusslicht, Nebelschlusslicht, Rückfahrlicht, Bremslicht, Lichthupe, Follow-me-home-Lichtfunktion.
- Leuchtweitenregulierung.
- Innen- und Leseleuchten (Abschaltautomatik für Innenleuchten vorn), Handschuhkastenbeleuchtung, beleuchteter Ascher, Sonnenblendenbeleuchtung, Einstiegsleuchten, Kofferraumbeleuchtung.
- Warnsummer für nicht ausgeschaltetes Licht und/oder Radio.
- Alle Schalter in der Konsole.
- Bordcomputer.
- Kombiinstrument mit allen Anzeigen, Leuchten und Beleuchtung.
- Hupe (Doppeltonfanfare).
- Scheibenwisch-/Scheibenwaschanlage, Scheinwerferreinigungsanlage.
- Zigarettenanzünder.
- Elektrische Außenspiegel, Beheizung und Verstellung.
- Elektrische Fensterheber.
- Elektrisches Schiebe-/Ausstelldach.
- Zentralverriegelung, Funk-Fernbedienung.
- Beheizbare Sitze, beheizbares Lenkrad.
- Radio.

Funk-Fernbedienung: Batterie wechseln

Spezialwerkzeug: nicht erforderlich.

Erforderliche Betriebsmittel/Verschleißteile:

- Batterien für Fernbedienung, Batterie-Typ CR 2032.
  Hinweis: Es empfiehlt sich, ebenfalls die Batterie für den Zweitschlüssel zu wechseln.

Achtung: Die Batterie enthält Problemstoffe und darf auf keinen Fall dem Hausmüll mitgegeben werden. Verbrauchte Batterie bei der Verkaufsstelle der neuen Batterie abgeben.

Batterie wechseln

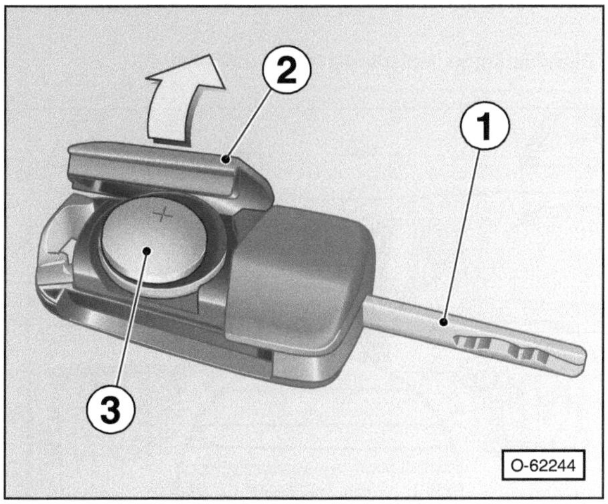

- Bei klappbarem Schlüssel, Schlüsselbart –1– ausklappen.
- Abdeckung –2– am Schlüsselgriff hochklappen –Pfeil–.

Achtung: Prüfen, ob die Polarität auf den Batterien eingeprägt ist, andernfalls Einbaulage notieren. Batteriewechsel **innerhalb von 3 Minuten** durchführen, sonst muss man die Fernbedienung neu synchronisieren.

- Batterie –3– herausnehmen und durch eine neue gleicher Ausführung (CR 2032) ersetzen. Neue Batterie in gleicher Lage wie die ausgebaute einsetzen, dabei auf richtige Polarität (+/–) achten.
- Fernbedienung zuklappen und hörbar einrasten.

Achtung: Bei der Schlüsselausführung mit festem Schlüsselbart muss die Funk-Fernbedienung nach dem Wechsel der Batterie immer neu synchronisiert werden. Dazu Schlüssel in das Türschloss stecken und Tür entriegeln. Anschließend Schlüssel in das Zündschloss stecken.

Wischergummis prüfen

Spezialwerkzeug: nicht erforderlich.

Erforderliche Betriebsmittel/Verschleißteile:

- Bei Bedarf: Scheibenwaschkonzentrat, Wischerblätter.

Prüfen

- Wischerarme hochklappen und Wischerblätter abwinkeln.
- Wischlippen mit einem weichen Tuch sowie Scheibenreinigungs- und Frostschutzmittel reinigen.
- Wischlippen auf Verhärtungen oder Risse prüfen, gegebenenfalls Wischergummis/Wischerblätter ersetzen, siehe Kapitel »Scheibenwischanlage«.

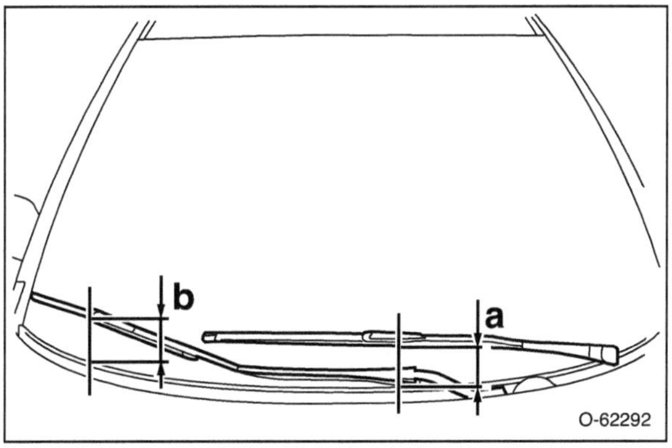

- Ruhestellung der Scheibenwischerarme prüfen. Dazu Abstandsmaß von der Scheibenfassung (sichtbares Glasende beziehungsweise Oberkante der Gummilippe des Wasserabweisers) zur Wischerblattmitte am Wischerblatt-Einhängepunkt messen. Gegebenenfalls Wischerarm an der Wischerwelle umsetzen, siehe Kapitel »Scheibenwischanlage«.
  Sollwerte: Fahrerseite a = 4,5 cm,
  Beifahrerseite b = 6,5 cm.

Fahrzeugbatterie prüfen

Spezialwerkzeug beziehungsweise Betriebsmittel/Verschleißteile werden nicht benötigt.

Achtung: Da der Ausfall der Fahrzeug-Batterie oftmals schlagartig ohne Vorankündigung erfolgt, empfiehlt es sich, eine Batterie, die **älter als 5 Jahre** ist, grundsätzlich zu ersetzen. Bei den heutigen Batterien wird ein baldiger Ausfall nicht mehr unbedingt durch eine schlechte Startfähigkeit der Batterie angekündigt.

Batterie sichtprüfen

- Gehäuse der Batterie auf Beschädigungen sichtprüfen. Bei beschädigtem Gehäuse kann ätzende Batteriesäure auslaufen und die umliegenden Bauteile beschädigen.
- Bei beschädigtem Gehäuse Batterie schnellstmöglich ersetzen und umliegende Bauteile mit Seifenlauge beziehungsweise mit viel Wasser abwaschen.

Batterie/Batterieklemmen auf festen Sitz prüfen

Eine lockere Batterie hat eine verkürzte Lebensdauer durch Rüttelschäden und vermindert außerdem die Crash-Sicherheit des Fahrzeuges. Lockere Batterieanschlüsse können einen Kabelbrand oder Funktionsstörungen in der elektrischen Anlage nach sich ziehen.

Für weitere Prüfungen siehe Kapitel »Elektrische Anlage« ab Seite 61.

Flex-Fix-System: Verriegelungssystem auf Gangbarkeit prüfen und einölen

Erforderliche Betriebsmittel/Verschleißteile:

- Sprühöl, zum Beispiel OPEL-1948606, ET-Nr. 90510336.

Prüfen

- Flex-Fix-System entriegeln.
- Fahrzeug aufbocken.

Sicherheitshinweis
Beim Aufbocken des Fahrzeugs besteht Unfallgefahr! Hinweise im Kapitel »Fahrzeug aufbocken« beachten.

- Flex-Fix-Träger vollständig herausziehen.

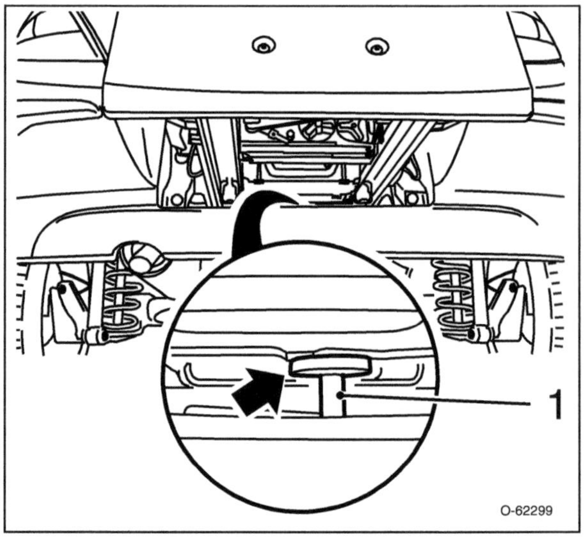

- Verriegelungsbolzen –1– seitlich hin- und herbewegen und dadurch Gangbarkeit prüfen.
- Drehachse des Verriegelungsbogens –Pfeil– mit Sprühöl einölen.

Achtung: Keinesfalls Schmierfett verwenden, da dieses durch Ausharzen die Gangbarkeit des Verriegelungsmechanismus beeinträchtigt.

- Flex-Fix-Träger vollständig einschieben und verriegeln.

Wagenpflege

Aus dem Inhalt:

- Fahrzeug waschen
- Lackierung pflegen
- Unterbodenschutz
- Hohlraumkonservierung
- Polster reinigen
- Lackschäden ausbessern

Fahrzeug waschen

Aus Umweltschutzgründen ist es in den meisten Gemeinden verboten, Fahrzeuge auf öffentlichen Plätzen zu waschen. Wird das Auto sehr oft in einer automatischen Waschanlage gewaschen, hinterlassen die rotierenden Waschbürsten Schleifspuren auf dem Lack. Diese lassen sich verhindern, wenn man den Wagen von Hand in einer entsprechenden Waschanlage wäscht.

- Vogelkot, Insekten, Baumharze, Teer- und Fettflecken, Streusalz und andere aggressive Ablagerungen sofort abwaschen, da sie ätzende Bestandteile enthalten, die Lackschäden verursachen.
- Bedienungshinweise für den Hochdruckreiniger bezüglich Druck und Düsenabstand des Sprühkopfes befolgen.
- Beim Waschen reichlich Wasser verwenden. Mit einem Schwamm oder Waschhandschuh beziehungsweise einer weichen Bürste mit dem Reinigen des Fahrzeugdaches beginnen; Schwamm oft ausspülen.
- Waschmittel nur bei hartnäckiger Verschmutzung verwenden. Mit klarem Wasser gründlich nachspülen, um die Reste des Waschmittels zu entfernen. Bei regelmäßiger Benutzung von Waschmitteln muss öfter konserviert werden. Dem Waschwasser kann ein Konservierungsmittel beigegeben werden.
- Darauf achten, dass kein Wasser in die Eintrittsöffnungen für die Innenraumbelüftung eindringt. Hochdruckdüse nicht gegen den Kühler oder schadhafte Lackflächen des Fahrzeugs richten.
- Zum Abtrocknen sauberes Leder verwenden. Verschiedene Reinigungsleder für Lack- und Fensterflächen verwenden, da Konservierungsmittelrückstände auf den Scheiben zu Sichtbehinderungen führen.
- Durch Streusalz besonders gefährdet sind alle innen liegenden Falze, Flansche und Fugen an Türen und Hauben. Diese Stellen müssen deshalb bei jeder Wagenwäsche – auch nach der Wäsche in automatischen Waschstraßen – mit einem Schwamm gründlich gereinigt und anschließend abgespült und abgeledert werden.
- Wagen niemals in der Sonne waschen oder trocknen. Wasserflecken sind sonst unvermeidlich.

Achtung: Nach der Wagenwäsche Bremspedal während der Fahrt leicht antippen, um den Wasserfilm abzubremsen.

Lackierung pflegen

Konservieren: Die gewaschene und getrocknete Lackierung möglichst oft mit einem Konservierungsmittel behandeln, um die Oberfläche durch eine Poren schließende und Wasser abweisende Wachsschicht gegen Witterungseinflüsse zu schützen. Auch wenn beim Waschen regelmäßig Waschkonservierer verwendet werden, empfiehlt es sich, den Lack mindestens zweimal im Jahr mit Hartwachs zu schützen.

Sofern Kraftstoff, Öl, Fett oder Bremsflüssigkeit auf den Lack gelangt, diese Flüssigkeiten **sofort entfernen,** sonst kommt es zu Lackverfärbungen.

Spätestens dann, wenn Wasser nicht mehr deutlich vom Lack abperlt, muss konserviert werden. Der Lack trocknet sonst aus.

Polieren: Das Polieren des Lackes ist nur dann erforderlich, wenn dieser infolge mangelhafter Pflege beziehungsweise unter der Einwirkung von Umwelteinflüssen unansehnlich geworden ist und sich durch eine Behandlung mit Konservierungsmitteln kein Glanz mehr erzielen lässt. Zu warnen ist vor stark schleifenden oder chemisch stark angreifenden Poliermitteln, auch wenn der erste Versuch damit noch so sehr zu überzeugen scheint.

Vor jedem Polieren muss der Wagen sauber gewaschen und sorgfältig abgetrocknet werden. Im Übrigen ist nach der Gebrauchsanweisung für das Poliermittel zu verfahren.

Die Bearbeitung soll in nicht zu großen Flächen erfolgen, um ein vorzeitiges Eintrocknen der Politur zu vermeiden. Bei manchen Poliermitteln muss anschließend noch konserviert werden. Nicht in der prallen Sonne polieren!

Kunststoffteile und matt lackierte Teile dürfen nicht mit Konservierungs- oder Poliermitteln behandelt werden, da sich sonst Flecken bilden.

Teerflecke entfernen: Frische Teerflecke können mit einem in Waschbenzin getränkten weichen Lappen entfernt werden oder mit speziellen Teerfleck-Entfernern. Notfalls kann auch Petroleum oder Terpentinöl verwendet werden. Sehr gut gegen Teerflecke eignet sich auch ein Lackkonservierer. Bei

Verwendung dieses Mittels kann auf ein Nachwaschen verzichtet werden.

Insekten entfernen: Insekten enthalten aggressive Stoffe, die den Lackfilm beschädigen können. Sie müssen deshalb umgehend mit lauwarmer Seifen- oder Waschmittellösung abgewaschen werden. Es gibt auch spezielle Insekten-Entferner.

Außenbeleuchtung: Leuchten- und Scheinwerferabdeckungen sind aus Kunststoff. Verunreinigungen nur mit einem feuchten, weichen Tuch entfernen. Scheinwerferabdeckungen auf keinen Fall mit einem trockenen oder scheuernden Tuch reinigen. Keine Eiskratzer verwenden und nicht mit Reinigungs- oder Lösungsmitteln säubern.

Kunststoffteile pflegen: Kunststoffteile, Kunstledersitze, Himmel, Leuchtengläser sowie mattschwarz gespritzte Teile mit Wasser und Flüssigseife säubern. Fahrzeughimmel nicht durchfeuchten. Kunststoffteile gegebenenfalls mit Kunststoffreiniger behandeln.

Scheiben reinigen: Schnee und Eis von Scheiben und Spiegeln nur mit einem Kunststoffschaber entfernen. Um Kratzer durch Schmutz zu vermeiden, sollte der Schaber nicht nach vorn und dann zurückbewegt, sondern nur geschoben werden. Fensterscheiben innen und außen mit sauberem, weichem Lappen abreiben. Bei starker Verschmutzung helfen Spiritus oder Salmiakgeist und lauwarmes Wasser oder auch ein spezieller Scheibenreiniger. Beim Reinigen der Windschutzscheibe Scheibenwischerarme nach vorn klappen. Bei der Reinigung der Windschutzscheibe auch die Wischerblätter säubern.

Achtung: Bei Verwendung silikonhaltiger Mittel dürfen die zur Reinigung der Lackierung verwendeten Waschbürsten, Schwämme, Lederlappen und Tücher nicht für die Scheiben verwendet werden. Beim Einsprühen der Lackierung mit silikonhaltigen Pflegemitteln sollten die Scheiben mit Pappe oder anderem Material abgedeckt werden.

Gummidichtungen pflegen: Gummidichtungen durch Einpudern der Dicht- und Gleitflächen mit Talkum oder Besprühen mit Silikonspray geschmeidig halten. So werden auch quietschende oder knarrende Geräusche beim Schließen der Türen vermieden. Auch das Einreiben der betreffenden Flächen mit Schmierseife beseitigt die Geräusche.

Reifen reinigen: Reifen nicht mit einem Dampfstrahlgerät reinigen. Wird die Düse des Dampfstrahlers zu nahe an den Reifen gehalten, wird dessen Gummischicht innerhalb weniger Sekunden irreparabel zerstört, selbst bei Verwendung von kaltem Wasser. Ein auf diese Weise gereinigter Reifen sollte sicherheitshalber ersetzt werden.

Leichtmetall-Scheibenräder mit Felgenreiniger und Bürste reinigen, jedoch keine aggressiven, säurehaltigen, stark alkalischen und rauen Reinigungsmittel oder Dampfstrahler über +60° C verwenden.

Sicherheitsgurte nur mit milder Seifenlauge im eingebauten Zustand säubern, nicht chemisch reinigen, da dadurch das Gewebe zerstört werden kann. Automatikgurte nur in trockenem Zustand aufrollen.

Unterbodenschutz/ Hohlraumkonservierung

Die Unterbodenverkleidung ist aus Kunststoff und schützt den hinteren Bereich des Fahrzeugunterbodens. Die besonders stark gefährdeten Bereiche in den Radläufen sind zusätzlich mit Kunststoffschalen gegen Steinschlag geschützt. Vor der kalten Jahreszeit und nach einer Unterbodenwäsche sollte der Unterbodenschutz kontrolliert und gegebenenfalls ausgebessert werden.

Im Schleuderbereich des Unterbaues können sich Staub, Lehm und Sand ablagern. Den angesammelten Schmutz entfernen, zumal er während der Winterzeit auch noch mit Streusalz angereichert sein kann.

Polsterbezüge pflegen/reinigen

Textilbezüge: Polsterbezüge mit Staubsauger und Bürste reinigen. Flecken mit Flüssigseife, 25-prozentiger Ammoniaklösung oder Branntweinessig entfernen.

Fett- und Ölflecke mit Reinigungsbenzin oder Fleckenwasser behandeln. Das Reinigungsmittel darf aber nicht unmittelbar auf den Stoff gegossen werden, da sich sonst unweigerlich Ränder bilden. Fleck durch kreisförmiges Reiben von außen nach innen bearbeiten. Andere Verschmutzungen lassen sich meistens mit lauwarmem Seifenwasser entfernen.

Lederbezüge: Bei starker Sonneneinstrahlung und längerer Standzeit Sitze abdecken, damit sie nicht ausbleichen.

Trikot- oder Wolllappen mit Wasser leicht anfeuchten und Lederflächen säubern, ohne das Leder oder die Nahtstellen zu durchfeuchten. Anschließend das getrocknete Leder mit einem sauberen und weichen Tuch nachreiben.

Stärker verschmutzte Lederflächen mit einem milden Feinwaschmittel ohne Aufheller (2 Esslöffel auf 1 Liter Wasser) oder Flüssigseife reinigen. Fett- und Ölflecke ohne zu reiben vorsichtig mit Reinigungsbenzin abtupfen.

Lackierte Lederpolster sollten nach dem Reinigen mit einem handelsüblichen Pflegemittel für Lederflächen behandelt werden. Das Mittel vor Gebrauch gut schütteln und mit einem weichen Lappen dünn auftragen. Nach dem Eintrocknen mit einem sauberen und weichen Tuch nachreiben. Diese Behandlung empfiehlt sich bei normaler Beanspruchung alle 6 Monate.

Steinschlagschäden ausbessern

Ausbeul- und Lackierarbeiten an der Autokarosserie setzen Erfahrung über den Werkstoff und dessen Bearbeitung voraus. Derartige Fertigkeiten werden in der Regel erst durch eine langjährige Praxis erreicht. Aus diesem Grund wird hier nur das Ausbessern von kleineren Lackschäden erläutert.

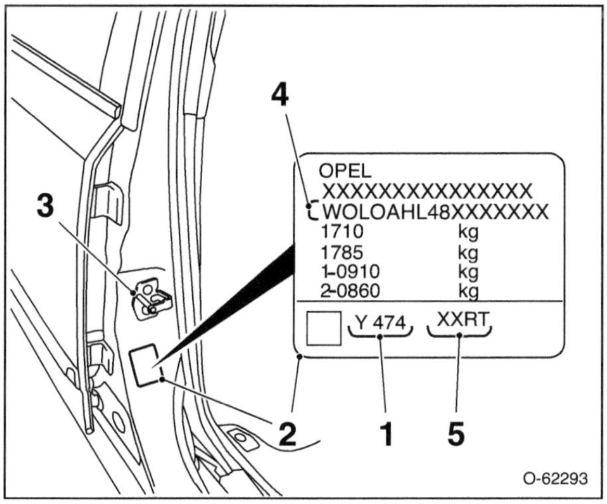

Zum Nachlackieren wird unbedingt dieselbe Lackfarbe benötigt, denn selbst kleinste Farbunterschiede fallen nach Abschluss der Arbeiten sofort ins Auge. Der jeweilige Fahrzeug-Farbton wird vom Hersteller durch die Lacknummer gekennzeichnet. Die Lacknummer –1– steht auf dem Fahrzeugtypschild –2–. Das Typschild befindet sich am rechten Vordertürrahmen, je nach Modell unterhalb oder oberhalb des Schließbügels –3–. Lacknummern sind beispielsweise: Y474 = Casablancaweiß, Z157 = Starsilber III, Y20Z = Royalblau, Z547 = Magmarot. 4 – Fahrgestellnummer; 5 – Farbkombination der Innenausstattung.

Treten dennoch Differenzen zwischen dem Originallack und dem Reparaturlack auf, dann liegt das daran, dass sich Fahrzeug-Lackierungen durch Alterung, ultraviolette Sonnenbestrahlung, extreme Temperaturdifferenzen, Witterungsbedingungen und chemische Einflüsse wie beispielsweise Industrieabgase mit der Zeit verändern. Außerdem können Oberflächenschäden, Farbveränderungen und Ausbleichen des Lackes eintreten, wenn Reinigung und Lackpflege mit ungeeigneten Mitteln durchgeführt wurden.

Die Metallic-Lackierung besteht aus 2 Schichten, dem Metallic-Grundlack und der farblosen Decklackierung. Beim Lackieren wird der Klarlack über den feuchten Grundlack gespritzt. Die Gefahr von Farbdifferenzen bei der nachträglichen Metallic-Lackierung ist besonders groß, da hier schon die unterschiedliche Viskosität des Reparaturlackes gegenüber dem Originallack zu Farbverschiebungen führt.

Es lohnt sich, auch kleinste Lackschäden regelmäßig zu beseitigen, da auf diese Weise Rostschäden und größere Reparaturen vermieden werden.

Für kleine Kratzer und Steinschläge, die lediglich den Decklack abgesplittert haben, also nicht bis aufs blanke Blech vorgedrungen sind, genügt im allgemeinen der Lackstift oder Tupflack. Dabei handelt es sich um eine kleine Lackdose, in deren Deckel ein Pinsel integriert ist. Der Lackstift wird im Auto-Zubehörhandel angeboten.

- Tiefere Steinschlagschäden, die schon kleine Rostnarben gebildet haben, mit einem »Rostradierer« beziehungsweise einem Messer oder einem kleinen Schraubendreher auskratzen, bis das blanke Blech erscheint. Wichtig ist, dass keine auch noch so kleine Roststelle mehr sichtbar ist. Bei »Rostradierern« handelt es sich um kleine Kunststoffhülsen, die zum Auskratzen des Rostes kurze Drahtborsten besitzen.
- Die blanken Stellen müssen einwandfrei trocken und fettfrei sein. Dazu Reparaturstelle sowie den umgebenden Lack mit Silikonentferner reinigen.
- Auf die blanke Metallfläche mit einem dünnen Pinsel etwas Lackgrundierung (»Primer«) auftragen. Da das Grundiermittel meist in Sprühdosen erhältlich ist, etwas Grundiermittel in den Deckel der Dose sprühen.
- Nachdem die Grundierung trocken ist, Stelle mit Tupflack ausbessern. Bei den Tupflackdosen ist ein Pinsel bereits im Deckel integriert. Falls nur eine Spraydose mit der entsprechenden Farbe zur Verfügung steht, etwas Farbe in den Deckel der Dose sprühen und Lack mit einem dünnen Wasserfarbenpinsel auftragen. Dabei in einem Arbeitsgang immer nur eine dünne Lackschicht anbringen, damit der Lack nicht herunterlaufen kann. Anschließend Farbe gut trocknen lassen. Vorgang so oft wiederholen, bis der Krater ausgefüllt ist und die ausgebesserte Stelle gegenüber der umgebenden Lackfläche keine Vertiefung mehr bildet.

Werkzeugausrüstung

Langfristig zahlt es sich immer aus, wenn man qualitativ hochwertiges Werkzeug kauft. Neben einer Grundausstattung mit Maul- und Ringschlüsseln in den gängigen Größen und verschiedenen Torxschraubendrehern sowie einem Satz Steckschlüssel empfiehlt sich auch der Kauf eines Drehmomentschlüssels. Darüber hinaus ist bei manchen Arbeitsgängen der Einsatz von Spezialwerkzeug zwingend erforderlich.

Gutes und stabiles Werkzeug wird von der Firma HAZET (42804 Remscheid, Postfach 100461) angeboten. In den Tabellen sind die Werkzeuge mit der HAZET-Bestellnummer aufgeführt. Vertrieben wird das Werkzeug über den Fachhandel.

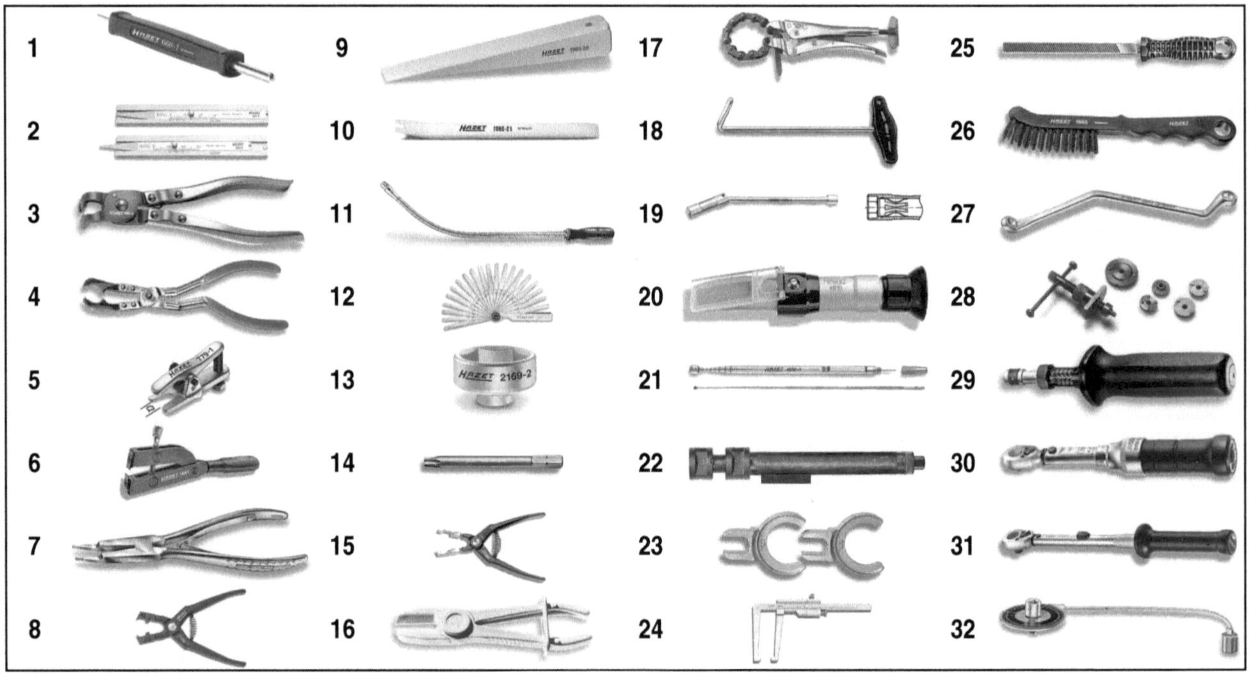

Abb.	Werkzeug	Hazet-Nr.
1	Ventildreher für Reifenventile	666-1
2	Reifen-Profiltiefe, Messlehre	666-5
3	Zange für Clic-Typ-Schlauchschellen	798-2
4	Zange für Fensterkurbelsicherung	799
5	Kugelgelenk-Abzieher, Maulweite 20 – 22 mm, 2-stufig	1790-7
6	Klemmzange für Edelstahlhaltebänder der Gelenkwellenmanschetten	1847
7	Zange für Sicherungsring im Gleichlaufgelenk	1847-3
8	Zange für Spannschellen für Tripodegelenk innen	1847-11
9	Montagekeil	1965-20
10	Montagekeil	1965-21
11	Magnet-Sucher	1976
12	Fühlerblattlehre 0,05 - 1,0 mm	2147
13	Ölfilterschlüssel für 1,3-l-Dieselmotor SW-27	2169-10
14	Innentorx-Einsatz für Airbagsensor-Schraube	2223Lg-T30
15	Zange für Verriegelung Kraftstoffleitungen	4501-1
16	Abklemmzangen-Satz	4590/3

Abb.	Werkzeug	Hazet-Nr.
17	Ketten-Abgasrohrschneider	4682
18	Hakenschlüssel für Haltegummis der Abgasanlage	4684-1
19	Zündkerzenschlüssel	4766-1
20	Messgerät für Säuredichte und Frostschutzanteil	4810 C
21	Spritzdüseneinsteller für Scheibenwaschanlage	4850-1
22	Spanngerät für Schraubenfedern der Federbeine	4900-2A
23	Federspanner-Spannplatten-Paar für den CORSA vorn	4900-11
24	Bremsscheiben-Messschieber	4956-1
25	Bremssattelfeile	4968-1
26	Bremssatteldrahtbürste	4968-2
27	Entlüftungsschlüssel Bremse	4968-9
28	Bremskolbendrehwerkzeug für hintere Scheibenbremsen	4970/6
29	Drehmomentschlüssel 1 – 6 Nm	6003 CT
30	Drehmomentschlüssel 4– 40 Nm	6109-2 CT
31	Drehmomentschlüssel 40 – 200 Nm	6122–1CT
32	Winkelscheibe für drehwinkelgesteuerten Schraubenanzug	6690

Motorstarthilfe

Sicherheitshinweise
Werden die vorgeschriebenen Anschlusshinweise nicht genau eingehalten, besteht die Gefahr der Verätzung durch austretende Batteriesäure. Außerdem können Verletzungen oder Schäden durch eine Batterieexplosion entstehen oder Defekte an der Fahrzeugelektrik auftreten.

- Batterieflüssigkeit von Augen, Haut, Gewebe und lackierten Flächen fern halten. Die Flüssigkeit ist ätzend. Säurespritzer sofort mit klarem Wasser gründlich abspülen. Gegebenenfalls einen Arzt aufsuchen.
- Keine Funken oder offenen Flammen in Batterienähe, da aus der Batterie brennbare Gase austreten können.
- Augenschutz tragen.
- Darauf achten, dass die Starthilfekabel nicht durch drehende Teile wie zum Beispiel Kühlerlüfter beschädigt werden.

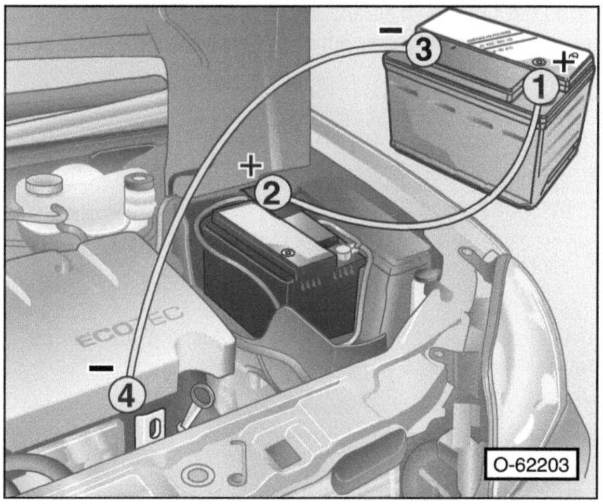

- Die Starthilfekabel sollten einen Leitungsquerschnitt von 25 mm^2 aufweisen und mit isolierten Kabelzangen ausgestattet sein. In der Regel ist der Leitungsquerschnitt auf der Packung der Starthilfekabel angegeben.
- Bei beiden Batterien muss die Spannung 12 Volt betragen. Die Kapazität der stromgebenden Batterie darf nicht wesentlich unter der Kapazität der entladenen Batterie liegen.
- Eine entladene Batterie kann bereits bei –12° C gefrieren. Vor Anschluss der Starthilfekabel muss eine gefrorene Batterie unbedingt aufgetaut werden. Aufgetaute Batterie vor dem Laden auf Gehäuserisse prüfen, gegebenenfalls ersetzen. Aus Sicherheitsgründen empfiehlt es sich allerdings, eine einmal gefrorene Batterie so bald wie möglich zu ersetzen.
- Die entladene Batterie muss ordnungsgemäß am Bordnetz angeklemmt sein.
- Fahrzeuge so weit auseinander stellen, dass kein metallischer Kontakt besteht. Andernfalls könnte bereits beim Verbinden der Pluspole ein Strom fließen.
- Bei beiden Fahrzeugen Handbremse anziehen. Schaltgetriebe in Leerlaufstellung, automatisches Getriebe zusätzlich in Parkstellung »P« schalten.
- Alle Stromverbraucher ausschalten.
- Grundsätzlich Motor des Spenderfahrzeuges ca. 1 Minute vor dem Startvorgang und während des Startvorganges mit Leerlaufdrehzahl drehen lassen. Dadurch wird eine Beschädigung des Generators durch Spannungsspitzen beim Startvorgang vermieden.
- Starthilfekabel in folgender Reihenfolge anschließen:
  1. Rotes Kabel an den Pluspol (+) –1– der stromgebenden Batterie anklemmen.
  2. Das andere Ende des roten Kabels an den Pluspol (+) –2– der entladenen Batterie anklemmen.
  3. Schwarzes Kabel an den Minuspol (–) –3– der stromgebenden Batterie anklemmen.
  4. Das andere Ende des schwarzen Kabels an eine gute Massestelle –4– des Empfängerfahrzeuges anschließen. **Achtung: Nicht an den Minuspol (–) der leeren Batterie.** Am besten eignet sich ein mit dem Motorblock verschraubtes Metallteil. Unter ungünstigen Umständen könnte beim Anschließen des Kabels an den Minuspol der leeren Batterie, durch Funkenbildung und Knallgasentwicklung, die Batterie explodieren.

Achtung: Die Klemmen der Starthilfekabel dürfen bei angeschlossenen Kabeln nicht in Kontakt miteinander kommen, beziehungsweise die Plusklemmen dürfen keine Massestellen (Karosserie oder Rahmen) berühren – Kurzschlussgefahr!

- Motor des Empfängerfahrzeuges (leere Batterie) starten und laufen lassen. Beim Starten Anlasser nicht länger als 10 Sekunden ununterbrochen betätigen, da sich durch die hohe Stromaufnahme Polzangen und Kabel erwärmen. Deshalb zwischendurch eine »Abkühlpause« von mindestens ½ Minute einlegen.
- Bei Startschwierigkeiten nicht unnötig lange den Anlasser betätigen. Während des Anlassens wird permanent Kraftstoff eingespritzt. Fehlerursache ermitteln und beseitigen.
- Nach erfolgreichem Start beide Fahrzeuge mit der »Strombrücke« noch 3 Minuten laufen lassen.
- Um Spannungsspitzen beim Trennen abzubauen, im Fahrzeug mit der leeren Batterie Gebläse und Heckscheibenheizung einschalten. Nicht das Fahrlicht einschalten. Glühlampen brennen bei Überspannung durch.
- **Nach der Starthilfe** Kabel in **umgekehrter** Reihenfolge abklemmen: Zuerst schwarzes Kabel (–) am Empfängerfahrzeug –4–, dann am stromgebenden Fahrzeug –3– abklemmen. Rotes Kabel zuerst am Empfängerfahrzeug –2–, dann am stromgebenden Fahrzeug –1– abklemmen.
- Die entladene Batterie baldmöglichst mit einem Batterie-Ladegerät aufladen. Um die Batterie mit dem Drehstromgenerator vollständig aufzuladen, müsste der Motor ca. 8 Stunden ohne Unterbrechung laufen, ohne dass elektrische Verbraucher eingeschaltet sind.

Fahrzeug aufbocken

Bei Arbeiten unter dem Fahrzeug muss dieses, falls es nicht auf einer Hebebühne steht, auf zwei oder vier stabilen Unterstellböcken stehen.

Sicherheitshinweis
Wenn unter dem Fahrzeug gearbeitet werden soll, muss es mit geeigneten Unterstellböcken sicher abgestützt werden. Abstützen nur mit dem Wagenheber ist unzureichend. **Lebensgefahr!**

- Das Fahrzeug nur in unbeladenem Zustand auf ebener, fester Fläche aufbocken.
- Fahrzeug mit Unterstellböcken so abstützen, dass jeweils ein Bein seitlich nach außen zeigt.

Anheb- und Aufbockpunkte für Bordwagenheber

- Am Wagenunterbau sind vorn und hinten Aussparungen zum Ansetzen des Wagenhebers vorhanden, siehe auch Abbildung O-62284.
- Wagenheberarm so ansetzen, dass die Wagenheberklaue den senkrechten Steg umfasst und in die Aussparung im Steg greift. Beim Drehen der Kurbel darauf achten, dass die Kante des Wagenheberfußes senkrecht unter der Aussparung im Steg den Boden berührt.

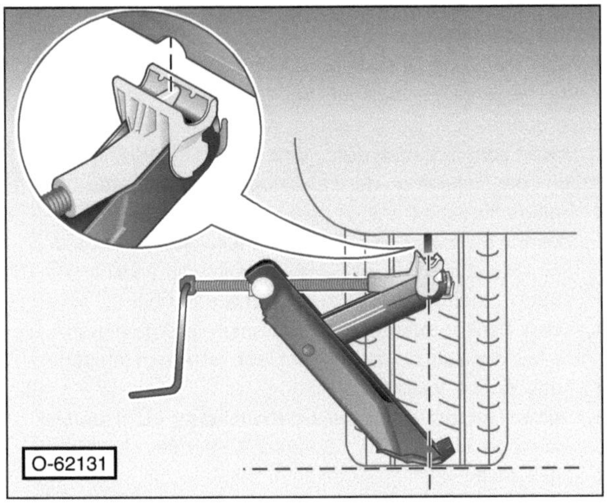

- Wagenheber hochkurbeln, bis das Rad vom Boden abgehoben hat. Fahrzeug mit Unterstellböcken abstützen, beispielsweise am vorderen Längsträger.
- Die Räder, die beim Anheben auf dem Boden stehen bleiben, mit Keilen gegen Vor- oder Zurückrollen sichern. Nicht auf die Feststellbremse verlassen, diese muss bei einigen Reparaturen gelöst werden.

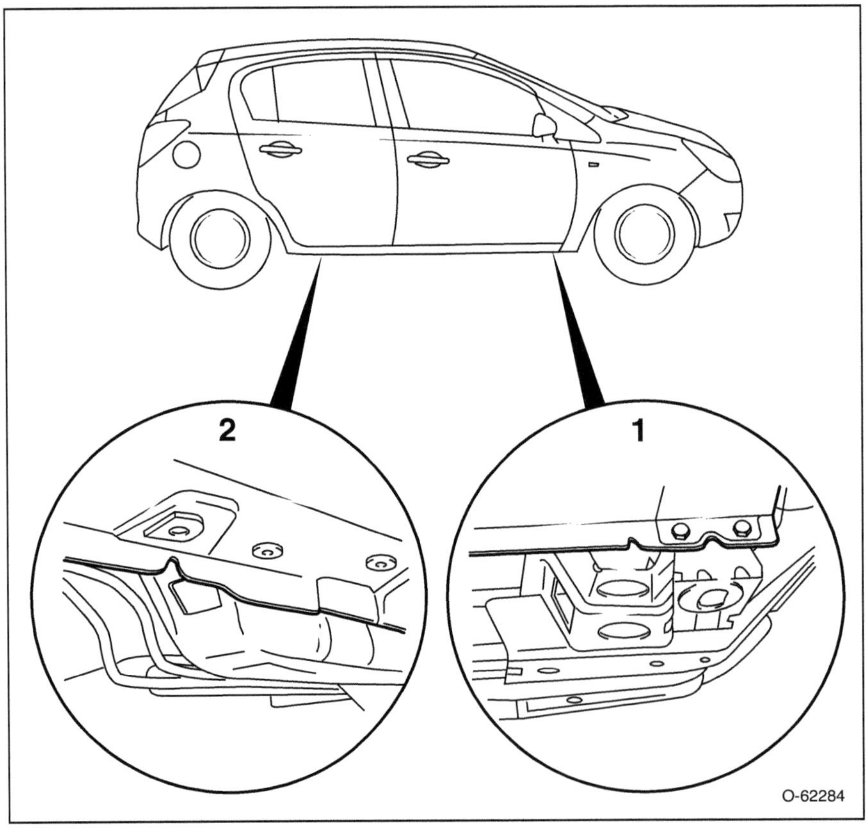

Aufnahmepunkte für Hebebühne und Werkstattwagenheber

Achtung: Um Beschädigungen am Unterbau zu vermeiden, geeignete Gummi- oder Holzzwischenlage verwenden. Der Wagen darf keinesfalls am Antriebsaggregat, an der Vorder- oder Hinterachse angehoben werden, da dadurch große Schäden entstehen können.

Die Aufnahmen einer Hebebühne oder eines Werkstattwagenhebers an den gleichen Stellen ansetzen, die auch für den Bordwagenheber vorgesehen sind.

1 – Aufnahmepunkte vorn

2 – Aufnahmepunkte hinten

Elektrische Anlage

Aus dem Inhalt:

- Hupe ausbauen
- Generator ausbauen
- Beleuchtungsanlage
- Sicherungen auswechseln
- Anlasser ausbauen
- Armaturen/Schalter
- Batterie ausbauen
- Scheibenwischer

Steckverbinder trennen

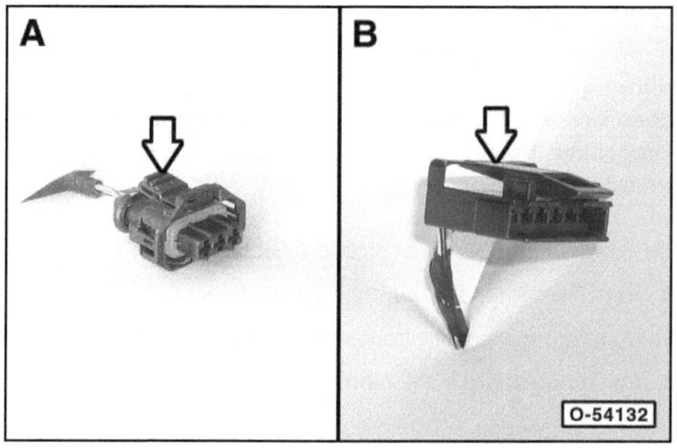

- Lasche herunterdrücken –Pfeil–, Stecker dabei ziehen und Verbindung trennen.
- Stecker beim Aufschieben hörbar einrasten lassen.

Lichtwellenleiter

Es kommen vermehrt Lichtwellenleiter als Steuerleitungen zum Einsatz, die sich durch verlustarme Datenübertragung sowie eine hohe Bandbreite auszeichnen.

Sicherheitshinweise im Umgang mit Lichtwellenleitern beachten:

- Steckverbindungen für Lichtwellenleiter vorsichtig trennen.
- Die Übergangsstellen des Lichtwellenleiters dürfen nicht verschmutzt oder verkratzt werden.
- Lichtwellenleiter nicht knicken, strecken oder quetschen.
- **Kontaktstellen mit Abdeckkappen und Stopfen schützen.**

Hupe aus- und einbauen

Ausbau

Hinweis: Die Hupe befindet sich auf der linken Seite hinter der Stoßfängerabdeckung.

- Batterie abklemmen. **Achtung:** Hinweise im Kapitel »Batterie aus- und einbauen« beachten.

Sicherheitshinweis
Beim Aufbocken des Fahrzeugs besteht Unfallgefahr! Hinweise im Kapitel »Fahrzeug aufbocken« beachten.

- Fahrzeug vorne aufbocken.
- Innenkotflügel ausbauen, siehe Seite 216.
- Waschwasserbehälter ausbauen, siehe Seite 74.

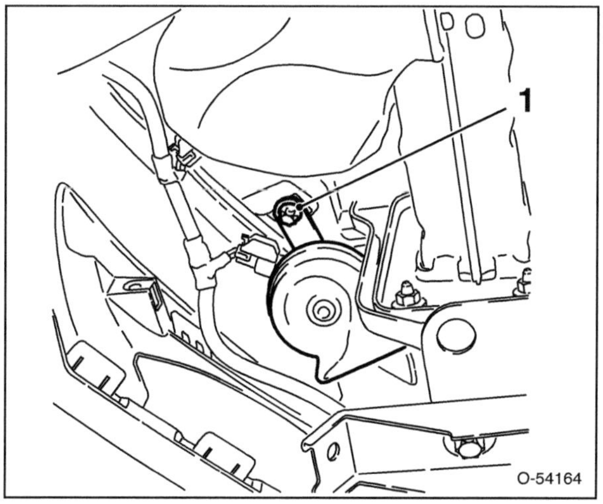

- Schraube –1– herausdrehen.

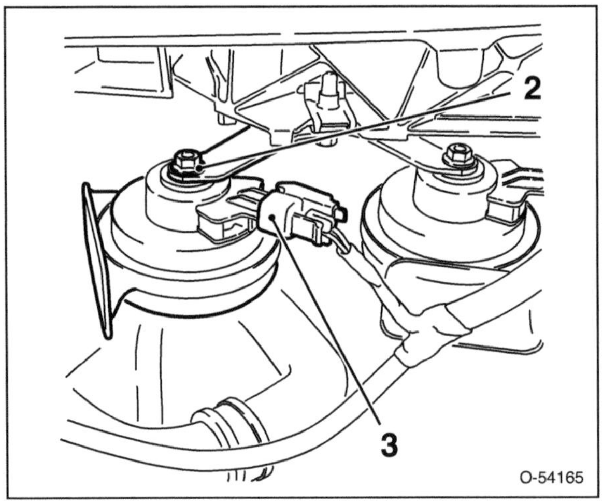

- Mutter –2– abschrauben und Hupe abnehmen.
- Stecker –3– entriegeln, von der Hupe abziehen und Hupe herausnehmen.

Einbau

- Der Einbau erfolgt in umgekehrter Ausbaureihenfolge. Mutter und Schraube jeweils mit **10 Nm** anschrauben.
- Hupe auf Funktion prüfen.

Sicherungen auswechseln

Um Kurzschluss- und Überlastungsschäden an den Leitungen und Verbrauchern der elektrischen Anlage zu verhindern, sind die einzelnen Stromkreise durch Schmelzsicherungen geschützt.

- Vor dem Auswechseln einer Sicherung immer alle Stromverbraucher und die Zündung ausschalten.
- Es empfiehlt sich, stets einige Ersatzsicherungen im Wagen mitzuführen und diese nach Gebrauch zu ersetzen.
- Brennt eine neu eingesetzte Sicherung nach kurzer Zeit wieder durch, muss der entsprechende Stromkreis überprüft werden.

Achtung: Auf keinen Fall Sicherung durch Draht oder ähnliche Hilfsmittel ersetzen, weil dadurch ernste Schäden an der elektrischen Anlage auftreten können.

- Eine Übersicht der aktuellen Sicherungsbelegung befindet sich in der Bedienungsanleitung. **Hinweis:** Die Sicherungsbelegung ist abhängig von der Ausstattung und vom Baujahr des Fahrzeuges.

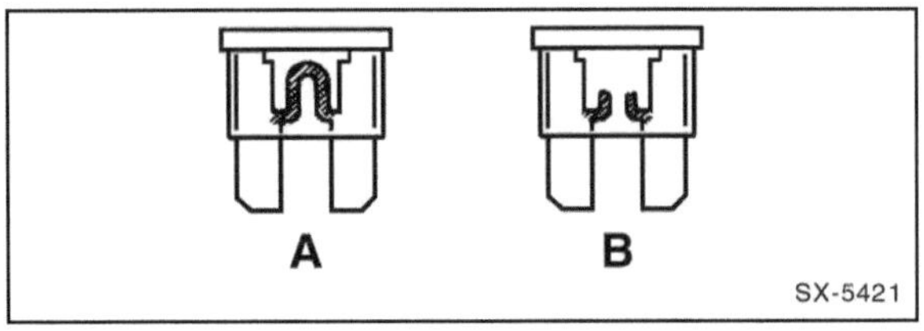

- Eine durchgebrannte Sicherung erkennt man am durchgeschmolzenen Metallstreifen. A – Sicherung in Ordnung, B – Sicherung durchgebrannt.

Kleine Sicherungen		Große Sicherungen	
Nennstromstärke in A*	Kennfarbe	Nennstromstärke in A*	Kennfarbe
3	violett	30	grün
5	beige	40	orange
7,5	braun	70	beige
10	rot	–	–
15	blau	–	–
20	gelb	–	–
25	transparent	–	–
30	grün	–	–

*) **A** = Ampere

- Neue Sicherung **gleicher Sicherungsstärke** einsetzen. Die Nennstromstärke der Sicherung ist aufgedruckt. Außerdem ist die Sicherung durch eine Farbe gekennzeichnet, an der ebenfalls die Nennstromstärke zu erkennen ist.

Achtung: Die Kennfarben werden sowohl bei den herkömmlichen kleinen Sicherungen als auch bei Sicherungen mit höherer Nennstromstärke benutzt. Diese Sicherungen sind wesentlich größer.

Die Sicherungen befinden sich in **3 Sicherungskästen:**

- Vorn links im Motorraum.
- Im Innenraum hinter dem Lichtschalter.
- Im Gepäckraum links, hinter einer Abdeckung.

Sicherungskasten im Motorraum

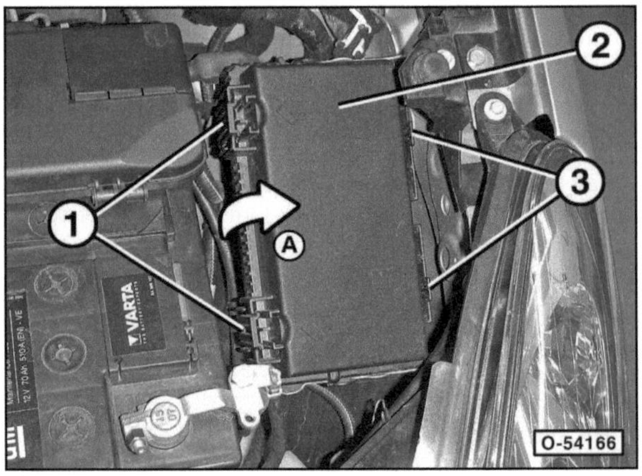

- Motorhaube öffnen. 2 Rastnasen –1– eindrücken und Deckel –2– in Pfeilrichtung –A– schwenken. Deckel aus den seitlichen Führungen –3– herausziehen, gegebenenfalls Motorhaubenzug zur Seite drücken.

Hinweis: Zum Einbau Deckel in die seitlichen Führungen –3– einsetzen, herunterklappen und in die Rastnasen einclipsen.

Sicherungskasten im Innenraum

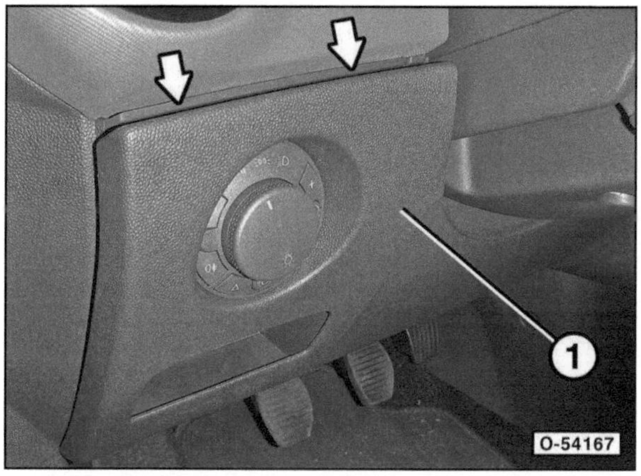

- Lichtschalterblende –1– an der oberen Kante –Pfeile– herausziehen und nach unten abklappen.

Hinweis: Beim Schließen des Deckels, darauf achten, dass er hörbar einrastet.

Sicherungskasten im Laderaum

- Heckklappe öffnen.

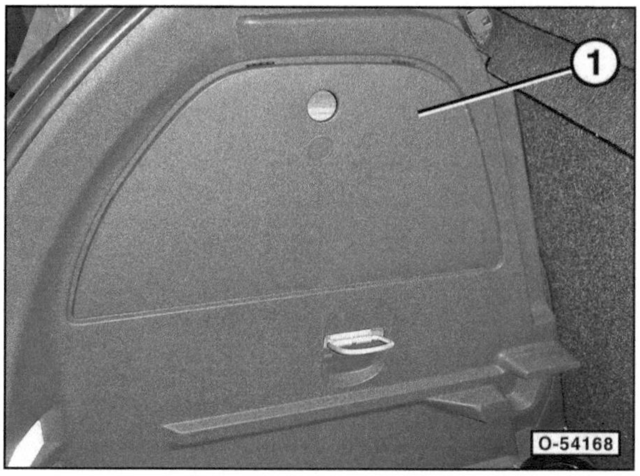

- Serviceklappe –1– in der linken, seitlichen Laderaumverkleidung herunterklappen und aus den unteren Führungen herausnehmen.
- Erste-Hilfe-Paket herausnehmen.

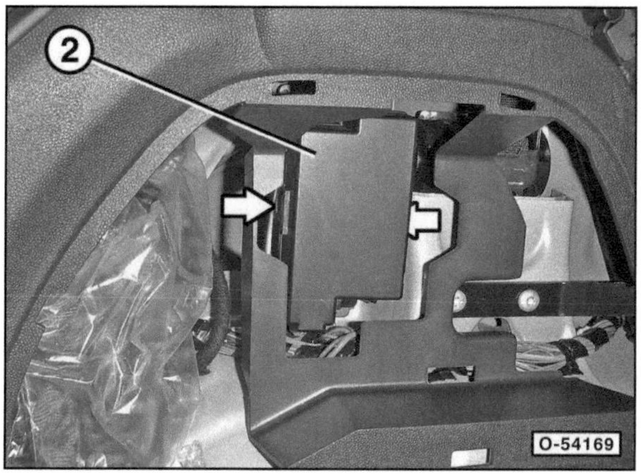

- Dahinterliegende Abdeckung –2– für den hinteren Sicherungskasten seitlich eindrücken –Pfeile– und abziehen.

Außentemperatursensor für Info-Display aus- und einbauen

Ausbau

- Stoßfängerverkleidung ausbauen, siehe Seite 212.

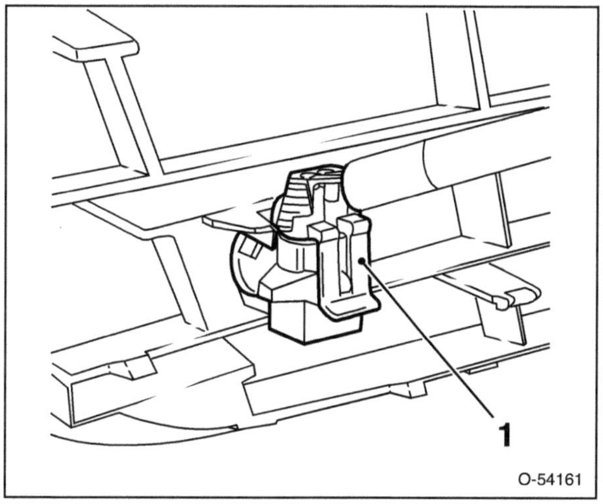

- Mehrfachstecker –1– entriegeln und abziehen.

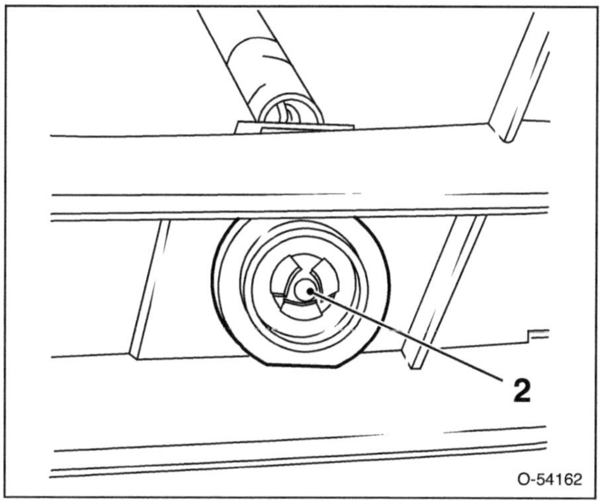

- Außentemperatursensor –2– von außen unten in der Mitte aus dem Kühlergrill ausclipsen.

Einbau

- Außentemperatursensor in den Kühlergrill einclipsen.
- Mehrfachstecker aufstecken und einrasten.
- Stoßfängerverkleidung einbauen, siehe Seite 212.

Batterie/Batterieträger aus- und einbauen

Achtung: Aus Sicherheitsgründen immer die Batterie komplett abklemmen (Plus- und Minuspol).

Achtung: Durch das Abklemmen der Batterie werden einige **elektronische Speicher gelöscht**:

- Je nach Ausführung des Radios Radiocode vor Abklemmen der Batterie oder Ausbau des Radios feststellen. Ansonsten kann das Radio nur durch die Fachwerkstatt oder den Hersteller wieder in Betrieb genommen werden. Die Code-Nummer ist in der Radio-Bedienungsanleitung angegeben. Sie sollte nicht im Fahrzeug aufbewahrt werden. **Hinweis:** Die OPEL-Radioanlagen werden seit Modelljahr 2005 von der Fahrzeugelektronik erkannt. Daher ist bei diesen Geräten eine Radiocode-Eingabe nicht erforderlich.
- Je nach Ausstattung muss nach dem Anklemmen der Batterie die Hoch-/Tieflaufautomatik der elektrischen Fensterheber neu aktiviert werden:
  - ◆ Alle Türen schließen und Zündung einschalten.
  - ◆ Ein Fenster ganz hochfahren, danach Taste noch mindestens 2 Sekunden gedrückt halten.
  - ◆ Vorgang für jedes Fenster wiederholen.
- Wenn vorhanden, muss nach dem Anklemmen der Batterie das Schiebedach neu eingestellt werden:
  - ◆ Schiebedach jeweils bis zum Endanschlag fahren.

Hinweis: Damit die gespeicherten Daten nicht verloren gehen, sollte möglichst ein so genanntes Ruhestrom-Erhaltungsgerät verwendet werden. Das Gerät wird vor Abklemmen der Batterie nach Herstelleranweisung am Zigarettenanzünder angeschlossen.

Hinweis: Wird die Autobatterie ersetzt, unbedingt die Altbatterie zum Händler mitnehmen und zurückgeben. Sonst muss Pfand für die neue Batterie bezahlt werden.

Bei Fahrzeugen mit Start-Stopp-System ist eine speziell dafür geeignete Batterie eingebaut. Beim Erneuern darf nur eine Batterie gleichen Typs verwendet werden.

Für den CORSA D sind normalerweise ausschließlich VARTA-Batterietypen vorgesehen, die das Entgasungsloch unter der Plusverteilung geschlossen haben. Ein geöffnetes Entgasungsloch befindet sich an der gegenüberliegenden Frontseite der Batterie. Wird ein anderes Batteriefabrikat verwendet, ist auf die entsprechende Position der Entgasungsöffnungen zu achten.

Ausbau

- Alle elektrischen Verbraucher ausschalten.
- Zündung ausschalten und 1 Minute warten. Dadurch werden Schäden an elektronischen Steuergeräten vermieden.
- Motorhaube öffnen.
- Gegebenenfalls Wärmeschutzhülle um die Batterie oben aufclipsen.

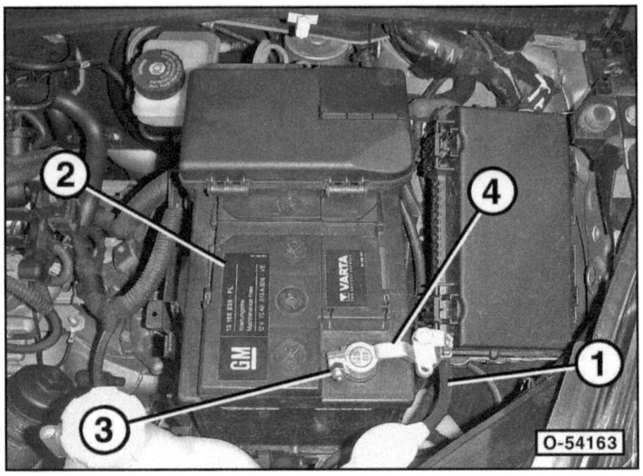

- **Zuerst Massekabel** –1– von der Batterie –2– abklemmen. Dazu Mutter –3– lockern, Klemme –4– vom Minuspol (–) abziehen und Massekabel zur Seite legen.

Achtung: Niemals die Batterie-Plusklemme ab- oder anschrauben, wenn die Minusklemme angeschlossen ist. Kurzschlussgefahr.

Hinweis: Wird die Batterie lediglich abgeklemmt und nicht ausgebaut, aus Sicherheitsgründen **grundsätzlich beide Batterieklemmen von der Batterie entfernen**.

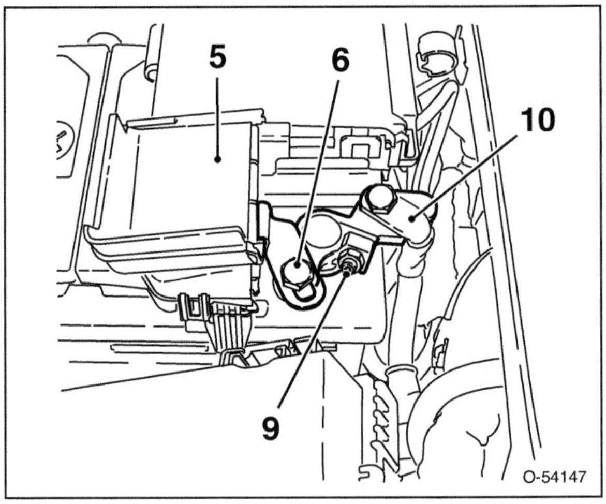

- Abdeckkappe –5– über dem Pluspol (+) hochklappen, und Schraube –6– herausdrehen.

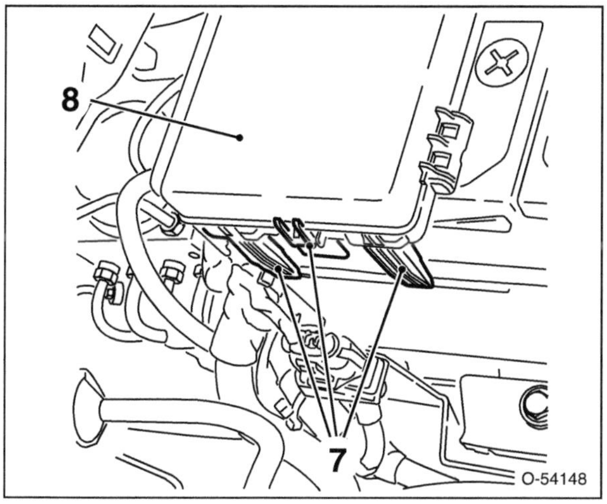

- 3 Clips –7– ausclipsen, Plusverteilung –8– von der Batterie abziehen und zur Seite legen.
- Mutter –9– lockern und Pluskabel –10– vom Pluspol abziehen, siehe Abbildung O-54147.

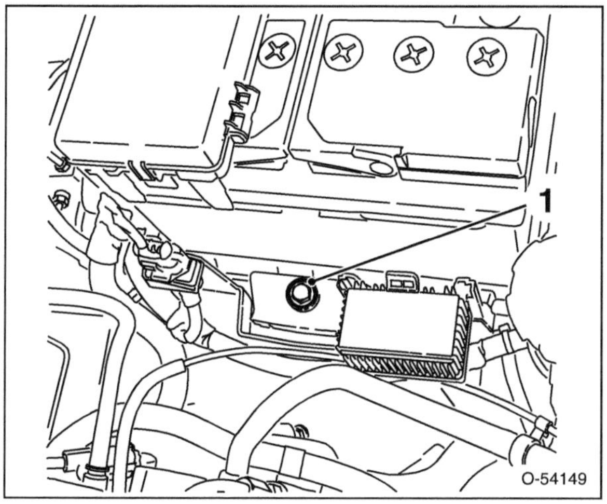

- Schraube –1– unten am Batteriefuß herausdrehen und Halteplatte abnehmen.
- Batterie nach oben herausziehen.

Hinweis: Für weiterführende Arbeiten muss eventuell noch der Batterieträger ausgebaut werden.

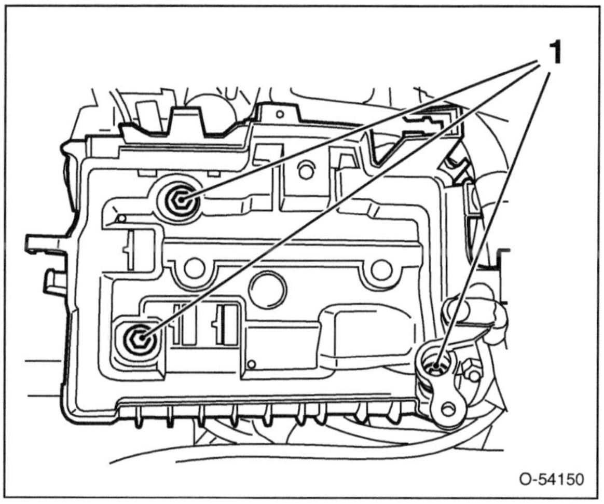

- 3 Schrauben –1– am Boden des Batterieträgers herausdrehen.

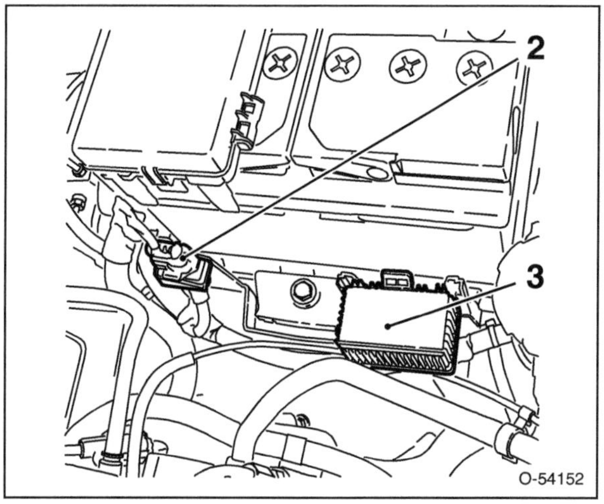

- Steckverbindung –2– ausclipsen. **Hinweis:** Die Batterie ist abweichend von der Abbildung bereits ausgebaut.
- **Dieselmotor:** Steuergerät für Vorglühkontrolle –3– ausclipsen.

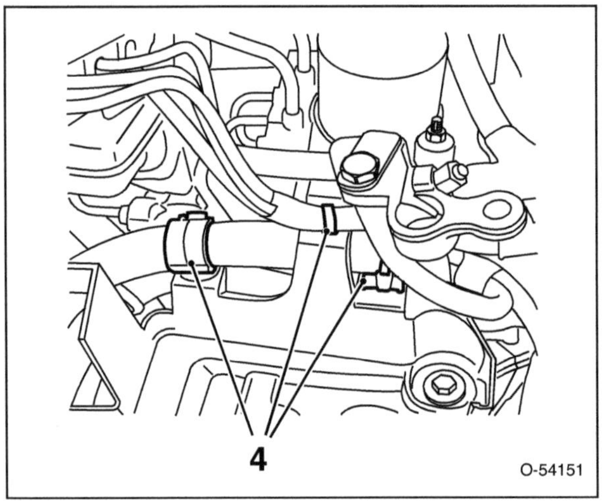

- 3 Kabelbinder –4– ausclipsen.
- Kabelsatz ausclipsen und zur Seite legen.
- Batterieträger nach oben aus dem Motorraum herausziehen.

Einbau

- Batterieträger in den Motorraum einsetzen und festschrauben.
- Kabel und Stecker am Batterieträger anclipsen. Gegebenenfalls Vorglüh-Steuergerät anclipsen.

Hinweis: Sicherstellen, dass nur Batterien mit gleichen Abmessungen gegeneinander ausgetauscht werden.

- Sicherheitshinweise auf der Batterie beachten. Originalteile-Batterien sind mit Sicherheitshinweisen ausgestattet.
- Vor dem Einbau Batteriepole blank kratzen, geeignet ist dazu eine Messingdrahtbürste.
- Batterie einsetzen, Halteplatte über den Batteriefuß schieben und mit **7 Nm** festschrauben. Dabei auf festen Sitz der Batterie achten; eine nicht korrekt befestigte Batterie kann durch Rütteln beschädigt werden.
- Vor dem Anklemmen der Batterie sicherstellen, dass die Zündung und alle Stromverbraucher ausgeschaltet sind.
- **Zuerst Pluskabel** am Pluspol (+) anklemmen. Klemmmutter mit **5 Nm** festziehen.

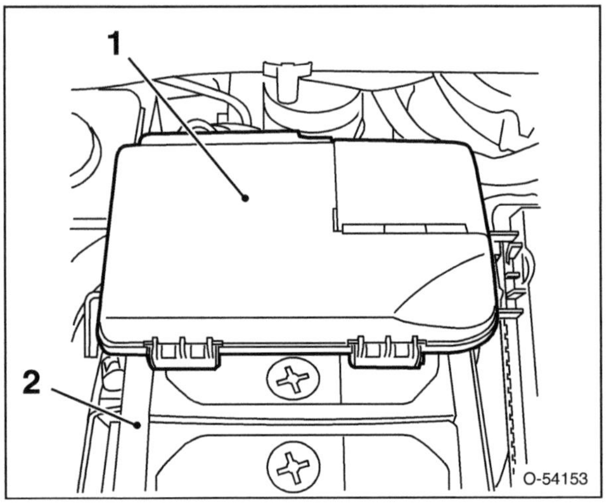

- Plusverteilung –1– auf die Batterie –2– aufclipsen.

- Plusverteilung mit einer Schraube –3– am Plusanschluss mit **5 Nm** anschrauben.
- Danach Massekabel am Minuspol (–) anklemmen. Mutter festziehen.

Hinweis: Durch eine falsch angeschlossene Batterie können erhebliche Schäden am Generator und an der elektrischen Anlage entstehen.

- Anschlussklemmen und Batteriepole mit Polfett oder etwas Vaseline dünn einfetten, um Korrosion zu vermeiden. **Achtung:** Pole **nicht vor** Anklemmen der Kabel fetten.
- Abdeckkappe über den Pluspol (+) zurückklappen.
- Wenn nötig, Radiocode eingeben.
- Radioprogramme, falls erforderlich, neu eingeben.
- Zeituhr prüfen und gegebenenfalls neu einstellen.
- Elektrischen Fensterheber und Schiebedach aktivieren.

Batterie prüfen

Batterie sichtprüfen

- Gehäuse der Batterie auf Beschädigungen sichtprüfen. Bei beschädigtem Gehäuse kann ätzende Batteriesäure auslaufen und die umliegenden Bauteile beschädigen.In diesem Fall Batterie schnellstmöglich ersetzen und umliegende Bauteile mit Seifenlauge und viel Wasser abwaschen.

Batterie/Batterieklemmen auf festen Sitz prüfen

Eine lockere Batterie hat eine verkürzte Lebensdauer durch Rüttelschäden und vermindert außerdem die Crash-Sicherheit des Fahrzeuges. Lockere Batterieanschlüsse können einen Kabelbrand oder Funktionsstörungen in der elektrischen Anlage nach sich ziehen.

- Falls ein Batteriedeckel vorhanden ist, Lasche hinten am Deckel zusammendrücken und Deckel nach vorn klappen.

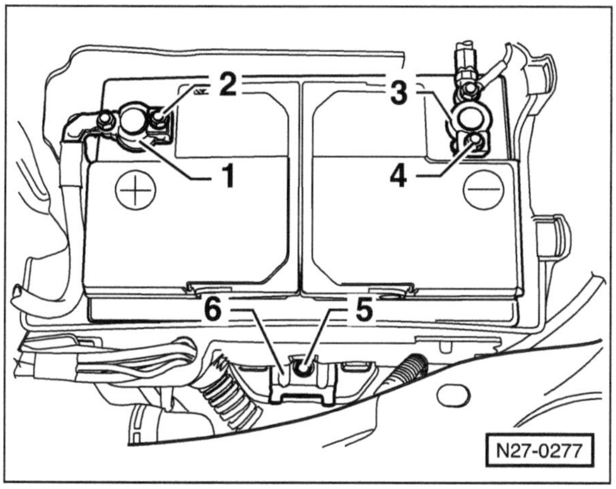

- Batterie kräftig hin- und herbewegen.
- Sitzt die Batterie lose, Batterie-Haltebügel –6– mit Batterie-Befestigungsschraube –5– und **25 Nm** festziehen.

Achtung: Falls die Batterie-Plusklemme locker ist, muss vor dem Festziehen der Plusklemme wegen Kurzschlussgefahr die Masseklemme an der Batterie abgeklemmt werden. Nachdem die Plusklemme festgezogen ist, Massekabel wieder anklemmen, siehe Seite 67.

- Batterieklemmen –1– und –3– hin- und herbewegen und festen Sitz prüfen, gegebenenfalls Befestigungsmuttern –2– und –4– nachziehen. Anzugsdrehmoment: **5 Nm**.
- Gegebenenfalls Batteriedeckel zurückklappen und einrasten.

Ladezustand und Säurestand prüfen

Vor Beginn des Winters sollte der Zustand der Batterie unbedingt überprüft werden. Bei großer Kälte sinkt die Batteriespannung einer nur mäßig geladenen Batterie während des Anlassvorgangs stark ab.

Zur Ermittlung des Ladezustandes dient oftmals ein »magisches Auge« auf der Oberseite der Batterie. Zwar besitzt die im CORSA D serienmäßig eingebaute Fahrzeugbatterie seit 2010 kein »magisches« Auge mehr, dennoch sind im Zubehörhandel diese Batterien nach wie vor erhältlich.

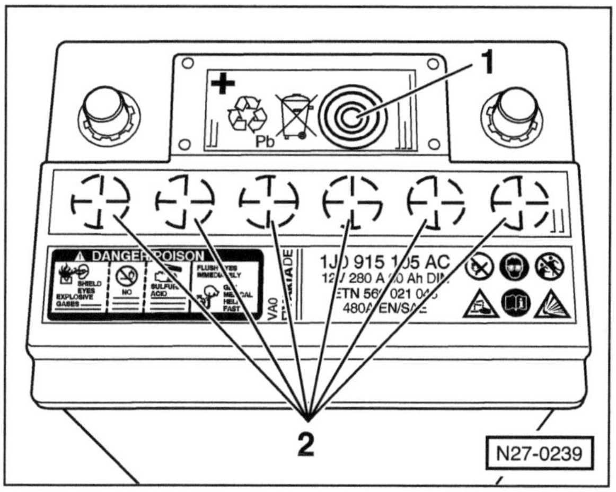

Batterie-Ausführung 1: Das magische Auge –1– sitzt zwischen den Batteriepolen. Die Zellverschlussstopfen –2– sind mit einer Plastikfolie überklebt.

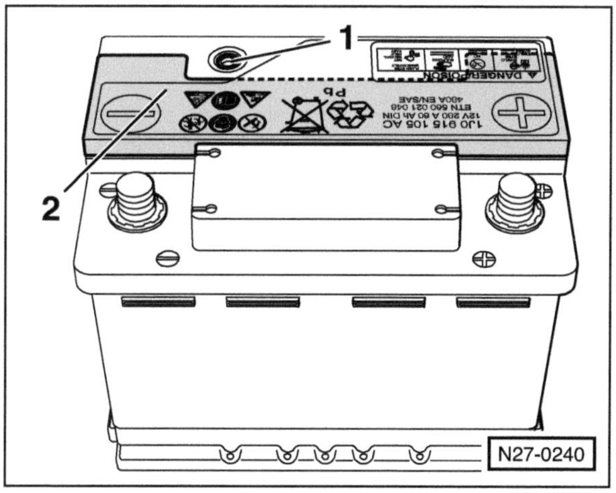

Batterie-Ausführung 2: Das magische Auge –1– sitzt auf der Seite der Batterie, die den Batteriepolen gegenüberliegt. Die Zellöffnungen sind mit einer Abdeckung –2– verschlossen.

Hinweis: Die Abdeckung –2– dient nur zur Befüllung in der Produktion. Auf keinen Fall die Abdeckung abnehmen, sonst wird die Batterie unbrauchbar und muss ersetzt werden.

Magisches Auge prüfen

Anhand der Farbe des magischen Auges können der Säurestand und der Ladezustand der Batterie abgelesen werden. Da sich das magische Auge nur in einer Batteriezelle befindet, ist die Anzeige auch nur für diese Zelle gültig. Eine exakte Beurteilung des Batteriezustandes ist nur durch eine Belastungsprüfung mit einem speziellen Prüfgerät in der Werkstatt möglich.

Hinweis: Je nach Baujahr der Batterie gibt es 2 unterschiedlichen Ausführungen des magischen Auges. Ältere Batterien besitzen ein magisches Auge mit 3-farbiger Anzeige, bei neueren Batterien ist die Anzeige 2-farbig.

- Magisches Auge mit einer Taschenlampe anleuchten und Farbanzeige prüfen. **Hinweis:** Durch Luftblasen unter dem magischen Auge kann die Farbanzeige verfälscht werden. Daher bei der Prüfung mit einem Schraubendrehergriff leicht auf das Batteriegehäuse klopfen.

Magisches Auge mit 3-farbiger Anzeige beurteilen:

- Grün – die Batterie ist ausreichend geladen, der Säurestand ist in Ordnung.
- Schwarz – die Batterie ist zu gering geladen oder entladen. Ruhespannung prüfen und Batterie laden.
- Farblos oder gelb – der Säurestand ist zu niedrig. Die Batterie muss ersetzt werden.

Magisches Auge mit 2-farbiger Anzeige beurteilen:

Der Ladezustand der Batterie kann nicht am magischen Auge abgelesen werden. Hierzu ist eine Batterie-Belastungsprüfung erforderlich.

- Schwarz – der Säurestand ist in Ordnung. Der Ladezustand kann nur mit einer Batterie-Belastungsprüfung festgestellt werden.
- Farblos oder gelb – der Säurestand ist zu niedrig. Die Batterie muss ersetzt werden.

Batterie unter Belastung prüfen

Achung: Wenn das magische Auge farblos oder hellgelb anzeigt, darf die Batterie nicht mit einem speziellen Prüfgerät unter Belastung geprüft werden. Explosionsgefahr!

- Voltmeter an die Batteriepole anschließen. Anschlusskabel nicht abklemmen.
- Motor starten und Spannung ablesen.
- Während des Startvorganges darf bei einer vollen Batterie die Spannung nicht unter 10 Volt (bei einer Batterietemperatur von ca. +20° C) abfallen.
- Bricht die Spannung sogar zusammen, dann ist von einer defekten Batterie auszugehen.

Ruhespannung prüfen

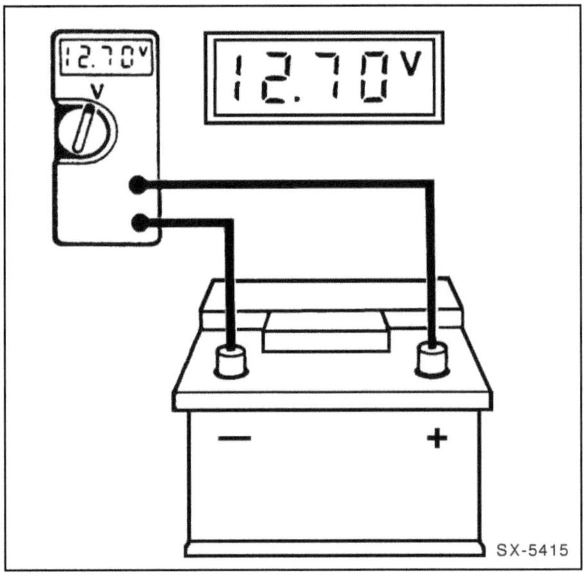

Der Batterie-Zustand wird durch Messen der Spannung mit einem Voltmeter zwischen den Batteriepolen überprüft.

- Batterie vom Stromnetz abklemmen, siehe Kapitel »Batterie aus- und einbauen«.
- Vor der Prüfung muss die Batterie mindestens zwei Stunden abgeklemmt sein.
- Voltmeter an die Batteriepole anschließen und Spannung messen.
- **Beurteilung des Spannungsmesswertes:**

12,7 Volt oder darüber:	Batterie in gutem Zustand.
11,6 – 12,6 Volt:	Batterie laden.
unter 11,6 Volt:	Batterie tiefentladen, Batterie laden oder ersetzen.

- Batterie anklemmen. Zuerst Batterie-Pluskabel (+) und dann Batterie-Massekabel (–) bei ausgeschalteter Zündung anklemmen.

Batterie entlädt sich selbstständig

Je nach Fahrzeugausstattung addiert sich zur natürlichen Selbstentladung der Batterie auch die Stromaufnahme der verschiedenen Stromverbraucher im Ruhezustand. Daher sollte die Batterie in einem abgestellten Fahrzeug alle 6 Wochen nachgeladen werden. Wenn der Verdacht auf Kriechströme besteht, Bordnetz nach folgender Anleitung prüfen:

- Zur Prüfung eine geladene Batterie verwenden.

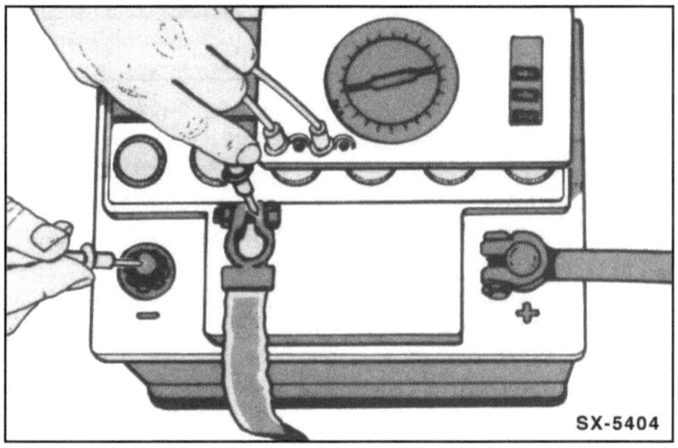

- Am Amperemeter den höchsten Messbereich einstellen.
- Batterie-Massekabel (–) abklemmen. **Achtung:** Hinweise im Kapitel »Batterie aus- und einbauen« beachten.
- Amperemeter zwischen Batterie-Minuspol (–) und Massekabel schalten: Amperemeter-Plus-Anschluss (+) an Massekabel und Minus-Anschluss (–) an Batterie-Minuspol (–).

Achtung: Die Prüfung kann auch mit einer Prüflampe durchgeführt werden. Leuchtet die Lampe zwischen Massekabel und Minuspol der Batterie jedoch nicht auf, ist auf jeden Fall ein Amperemeter zu verwenden.

- Alle Verbraucher ausschalten, vorhandene Zeituhr (und andere Dauerverbraucher) abklemmen, Türen und Heckklappe schließen.
- Vom Amperebereich solange auf den Milliamperebereich zurückschalten bis eine ablesbare Anzeige erfolgt. Der Gesamtstromwert darf bei einem Fahrzeug mit serienmäßiger Ausstattung maximal 50 mA betragen.
- Wenn der Wert höher ist, durch Herausnehmen der Sicherungen nacheinander die verschiedenen Stromkreise unterbrechen. Fällt bei einem unterbrochenen Stromkreis die Anzeige unter den Maximalewert, ist hier die Fehlerquelle zu suchen.
- Fehler können sein: korrodierte und verschmutzte Kontakte, durchgescheuerte Leitungen, interner Kurzschluss in Aggregaten.
- Wird in den abgesicherten Stromkreisen kein Fehler gefunden, so sind die Leitungen an den nicht abgesicherten Aggregaten, wie Generator und Anlasser, abzuziehen.
- Geht beim Abklemmen von einem der ungesicherten Aggregate die Anzeige auf Null zurück, betreffendes Bauteil überholen oder austauschen. Bei Stromverlust in der Anlasser- oder Zündanlage immer auch den Zünd-Anlassschalter nach Schaltplan prüfen.
- Batterie-Massekabel (–) anklemmen. **Achtung:** Hinweise im Kapitel »Batterie aus- und einbauen« beachten.

Batterie laden

Sicherheitshinweise

- Batterie **nicht** bei laufendem Motor abklemmen.
- Batterie **niemals kurzschließen,** das heißt Plus- (+) und Minuspol (–) dürfen nicht verbunden werden. Bei Kurzschluss erhitzt sich die Batterie und kann platzen.
- Wenn das **magische Auge farblos** oder **hellgelb** anzeigt, darf die Batterie **nicht unter Belastung geprüft** werden. **Explosionsgefahr!**
- Gefrorene Batterie vor dem Laden auftauen. Eine geladene Batterie gefriert bei ca. –65° C, eine halbentladene bei ca. –30° C und eine entladene bei ca. –12° C. Aufgetaute Batterie vor dem Laden auf Gehäuserisse prüfen, gegebenenfalls ersetzen. Die von der ausgelaufenen Säure betroffenen Fahrzeugteile müssen umgehend mit Seifenlauge behandelt oder ausgetauscht werden. Aus Sicherheitsgründen empfiehlt es sich allerdings eine einmal gefrorene Batterie grundsätzlich zu ersetzen.
- Batterie nur in gut belüftetem Raum oder im Freien laden. Beim Laden der eingebauten Batterie Motorhaube geöffnet lassen.

Zum Laden der Batterie nur ein elektronisch gesteuertes Ladegerät verwenden.

Beim Laden muss die Batterie eine Temperatur von mindestens +10° C aufweisen.

Laden

- Bei ausgeschaltetem Ladegerät Pluskabel (+) des Ladegerätes an den Pluspol (+) der Batterie anschließen.
- Minuskabel (–) des Ladegerätes an eine gute Massestelle anklemmen, **nicht** an den Minuspol der Batterle. Als Anschlusstelle eignet sich ein mit dem Motorblock verschraubtes Metallteil, der Motorblock selbst oder gegebenenfalls die eingeschraubte Abschleppöse vorn.

Hinweis: Bei Fahrzeugen ohne Start-Stopp-Anlage kann das Minuskabel (–) des Ladegerätes an den Minuspol (–) der Batterie angeschlossen werden.

- Netzstecker des Ladegerätes in die Steckdose stecken. Falls erforderlich, Ladegerät einschalten.
- Normalerweise kann auf der Anzeige des Ladegerätes abgelesen werden, wann die Batterie voll aufgeladen ist.
- Nach dem Laden der Batterie Ladegerät ausschalten (wenn möglich) und Netzstecker des Ladegerätes ziehen.
- Anschlusskabel des Ladegerätes von der Batterie abklemmen.
- Geladene Batterie prüfen, siehe entsprechendes Kapitel.

Batterie lagern

Wird das Fahrzeug länger als 2 Monate stillgelegt, Batterie ausbauen und im aufgeladenen Zustand lagern. Die günstigste Lagertemperatur liegt zwischen 0° C und +27° C. Bei diesen Temperaturen hat die Batterie die günstigste Selbstentladungsrate. Je niedrigerer die Lager-Temperatur, desto geringer ist die Selbstentladung. Spätestens nach 2 Monaten Batterie prüfen und gegebenenfalls erneut aufladen, da sie sonst unbrauchbar wird.

Batteriepole reinigen

Batteriepole auf Korrosion überprüfen. Korrosion an den Batteriepolen zeigt sich in Form von weißen oder gelblichen pulverartigen Ablagerungen.

- Batterie ausbauen, siehe entsprechendes Kapitel.
- Zur Entfernung von Korrosion Batteriepole mit einer Lösung aus Wasser und Soda bestreichen. Es kommt zu einer chemischen Reaktion mit Blasenbildung und einer braunen Verfärbung an den Polen.
- Gegebenenfalls Batteriepole mit einem Polreiniger oder einer Drahtbürste von Korrosionsrückständen reinigen.
- Nach Abklingen dieser Reaktion Batteriepole und Batterie mit klarem Wasser abwaschen und Batterie abtrocknen.
- Batterie einbauen, siehe entsprechendes Kapitel.

Batterietypen

Je nach Modell und Ausstattung können technisch recht unterschiedliche Batterietypen im Fahrzeug eingebaut sein. .

Nass-Batterie

Eine Batterie mit flüssigem Elektrolyt wird als Nass-Batterie bezeichnet. Diese Batterie besitzt ein magisches Auge zur Kontrolle von Ladezustand und Säurestand. Es darf kein destilliertes Wasser nachgefüllt werden, wie bei früheren Ausführungen der Nass-Batterie. Wenn der Säurestand zu niedrig ist, muss die Batterie ersetzt werden. Die Nassbatterie ist nicht für Fahrzeuge mit Start-Stopp-System geeignet.

EFB-Batterie

EFB = **E**nhanced **F**looded **B**attery (verstärkte Nassbatterie). Die EFB-Batterie ist eine Weiterentwicklung der Standard-Nass-Batterie und kann auch für Fahrzeuge mit Start-Stopp-System verwendet werden. Allerdings nur, wenn der Fahrzeughersteller nicht ausdrücklich eine AGM-Stromquelle vorschreibt.

AGM-Batterie (Vlies-Batterie)

AGM = **A**bsorbent-**G**lass-**M**att-Battery. Bei der AGM-Batterie ist der Elektrolyt in einem Mikroglasvlies festgelegt; sie gilt dadurch als auslaufsicher. Die Batterie ist mit einem Batteriedeckel verschlossen, Zellverschluss-Stopfen und Entgasungskanal sind im Deckel integriert. Die AGM-Batterie hat kein magisches Auge und bietet folgende Vorteile: hohe Zyklenfähigkeit (Zyklus = abwechselnder Lade- und Entladevorgang), Auslaufsicherheit, wartungsarm, geringe Gasung und gute Kaltstarteigenschaften. Wird häufig bei Fahrzeugen mit Start-Stopp-System verwendet. **Hinweis:** Bei Ersatz einer AGM- oder Vlies-Batterie unbedingt wieder eine Vlies-Batterie einbauen.

VRLA-Batterie

Bei der **V**alve-**R**egulated-**L**ead-**A**cid-Batterie (VRLA) handelt es sich um einen wartungsfreien Stromspeicher mit festgelegtem Elektrolyt. Die Zellverschluss-Stopfen lassen sich nicht herausschrauben. Wird die Batterie überladen, werden die entstehenden Wasserstoff- und Sauerstoffgase innerhalb der jeweiligen Zelle wieder zu Wasser zurückgewandelt. Bei zu starker Ladung tritt das überschüssige Gas über ein Entspannungsventil aus. Da diese Flüssigkeitsmengen nicht wieder ersetzt werden können, ist eine nachhaltige Beschädigung der Batterie möglich. Deshalb muss beim Laden unbedingt ein Batterieladegerät mit einer Ladespannungsbegrenzung von 14,4 Volt eingesetzt werden.

Gel-Batterie

Bei der Gel-Batterie ist der Elektrolyt durch die Zugabe von Kieselsäure zur Schwefelsäure in einer gelartigen Masse eingebunden. Entsprechend ihrem Entgasungsprinzip zählt die Gel-Batterie zu den VRLA-Batterien. Dieser Batterietyp zeichnet sich durch eine hohe Zyklenfestigkeit aus, die Batterie kann also öfters ent- und geladen werden. Eine Gel-Batterie hat kein magisches Auge. Sie ist wartungsfrei und auslaufsicher. Da die Batterie nicht hochtemperaturfähig ist, eignet sie sich nicht für den Einbau im Motorraum.

Störungsdiagnose Batterie

Störung	Ursache	Abhilfe
Abgegebene Leistung ist zu gering, Spannung fällt stark ab.	Batterie entladen.	■ Batterie nachladen.
	Ladespannung zu niedrig.	■ Spannungsregler prüfen, gegebenenfalls austauschen.
	Anschlussklemmen lose oder oxydiert.	■ Anschlussklemmen reinigen, Klemmenmuttern anziehen.
	Masseverbindungen Batterie/Motor/ Karosserie sind schlecht.	■ Masseverbindungen überprüfen, gegebenenfalls metallische Verbindungen herstellen oder Schraubverbindungen festziehen. Korrodierte Schrauben durch verzinnte ersetzen.
	Zu große Selbstentladung der Batterie.	■ Batterie austauschen.
	Batterie sulfatiert.	■ Batterie mit geringer Stromstärke laden. Falls die abgegebene Leistung immer noch zu gering ist, Batterie austauschen.
	Batterie verbraucht, aktive Masse der Platten ausgefallen.	■ Batterie austauschen.
Nicht ausreichende Ladung der Batterie.	Fehler an Generator, Spannungsregler oder Leitungsanschlüssen.	■ Generator und Spannungsregler überprüfen, gegebenenfalls Generator austauschen.
	Keilrippenriemen locker, Spannvorrichtung defekt.	■ Spannvorrichtung prüfen, gegebenenfalls Keilrippenriemen ersetzen.
	Zu viele Verbraucher angeschlossen.	■ Stärkere Batterie einbauen; eventuell auch leistungsstärkeren Generator verwenden.
Spannung zu hoch. Batterie gast nach Abstellen des Motor. Geruch nach faulen Eiern (Schwefelwasserstoff tritt aus).	Überladung durch defekten Spannungsregler des Generators.	■ Spannungsregler ersetzen.

Generator aus- und einbauen/ Generator-Ladespannung prüfen

Das Fahrzeug ist mit einem Drehstromgenerator ausgerüstet. Je nach Modell und Ausstattung können Generatoren mit unterschiedlichen Leistungen eingebaut sein. **Achtung:** Wenn nachträglich elektrisches Zubehör mit hohem Stromverbrauch in das Fahrzeug eingebaut wird, sollte überprüft werden, ob die bisherige Generatorleistung noch ausreicht; gegebenenfalls stärkeren Generator einbauen.

Ladespannung prüfen

Wenn die Batterie nicht ausreichend geladen wird, Generatorspannung prüfen:

- Voltmeter zwischen Plus- und Minuspol der Batterie anschließen.
- Motor starten. Die Spannung darf beim Startvorgang bis etwa 8 Volt (bei + 20° C Außentemperatur) absinken.
- Motordrehzahl auf 3.000/min erhöhen. Die Spannung soll dann 13 bis 14,5 Volt betragen. Dies ist ein Beweis, dass Generator und Regler arbeiten. Die Generatorspannung (Bordspannung) muss höher als die Batteriespannung sein, damit die Batterie im Fahrbetrieb wieder aufgeladen wird.
- Regelstabilität prüfen. Dazu Fernlicht einschalten und Messung bei 3.000/min wiederholen. Die gemessene Spannung darf nicht mehr als 0,4 Volt über dem vorher gemessenen Wert liegen.
- Liegen die gemessenen Werte außerhalb der Sollwerte, Generator und Regler von Fachwerkstatt überprüfen lassen.

Sicherheitshinweise

Bei Arbeiten an der elektrischen Anlage im Motorraum grundsätzlich die Batterie abklemmen. **Achtung:** Dadurch werden elektronische Speicher gelöscht, wie zum Beispiel die Daten im Motor-Fehlerspeicher. Vor dem Abklemmen der Batterie bitte Hinweise im Kapitel »Batterie aus- und einbauen« beachten.

- Batterie oder Spannungsregler **nicht** bei laufendem Motor abklemmen.
- Generator **nicht** bei angeschlossener Batterie ausbauen.
- Beim Elektroschweißen Batterie grundsätzlich vom Bordnetz abklemmen.

1,0-/1,2-/1,4-l-Benzinmotor Z10/12/14XEP

Ausbau

- Batterie abklemmen. **Achtung:** Hinweise im Kapitel »Batterie aus- und einbauen« beachten.
- Keilrippenriemen ausbauen, siehe Seite 162.

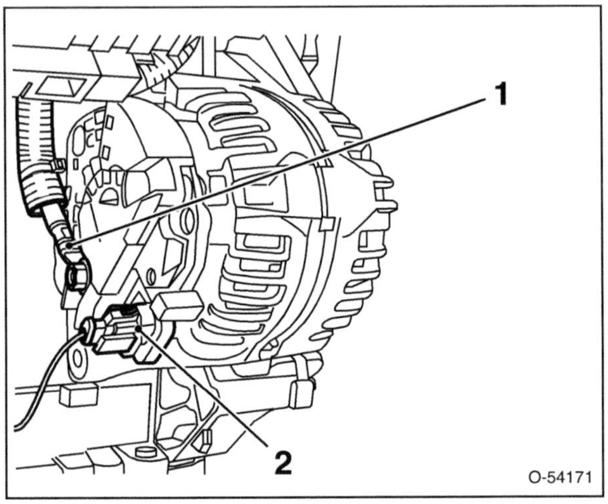

- Dickes Kabel –1– abklemmen, dazu Mutter abschrauben.
- Stecker –2– abziehen.

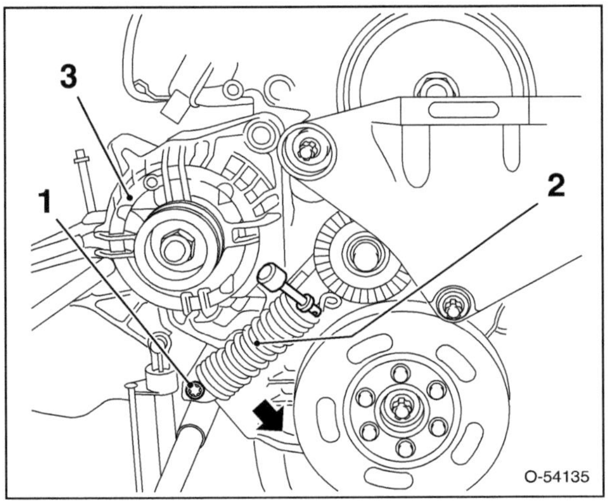

- Schraube –1– herausdrehen und Keilrippenriemenspanner –2– so weit zur Seite drücken –Pfeil–, bis die untere Generatorschraube zugänglich wird. 3 – Generator.

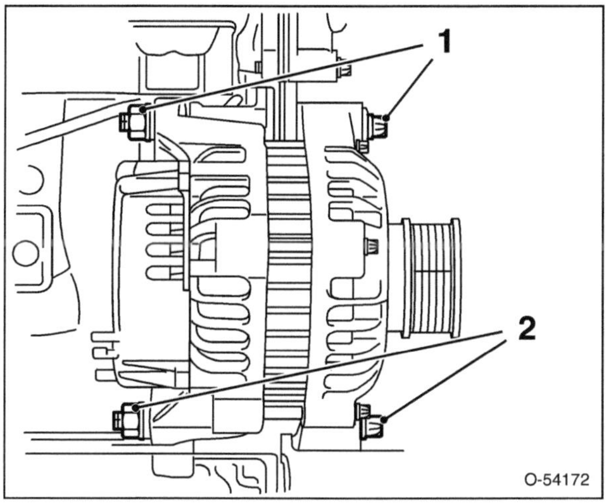

- 2 Muttern oben und unten –1/2– abschrauben, Schrauben herausziehen und Generator aus dem Motorraum herausziehen.

Einbau

- Der Einbau erfolgt in umgekehrter Ausbaureihenfolge.
  Anzugsdrehmomente:

Schrauben und Muttern für Generator	**35 Nm**
Schraube für Keilrippenriemenspanner (M8)	**20 Nm**
Mutter für Generatorklemme (M6)	**5 Nm**
Mutter für Generatorklemme (M8)	**10 Nm**

1,6-l-Benzinmotor

Ausbau

- Batterie abklemmen. **Achtung:** Hinweise im Kapitel »Batterie aus- und einbauen« beachten.
- Keilrippenriemen ausbauen, siehe Seite 162.
- Rechte Achswelle ausbauen, siehe Seite 111.

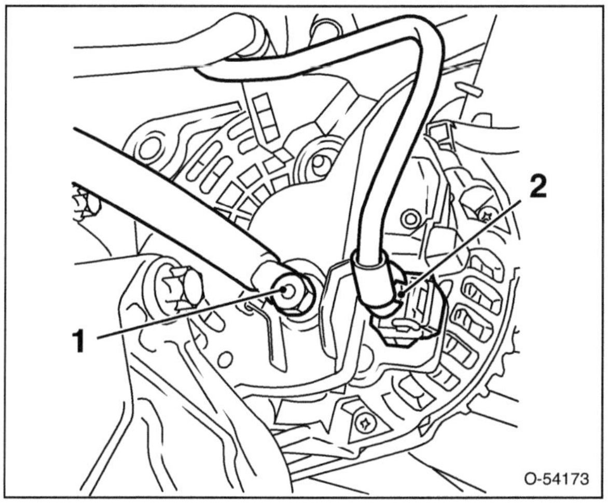

- Mutter –1– abschrauben und dickes Kabel abklemmen. Stecker –2– vom Generator abziehen.

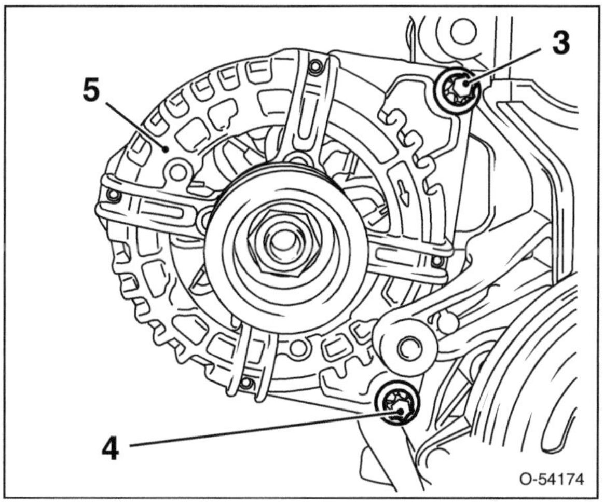

- Schrauben –3/4– herausdrehen und Generator –5– herausnehmen.

Einbau

- Der Einbau erfolgt in umgekehrter Ausbaureihenfolge.
  Anzugsdrehmomente:

Schrauben für Generator	**35 Nm**
Mutter für Generatorklemme (M6)	**5 Nm**
Mutter für Generatorklemme (M8)	**10 Nm**

1,3-l-Dieselmotor Z13DTH

Ausbau

- Batterie abklemmen. **Achtung:** Hinweise im Kapitel »Batterie aus- und einbauen« beachten.
- Keilrippenriemen ausbauen, siehe Seite 162.
- Elektrische Leitungen vom Generator abklemmen, dazu 3 Muttern abschrauben.
- 1 Schraube oben, 2 Schrauben unten am Generator herausdrehen und Generator aus dem Motorraum herausziehen.

Einbau

- Der Einbau erfolgt in umgekehrter Ausbaureihenfolge.
  Anzugsdrehmomente:

Schrauben für Generator	**22 Nm**
Mutter für Generatorklemme (M6)	**5 Nm**
Mutter für Generatorklemme (M8)	**10 Nm**

1,7-l-Dieselmotor

Ausbau

- Batterie abklemmen. **Achtung:** Hinweise im Kapitel »Batterie aus- und einbauen« beachten.
- Keilrippenriemen ausbauen, siehe Seite 162.

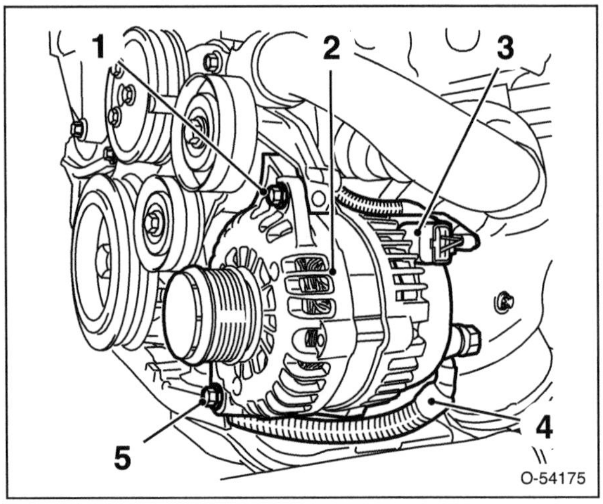

- Stecker –3– für abziehen.
- Kabel –4– abklemmen, dazu Mutter abschrauben.
- Obere Schraube –1– herausdrehen.
- Untere Schraube –5– herausdrehen, dabei an der Mutter gegenhalten.
- Kabelsatz für Temperatursensor Katalysator ausclipsen.
- Generator aus dem Motorraum herausziehen.

Einbau

- Der Einbau erfolgt in umgekehrter Ausbaureihenfolge.
  Anzugsdrehmomente:
  Obere Schraube für Generator (M8) . . . . **19 Nm**
  Untere Schraube für Generator (M10) . . . . **46 Nm**
  Mutter für Generatorklemme (M8) . . . . **10 Nm**
  Falls der Generator-Halter abgebaut wurde:
  3 Schrauben für Halter (M10). . . . . **48 Nm**
  Schraube für Halter (M12) . . . . **68 Nm**

Spannungsregler aus- und einbauen

Ausbau

- Generator ausbauen, siehe entsprechendes Kapitel.
- Abdeckung für Regler vom Generator abclipsen.

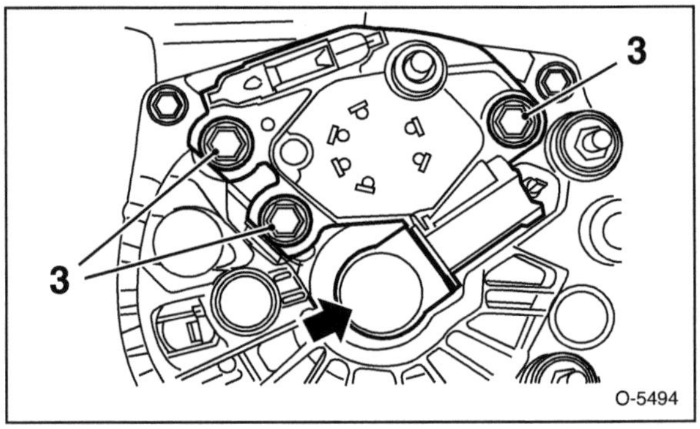

- Abdeckung –Pfeil– für Schleifkohlen abclipsen.
- 3 Schrauben –3– herausdrehen und Regler vom Generator abnehmen.

Einbau

- Der Einbau erfolgt in umgekehrter Ausbaureihenfolge.

Störungsdiagnose Generator

Störung	Ursache	Abhilfe
Ladekontrolllampe brennt nicht bei eingeschalteter Zündung.	Batterie leer.	■ Laden.
	Anschlusskabel an der Batterie locker oder korrodiert.	■ Kabel auf festen Sitz prüfen, Anschlüsse reinigen.
	Kabel am Generator locker oder korrodiert.	■ Kabel auf einwandfreien Kontakt prüfen, Mutter festziehen.
	Regler defekt.	■ Regler prüfen, gegebenenfalls austauschen.
	Unterbrechung in der Leitungsführung zwischen Generator, Zündschloss und Kontrolllampe.	■ Mit Ohmmeter nach Schaltplan untersuchen. Leitung gegebenenfalls reparieren beziehungsweise ersetzen.
	Kohlebürsten liegen nicht auf dem Schleifring auf.	■ Freigängigkeit der Kohlebürsten und Mindestlänge prüfen. Anpresskraft der Bürstenfedern prüfen lassen.
Ladekontrolllampe erlischt nicht bei Drehzahlsteigerung.	Keilrippenriemen locker, Riemen rutscht durch.	■ Keilrippenriemen prüfen, Spannvorrichtung prüfen, gegebenenfalls ersetzen.
	Kohlebürsten im Spannungsregler abgenutzt.	■ Kohlebürsten prüfen, gegebenenfalls austauschen.
	Verkabelung schadhaft oder locker.	■ Verkabelung überprüfen, gegebenenfalls instand setzen.

Anlasser aus- und einbauen

Zum Starten des Verbrennungsmotors ist ein elektrischer Motor erforderlich, der Anlasser. Damit der Motor überhaupt anspringen kann, muss der Anlasser den Verbrennungsmotor auf eine Drehzahl von mindestens 300 Umdrehungen in der Minute beschleunigen. Das funktioniert aber nur, wenn der Anlasser einwandfrei arbeitet und die Batterie hinreichend geladen ist.

Da zum Starten eine hohe Stromaufnahme erforderlich ist, ist im Rahmen der Wartung auf eine einwandfreie Kabelverbindung zu achten. Korrodierte Anschlüsse säubern und mit Polschutzfett einstreichen.

Benzinmotor

Ausbau

- **Batterie abklemmen. Achtung:** Hinweise im Kapitel »Batterie aus- und einbauen« beachten.

Sicherheitshinweis
Beim Aufbocken des Fahrzeugs besteht Unfallgefahr! Hinweise im Kapitel »Fahrzeug aufbocken« beachten.

- Fahrzeug vorne aufbocken.

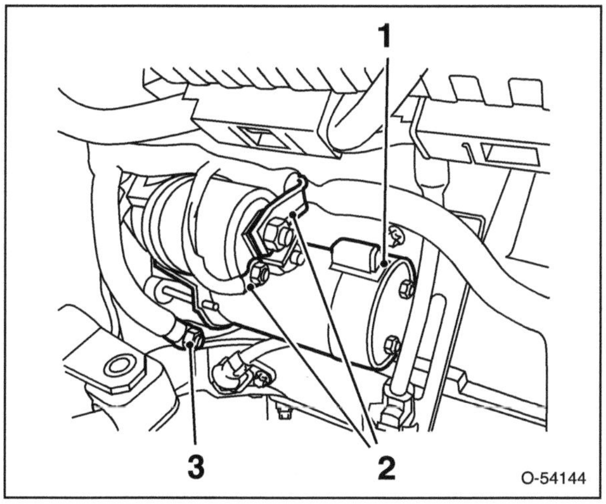

- Mutter –3– abschrauben und Massekabel abklemmen.
- 2 Muttern –2– abschrauben und Leitungen vom Anlasser –1– abklemmen.
- 2 Schrauben herausdrehen und Anlasser –1– aus dem Motorraum herausziehen.

Einbau

- Der Einbau erfolgt in umgekehrter Ausbaureihenfolge.
  Anzugsdrehmomente:
  Schrauben für Anlasser . . . . **25 Nm**

1,3-l-Dieselmotor Z13DTH mit M20-Getriebe

Hinweis: Beim Motor Z13DTJ sowie Z13DTH mit MTA-Getriebe sind umfangreiche Zusatzarbeiten erforderlich, die hier nicht beschrieben werden.

Ausbau

- Batterie und Batterieträger ausbauen, siehe Seite 58.

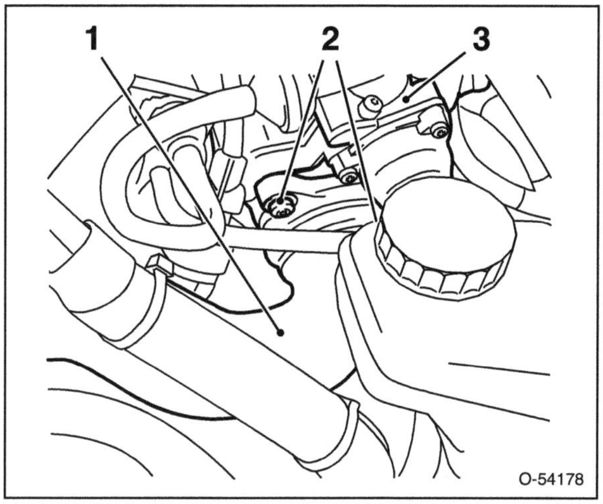

- 2 Schrauben –2– herausdrehen und Ladeluftrohr –1– vom Drosselklappengehäuse –3– abnehmen.

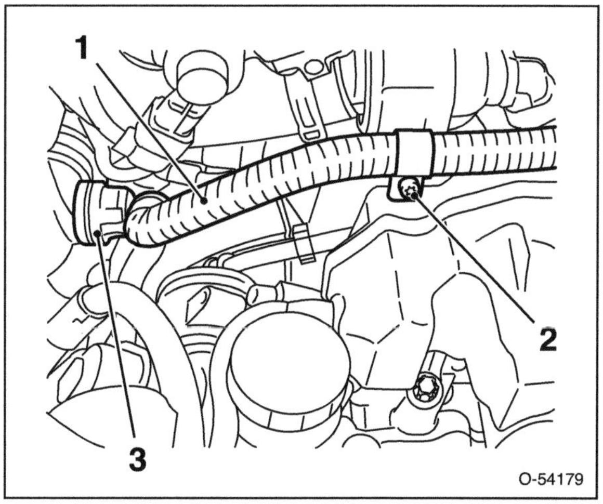

- Motorentlüftungsschlauch –1– vom Ladeluftrohr abbauen. Dazu Schraube –2– für Halter am Thermostatgehäuse herausdrehen und Schnellverschlüsse –3– trennen.

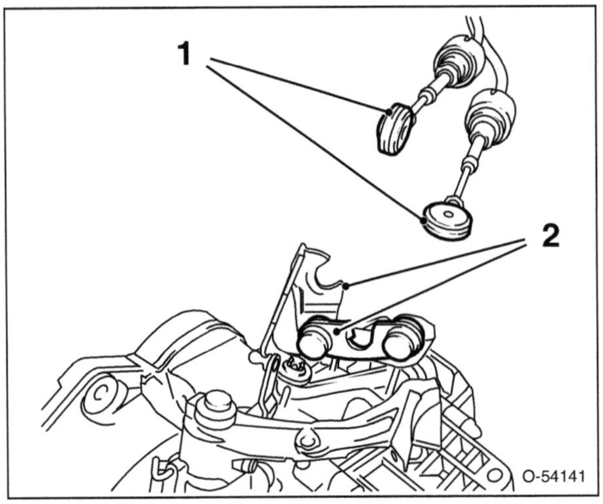

- Mit einem Maulschlüssel Schaltzüge –1– von den Kugelköpfen am Getriebe abdrücken. **Hinweis:** Die Werkstatt verwendet dazu den OPEL-Spezialhebel KM-6042.
- Sicherungsringe nach hinten ziehen und Schaltzüge aus den Gegenhaltern –2– herausziehen. Schaltzüge zur Seite legen.

Achtung: Die Schaltzüge dürfen nicht verdreht, geknickt oder gedehnt werden.

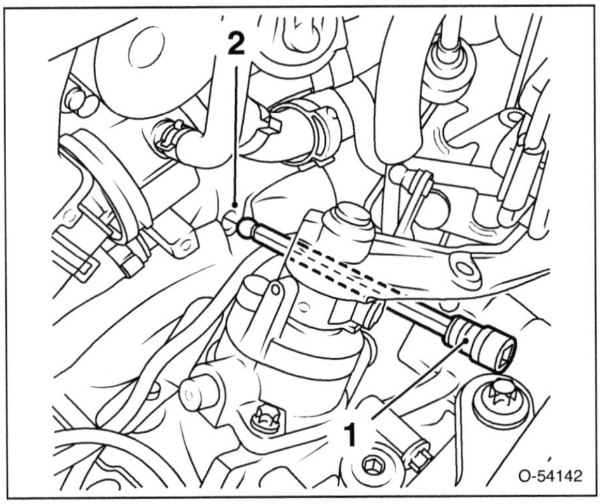

- Mit einem langen Steckschlüssel –1– obere Anlasserschraube –2– herausdrehen.

Sicherheitshinweis
Beim Aufbocken des Fahrzeugs besteht Unfallgefahr! Hinweise im Kapitel »Fahrzeug aufbocken« beachten.

- Fahrzeug vorne aufbocken.
- 2 Muttern abschrauben und Leitungen vom Anlasser abklemmen.
- Untere Anlasserschraube herausdrehen und Anlasser aus dem Motorraum herausziehen.

Einbau

- Der Einbau erfolgt in umgekehrter Ausbaureihenfolge. Untere Anlasserschraube erst nach Festziehen der oberen Anlasserschraube anziehen.

Anzugsdrehmomente:
Schrauben für Anlasser . . . . **25 Nm**
Schrauben für Ladeluftrohr. . . . . **8 Nm**

1,7-l-Dieselmotor

Ausbau

- **Batterie abklemmen. Achtung:** Hinweise im Kapitel »Batterie aus- und einbauen« beachten.

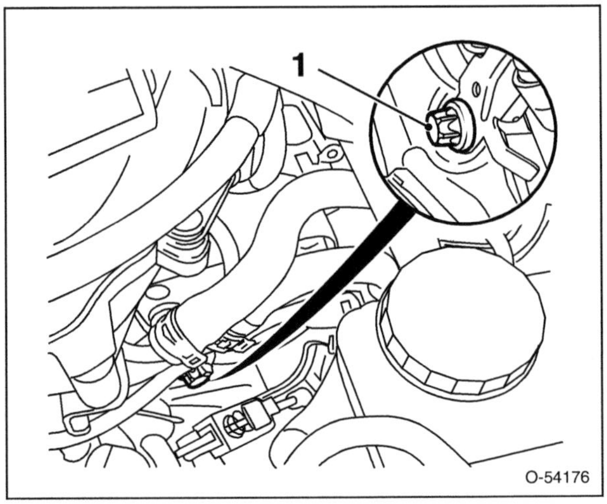

- Obere Schraube –1– für Anlasser aus dem Getriebeblock herausdrehen. **Hinweis:** Der Anlasser sitzt hinten am Motorblock.

Sicherheitshinweis
Beim Aufbocken des Fahrzeugs besteht Unfallgefahr! Hinweise im Kapitel »Fahrzeug aufbocken« beachten.

- Fahrzeug vorne aufbocken.
- Falls vorhanden, untere Motorabdeckung ausbauen.

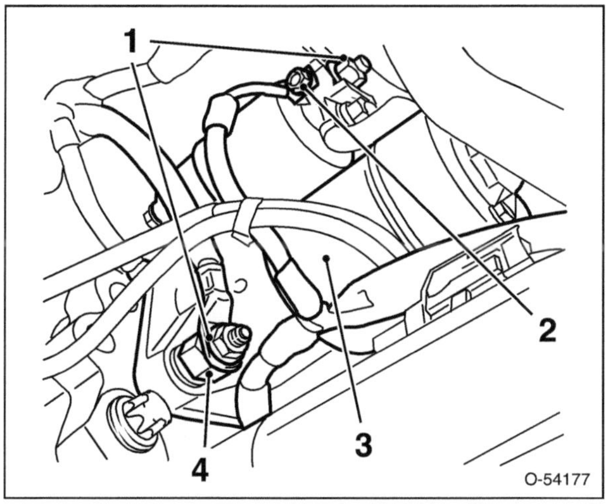

- Schraube –2– herausdrehen, Muttern –1– abschrauben und Leitungen vom Anlasser abklemmen.
- Mutter für Massekabel abschrauben.
- Stehbolzen –4– herausdrehen und Anlasser –3– nach unten aus dem Motorraum herausziehen.

Einbau

- Der Einbau erfolgt in umgekehrter Ausbaureihenfolge.
  Anzugsdrehmomente:
  Unterer Stehbolzen für Anlasser . . . . **38 Nm**
  Obere Schraube für Anlasser. . . . . **60 Nm**

Störungsdiagnose Anlasser

Störung	Ursache	Abhilfe
Anlasser dreht sich nicht beim Betätigen des Zündanlassschalters.	Batterie entladen.	■ Batterie laden.
	Anlasser läuft an nach Überbrücken der Klemmen 30 und 50; dann ist die Leitung vom Zündanlassschalter unterbrochen, oder der Anlassschalter ist defekt.	■ Unterbrechung beseitigen, defekte Teile ersetzen.
	Kabel oder Masseanschluss ist unterbrochen, oder die Batterie ist entladen.	■ Batteriekabel und Anschlüsse prüfen. Batteriespannung messen, ggf. laden.
	Ungenügender Stromdurchgang infolge lockerer oder oxydierter Anschlüsse.	■ Batteriepole und -klemmen reinigen. Stromsichere Verbindungen zwischen Batterie, Anlasser und Masse herstellen.
	Keine Spannung an Klemme 50.	■ Leitung unterbrochen, Zündanlassschalter defekt.
Anlasserwelle dreht sich zu langsam und zieht den Motor nicht durch.	Batterie teilentladen.	■ Batterie laden.
	Ungenügender Stromdurchgang infolge lockerer oder oxydierter Anschlüsse.	■ Batteriepole und -klemmen und Anschlüsse am Anlasser reinigen, Anschlüsse festziehen.
	Kohlebürsten liegen nicht auf dem Kollektor auf, klemmen in ihren Führungen, sind abgenutzt, gebrochen, verölt oder verschmutzt.	■ Kohlebürsten überprüfen, reinigen beziehungsweise auswechseln. Führungen prüfen.
	Ungenügender Abstand zwischen Kohlebürsten und Kollektor.	■ Kohlebürsten ersetzen und Führungen für Kohlebürsten reinigen.
	Kollektor riefig oder verbrannt und verschmutzt.	■ Anlasser ersetzen.
	Spannung an Klemme 50 zu niedrig (weniger als 10 Volt).	■ Zündanlassschalter oder Magnetschalter überprüfen.
	Lager ausgeschlagen.	■ Lager prüfen, gegebenenfalls auswechseln.
	Magnetschalter defekt.	■ Magnetschalter auswechseln.
Anlasserritzel spurt ein und zieht an, Motor dreht nicht oder nur ruckweise.	Ritzelgetriebe defekt.	■ Anlasser ersetzen.
	Ritzel verschmutzt.	■ Ritzel reinigen.
	Zahnkranz am Schwungrad defekt.	■ Schwungrad erneuern.
Ritzelgetriebe spurt nicht aus.	Ritzelgetriebe oder Steilgewinde verschmutzt beziehungsweise beschädigt.	■ Anlasser ersetzen.
	Magnetschalter defekt.	■ Magnetschalter ersetzen.
	Rückzugfeder schwach oder gebrochen.	■ Magnetschalter ersetzen.
Anlasserwelle läuft weiter, nachdem der Zündschlüssel losgelassen wurde.	Magnetschalter hängt, schaltet nicht ab.	■ Zündung sofort ausschalten, Magnetschalter ersetzen.
	Zündanlassschalter schaltet nicht ab.	■ Sofort Batterie abklemmen, Zündanlassschalter ersetzen.

Scheibenwischanlage

Scheibenwischerblatt ersetzen

Sicherheitshinweis
Bei Wartungs- und Reparaturarbeiten an der Scheibenwischanlage besteht Verletzungsgefahr der Hände durch Klemmen oder Quetschen. Im Extremfall durch Abscheren von Gliedmaßen bei Eingriffen in die Scheibenwischermechanik. Vor jeglichen Reparaturarbeiten ist stets die Zündung auszuschalten.

Aero-Wischer/Frontscheibe

Das Wischerblatt besteht aus dem Wischergummi, in das eine Metallversteifung eingearbeitet ist.

Ausbau

- Wischerarme in »Servicestellung« fahren: Zündung ausschalten, Zündschlüssel stecken lassen. Innerhalb von 4 Sekunden Wischerschalter nach unten drücken und loslassen, wenn die Wischer senkrecht stehen.

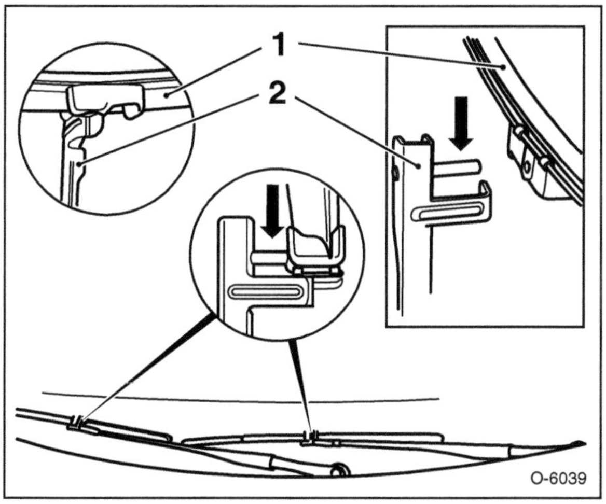

- Wischerarm hochklappen. Wischergummi –1– rechtwinklig zum Wischerarm –2– stellen und von der Achse –Pfeile– abziehen.

Einbau

- Der Einbau erfolgt in umgekehrter Ausbaureihenfolge.

Wischer/Heckscheibe

Ausbau

- Wischerarm hochklappen und Wischerblatt rechtwinklig zum Wischerarm stellen.

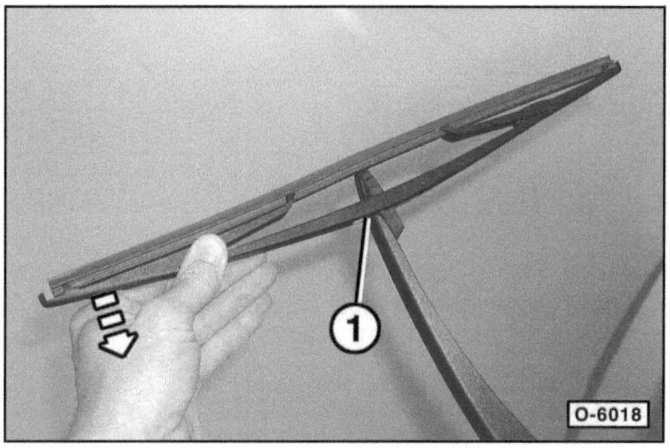

- Wischerblatt gegen den Anschlag –1– drücken –Pfeil– und aus der Halterung ausrasten.

Einbau

- Wischerblatt über Wischerarm schieben, Steg am Wischerblatt in die Halterung am Wischerarm einsetzen und einrasten.
- Wischerarm zurückklappen.

Scheibenwaschdüse für Frontscheibe aus- und einbauen

Ausbau

- Windlaufgrill ausbauen, siehe Seite 211.

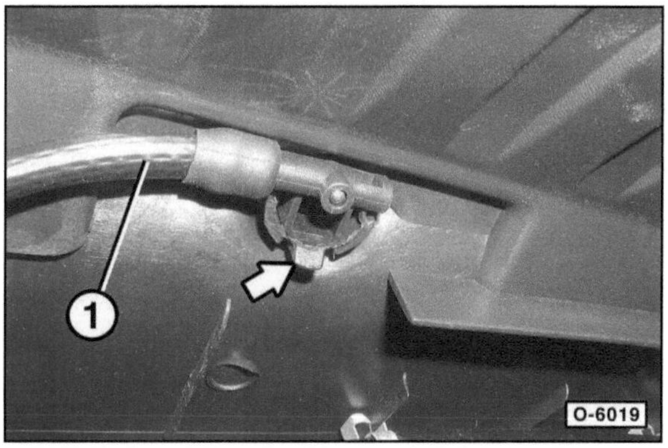

- Rasthaken –Pfeil– an der Rückseite des Windlaufgrills entriegeln und Scheibenwaschdüse nach unten aus dem Windlaufgrill herausdrücken.

- Wasserschläuche –1– von der Düse abziehen.

Einbau

- Der Einbau erfolgt in umgekehrter Ausbaureihenfolge.

Einstellen

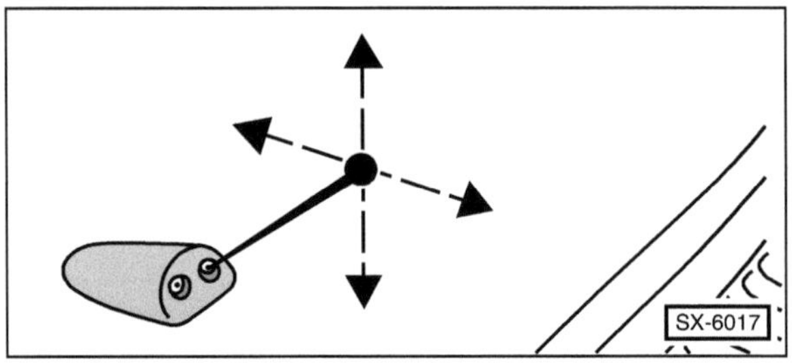

- Die Spritzrichtungen der vorderen Scheibenwaschdüsen können mit einem speziellen Einstelldorn, zum Beispiel HAZET 4850-1, eingestellt werden. Dorn in die Düse einsetzen und Zielpunkt auf der Scheibe anpeilen.

Scheibenwaschdüse für Heckscheibe aus- und einbauen

Ausbau

- Zusatzbremsleuchte ausbauen, siehe Seite 86.

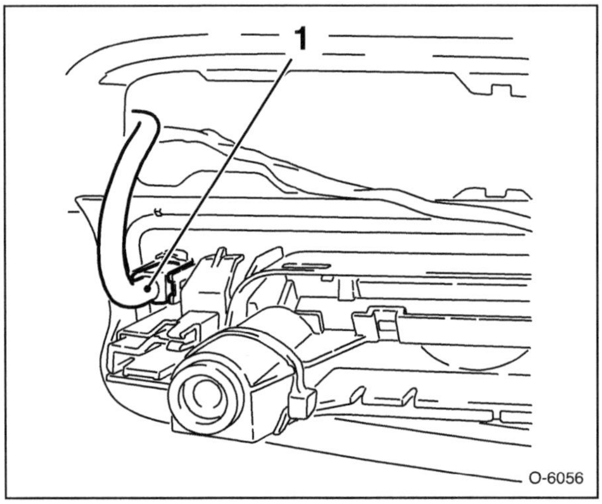

- Schlauch –1– für Wisch- und Waschanlage abziehen.

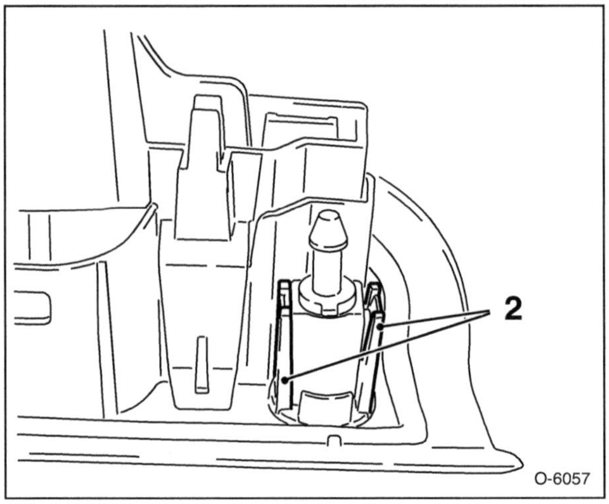

- Spritzdüse ausclipsen, dazu 2 Haltenasen –2– entriegeln. Anschließend Spritzdüse herausnehmen.

Einbau

- Der Einbau erfolgt in umgekehrter Ausbaureihenfolge.

Scheibenwaschbehälter/-pumpe aus- und einbauen

Ausbau

- Linken Innenkotflügel ausbauen, siehe Seite 216.
- Auffangbehälter unter den Scheibenwaschbehälter stellen.

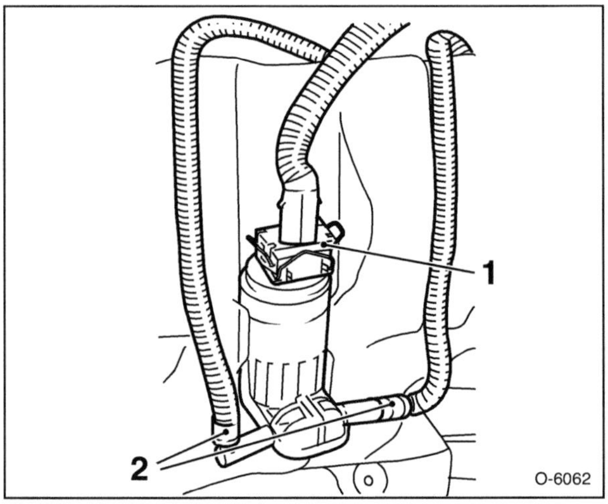

- Stecker –1– von der Scheibenwaschpumpe abziehen.
- Schläuche –2– von der Scheibenwaschpumpe abziehen. Dabei auslaufende Scheibenwaschflüssigkeit auffangen.
- Pumpe nach oben aus dem Scheibenwaschbehälter herausziehen.

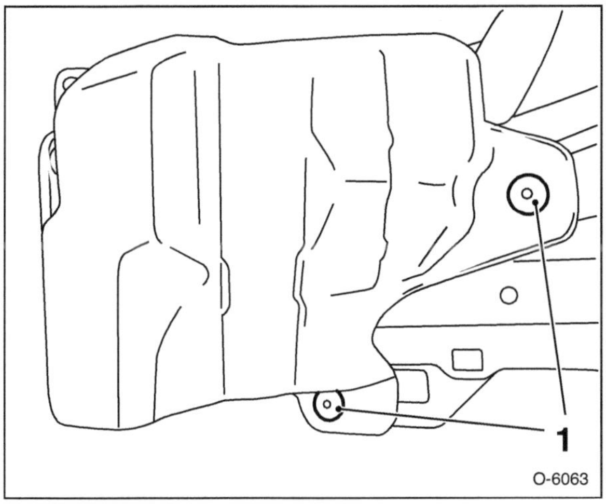

- 2 Nieten –1– ausbohren.

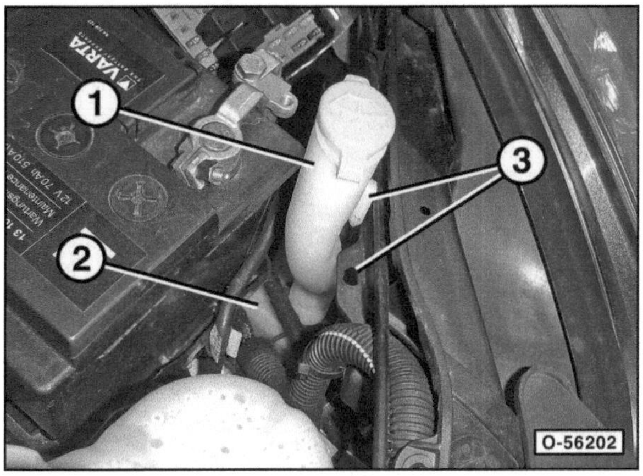

- Einfüllrohr –1– nach oben aus dem Waschwasserbehälter –2– und aus der Führung –3– herausziehen und beiseite legen.
- Scheibenwaschbehälter herausnehmen.

Einbau

- Der Einbau erfolgt in umgekehrter Ausbaureihenfolge.
- Scheibenwaschbehälter nach dem Einbau mit Scheibenwaschflüssigkeit auffüllen.

Wischerarm aus- und einbauen

Frontscheibe

Ausbau

- Frontscheibe mit Wasser benetzen.
- Scheibenwischeranlage kurze Zeit laufen lassen und über den Scheibenwischerschalter abschalten. Dadurch läuft der Wischer in die Endstellung.
- Stellung der Wischergummis auf der Frontscheibe markieren. Dazu Klebeband neben den Wischergummis auf die Scheibe kleben.
- Motorhaube öffnen.

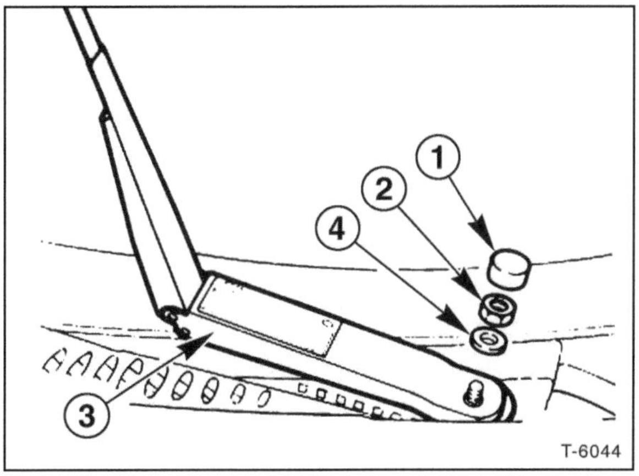

Hinweis: Je nach Modell ist eine Unterlegscheibe –4– eingesetzt; Einbaulage beachten.

- Mit einem Schraubendreher die Abdeckkappe –1– vorsichtig abhebeln.
- Mutter –2– ca. 2 Umdrehungen lösen.
- Wischerarm –3– leicht hin und her bewegen, bis er sich von der Wischerwelle löst.

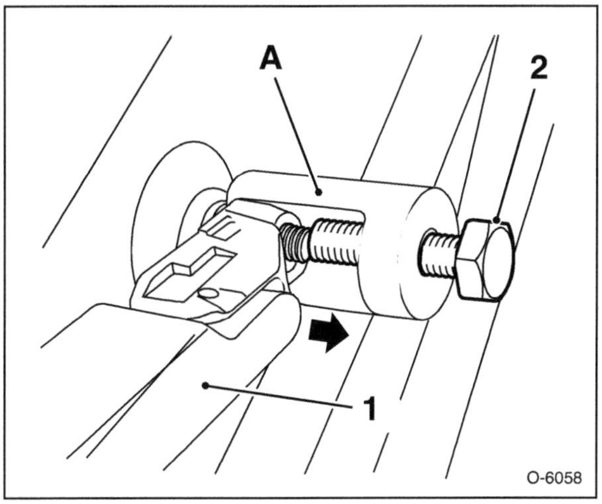

- Die Fachwerkstatt verwendet dazu den Abzieher KM-6626-20 –A– oder HAZET-4855. 1 – Scheibenwischerarm, 2 – Abziehschraube. **Hinweis:** In der Abbildung ist nicht der Wischerarm des CORSA dargestellt.

- Mutter ganz abschrauben.
- Wischerarm von der Welle abziehen.

Einbau

- Sicherstellen, dass der Scheibenwischermotor in Endstellung steht. Gegebenenfalls Motor kurz laufen lassen und mit Wischerschalter abschalten.
- Wischerarm auf die Wischerwelle aufsetzen und anhand der beim Ausbau angebrachten Klebeband-Markierung ausrichten.
- Mutter aufschrauben und handfest anziehen.
- Endstellung der Wischerarme überprüfen. Dazu Motorhaube schließen, Scheibe mit Wasser benetzen und Scheibenwischer kurz laufen lassen. Die Wischerarme müssen in die eingestellte Endstellung zurückkehren und dürfen sich beim Wischen nicht über den Scheibenrand hinausbewegen. Gegebenenfalls Mutter lösen und Einstellung erneut vornehmen beziehungsweise Wischerarme grundeinstellen, siehe Kapitel »Wartung« auf Seite 47.
- Mutter mit **20 Nm** festziehen und Abdeckkappe aufdrücken.

Heckscheibe

Der Aus- und Einbau des Wischerarmes an der Heckscheibe erfolgt ähnlich wie an der Frontscheibe.

Ausbau

- Abdeckkappe an der Wischerwelle öffnen.
- Mutter von der Wischerwelle abschrauben.

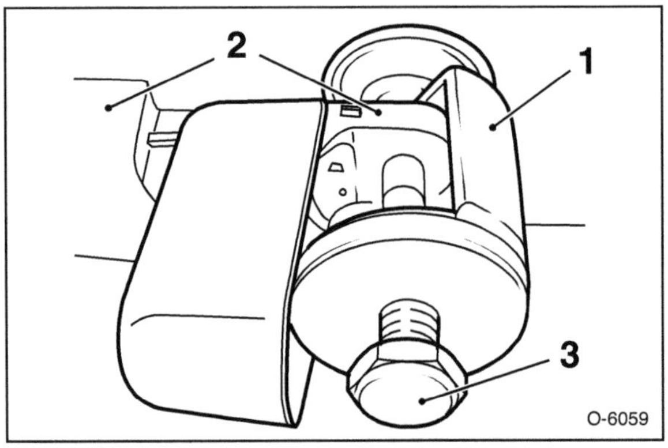

- Abziehwerkzeug –1–, zum Beispiel KM-6626-20 oder HAZET 4855, am Wischerarm –2– einsetzen. Abzieherschraube –3– drehen und Wischerarm von der Welle abziehen.

Einbau

- Wischerarm auf die Wischerwelle aufsetzen und Mutter mit **9 Nm** festschrauben.
- Abdeckkappe aufdrücken.

Wischermotor an der Frontscheibe aus- und einbauen

Ausbau

- Wischerarme ausbauen, siehe entsprechendes Kapitel.
- Windlaufgrill ausbauen, siehe Seite 211.
- Batterie abklemmen. **Achtung:** Hinweise im Kapitel »Batterie aus- und einbauen« beachten.

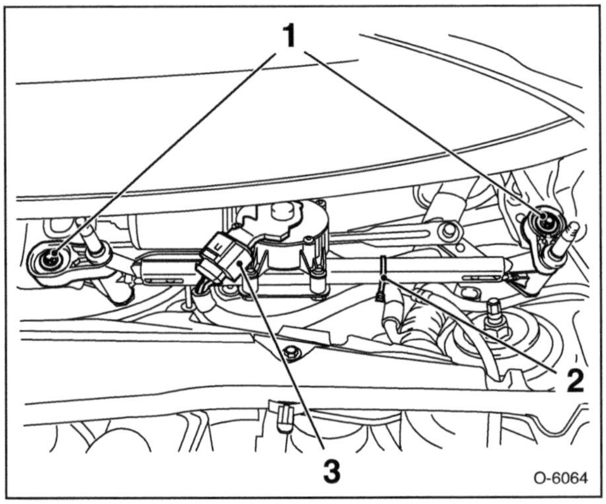

- 2 Schrauben –1– herausdrehen.
- Einbaulage des Kabelbinders –2– markieren. Kabelbinder durchkneifen.
- Stecker –3– vom Wischermotor abziehen.
- Wischergestänge mit Wischermotor herausnehmen.
- Gestänge mit einem großen Schraubendreher von der Kurbel des Motors abhebeln.
- Stellung der Kurbel zur Montageplatte markieren. Dazu mit Filzstift oder Reißnadel entlang der Kurbel einen Strich auf der Montageplatte anbringen.
- Mutter abschrauben und Kurbel vom Wischermotor abnehmen.
- Wischermotor von der Montageplatte abschrauben.

Einbau

Achtung: Vor dem Einbau prüfen, ob sich der Wischermotor in Endstellung befindet. Dazu kurzzeitig Anschlussstecker aufschieben und Batteriekabel anschließen. Motor kurz laufen lassen und anschließend mit Wischerschalter ausschalten, damit der Motor in Endstellung stehen bleibt.

- Der Einbau erfolgt in umgekehrter Ausbaureihenfolge. Dabei Wischergestänge mit **3,5 Nm** festschrauben.
- Einstellung der Wischerarme überprüfen, siehe Seite 47.

Wischermotor an der Heckscheibe aus- und einbauen

Ausbau

- Batterie abklemmen. **Achtung:** Hinweise im Kapitel »Batterie aus- und einbauen« beachten.
- Wischerarm ausbauen, siehe entsprechendes Kapitel.
- Heckklappenverkleidung ausbauen, siehe Seite 222.

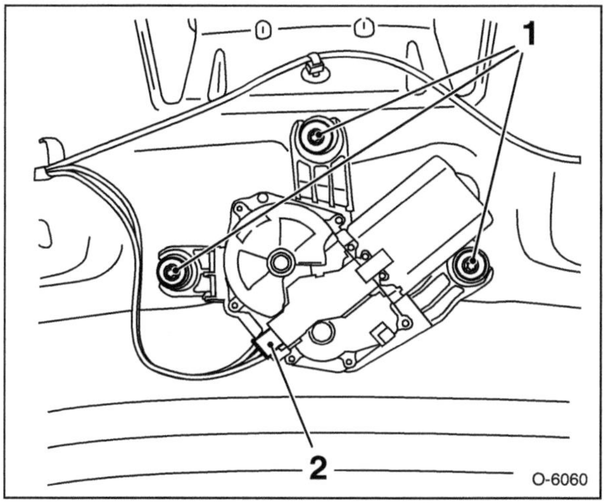

O-6060

- Stecker –2– entriegeln und abziehen.
- 3 Schrauben –1– herausdrehen und Heckwischermotor vorsichtig aus der Führung an der Heckklappe herausziehen.

Einbau

- Wischermotor in Endstellung bringen. Dazu Mehrfachstecker am Wischermotor aufstecken. Wischermotor etwas laufen lassen und mit dem Wischerschalter abschalten. Dadurch läuft der Wischermotor in Endstellung. Mehrfachstecker vom Wischermotor abziehen.
- Der Einbau erfolgt in umgekehrter Ausbaureihenfolge.

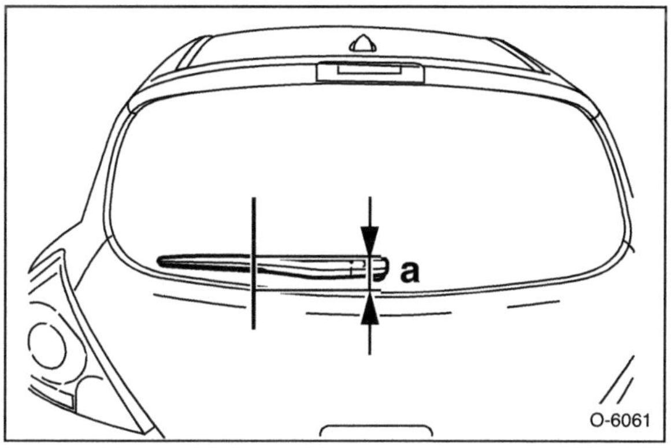

O-6061

- Einstellung des Wischerarmes überprüfen. Das Einstellmaß –a– muss ca. 3,3 cm betragen.

Störungsdiagnose Scheibenwischergummi

Wischbild	Ursache	Abhilfe
Schlieren.	Wischergummi verschmutzt.	■ Wischergummi mit harter Nylonbürste und einer Waschmittellösung oder Spiritus reinigen.
	Ausgefranste Wischlippe, Gummi ausgerissen oder abgenutzt.	■ Wischergummi erneuern.
	Wischergummi gealtert, rissige Oberfläche.	■ Wischergummi erneuern.
Im Wischfeld verbleibende Wasserreste ziehen sich sofort zu Perlen zusammen.	Frontscheibe durch Lackpolitur oder Öl verschmutzt.	■ Frontscheibe mit sauberem Putzlappen und einem Fett-Öl-Silikonentferner reinigen.

Beleuchtungsanlage

Wichtige Hinweise zu den Glühlampen

Glühlampen grundsätzlich nur durch solche gleicher Ausführung ersetzen. Vor einem Lampenwechsel sicherstellen, dass der betreffende Schalter ausgeschaltet ist.

Den Glaskolben einer leistungsstarken Glühlampe nicht mit bloßen Fingern berühren. Am besten ein sauberes Stofftuch dazwischen legen oder Baumwollhandschuhe anziehen. Der durch die Berührung verursachte Fingerabdruck verdampft aufgrund der Hitzeentwicklung. Rückstände setzen sich auf dem Reflektor ab und lassen den Scheinwerfer matt werden. Dies gilt insbesondere für die Haupt- und Nebelscheinwerfer. Versehentlich entstandene Berührungsflecken auf dem Glaskolben mit einem sauberen, nicht fasernden Tuch und etwas Spiritus abwischen.

Achtung: Halogenlampen stehen unter Druck und können platzen. Deshalb beim Lampenwechsel Schutzbrille und Handschuhe tragen.

Die mit einem Schutzlack beschichteten Kunststoffscheiben der Hauptscheinwerfer dürfen auf keinen Fall mit einem trockenen oder gar scheuernden Lappen gesäubert werden. Es dürfen auch keine Reinigungs- oder Lösungsmittel benutzt werden. Die Scheiben nur mit einem weichen, feuchten Tuch reinigen.

Scheinwerfer seit 1/2011

Mit dem Facelift 2011 hat der CORSA neu gestaltete Scheinwerfer erhalten. Der Aus- und Einbau der Hauptscheinwerfer sowie der Scheinwerferlampen erfolgt weitgehend auf die gleiche Weise wie bei den Fahrzeugen bis 12/2010.

Lampentabelle

Glühlampe für	Typ	Leistung
Abblendlicht	H7	55 W
Fernlicht	H1	55 W
Abbiegelicht	H1	55 W
Standlicht ab 1/2011	W5W	5 W
Tagfahr-/Standlicht bei Kurvenlicht	W21/5W	21/5 W
Blinklicht	PY21W	21 W
Nebelscheinwerfer bis 12/2010	H11	55 W
Nebelscheinwerfer ab 1/2011	H3	55 W
Blinklicht seitlich ab 1/2011	W5W	5 W
Brems-/Schlusslicht	P21W	21 W
Schlusslicht	W5W	5 W
Rückfahrscheinwerfer, Ausführung 1	P21W	21 W
Rückfahrscheinwerfer, Ausführung 2	W16W	16 W
Nebelschlusslicht	P21W	21 W
Kennzeichenleuchte	W5W	5 W
Dritte Bremsleuchte	W5W	5 W

Glühlampen am Scheinwerfer auswechseln

Hinweis: Je nach Fahrzeugmodell sind die Versorgungsöffnungen am Scheinwerfer nur schwer zugänglich. Unter Umständen muss der Scheinwerfer abgeschraubt und etwas nach vorn gezogen werden. Andernfalls muss der Scheinwerfer ausgebaut werden, siehe entsprechendes Kapitel.

- Zündung und Schalter des Scheinwerfers ausschalten.
- Motorhaube öffnen.
- Batterie-Massekabel (–) abklemmen. **Achtung:** Hinweise im Kapitel »Batterie aus- und einbauen« beachten.
- Nach dem Einbau neue Glühlampe auf Funktion überprüfen. Gegebenenfalls Scheinwerfer-Einstellung von einer Werkstatt kontrollieren und, wenn nötig, einstellen lassen.

Abblendlicht/Halogen

Ausbau

Hinweis: Aufgrund der beengten Platzverhältnissse sind unter Umständen ein kleiner Haushaltsspiegel und eine Taschenlampe erforderlich.

- **Linker Scheinwerfer:** Deckel vom Sicherungs- und Relaiskasten im Motorraum abbauen, siehe Abbildung O-54166 auf Seite 56.
- **Rechter Scheinwerfer:** Luftfilter ausbauen, siehe Seite 187.

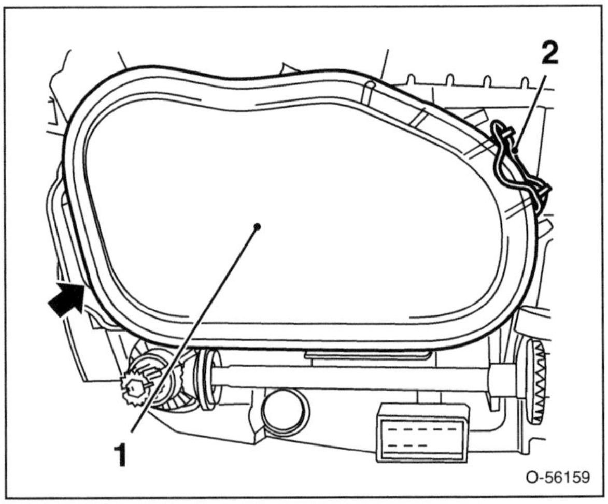

- Sicherungsbügel –2– entriegeln. Abdeckkappe –1– an der Innenseite vom Reflektor wegschwenken und an der Außenseite –Pfeil– aus der Führung herausziehen.

Hinweis: Je nach Modelljahr und Ausstattung unterscheidet sich die Einbaulage der Scheinwerferlampe. Deshalb vor dem Ausbau die Position der Führungsnase –2– prüfen, siehe Abbildung O-56160 beziehungsweise O-56205.

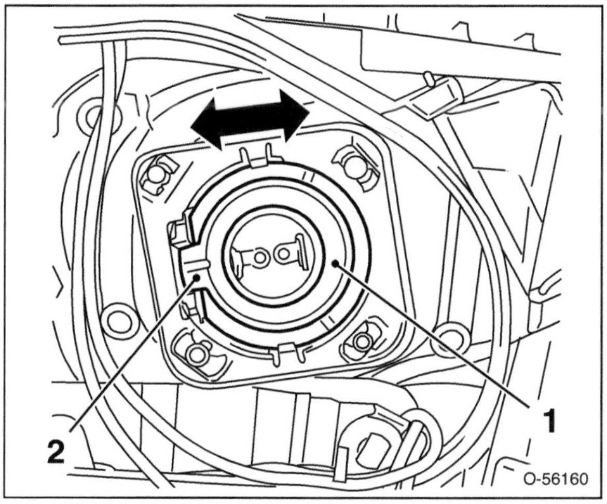

- **Ausführung 1:** Lampenfassung –1– an der Rückseite des Scheinwerfers nach links oder rechts drücken –Pfeil– und dadurch entriegeln. **Hinweis:** Position der Führungsnase –2– der Scheinwerferlampe beachten.

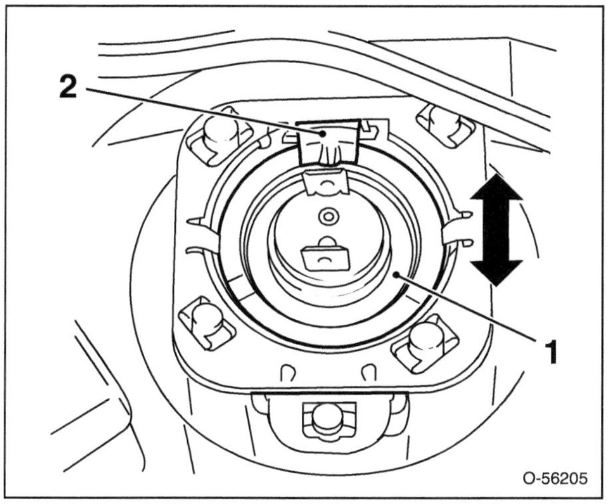

- **Ausführung 2:** Lampenfassung –1– an der Rückseite des Scheinwerfers nach oben oder unten drücken –Pfeil– und dadurch entriegeln. **Hinweis:** Position der Führungsnase –2– der Scheinwerferlampe beachten.
- Glühlampe mit Stecker aus dem Scheinwerfer herausnehmen.
- Stecker von der Lampe abziehen.

Einbau

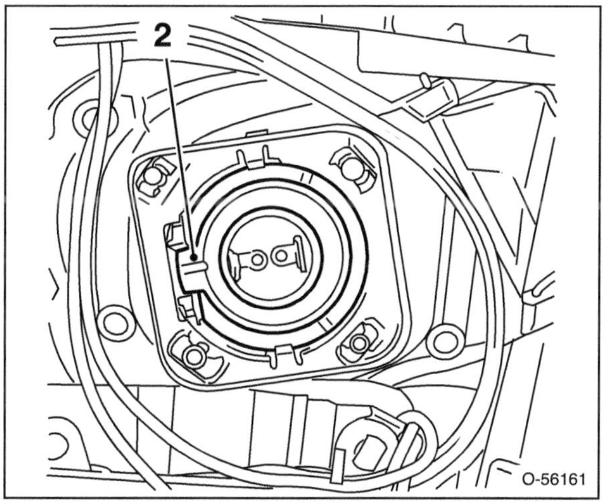

- **Ausführung 1:** Neue Glühlampe so ansetzen, dass die Fixiernase –2– nach links zeigt. Lampe mit der Fixiernase in die Aussparung am Reflektor einsetzen, eindrücken und einrasten.

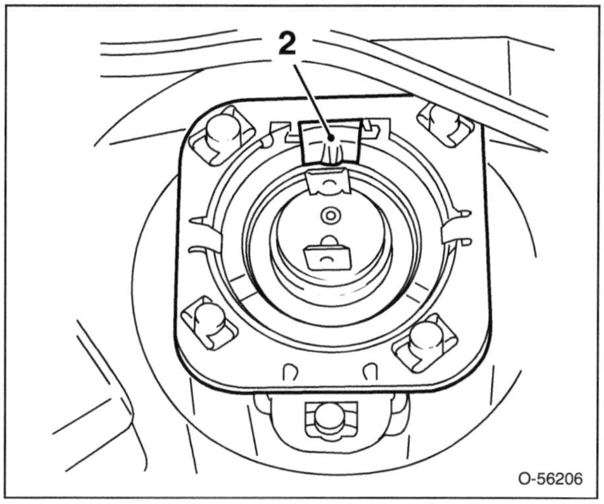

- **Ausführung 2:** Neue Glühlampe so ansetzen, dass die Fixiernase –2– nach oben zeigt. Lampe mit der Fixiernase in die Aussparung am Reflektor einsetzen, eindrücken und einrasten.
- Mehrfachstecker aufschieben.
- Abdeckkappe in die äußere Führung am Scheinwerfer einhängen, andrücken und mit Sicherungsbügel verriegeln. **Hinweis:** Es empfiehlt sich, den richtigen Sitz der Abdeckung in der äußeren Führung mithilfe eines Taschenspiegels zu kontrollieren. Zum leichteren Ansetzen der Abdeckkappe kann es sinnvoll sein, den Sicherungsbügel kurzzeitig auszubauen.

Fernlicht

Ausbau

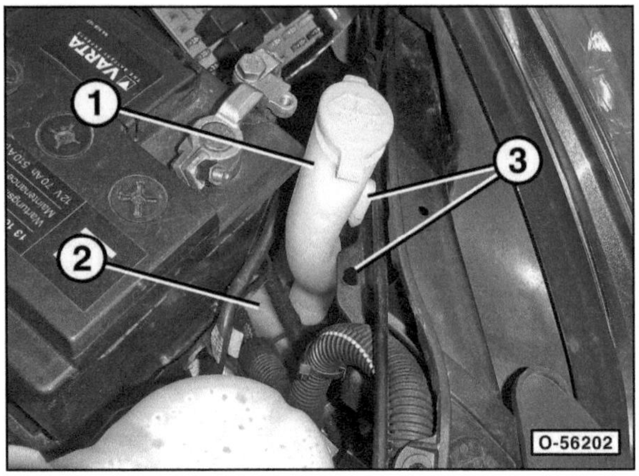

- **Linker Scheinwerfer:** Einfüllrohr –1– nach oben aus dem Waschwasserbehälter –2– und aus der Führung –3– herausziehen und beiseite legen. **Hinweis:** Bei vollständig gefülltem Waschwasserbehälter läuft Flüssigkeit aus.
- Öffnung des Waschwasserbehälters mit geeignetem Stopfen verschließen oder mit sauberem Lappen abdecken, damit nichts hineinfallen kann.

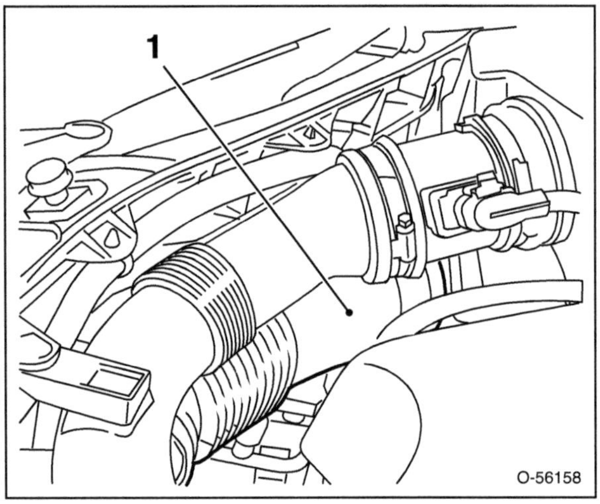

- **Rechter Scheinwerfer:** Sofern vorhanden, Luftansaugrohr –1– ausbauen.

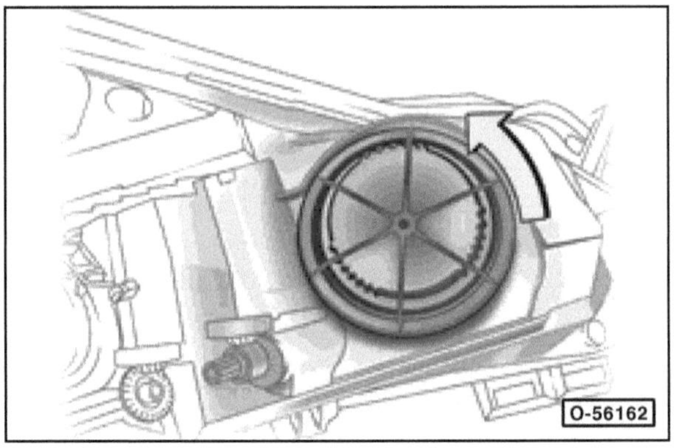

- Abdeckkappe an der Rückseite des Scheinwerfers gegen den Uhrzeigersinn drehen –Pfeil– und abnehmen.
- Stecker von der Glühlampe abziehen.

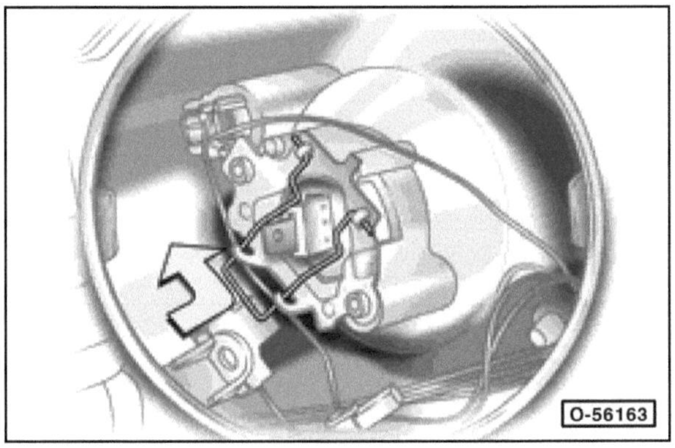

- Federdrahtbügel in Pfeilrichtung aus den Haltenasen ausrasten und zur Seite schwenken.
- Glühlampe aus dem Reflektorgehäuse herausnehmen.

Einbau

- Neue Glühlampe so in den Reflektor einsetzen, dass die Rastnase in die entsprechende Aussparung greift, dabei Glaskolben nicht berühren.
- Federdrahtbügel zurückklappen und in die Haltenasen einhängen.
- Kabelstecker auf Glühlampe aufschieben.
- Der weitere Einbau erfolgt in umgekehrter Ausbaureihenfolge, dabei Abdeckkappe an der Rückseite des Scheinwerfers im Uhrzeigersinn drehen und verriegeln.

Standlicht

Ausbau

- Scheinwerferabdeckkappe für Fernlicht abnehmen, siehe Abbildung O-56162.

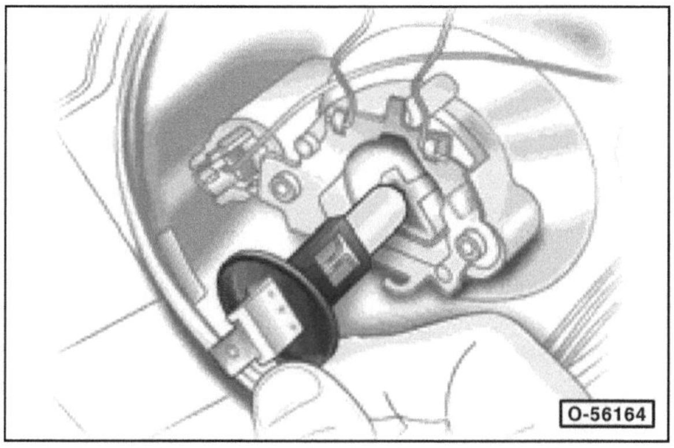

- Fassung für Standlichtlampe aus dem Reflektor herausziehen.
- Glühlampe aus Fassung herausnehmen.

Einbau

- Neue Glühlampe einsetzen, dabei Glaskolben nicht berühren.
- Fassung in den Reflektor einsetzen.
- Scheinwerferabdeckkappe ansetzen und schließen.

Blinklicht

Ausbau, Fahrzeuge bis 12/2010

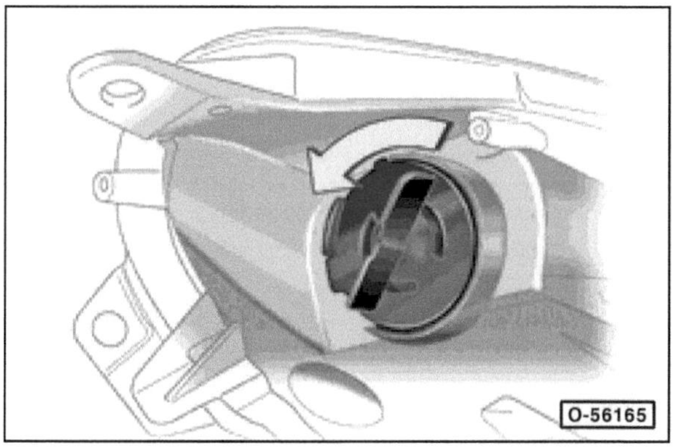

- Lampenfassung links herumdrehen –Pfeil– und ausrasten.

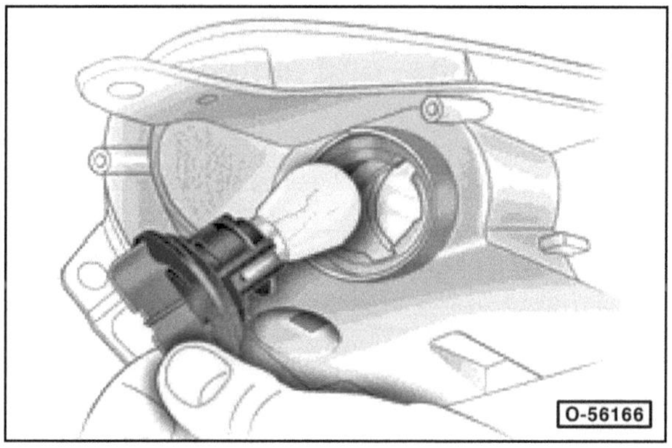

- Glühlampe in die Fassung etwas hineindrücken, links herumdrehen und herausnehmen.

Einbau

- Neue Glühlampe einsetzen, dabei Glaskolben nicht berühren. Lampe rechts herumdrehen und einrasten.
- Lampenfassung in den Reflektor einsetzen, rechts herumdrehen und einrasten.

Ausbau, Fahrzeuge seit 1/2011

- Scheinwerfer ausbauen, siehe entsprechendes Kapitel.

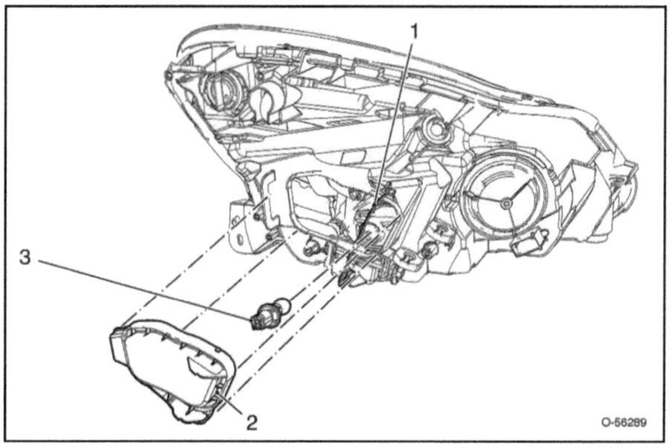

- Haltebügel –1– entriegeln und Abdeckung –2– abnehmen.
- Fassung der Blinklichtlampe –3– entriegeln und herausnehmen.

Einbau

- Blinklichtlampe –3– mit der Fassung einsetzen und verriegeln.
- Abdeckung –2– ansetzen und mit Haltebügel –1– befestigen.
- Scheinwerfer einbauen, siehe entsprechendes Kapitel.

Stellmotor für Leuchtweitenregulierung aus- und einbauen

Ausbau

- Scheinwerfer ausbauen, siehe entsprechendes Kapitel.

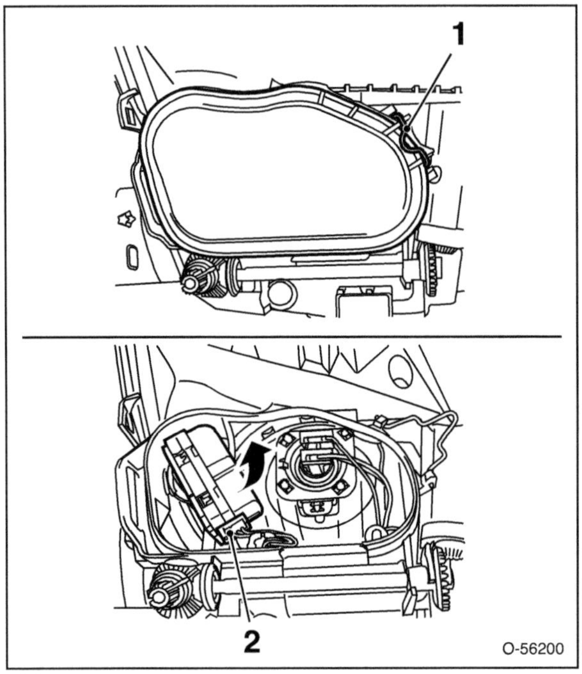

- Sicherungsbügel –1– entriegeln.
- Mehrfachstecker –2– abziehen.
- Stellmotor für Leuchtweitenregulierung in Pfeilrichtung entriegeln und herausnehmen.

Einbau

- Stellmotor für Leichtweitenregulierung in den Scheinwerfer einsetzen und verriegeln.
- Mehrfachstecker aufschieben.
- Abdeckkappe aufsetzen und mit Bügel verriegeln.
- Scheinwerfer einbauen, siehe entsprechendes Kapitel.

Seitliche Blinkleuchte aus- und einbauen

Ausbau

- Zündung und Schalter der Leuchte ausschalten.

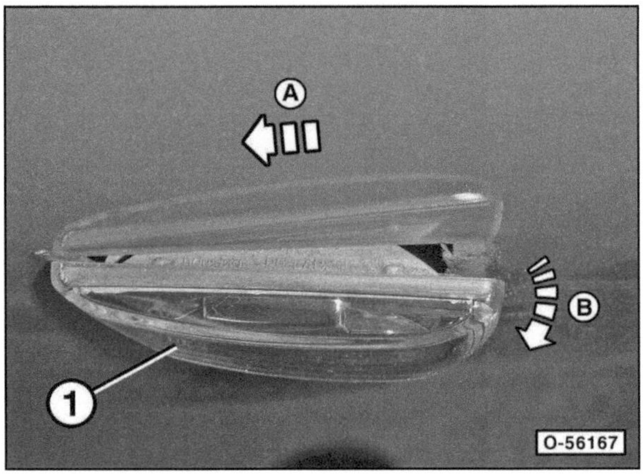

- Blinkleuchte –1– mit den Fingern in Fahrtrichtung gesehen nach vorn schieben –Pfeil A– und hinten herausschwenken –Pfeil B–.

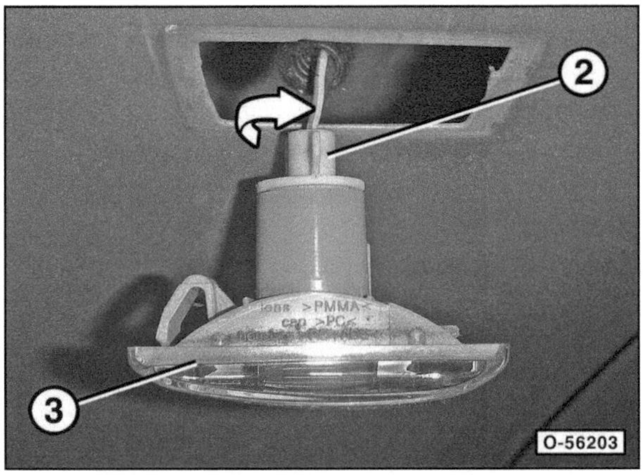

- Lampenfassung –2– um 90° nach links drehen (im Gegenuhrzeigersinn) und Reflektor –3– abnehmen.

- Glühlampe –4– aus der Fassung –2– herausziehen.

Einbau

- Neue Glühlampe in die Fassung stecken.
- Lampenfassung in den Reflektor einsetzen, 90° nach rechts drehen und einrasten.
- Reflektor mit dem hinteren Teil in den Kotflügel einhängen, vorn mit der Rastnase in die Öffnung des Kotflügels eindrücken und einclipsen.

Scheinwerfer aus- und einbauen

Ausbau

Hinweis: Die Beschreibung bezieht sich auf Scheinwerfer ohne Kurvenlicht.

- Motorhaube öffnen.
- Batterie-Massekabel (–) abklemmen. **Achtung:** Hinweise im Kapitel »Batterie aus- und einbauen« beachten.
- Vordere Stoßfängerverkleidung ausbauen, siehe Seite 212.

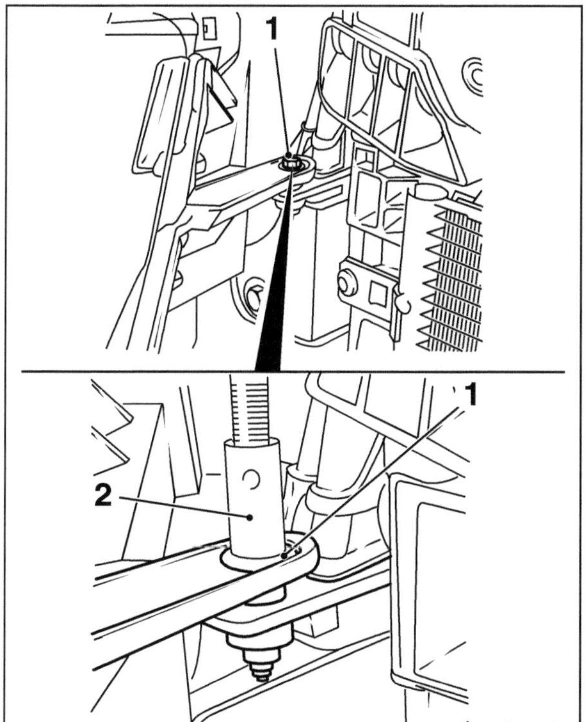

O-56168

- Innere Schraube –1– mit Steckschlüssel –2– herausdrehen. **Hinweis:** Dabei Scheinwerfer mit leichtem Druck im Bereich der Verschraubung niederhalten.

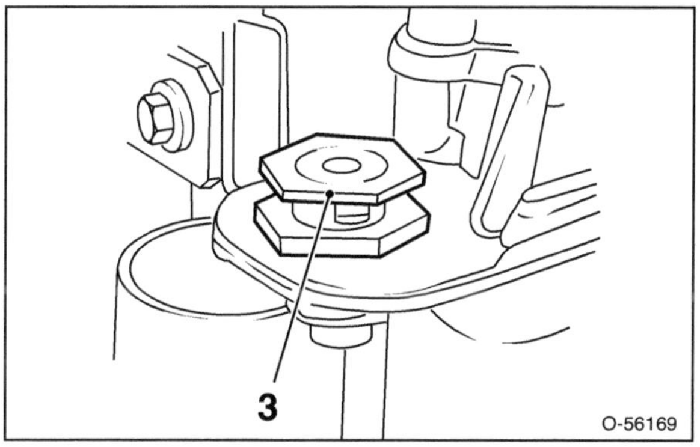

O-56169

Achtung: Während des Lösens der Schraube –1– (Abbildung O-56168) durch Sichtprüfung sicherstellen, dass sich die Mutter –3– nicht verdreht. Gegebenenfalls Mutter gegenhalten.

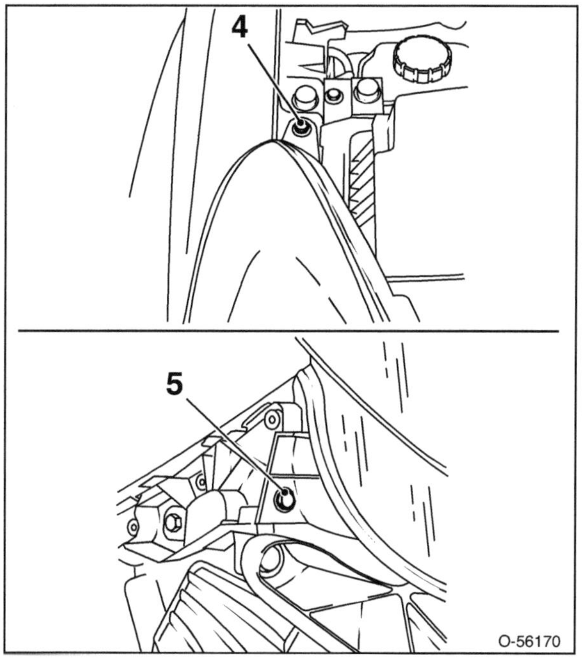

O-56170

- Obere, äußere Schraube –4– und untere Schraube –5– herausdrehen.

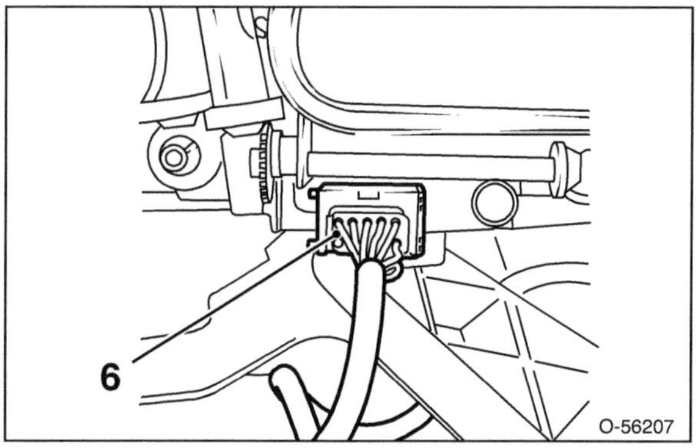

O-56207

- Scheinwerfer etwas vorziehen und Mehrfachstecker –6– unten am Scheinwerfer entriegeln und abziehen.

- Scheinwerfer herausnehmen.

Einbau

- Der Einbau erfolgt in umgekehrter Ausbaureihenfolge. Scheinwerfer so ausrichten, dass der Spalt zur Motorhaube 3,7 ± 1,2 mm beträgt.
- Scheinwerfer-Einstellung so bald wie möglich von einer Werkstatt kontrollieren und gegebenenfalls einstellen lassen. **Achtung:** Für die Verkehrssicherheit ist die exakte Einstellung der Scheinwerfer von großer Bedeutung.

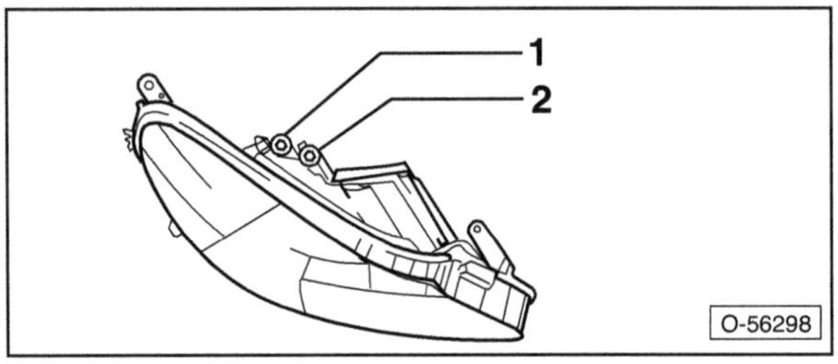

Scheinwerfer-Einstellschrauben:
1 – Schraube für Höheneinstellung
2 – Schraube für Seiteneinstellung

Nebelscheinwerfer aus- und einbauen

Fahrzeuge bis 12/2010

Ausbau

- Motorhaube öffnen.
- Vordere Stoßfängerverkleidung ausbauen, siehe Seite 212.

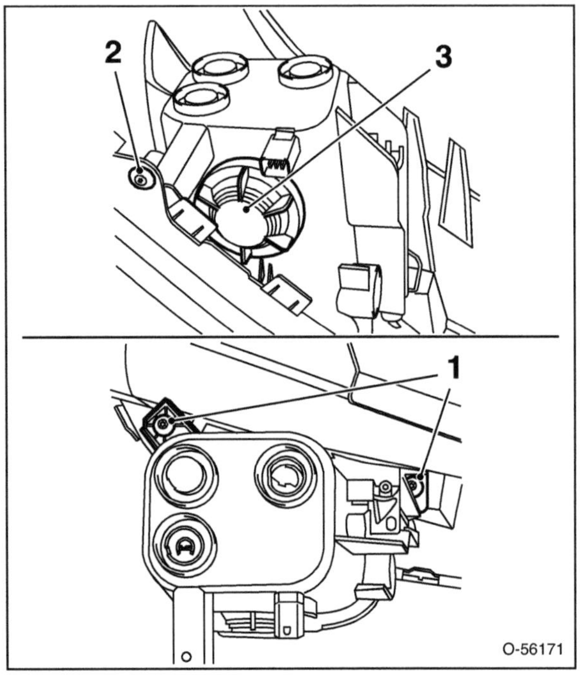

- 3 Schrauben –1– und –2– herausdrehen und Nebelscheinwerfer abnehmen.

Lampe wechseln

- Abdeckkappe –3– nach links drehen und abnehmen.

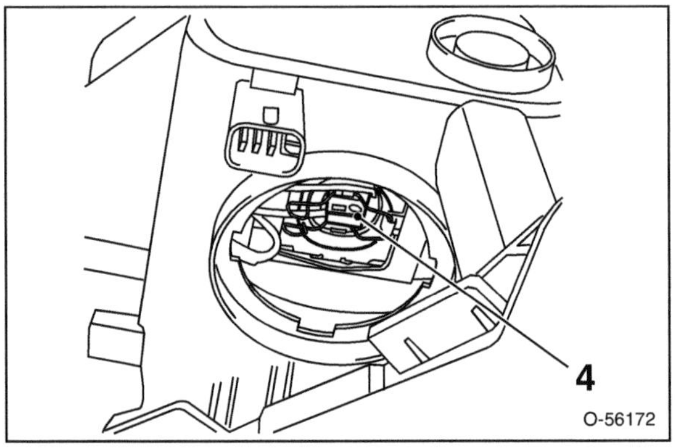

- Drahtbügel eindrücken und zur Seite klappen. Glühlampe –4– herausnehmen, Steckverbindung trennen.
- Der Einbau erfolgt in umgekehrter Ausbaureihenfolge.

Einbau

- Der Einbau erfolgt in umgekehrter Ausbaureihenfolge.
- Nebelscheinwerfer-Einstellung so bald wie möglich von einer Werkstatt kontrollieren und gegebenenfalls einstellen lassen. **Achtung:** Für die Verkehrssicherheit ist die exakte Einstellung der Scheinwerfer von großer Bedeutung.

Fahrzeuge seit 1/2011

Lampe wechseln

Hinweis: Die Lampe ist von der Fahrzeugunterseite her zugänglich und kann bei eingebautem Nebelscheinwerfer ausgebaut werden.

- Lampenfassung nach links drehen (gegen den Uhrzeigersinn) und aus dem Reflektor herausnehmen.
- Haltenase am Stecker eindrücken und Lampenfassung abziehen.
- Lampe komplett mit Fassung ersetzen.
- Der Einbau erfolgt in umgekehrter Ausbaureihenfolge.

Ausbau

> **Sicherheitshinweis**
> Beim Aufbocken des Fahrzeugs besteht Unfallgefahr! Deshalb die Hinweise im Kapitel »Fahrzeug aufbocken« beachten.

- Fahrzeug aufbocken.

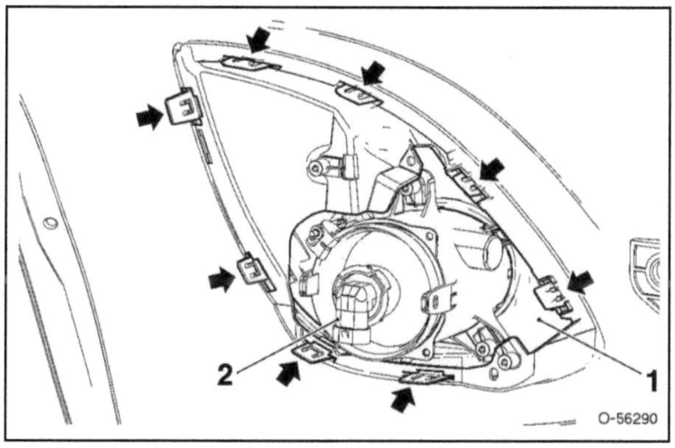

- Blende –1– für Nebelscheinwerfer abbauen. Dazu 8 Clips –Pfeile– ausrasten und Blende abnehmen.
- Elektrischen Stecker entriegeln und von der Lampenfassung –2– abziehen.

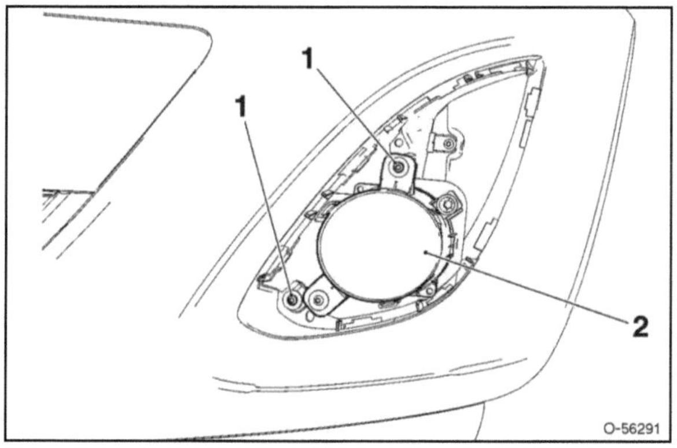

- 2 Schrauben –1– herausdrehen und Nebelscheinwerfer –2– abnehmen.

Einbau

- Der Einbau erfolgt in umgekehrter Ausbaureihenfolge.
- Nebelscheinwerfer-Einstellung so bald wie möglich von einer Werkstatt kontrollieren und gegebenenfalls einstellen lassen. **Achtung:** Für die Verkehrssicherheit ist die exakte Einstellung der Scheinwerfer von großer Bedeutung.

Heckleuchte aus- und einbauen/ Glühlampe ersetzen

Ausbau

- Serviceklappe in der seitlichen Laderaumverkleidung herunterklappen und aus den unteren Führungen herausnehmen. Erste-Hilfe-Paket beziehungsweise Reifenreparaturset herausnehmen.

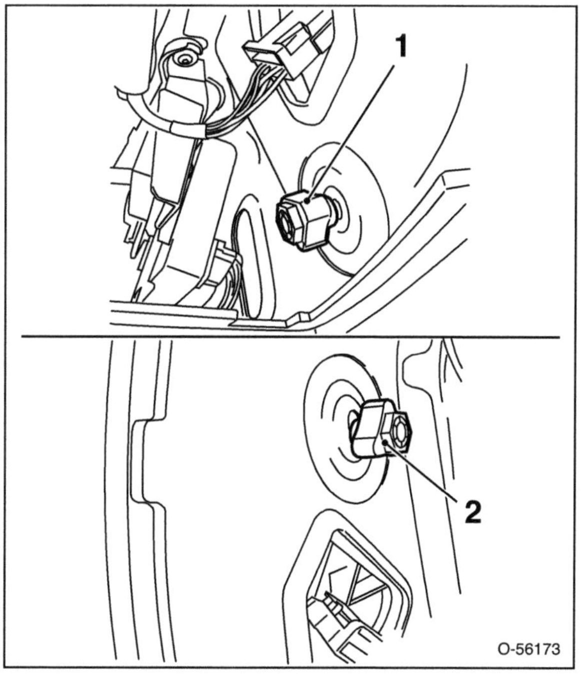

- Heckleuchte außen durch Klebeband gegen Herunterfallen sichern. Von innen die Kunststoffmuttern –1– und –2– abschrauben.

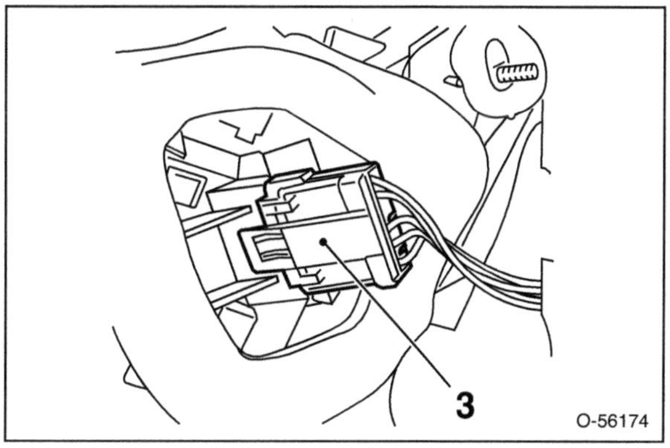

- Mehrfachstecker –3– entriegeln und abziehen.
- Heckleuchte nach außen abnehmen.

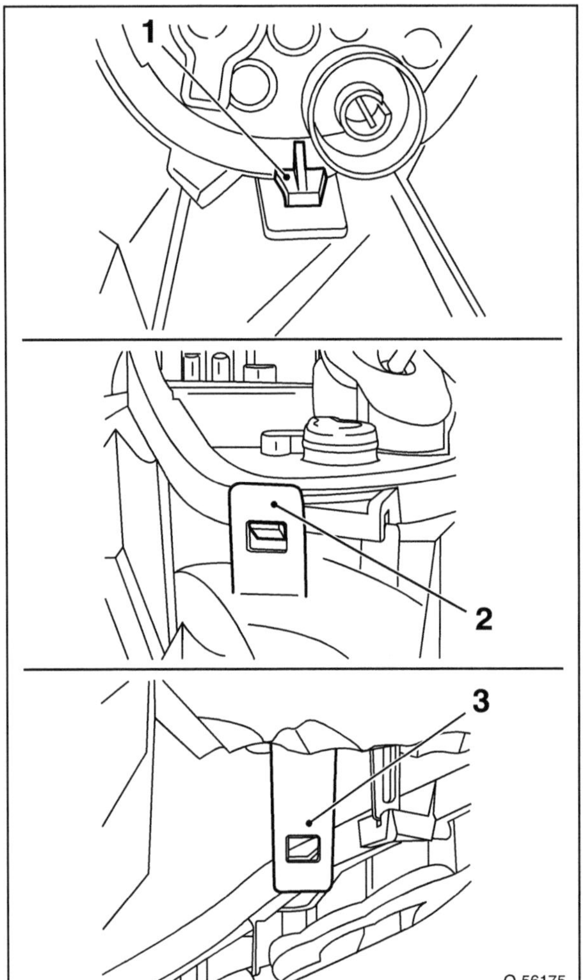

O-56175

- Haltenasen –1–, –2– und –3– entriegeln und Lampenträger abnehmen.

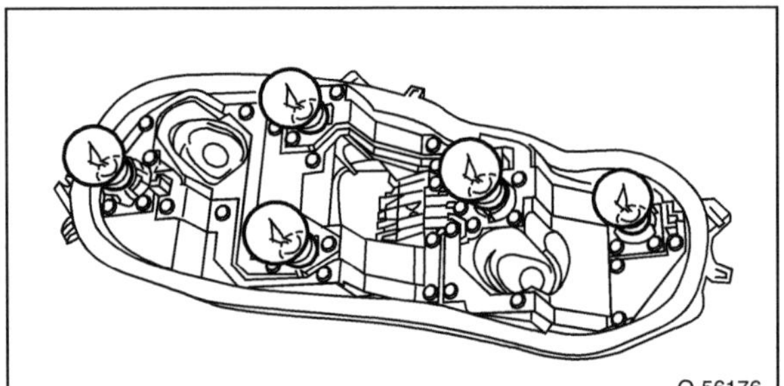

O-56176

- Defekte Glühlampe ersetzen.

Einbau

- Der Einbau erfolgt in umgekehrter Ausbaureihenfolge. **Achtung:** Auf korrekten Sitz der Dichtungen achten. Die Haltenasen müssen hörbar einrasten.

Zusatzbremsleuchte aus- und einbauen

Ausbau

- Heckklappe öffnen.

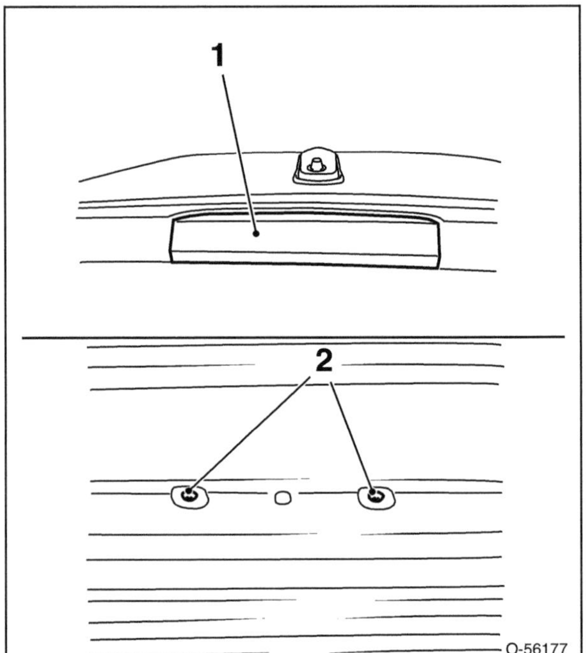

O-56177

- Schrauben –2– herausdrehen und Bremsleuchte –1– etwas herausziehen.

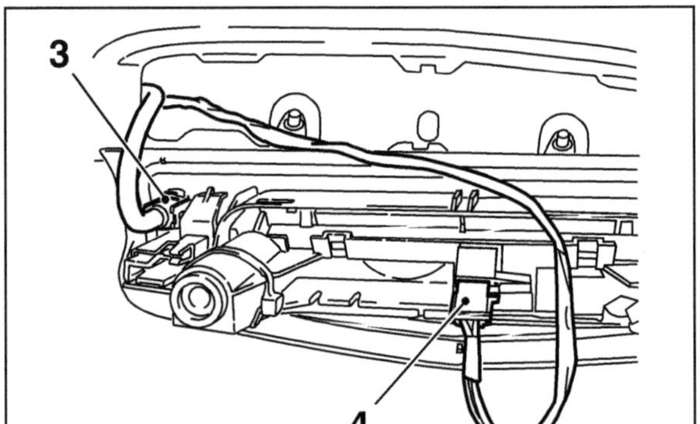

O-56201

- Schlauch für Wisch- und Waschanlage –3– abziehen.
- Stecker –4– abziehen.

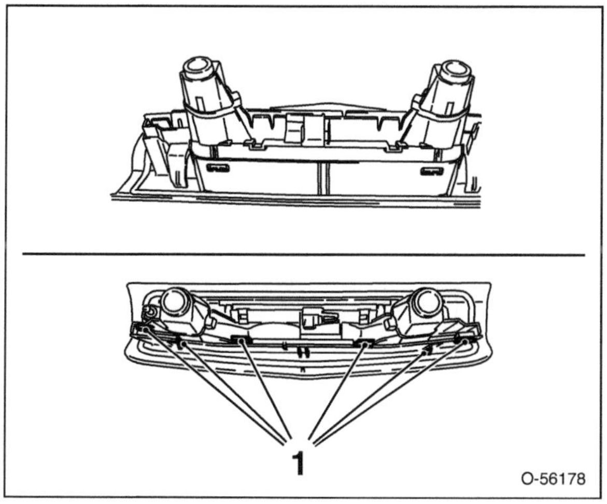

● 6 Haltenasen –1– entriegeln und Lampeneinsatz abnehmen.

Einbau

● Der Einbau erfolgt in umgekehrter Ausbaureihenfolge.

Kennzeichenleuchte aus- und einbauen

Ausbau

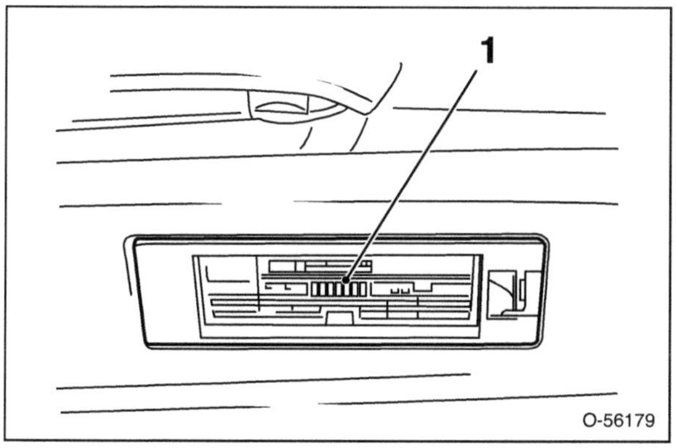

● Kennzeichenleuchte –1– mit Kunststoffkeil ausclipsen.

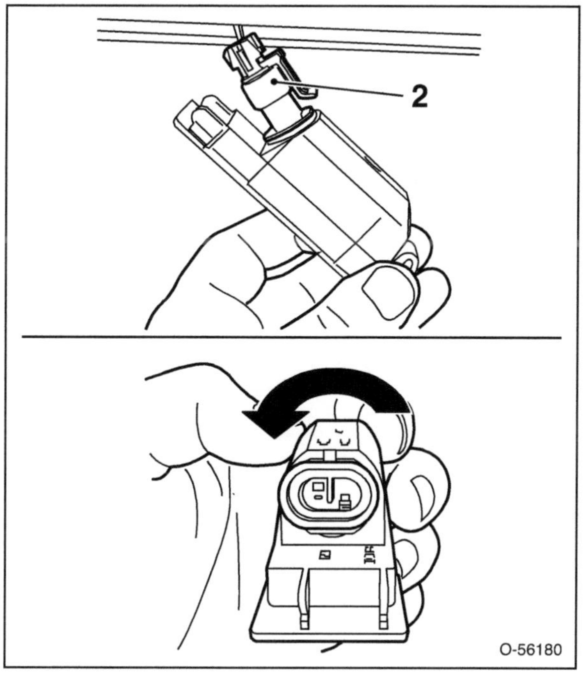

● Stecker –2– abziehen und Fassung in Pfeilrichtung abnehmen.

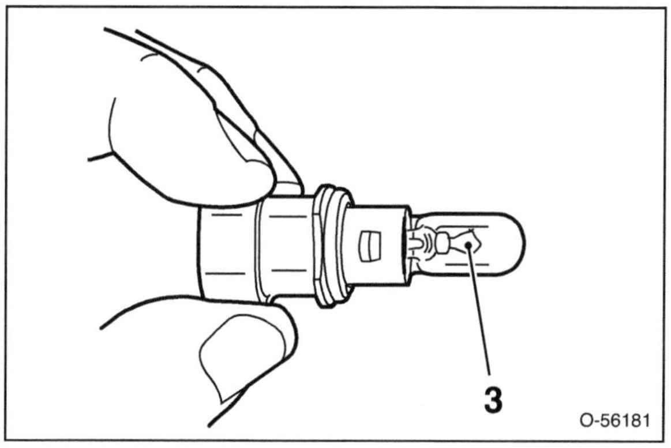

● Glühlampe –3– herausziehen.

Einbau

● Glühlampe in die Fassung stecken.

● Fassung einsetzen und durch Rechtsdrehen verriegeln.

● Kabelsatzstecker einrasten und Kennzeichenleuchte einclipsen.

Zusatzrückleuchte Flex-Fix-System aus- und einbauen

Ausbau

- Heckklappe öffnen.
- Flex-Fix entriegeln und herausziehen.

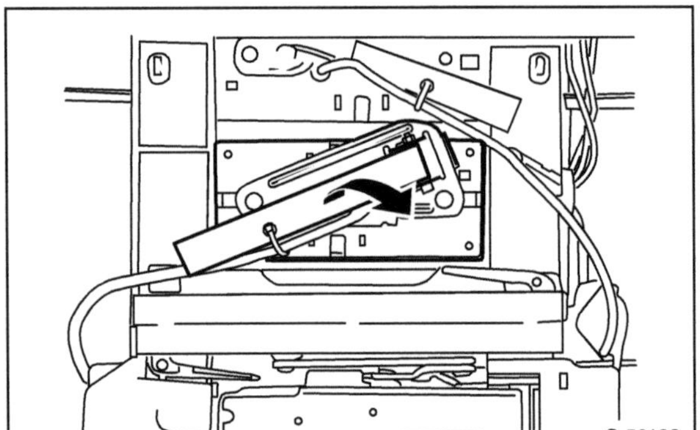
O-56182

- Zusatzrückleuchte aus der Halterung in Pfeilrichtung herausnehmen.

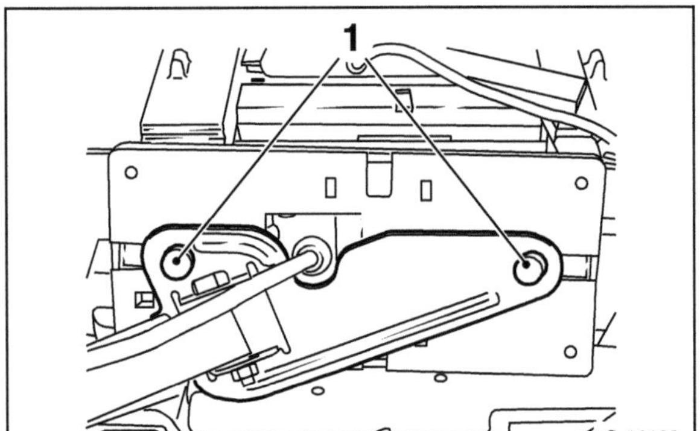

O-56183

- 2 Schutzkappen –1– abhebeln und darunterliegende Muttern herausdrehen.
- Halter für Zusatzrückleuchte herausnehmen.

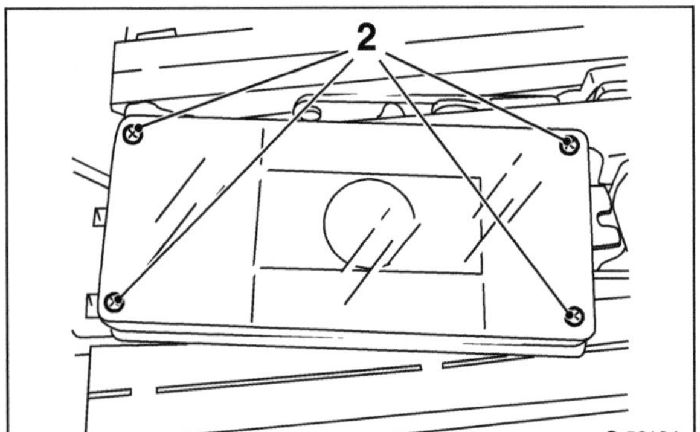

O-56184

- 4 Schrauben –2– herausdrehen und Deckel für Zusatzrückleuchte abnehmen.

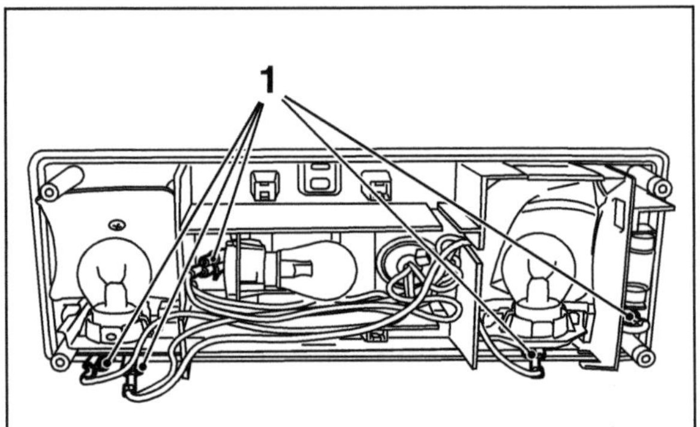

O-56185

- 5 Stecker –1– abziehen.

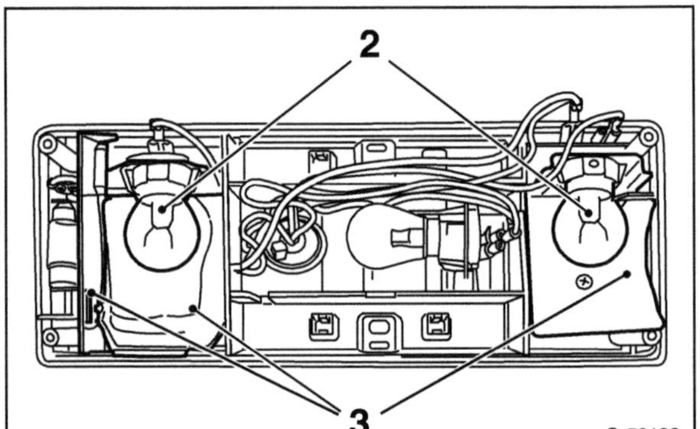

O-56186

- Glühlampen –2– und Reflektoren –3– herausnehmen und Kabelsatz abnehmen.

Einbau

- Kabelsatz einsetzen.
- Reflektoren und Glühlampen einsetzen.
- Einzelstecker aufschieben.
- Zusatzrückleuchte einbauen und Deckel für Zusatzrückleuchte anschrauben.
- Muttern für Halter Zusatzrückleuchte mit **4 Nm** festziehen.
- 2 Schutzkappen aufdrücken.
- Zusatzrückleuchte in die Halterung einsetzen.
- Flex-Fix einschieben und verriegeln.

Innenraumleuchte vorn aus- und einbauen

Ausbau

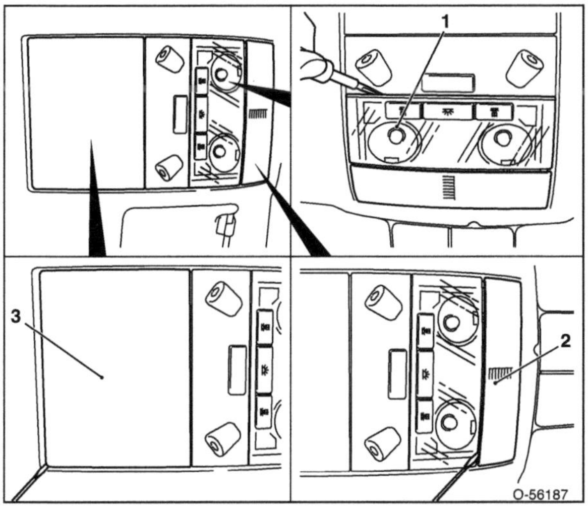

- Blende mit Mikrofon –2– und Blende für Betätigungshebel des Schiebedachs –3– mit Kunststoffkeil ausclipsen.
- Glas der Innenraumleuchte mit Kunststoffkeil –1– ausclipsen.

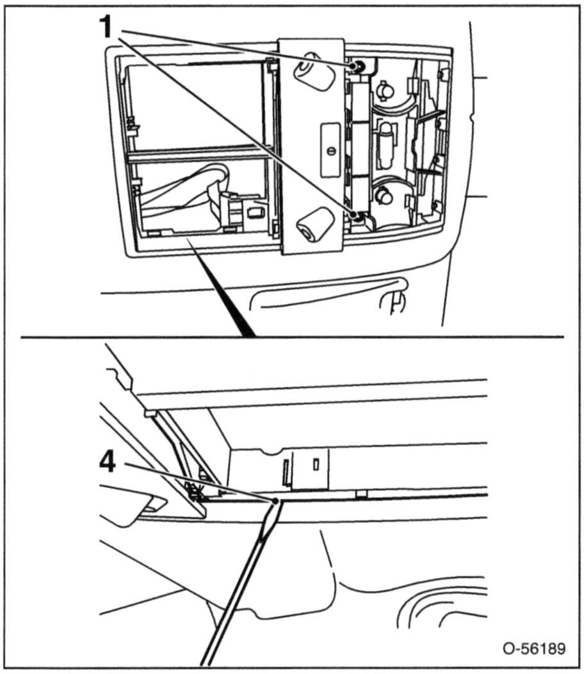

- 2 Schrauben –1– herausdrehen und Halter für Innenraumleuchte lösen.
- Halter –4– umlaufend mit einem Schraubendreher ausclipsen.

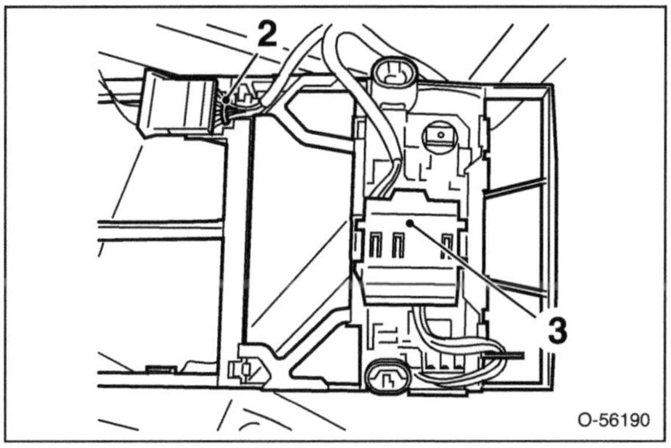

- Kabelsatzhalter –2– ausclipsen und Mehrfachstecker –3– abziehen.

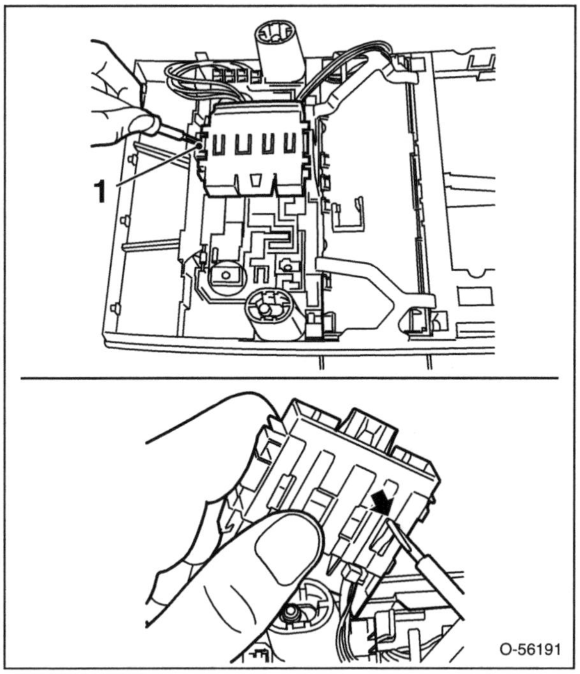

- Kompaktstecker –1– ausclipsen.
- Kabelsatz aus Kompaktstecker entriegeln und trennen –Pfeil–.

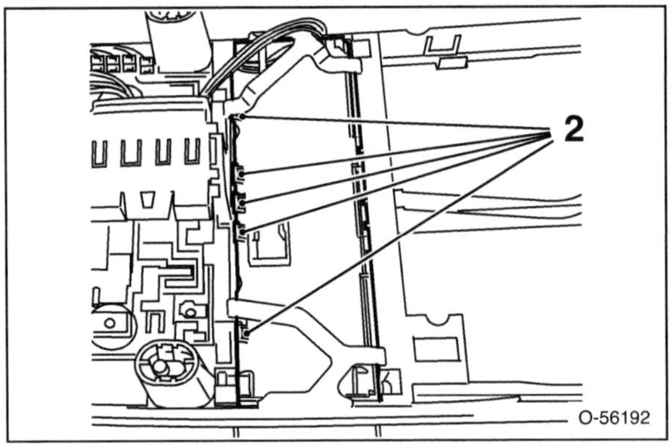

- Blende mit Ultraschallsensoren –2– ausclipsen und abnehmen.
- 2 Glühlampen ausbauen.

Einbau

- Glühlampen einsetzen.
- Blende mit Ultraschallsensoren einclipsen.
- Kabelsatz in Kompaktstecker einsetzen und verriegeln.
- Kompaktstecker einclipsen.
- Halter Innenraumleuchte befestigen und 2 Schrauben für Halter einschrauben.
- Kabelsatzstecker verbinden.
- Kabelsatzhalter einclipsen.
- Glas für Innenraumleuchte einclipsen.
- Blende mit Mikrofon und Blende für Betätigungseinheit des Schiebedachs einclipsen.

Innenraumleuchte hinten aus- und einbauen

Ausbau

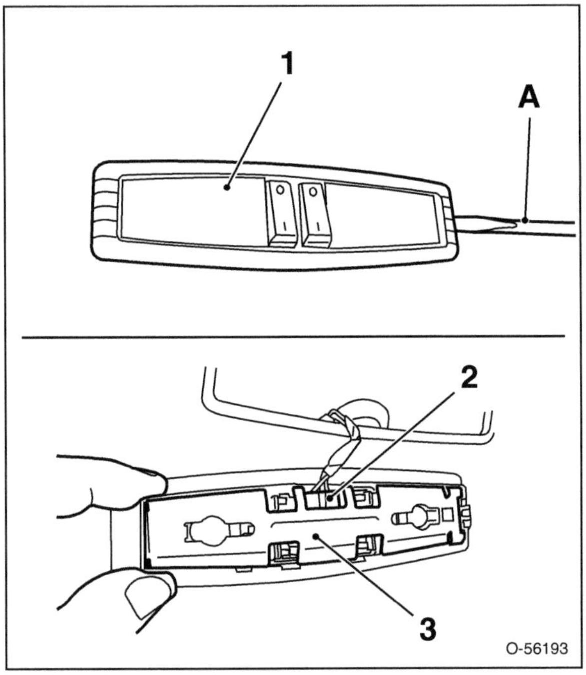

- Innenraumleuchte –1– mit einem kleinen Schraubendreher –A– ausclipsen.
- Stecker –2– abziehen.
- Leuchteneinsatz –3– öffnen.

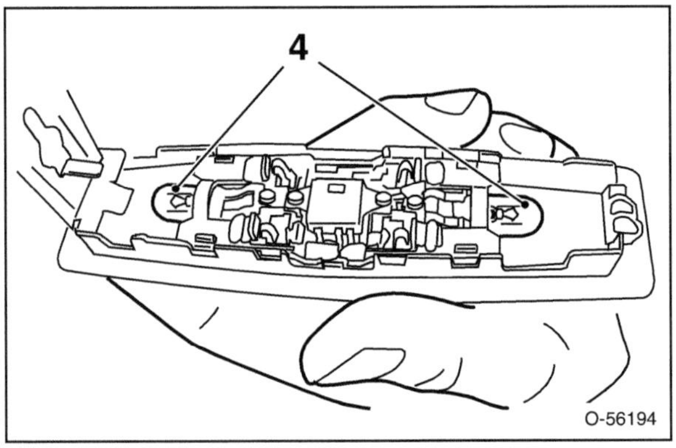

- Glühlampen –4– herausnehmen.

Einbau

- Glühlampen einsetzen.
- Leuchteneinsatz schließen.
- Stecker aufschieben.
- Innenraumleuchte einclipsen.

Zusätzliche Innenleuchten aus- und einbauen

Im Fahrzeuginnenraum gibt es verschiedene Leuchten, die im Prinzip alle auf die gleich Art ausgebaut werden können.

Ausbau

Handschukastenleuchte

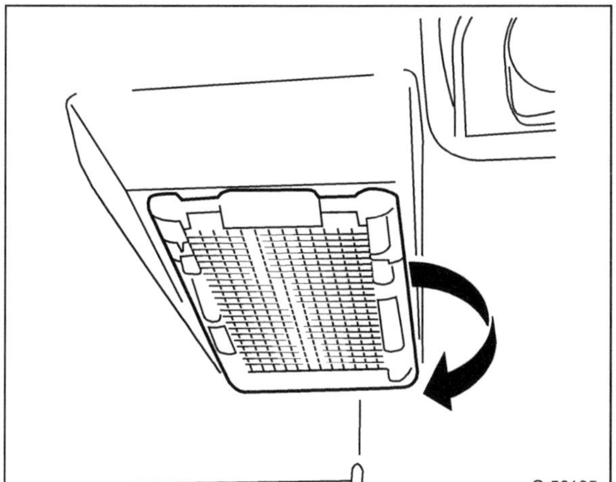
O-56195

- Handschuhkastenleuchte mit Kunststoffkeil in Pfeilrichtung ausclipsen.

Fußraumleuchte

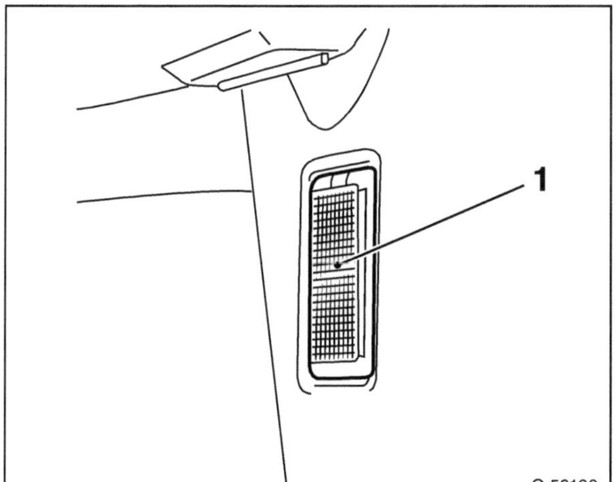

O-56196

- Fußraumleuchte –1– mit Kunststoffkeil ausclipsen.

Innenleuchte an der B-Säule

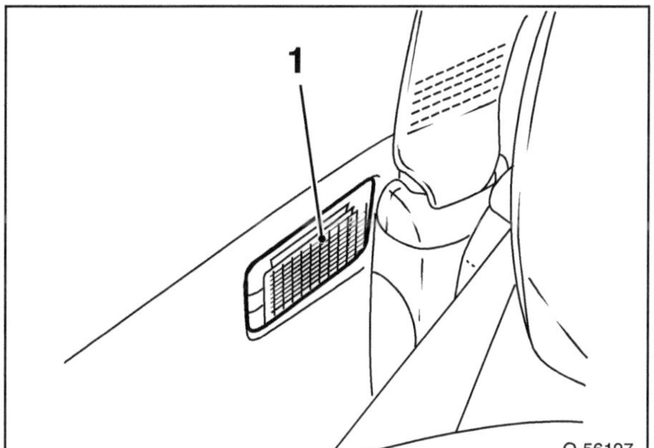

O-56197

- Innenraumfußleuchte –1– mit Kunststoffkeil ausclipsen.

Kofferraumleuchte

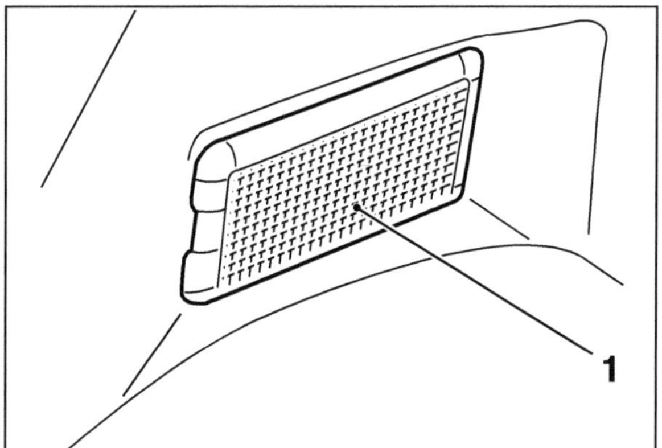

O-56198

- Kofferraumleuchte –1– mit Kunststoffkeil ausclipsen.

Alle Innenleuchten

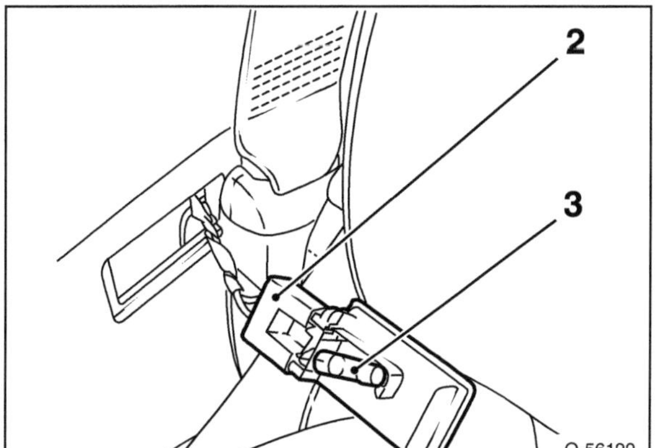

O-56199

- Glühlampe –3– herausziehen und ersetzen.
- Muss die Leuchte ersetzt werden: Kabelsatzstecker –2– abziehen.

Einbau

- Der Einbau erfolgt in umgekehrter Ausbaureihenfolge.

Kombiinstrument aus- und einbauen

Ausbau

- Batterie abklemmen. **Achtung:** Hinweise im Kapitel »Batterie aus- und einbauen« beachten.

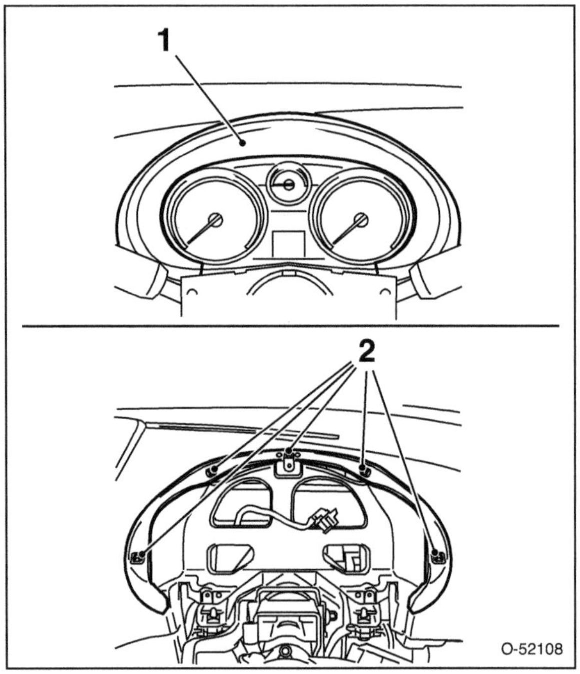

- Blende –1– abziehen und dabei aus den 5 Halteklammern –2– ausclipsen.

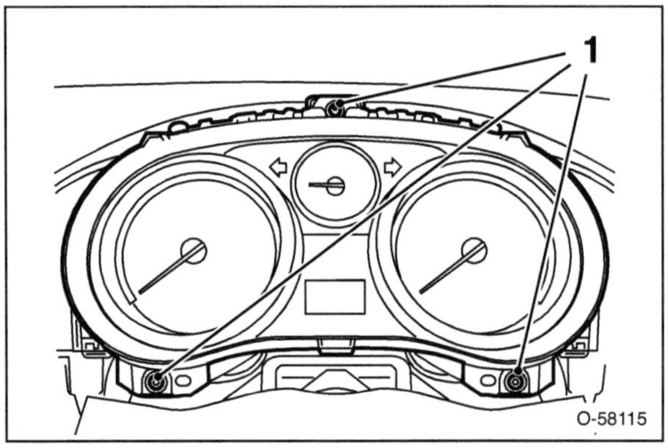

- Schrauben –1– herausdrehen und Kombiinstrument vorziehen.

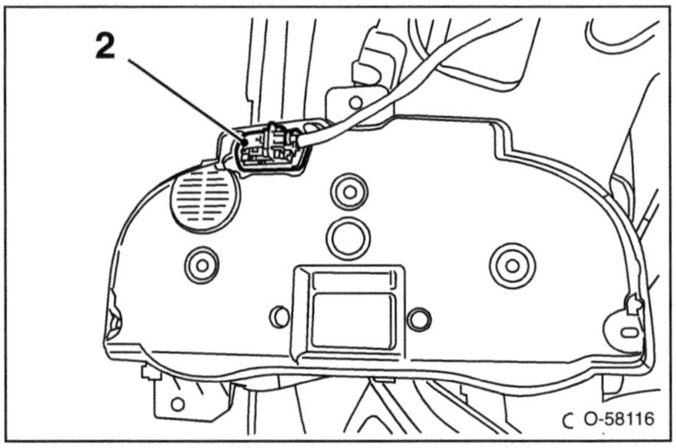

- Mehrfachstecker –2– entriegeln und abziehen.

Einbau

- Mehrfachstecker hinten am Kombiinstrument aufstecken und verriegeln.
- Kombiinstrument einsetzten und anschrauben.
- Blende über den Halteklammern ansetzen, aufdrücken und einrasten.
- Batterie anklemmen. **Achtung:** Hinweise im Kapitel »Batterie aus- und einbauen« beachten.

Anzeigeinstrument in der Mitte der Armaturentafel aus- und einbauen

Ausbau

- Batterie abklemmen. **Achtung:** Hinweise im Kapitel »Batterie aus- und einbauen« beachten.

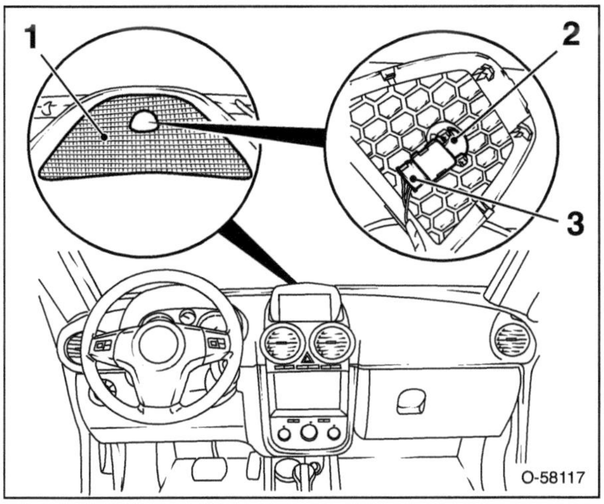

- Mittlere Lautsprecherverkleidung –1– mit einem Montagekeil vorsichtig heraushebeln.
- Sonnensensor –2– ausclipsen, Stecker –3– abziehen.

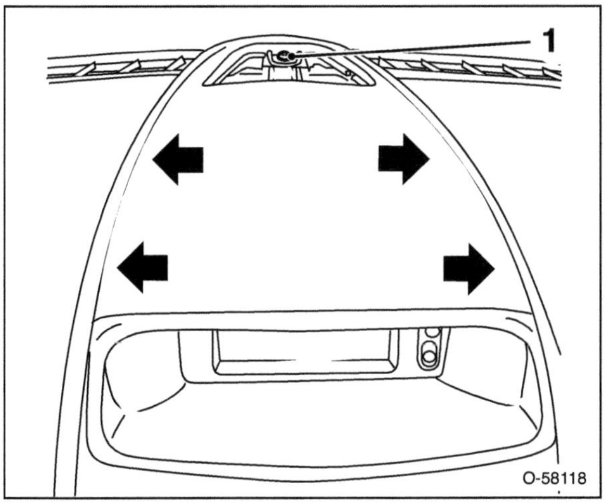

- Schraube –1– herausdrehen.
- Blende mit Montagekeil vorsichtig herausheben und dabei an 4 Stellen –Pfeile– ausclipsen.

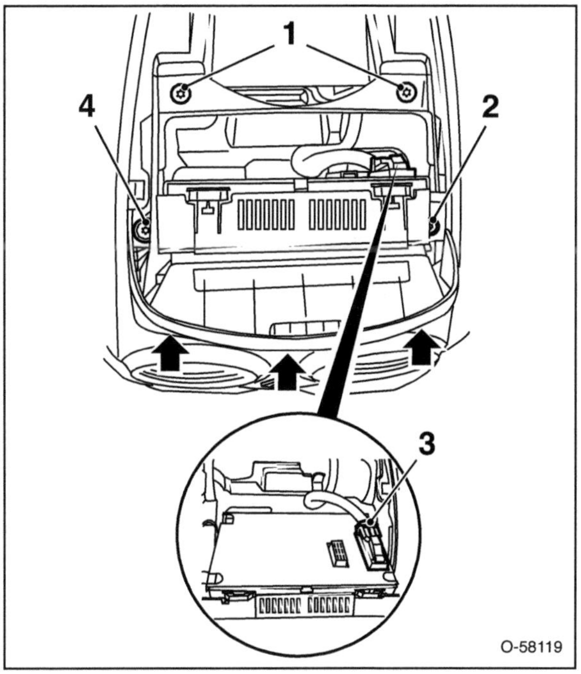

- 4 Schrauben –1–, –2– und –4– herausdrehen.
- Halterung für Anzeigeinstrument hinten –Pfeile– aus der Führung herausziehen.
- Stecker –3– an der Rückseite des Anzeigeinstrumentes entriegeln und abziehen.

Einbau

- Der Einbau erfolgt in umgekehrter Ausbaureihenfolge. Anzugsdrehmoment für die 4 Schrauben der Halterung: **2,3 Nm**.
- Batterie anklemmen. **Achtung:** Hinweise im Kapitel »Batterie aus- und einbauen« beachten.
- Wurde das Anzeigeinstrument erneuert, Anzeigeinstrument mit Diagnosegerät in der Werkstatt anpassen lassen.

Lichtschaltereinheit aus- und einbauen

Ausbau

Hinweis: In der Abbildung ist der Lichtschalter beim Modell bis 12/2010 dargestellt. Der Ausbau bei Fahrzeugen ab 1/2011 (nach Facelift) erfolgt auf die gleiche Weise.

- Batterie abklemmen. **Achtung:** Hinweise im Kapitel »Batterie aus- und einbauen« beachten.

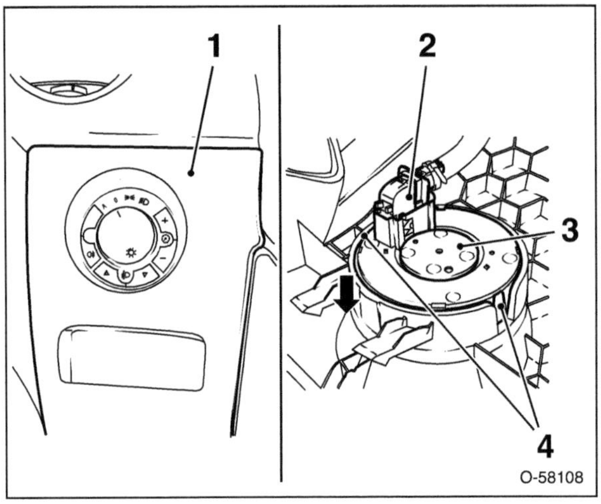

- Abdeckung Sicherungskasten –1– an der oberen Kante herausziehen und nach unten abklappen.
- Mehrfachstecker –2– entriegeln und trennen. Zum Entriegeln Haltebügel über die Rastnase heben und um 90° zur Seite schwenken.
- 2 Haltenasen –4– entriegeln und Lichtschalter –3– in Pfeilrichtung herausnehmen.

Einbau

- Lichtschalter in die Abdeckung einsetzen und einrasten.
- Mehrfachstecker aufschieben, Haltebügel zurückklappen und einrasten.
- Abdeckung zurückklappen und einrasten.
- Batterie anklemmen. **Achtung:** Hinweise im Kapitel »Batterie aus- und einbauen« beachten.

Blinkerschalter aus- und einbauen

Ausbau

- Lenksäulenverkleidung ausbauen, siehe Seite 200.

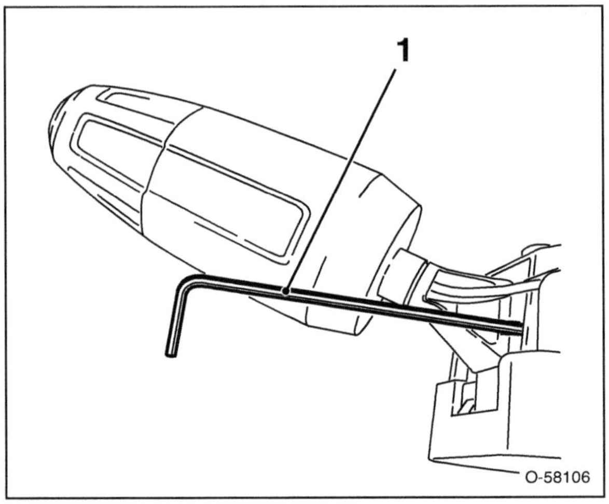

- Mit einem Sechskantschraubendreher –1– und einer Schlüsselweite von 1,5 mm die Rastnase entriegeln.
- Blinkerhebel herausnehmen.

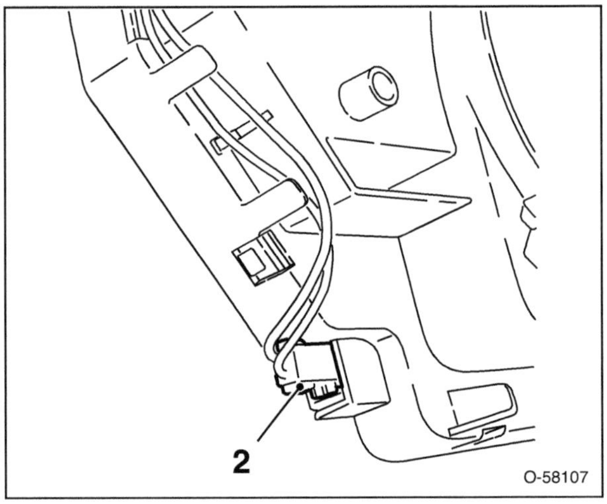

- Bei Fahrzeugen mit Tempomat den Mehrfachstecker –2– trennen.

Einbau

- Blinkerhebel einsetzen.
- Bei Fahrzeugen mit Tempomat Mehrfachstecker verbinden.
- Blinkerhebel durch Verriegeln der Rastnase sichern.
- Lenksäulenverkleidung einbauen, siehe Seite 200.

Schalterleiste in der Armaturentafel aus- und einbauen

Ausbau

- Mittlere Blende der Armaturentafel ausbauen, siehe Seite 201.

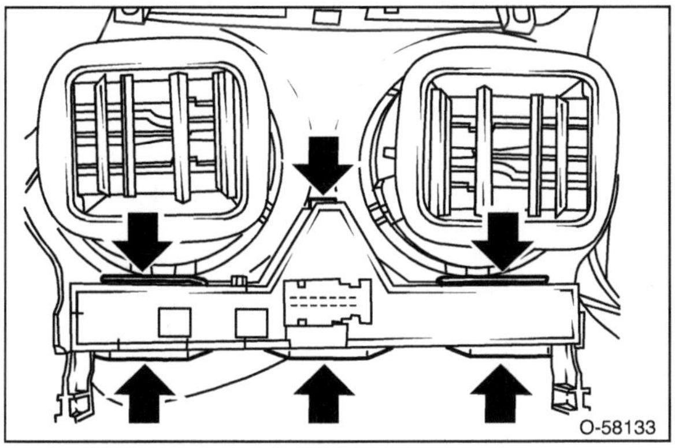

- Schalterleiste ausclipsen –Pfeile– und herausnehmen.

Einbau

- Schalterleiste einsetzen und an den 3 Haltenasen einclipsen.
- Mittlere Blende der Armaturentafel ausbauen, siehe Seite 201.

Schalter im Lenkrad aus- und einbauen

Hinweis: Je nach Ausstattung sind im Lenkrad die Schalter zur Fernbedienung der Radio- und Navigationsanlage eingesetzt.

Ausbau

- Batterie abklemmen. **Achtung:** Hinweise im Kapitel »Batterie aus- und einbauen« beachten.
- Airbag am Lenkrad ausbauen, siehe Seite 127.

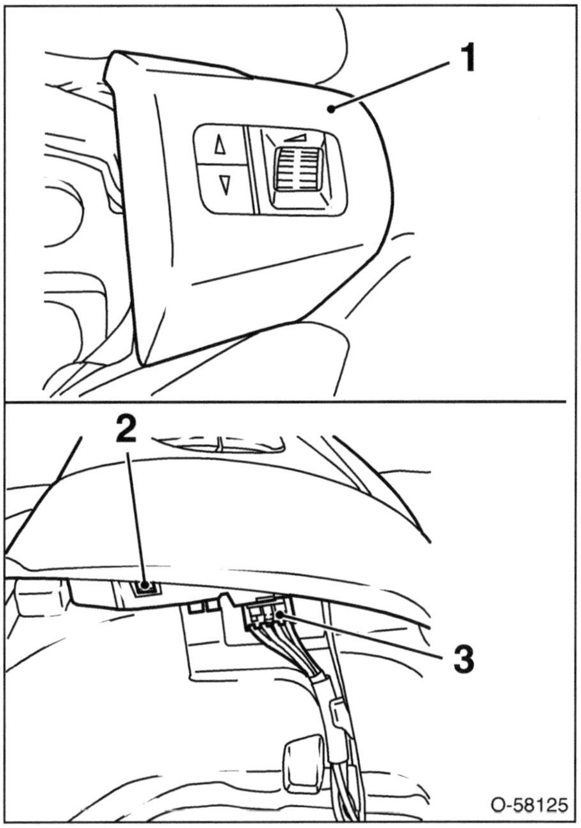

- Radiobedienteil –1– ausclipsen –2–.
- Mehrfachstecker –3– abziehen.

Einbau

- Der Einbau erfolgt in umgekehrter Ausbaureihenfolge.

Schalter für Schiebedach aus- und einbauen

Ausbau

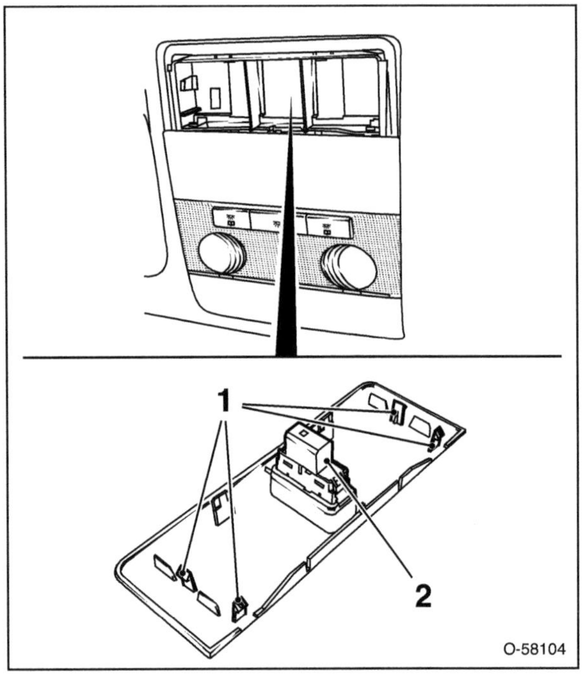

- Blende für Schalter aus der Innenraumleuchte abdrücken. Dazu die 4 Rastnasten –1– ausclipsen.
- Mehrfachstecker vom Schalter –2– abziehen.
- Schalter –2– aus der Blende herausdrücken

Einbau

- Der Einbau erfolgt in umgekehrter Ausbaureihenfolge.

Radio aus- und einbauen

Hinweis: Beim Trennen und Wiederanschließen der Stromversorgung, beziehungsweise beim Aus- und Einbau desselben Radios, werden die OPEL-Radioanlagen von der Fahrzeugelektronik erkannt. Daher ist die Eingabe eines Anti-Diebstahl-Codes nicht erforderlich. Falls das Radio ersetzt wird, muss das neue Radio mithilfe des OPEL-Diagnosegerätes angepasst werden (Werkstattarbeit).

Radio ohne Bildschirm

Ausbau

Hinweis: Das ab Werk eingebaute Radiogerät ist mit einer Einschubhalterung ausgestattet, die den schnellen Aus- und Einbau des Radios ermöglicht. Allerdings werden dazu 2 Ausziehbügel KM-6067 von OPEL benötigt.

- Batterie abklemmen. **Achtung:** Hinweise im Kapitel »Batterie aus- und einbauen« beachten.

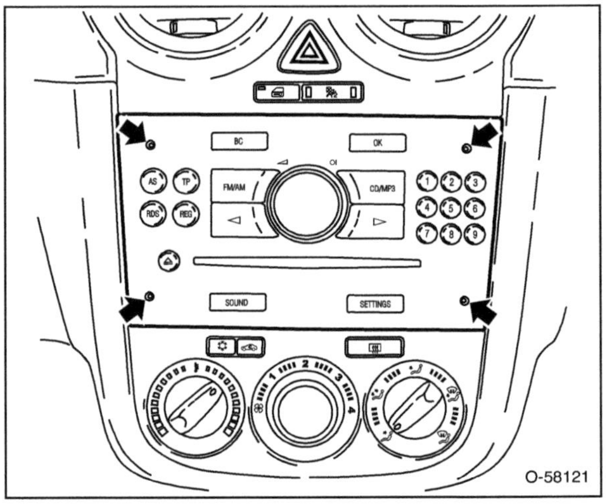

- Ausziehbügel von OPEL bis zum Einrasten in die Öffnungen –Pfeile– einführen.

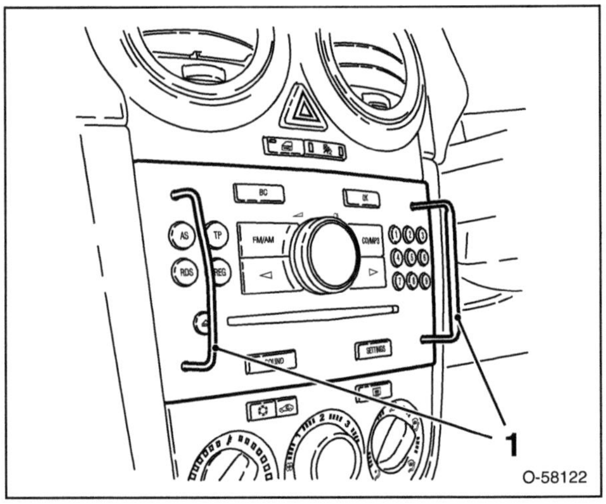

- Radio mit den Ausziehbügeln –1– aus dem Radioeinschubgehäuse herausziehen.

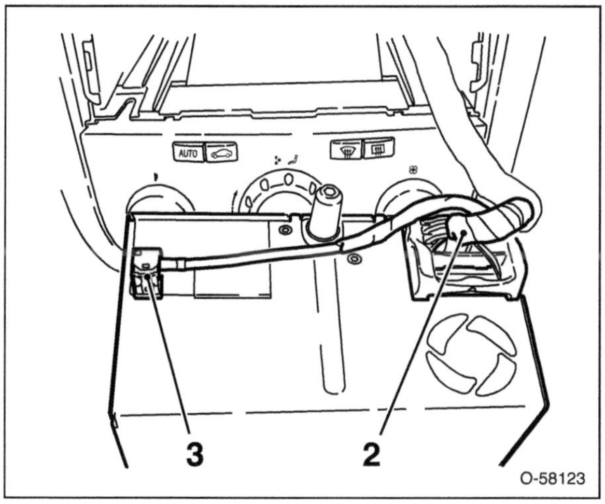

- Stecker –2– entriegeln und an der Rückseite des Radios abziehen.
- Antennenkabel –3– abziehen.

Einbau

- Stecker sowie Antennenkabel an der Rückseite des Radios anschließen.
- Radio in das Radioeinschubgehäuse schieben, bis es einrastet.
- Batterie anklemmen. **Achtung:** Hinweise im Kapitel »Batterie aus- und einbauen« beachten.
- Neues Radio in der Werkstatt auf Diebstahlcode und Fahrgestellnummer abstimmen lassen.

Radio mit Bildschirm (Touchscreen)

Ausbau

- Batterie abklemmen. **Achtung:** Hinweise im Kapitel »Batterie aus- und einbauen« beachten.

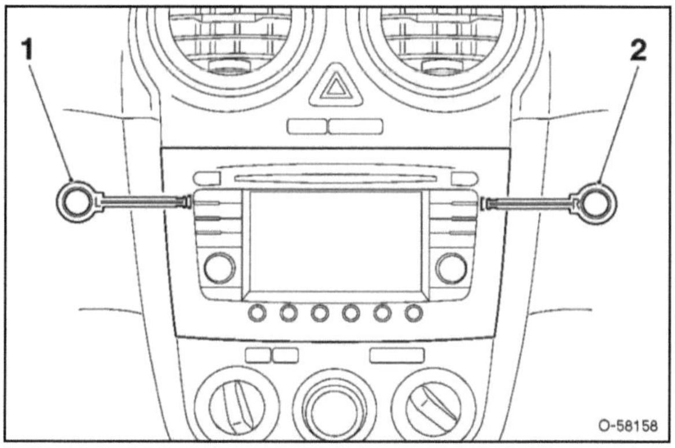

- Radio mit geeigneten Ausziehern –1/2–, zum Beispiel OPEL-BO–50512, entriegeln und aus der Einbauöffnung herausziehen. **Hinweis:** Der linke Auszieher –1– ist mit einem »L« gekennzeichnet, der rechte mt einem »R«
- Hinten am Radio den Mehrfachstecker entriegeln und abziehen.
- Antennenkabel abziehen.
- Radio abnehmen.

Einbau

- Mehrfachstecker aufschieben und verriegeln.
- Antennenkabel aufstecken.
- Radio bis zum Anschlag in die Einbauöffnung hineinschieben, bis es hörbar einrastet.
- Batterie anklemmen. **Achtung:** Hinweise im Kapitel »Batterie aus- und einbauen« beachten.

Radioeinschubhalterung aus- und einbauen

Ausbau

- Batterie abklemmen. **Achtung:** Hinweise im Kapitel »Batterie aus- und einbauen« beachten.
- Radio ausbauen, siehe entsprechendes Kapitel.

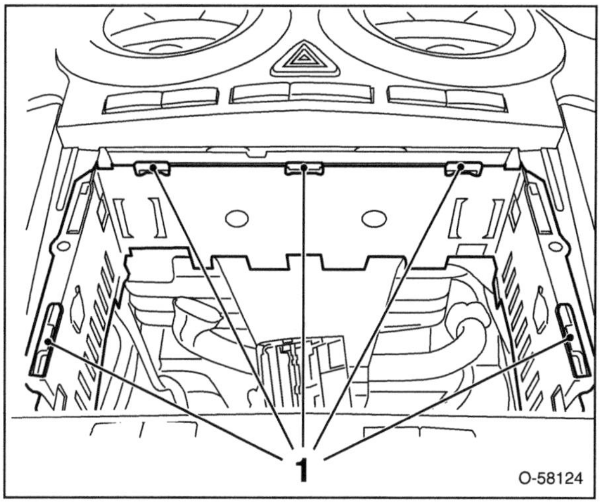

- 5 Haltenasen –1– aufbiegen und Radioeinschub herausnehmen.

Einbau

- Radioeinschub in die Öffnung einführen, dabei auf die Zuordnung zu den Haltenasen achten.
- Haltenase eindrücken.
- Radio einbauen, siehe entsprechendes Kapitel.
- Batterie anklemmen. **Achtung:** Hinweise im Kapitel »Batterie aus- und einbauen« beachten.

Lautsprecher aus- und einbauen

Lautsprecher in der Armaturentafel

Ausbau

- Mittlere, obere Blende der Armaturentafel ausbauen, siehe Seite 201.

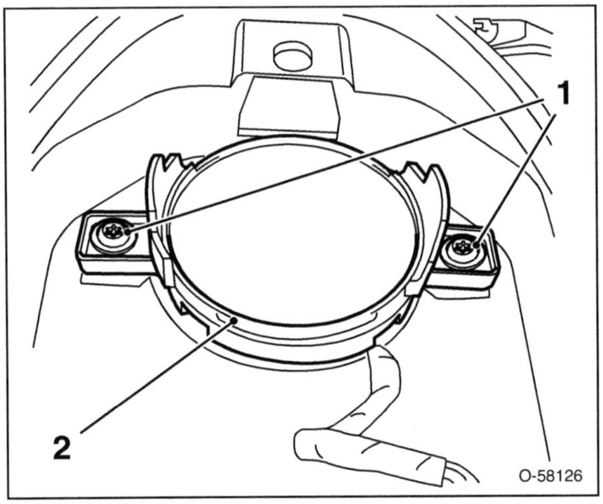

- 2 Schrauben –1– herausdrehen.
- Lautsprecher –2– hochziehen und auf der Unterseite den Mehrfachstecker entriegeln und abziehen.

Einbau

- Der Einbau erfolgt in umgekehrter Ausbaureihenfolge. Anzugsdrehmoment der beiden Schrauben: **2,3 Nm**.

Hochtonlautsprecher

Ausbau

- Innenverkleidung an der Vordertür ausbauen, siehe Seite 224.

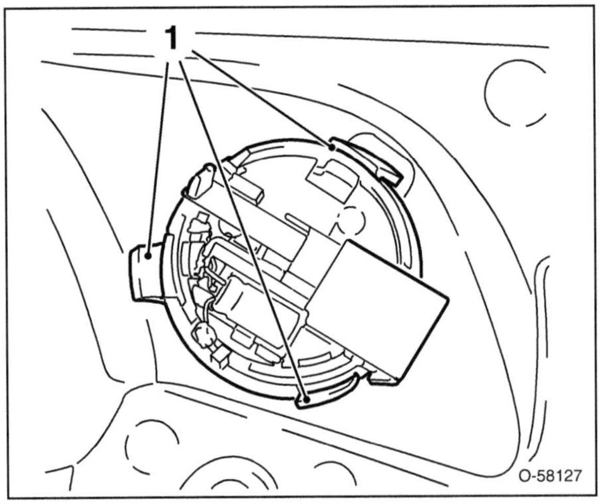

- 3 Haltenasen –1– entriegeln und Hochtonlautsprecher herausnehmen.

Einbau

- Der Einbau erfolgt in umgekehrter Ausbaureihenfolge.

Lautsprecher Hintertür

Ausbau

- Innenverkleidung an der Hintertür ausbauen.

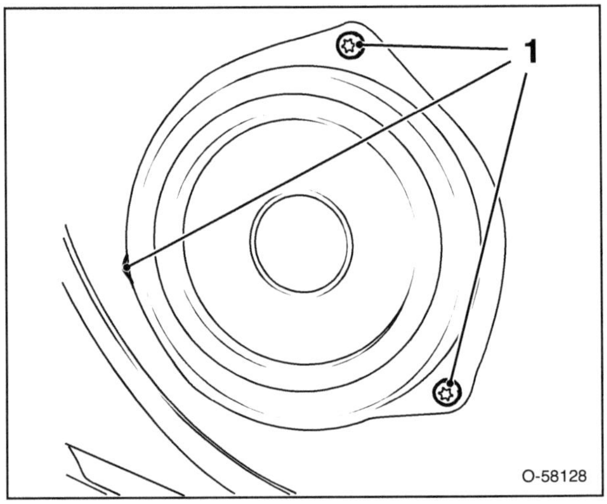

- 3 Schrauben –1– herausdrehen und Lautsprecher abnehmen.
- Mehrfachstecker an der Rückseite des Lautsprechers abziehen.

Einbau

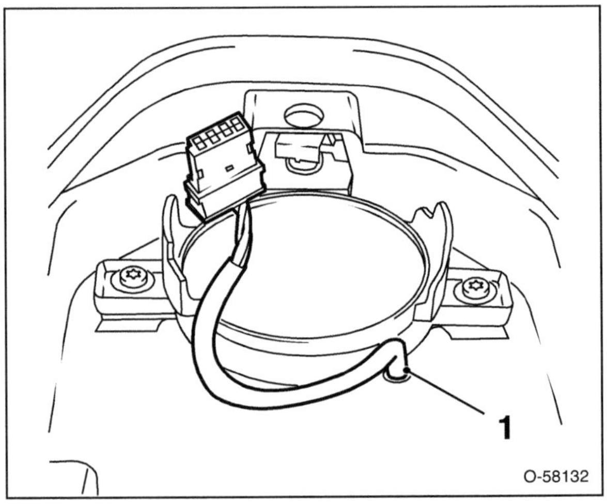

- Der Einbau erfolgt in umgekehrter Ausbaureihenfolge. Anzugsdrehmoment für Lautsprecher: **1,5 Nm**. Darauf achten, dass das Kabel –1– für den Sonnensensor durch die dafür vorgesehene Bohrung verlegt wird.

Regensensor/Lichtsensor aus- und einbauen

Ausbau

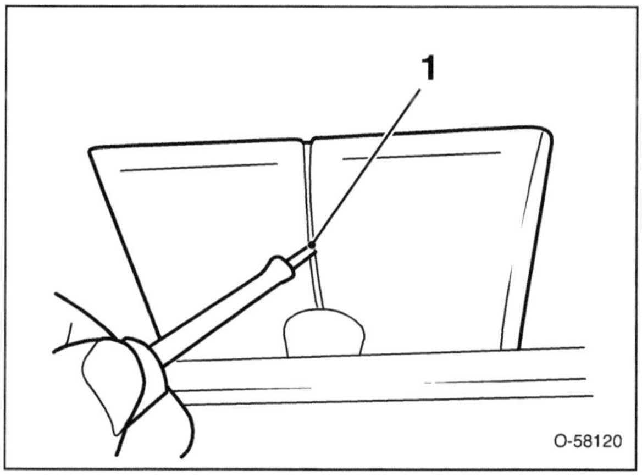

- Abdeckung für Sensor ausclipsen –1–.

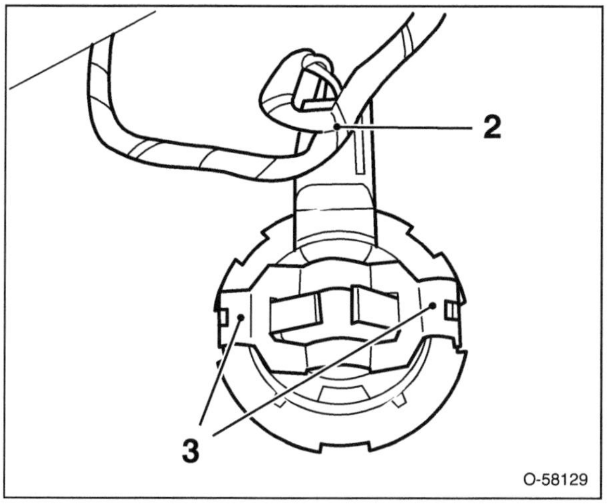

- Mehrfachstecker –2– abziehen.
- 2 Halteklammern –3– entriegeln und Sensor abnehmen.

Einbau

- Der Einbau erfolgt in umgekehrter Ausbaureihenfolge.

Schalter für Fensterheber aus- und einbauen

Ausbau

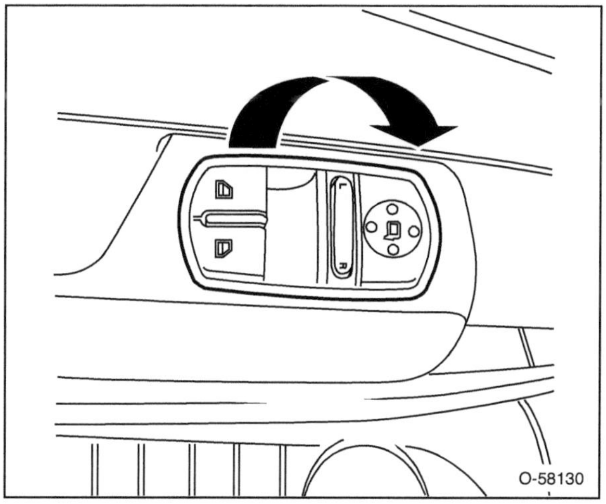

- Schalter in Pfeilrichtung ausclipsen.

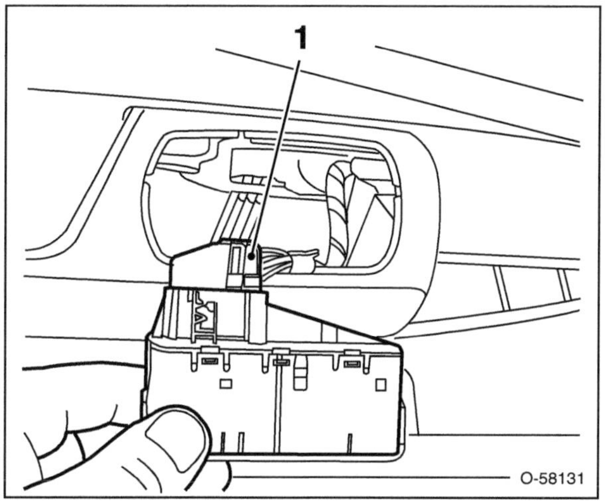

- Stecker –1– entriegeln und abziehen.

Einbau

- Der Einbau erfolgt in umgekehrter Ausbaureihenfolge.

Heizung/Klimatisierung

Beim CORSA wird die Frischluft für die Heizungs- und Belüftungsanlage von einem elektrischen Gebläse angesaugt. Bevor die Luft in den Innenraum gelangt, wird sie von einem Staub- und Pollenfilter gereinigt.

Erwärmt wird die Luft für den Fahrzeuginnenraum über den Wärmetauscher oder sie wird, sofern vorhanden, im Verdampfer der Klimaanlage abgekühlt. Danach durchströmt die Luft das Heizungsgehäuse und wird durch verschiedene Klappen auf die einzelnen Luftaustrittsdüsen im Fahrzeuginnenraum verteilt.

Der Wärmetauscher wird ständig von der heißen Motorkühlflüssigkeit durchströmt, so dass er die Wärme für den Fahrzeuginnenraum schnell an die vorbeiströmende Frischluft abgibt. Um den Luftdurchsatz zu erhöhen, kann das integrierte Frischluftgebläse in mehreren Leistungsstufen betrieben werden.

Soll keine Frischluft von außen angesaugt werden, zum Beispiel bei schlechter Außenluft, kann bei Fahrzeugen mit Klimaanlage auf Umluftbetrieb umgeschaltet werden. In dieser Betriebsart wird nur die im Fahrzeug befindliche Luft umgewälzt. Geschieht das über einen längeren Zeitraum, können die Scheiben innen beschlagen.

Achtung: Wenn im Rahmen von Arbeiten an der Heizung auch Arbeiten an der elektrischen Anlage durchgeführt werden, **grundsätzlich** die Batterie abklemmen. Dazu unbedingt Hinweise im Kapitel »Batterie aus- und einbauen« beachten.

Wird der CORSA von einem Dieselmotor angetrieben, ist ein **Zusatzheizelement** eingebaut, um bei tiefen Außentemperaturen das Heizungsdefizit zu verbessern. Der elektrische Zuheizer ist am Heizgerät befestigt. Nach dem Start des Motors erwärmt sich der Zuheizer in Abhängigkeit von der Außentemperatur und gibt die Wärme an die vorbeiströmende kalte Luft ab. Das Steuergerät für den elektrischen Zuheizer befindet sich hinter dem Handschuhkasten.

Tritt ein Fehler in der Heizungs- oder Klimaanlage auf, wird er in einem elektronischen Speicher abgelegt. Über ein Fehlerauslesegerät kann der entsprechende Speicher ausgelesen werden. Eine exakte Fehlerdiagnose ohne Auslesegerät ist nicht möglich.

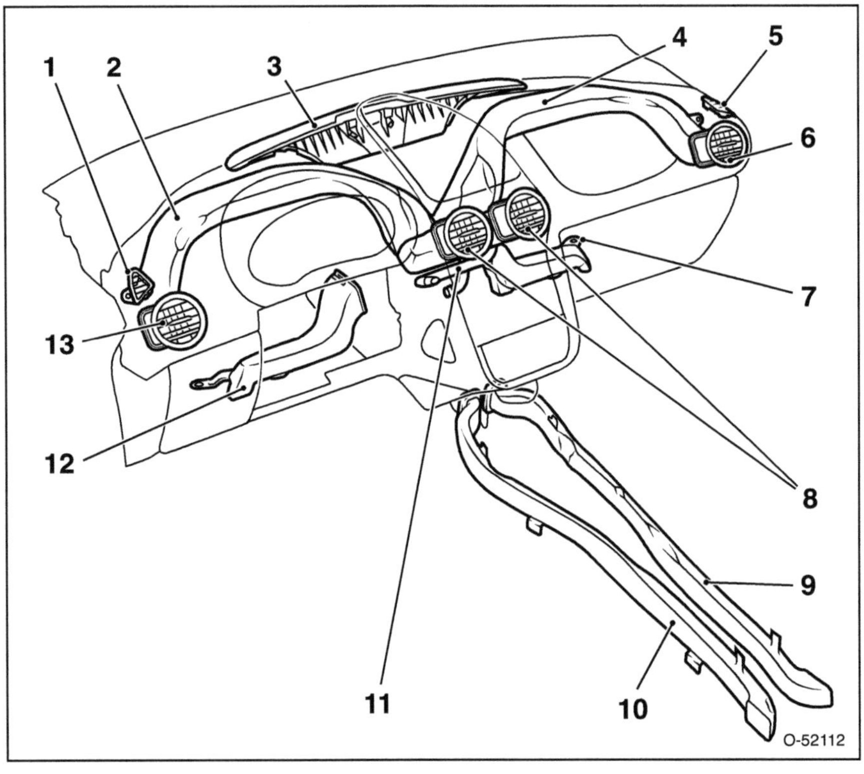

Luftverteilung

1 – Mischluftdüse Seitenscheibe Fahrerseite
2 – Luftführung Mischluftdüsen Kopfraum Fahrerseite
3 – Luftdüse Frontscheibe
4 – Luftführung Mischluftdüsen Kopfraum Beifahrerseite
5 – Mischluftdüse Seitenscheibe Beifahrerseite
6 – Mischluftdüse Beifahrerseite
7 – Luftführung Fußraum vorn Beifahrerseite
8 – Mischluftdüse Mitte
9 – Luftführung Fußraum hinten rechts
10 – Luftführung Fußraum hinten links
11 – Luftführung Radiokühlung
12 – Luftführung Fußraum vorn Fahrerseite
13 – Mischluftdüse Fahrerseite

Klimaanlage

Außer in der Grundausstattung ist der CORSA mit einer Klimaanlage ausgerüstet. Die Klimaanlage ist eine kombinierte Kühl- und Heizanlage. Im Kühlbetrieb arbeitet die Klimaanlage im Prinzip wie ein Kühlschrank. Der Kompressor verdichtet das dampfförmige FCKW-freie Kältemittel R 134 A. Dieses erhitzt sich dabei und wird in den Kondensator geleitet. Dort wird das Kältemittel abgekühlt und verflüssigt sich. Über das Expansionsventil wird das Kältemittel entspannt und in den Verdampfer eingespritzt, wo es auf Grund seines niedrigen Druckes verdampft. Es kühlt dabei stark ab.

Durch diesen Verdampfungs- und Abkühlungsprozess wird der von außen vorbeistreichenden Luft Wärme entzogen. Die Luft kühlt sich ab und mitgeführte Luftfeuchtigkeit wird zu Kondenswasser, das ins Freie geleitet wird. Die Intensität der Kühlung ist abhängig von der eingestellten Temperatur und von der Gebläseschalterstellung.

Sicherheitshinweis
Der **Kältemittelkreislauf der Klimaanlage darf nicht geöffnet** werden, da das Kältemittel bei Hautberührung Erfrierungen hervorrufen kann.
Bei versehentlichem Hautkontakt betroffene Stelle sofort mindestens 15 Minuten lang mit kaltem Wasser spülen. Kältemittel ist farb- und geruchlos sowie schwerer als Luft. Bei austretendem Kältemittel besteht am Boden beziehungsweise in unteren Räumen Erstickungsgefahr. Das Kältemittelgas ist nicht wahrnehmbar.

Durch das Abschalten der Kühlanlage läuft der Klimakompressor nicht mit, so dass Kraftstoff eingespart wird. Bei Dieselfahrzeugen wird außerdem die Zusatzheizung abgeschaltet. Auch diese Maßnahme dient der Kraftstoffeinsparung.

Hinweis: Die Klimaanlage sollte, vor allem in der kalten Jahreszeit, einmal im Monat für einige Zeit bei höchster Gebläsestufe eingeschaltet werden, und zwar bei normaler und gleichmäßiger Fahrzeuggeschwindigkeit und bei betriebswarmem Motor. Dadurch wird sichergestellt, dass das im Kältemittel enthaltene Schmieröl in Umlauf gebracht wird, die beweglichen Teile der Klimaanlage regelmäßig geschmiert werden und die Dichtungen nicht porös werden.

Achtung: Arbeiten an der Klimaanlage dürfen nur von einer Fachwerkstatt durchgeführt werden. Deshalb werden Reparaturen an der Klimaanlage nicht beschrieben.

Optional gibt es für den CORSA auch eine **elektronisch gesteuerte Klimaanlage**. Der Automatikmodus sorgt für konstante Temperaturen im Innenraum und entfeuchtet die Luft im Fahrzeuginnern, so dass die Scheiben nicht beschlagen. Außerdem werden Lufttemperatur, Luftmenge und Luftverteilung automatisch geregelt und Schwankungen der Außentemperatur ausgeglichen. Im Eco-Betrieb wird die Kühlanlage ausgeschaltet; dennoch wird die Heizungs- und Belüftungsanlage automatisch geregelt.

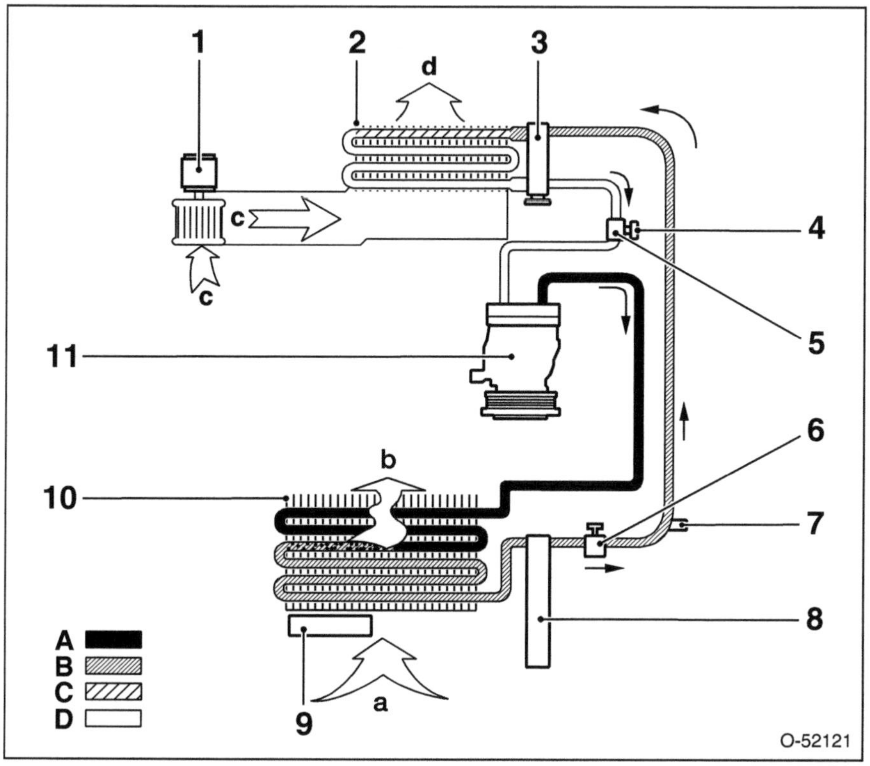

1 – **Gebläsemotor**
2 – **Verdampfer**
3 – **Expansionsventil**
4 – **Niederdruck-Serviceanschluß**
5 – **Pulsationsdämpfer**
6 – **Hochdruck-Serviceanschluß**
7 – **Drucksensor**
8 – **Trockner-Behälter**
9 – **Zusatzgebläse**
10 – **Kondensator (Verflüssiger)**
11 – **Kompressor (Verdichter)**

a + c – Außenluft/Umluft.
b – Warmluft, wird an die Umgebung abgegeben.
d – Gekühlte Luft strömt in den Innenraum.

A – Hochdruck (gasförmig)
B – Hochdruck (flüssig)
C – Niederdruck (flüssig)
D – Niederdruck (gasförmig)

Heizungs-/Klimabedieneinheit aus- und einbauen

Ausbau

- Batterie abklemmen. **Achtung:** Hinweise im Kapitel »Batterie aus- und einbauen« beachten.
- Obere Fußraumverkleidung auf der Beifahrerseite ausbauen, siehe Seite 200.
- Seitliche Fußraumverkleidung ausbauen, siehe Seite 199.
- Handschuhkasten ausbauen, siehe Seite 201.
- Luftführung auf der Beifahrerseite ausbauen, siehe unter »Gebläsemotor ausbauen«.

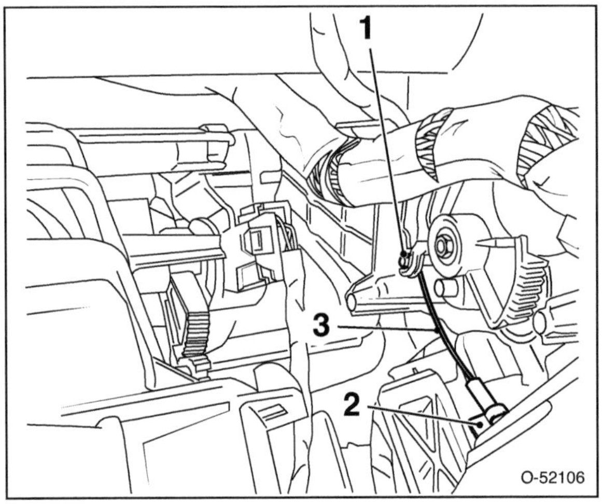

O-52106

- Bowdenzug an der Luftklappe oben abbauen. Dazu Spange –2– am Luftverteilergehäuse ausclipsen und Bowdenzug –3– an der Mischluftklappe –1– aushängen
- Abdeckung unter der Armaturentafel auf der Fahrerseite ausbauen, siehe Seite 199.
- Luftführung im Fahrerfußraum ausbauen. Dazu 1 Spreizniet öffnen.
- Bowdenzug von der Luftklappe Mitte abbauen. Dazu Spange am Luftverteilergehäuse ausclipsen und Bowdenzug an der Mischluftklappe aushängen.
- Radio ausbauen, siehe Seite 96.

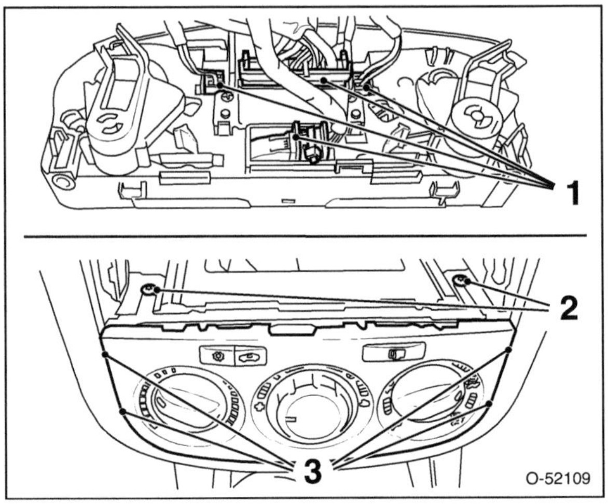

O-52109

- 2 Schrauben –2– herausdrehen.
- Heizungsbediengerät an den Positionen –3– ausclipsen.
- 4 Mehrfachstecker –1– entriegeln und abziehen.

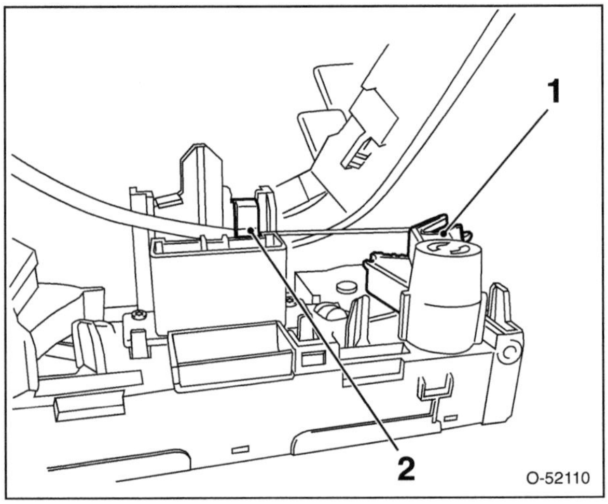

O-52110

- Bowdenzug für Luftverteilung ausbauen. Dazu Spange –2– am Bediengerät der Heizung ausclipsen.
- Bowdenzug –1– aushängen.

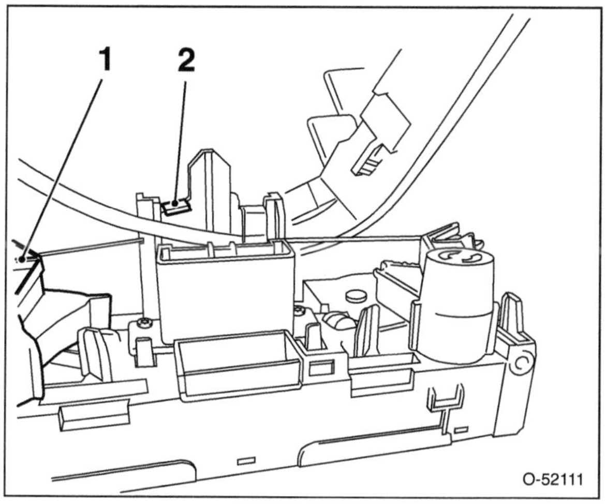

- Bowdenzug für Gebläsestufenregelung abbauen. Dazu Spange –2– am Bediengerät der Heizung ausclipsen.
- Bowdenzug –1– aushängen.
- Heizungsbediengerät herausnehmen.
- Gegebenenfalls Glühlampenfassung(en) ausclipsen und Glühlampe(n) ersetzen.

Einbau

- Der Einbau erfolgt in umgekehrter Ausbaureihenfolge.
- Batterie anklemmen. **Achtung:** Hinweise im Kapitel »Batterie aus- und einbauen« beachten.

Glühlampen für Heizungs-/Klimabedieneinheit aus- und einbauen

Ausbau

- Batterie abklemmen. **Achtung:** Hinweise im Kapitel »Batterie aus- und einbauen« beachten.
- Radio ausbauen, siehe Seite 96.

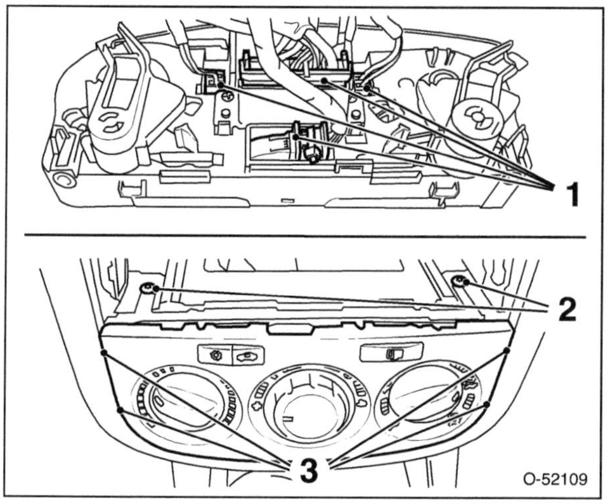

- 2 Schrauben –2– herausdrehen.
- Heizungsbediengerät an den Positionen –3– ausclipsen.
- 4 Mehrfachstecker –1– entriegeln und abziehen.
- Bedieneinheit so weit wie möglich herausziehen.
- An der Rückseite Fassung der defekten Glühlampe ausclipsen und aus der Bedieneinheit herausnehmen. **Hinweis:** Es sind 2 Lampen vorhanden.
- Glassockellampe aus der Fassung herausziehen und ersetzen.

Einbau

- Der Einbau erfolgt in umgekehrte Ausbaureihenfolge.

Gebläsemotor für Heizung und Klimaanlage aus- und einbauen

Ausbau

- Batterie abklemmen. **Achtung:** Hinweise im Kapitel »Batterie aus- und einbauen« beachten.

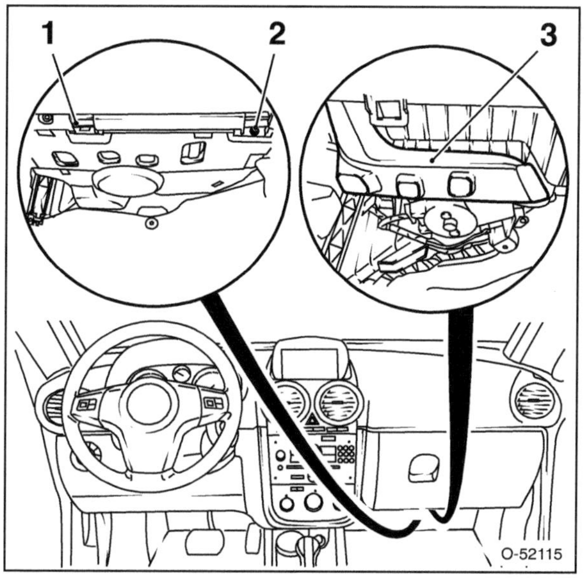

- Fußraumverkleidung auf der Beifahrerseite ausbauen. Dazu Schraube –2– herausdrehen und Clip –1– ausclipsen.
- Luftführung –3– ausbauen. Dazu Spreizniet ausclipsen.

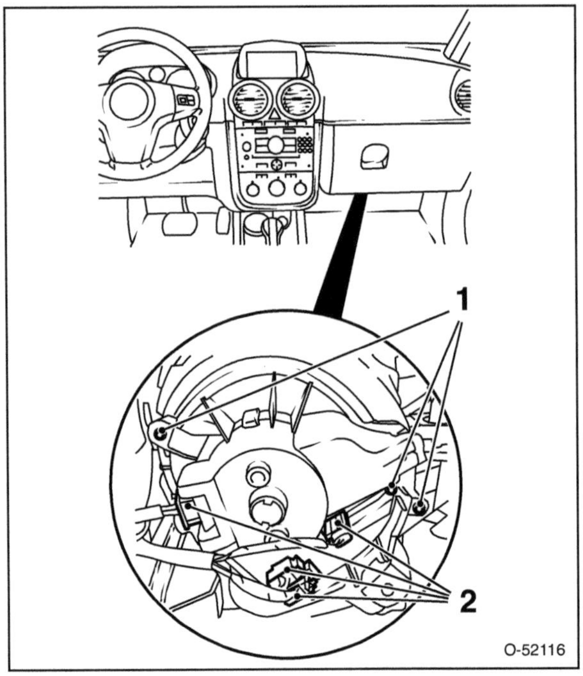

- 3 Schrauben –1– herausdrehen.
- 4 Mehrfachstecker –2– entriegeln und abziehen.
- Heizungsgebläsemotor herausnehmen.

Einbau

- Der Einbau erfolgt in umgekehrter Ausbaureihenfolge.

Vorwiderstand aus- und einbauen

Läuft das Gebläse bei einer Geschwindigkeitsstufe nicht, ist meistens der Vorwiderstand defekt. In diesem Fall den Vorwiderstand ersetzen.

Ausbau

- Batterie abklemmen. **Achtung:** Hinweise im Kapitel »Batterie aus- und einbauen« beachten.
- Fußraumverkleidung auf der Beifahrerseite und dahinter liegende Luftführung ausbauen, siehe Heizgebläse ausbauen.

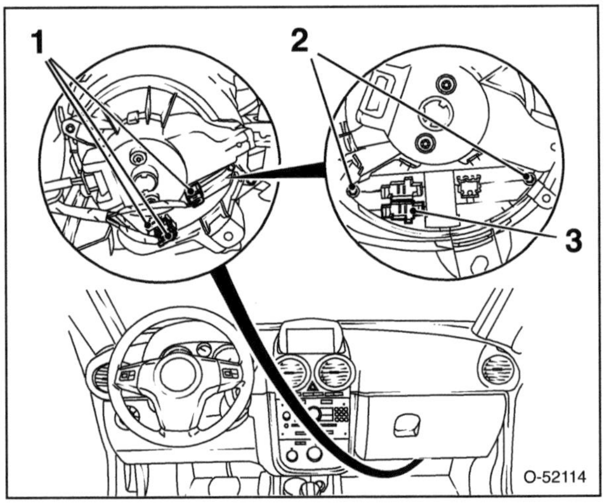

- 3 Stecker –1– entriegeln und abziehen.
- 2 Schrauben –2– herausdrehen.
- Vorwiderstand –3– herausziehen.

Einbau

- Der Einbau erfolgt in umgekehrter Ausbaureihenfolge.

Stellmotor für Umluftklappe aus- und einbauen

Ausbau

- Handschuhkasten ausbauen, siehe Seite 201.

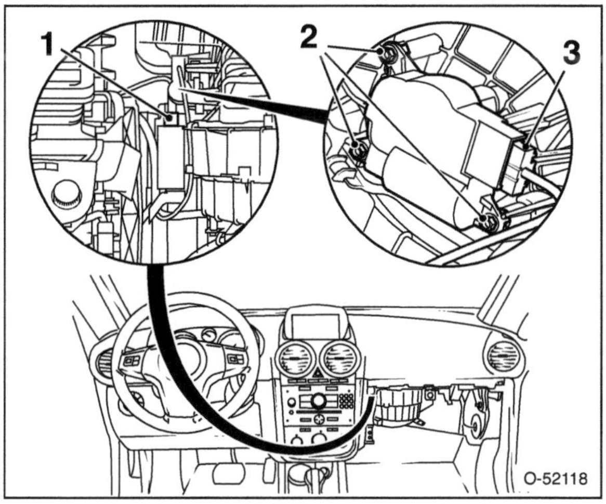

- Mehrfachstecker für Steuergerät des Zuheizers –1– entriegeln und abziehen.
- 3 Schrauben –2– herausdrehen.
- Mehrfachstecker –3– entriegeln und abziehen.
- Stellmotor für Umluftklappe herausnehmen.

Einbau

- Der Einbau erfolgt in umgekehrter Ausbaureihenfolge.

Stellmotor für Mischluftklappe aus- und einbauen

Ausbau

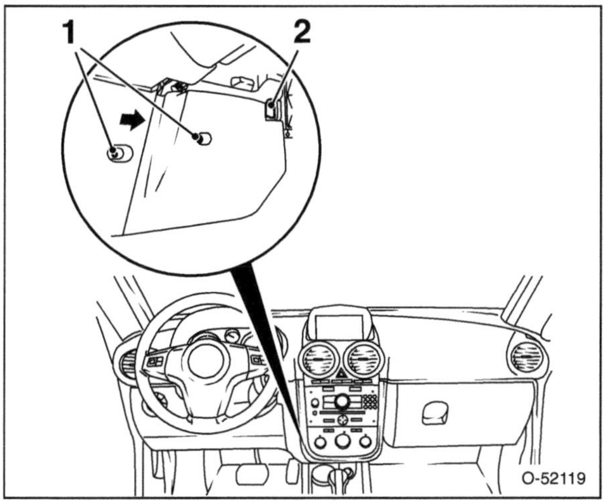

- 2 Schrauben –1– herausdrehen.
- Clip –2– ausrasten.
- Fußraumverkleidung in Pfeilrichtung aus der Führung herausziehen.
- Luftführung im Fußraum ausbauen, dazu Spreizniet herausziehen.

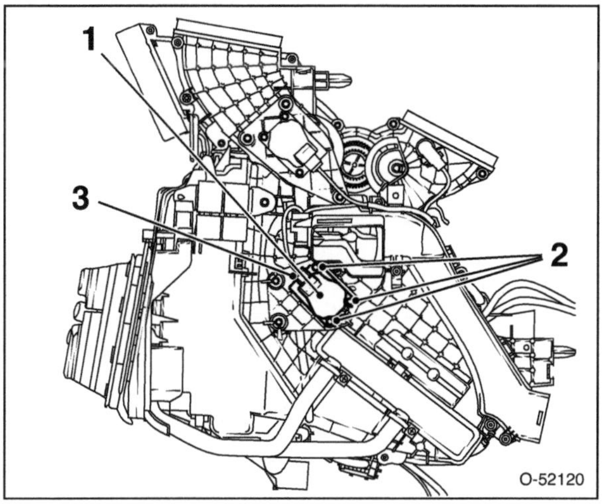

- Mehrfachstecker –3– abziehen.
- 3 Schrauben –2– herausdrehen
- Stellmotor für Mischluftklappe –1– herausnehmen.

Einbau

- Der Einbau erfolgt in umgekehrter Ausbaureihenfolge.

Mischluftdüse in der Mitte der Armaturentafel aus- und einbauen

Ausbau

- Batterie abklemmen. **Achtung:** Hinweise im Kapitel »Batterie aus- und einbauen« beachten.
- Anzeigeinstrument in der Mitte der Armaturentafel ausbauen, siehe Seite 93.

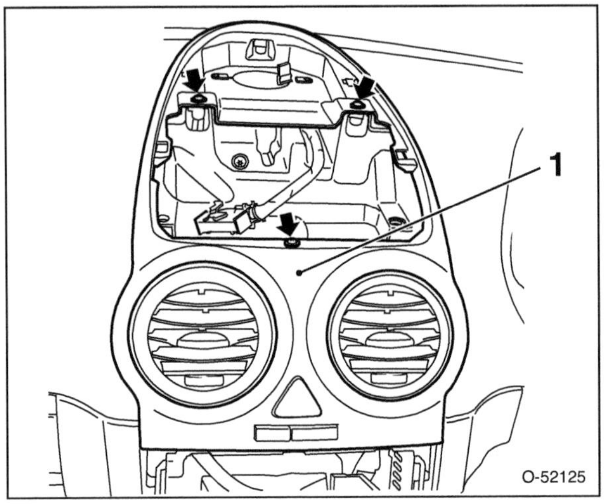

- 3 Schrauben –Pfeile– herausdrehen.
- Blende mit 2 Clips im Radioschacht ausclipsen.
- Mehrfachstecker von der Schalterleiste abziehen.
- Blende –1– für Mischluftdüsen abnehmen.

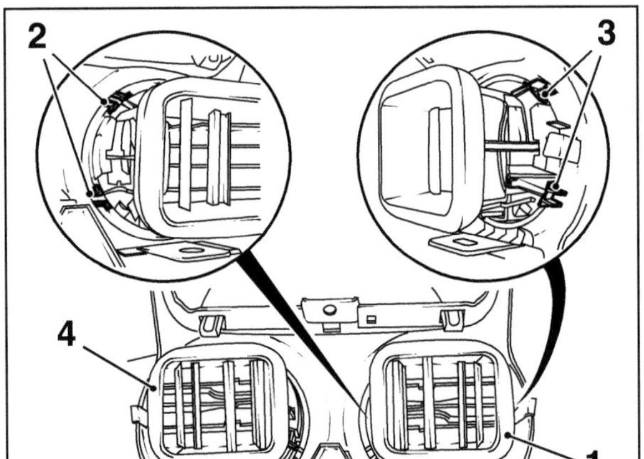

- Rechte Mischluftdüse –1– an 4 Clips –2/3– ausclipsen und aus der Führung herausnehmen.
- Linke Mischluftdüse –4– auf die gleiche Weise ausbauen.

Einbau

- Der Einbau erfolgt in umgekehrter Ausbaureihenfolge.

Mischluftdüse links und rechts aus- und einbauen

Ausbau

Achtung: Die seitlichen Mischluftdüsen lassen sich **nicht zerstörungsfrei** ausbauen.

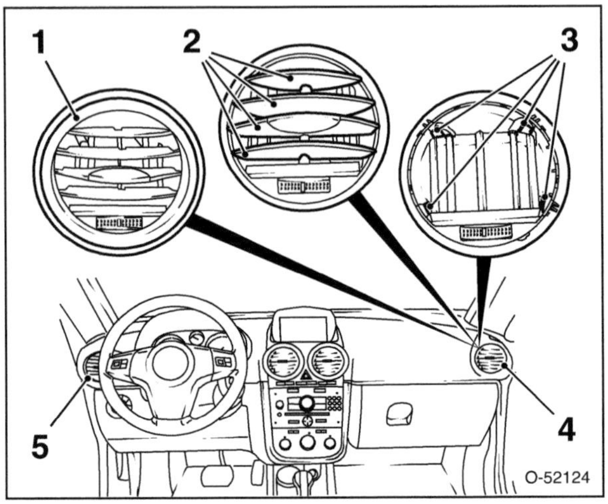

- Blende –1– für Mischluftdüse ausclipsen.
- 4 Lamellen –2– aus der Mischluftdüse herausnehmen.
- Rechte Mischluftdüse –4– an 4 Clips –3– ausclipsen und aus der Armaturentafel herausnehmen.
- Linke Mischluftdüse –5– auf die gleiche Weise ausbauen.

Einbau

- Der Einbau erfolgt in umgekehrter Ausbaureihenfolge.

Störungsdiagnose Heizung

Störung	Ursache	Abhilfe
Heizgebläse läuft nicht.	Sicherung für Gebläsemotor defekt.	■ Sicherung für Gebläse prüfen, gegebenenfalls ersetzen.
	Gebläseschalter defekt.	■ Bedieneinheit ausbauen und prüfen, gegebenenfalls ersetzen.
	Gebläsewiderstand defekt.	■ Gebläsewiderstand ausbauen und Spannung am Kontakt des Gebläsemotors bei eingeschalteter Zündung und betätigtem Gebläseschalter messen. Falls keine oder zu geringe Spannung anliegt, Gebläsewiderstand ersetzen.
	Gebläsemotor defekt.	■ Prüfen, ob bei eingeschalteter Zündung und betätigtem Gebläseschalter am Kontakt des Gebläsemotors Spannung anliegt. Dazu müssen der Motor sowie der Gebläsewiderstand ausgebaut werden. Wenn ja, Gebläsemotor auswechseln.
Heizleistung zu gering.	Kühlmittelstand zu niedrig.	■ Kühlmittelstand prüfen, gegebenenfalls Kühlmittel auffüllen.
	Staubfilter verstopft.	■ Staubfilter ersetzen.
	Wärmetauscher undicht oder verstopft.	■ Wärmetauscher ersetzen (Werkstattarbeit).
	Diesel-Fahrzeuge: Zuheizer defekt.	■ Zuheizer prüfen, gegebenenfalls ersetzen.
Heizgebläse läuft nur mit einer Geschwindigkeit.	Gebläsewiderstand defekt.	■ Gebläsewiderstand ersetzen.
Geräusche im Bereich des Heizgebläses.	Eingedrungener Schmutz, Laub.	■ Gebläse ausbauen, reinigen, Luftkanal säubern.
	Lüfterrad hat Unwucht, Lager defekt.	■ Gebläsemotor ausbauen und auf leichten Lauf prüfen.
Heizluft riecht süßlich, Scheiben beschlagen, wenn Heizung eingeschaltet wird.	Wärmetauscher undicht.	■ Kühlsystem abdrücken (Werkstattarbeit). Wenn Kühlflüssigkeit aus dem Heizungskasten austritt, Wärmetauscher erneuern lassen.
Im Innenraum riecht es nach faulen Eiern.	Batterie wird überladen. Dadurch tritt über die Entgasungsöffnung Schwefel-Wasserstoff aus.	■ Ladespannung des Generators prüfen. Gegebenenfalls Spannungsregler am Generator ersetzen, siehe Kapitel »Elektrische Anlage«.

Fahrwerk

Aus dem Inhalt:

- **Vorderachse**
- **Stoßdämpfer**
- **Lenkung/Airbag**
- **Hinterachse**
- **Schraubenfeder**
- **Räder und Reifen**
- **Federbein**
- **Achswellen**

Der CORSA verfügt über eine McPherson-Vorderachse und eine Torsionslenker-Hinterachse. Zur Geräuschreduzierung ist die Vorderachse an einem Hilfsrahmen befestigt, der über Gummimetalllager mit der Karosserie verbunden ist. Ein Querstabilisator an der Vorderachse unterdrückt die Seitenneigung des Fahrzeugs bei Kurvenfahrt und stabilisiert das Eigenlenkverhalten des Fahrzeugs.

Optimale Fahreigenschaften und geringster Reifenverschleiß sind nur dann zu erzielen, wenn die Stellung der Räder einwandfrei ist. Bei unnormaler Reifenabnutzung sowie mangelhafter Straßenlage sollte die Werkstatt aufgesucht werden, um den Wagen optisch vermessen zu lassen. Die Fahrwerkvermessung kann ohne eine entsprechende Messanlage nicht durchgeführt werden.

Sicherheitshinweis
Schweiß- und Richtarbeiten an tragenden und radführenden Bauteilen der Vorder- und Hinterradaufhängung **sind nicht zulässig. Selbstsichernde Schrauben/Muttern** sowie korrodierte Schrauben/Muttern sind im Reparaturfall **immer zu ersetzen.**

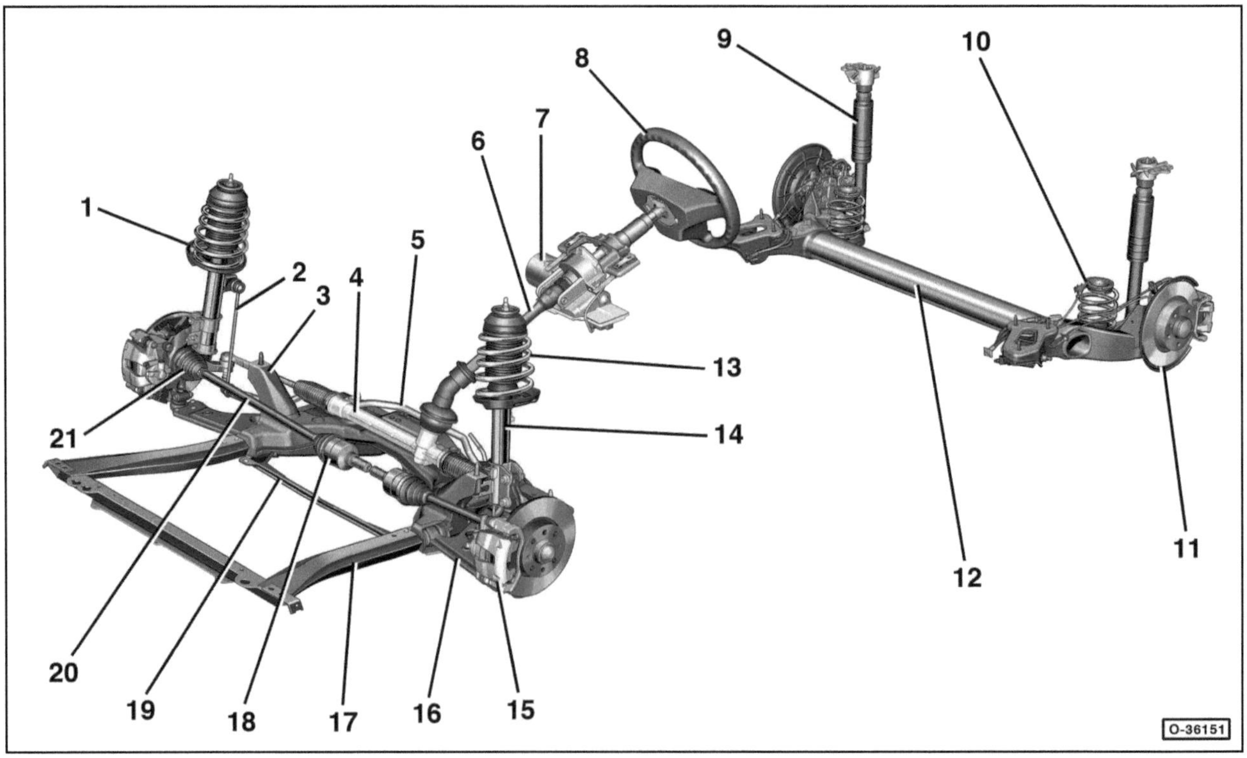

1 – Federbein
2 – Koppelstange
3 – Vorderachsträger
4 – Lenkgetriebe
5 – Stabilisator
6 – Lenksäule
7 – Elektromotor für Servolenkung
8 – Lenkrad
9 – Stoßdämpfer hinten
10 – Schraubenfeder hinten
11 – Bremsscheibe hinten
12 – Torsionslenker-Hinterachse
13 – Schraubenfeder vorn
14 – Stoßdämpfer vorn
15 – Bremssattel vorn
16 – Querlenker
17 – Tragerahmen
18 – Gleichlauf-Innengelenk
19 – Antriebsstrebe
20 – Gelenkwelle
21 – Gleichlauf-Außengelenk

Vorderachse

Tragendes Element der Vorderachse ist ein offener Fahrschemel, der im Bereich der Stirnwand mit der Karosserie verschraubt ist. Im vorderen Bereich ist er durch eine angeschraubte Antriebsstrebe verbunden. Diese Konstruktion der Vorderachse sorgt für eine hohe Quersteifigkeit des Fahrzeugs.

Um Fahrgeräusche und Vibrationen zu verringern, sind die Querlenker über hydraulische Lagerbuchsen mit dem Fahrschemel verschraubt. Ein quer liegender Stabilisator sorgt für eine Reduzierung der Seitenneigung des Fahrzeugs. Der Stabilisator ist über 2 Koppelstangen mit den Federbeinen verbunden.

Die Übertragung der Motor-Antriebskraft auf die Räder erfolgt über zwei Achswellen. An der rechten Fahrzeugseite wird die Antriebskraft bei den 1,6- und 1,7-l-Motoren über eine Zwischenwelle auf die Achswelle und das rechte Rad geleitet.

Die Räder sind einzeln aufgehängt und werden über McPherson-Federbeine abgefedert. Radnabe und Radlager sind zu einer kompakten Einheit zusammengefasst. Die Radlagereinheit ist mit dem Achsschenkel verschraubt. Die Vorderachse einschließlich der Radlager ist wartungsfrei.

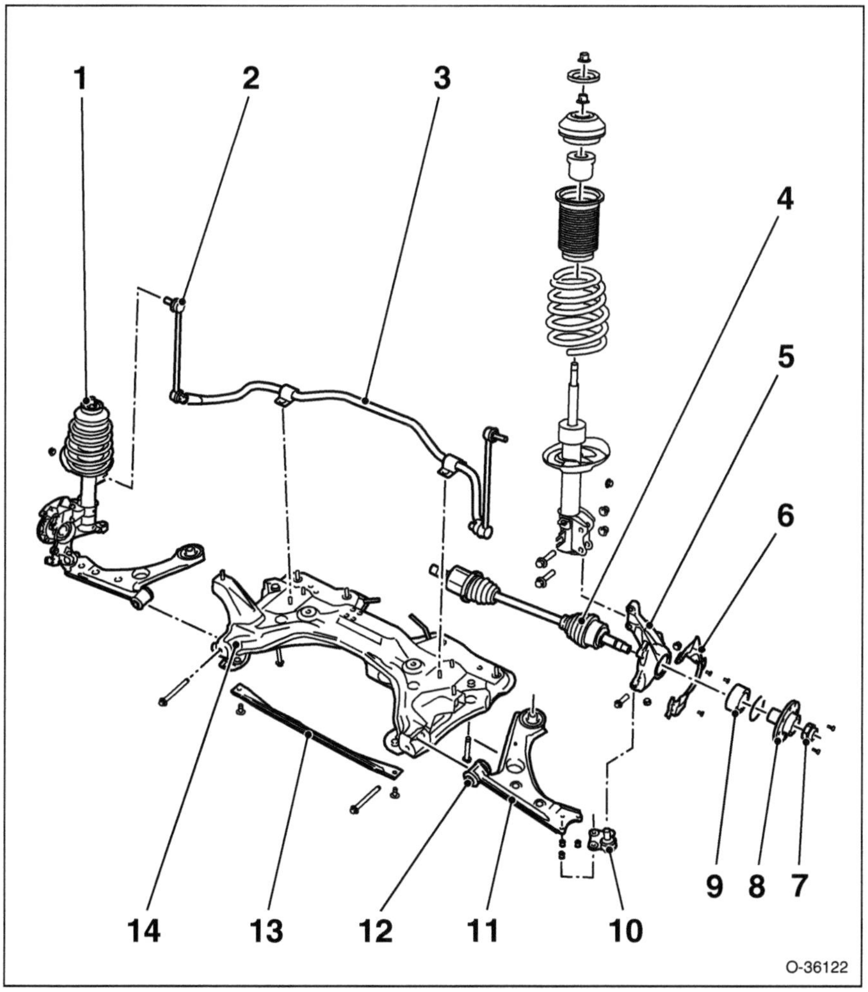

1 – Federbein
2 – Koppelstange
3 – Stabilisator
4 – Achswelle
5 – Achsschenkel
6 – Bremsenabdeckblech
7 – Radnabenmutter
8 – Radnabe
9 – Radlager
10 – Achsgelenk
11 – Querlenker
12 – Dämpfungsbuchse
13 – Antriebsstrebe
Ist an 2 Punkten an den Vorderachsträger angeschraubt und dient zur Versteifung der gesamten Vorderradaufhängung. Auf der, in Fahrtrichtung gesehen, linken Seite besitzt die Strebe die Einstanzung »LH« für linke Seite.
14 – Vorderachsträger

Federbein vorn aus- und einbauen

Ausbau

Sicherheitshinweis
Beim Aufbocken des Fahrzeugs besteht Unfallgefahr! Deshalb die Hinweise im Kapitel »Fahrzeug aufbocken« beachten.

- Vorderrad ausbauen. Dabei Reifen-Laufrichtung mit Pfeil am Reifen markieren und Radschrauben lösen. Fahrzeug aufbocken und Vorderrad abnehmen. **Achtung:** Unbedingt Hinweise im Kapitel »Rad aus- und einbauen« beachten.
- Scheibenweischergestänge mit Motor ausbauen, siehe Seite 76.

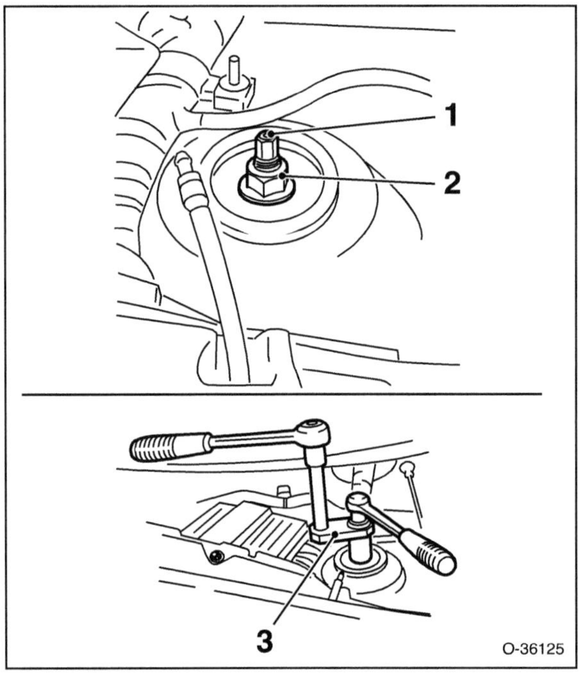

- Obere Federbeinmutter –2– mit tiefgekröpftem Ringschlüssel abschrauben, dabei am Sechskant –1– gegenhalten. Die Fachwerkstatt verwendet dazu den Spezialschlüssel KM-808-A –3– oder den Federbein-Werkzeugsatz HAZET-4910.

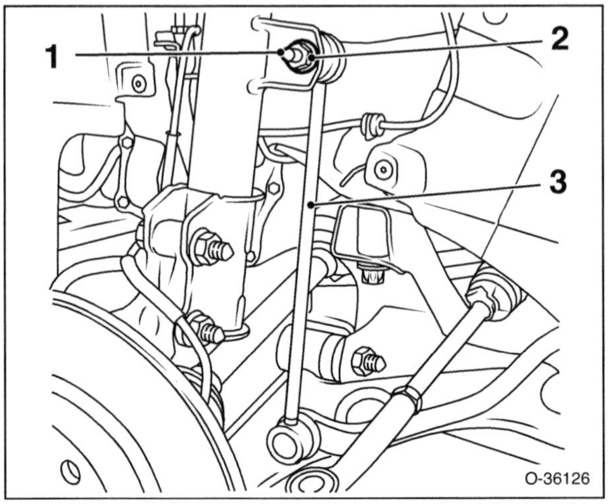

- Mutter –2– für Koppelstange –3– abschrauben. Dabei Gelenk-Kugelbolzen –1– an den abgeflachten Stellen mit Gabelschlüssel gegenhalten.
- Gelenkbolzen am Federbein herausziehen.

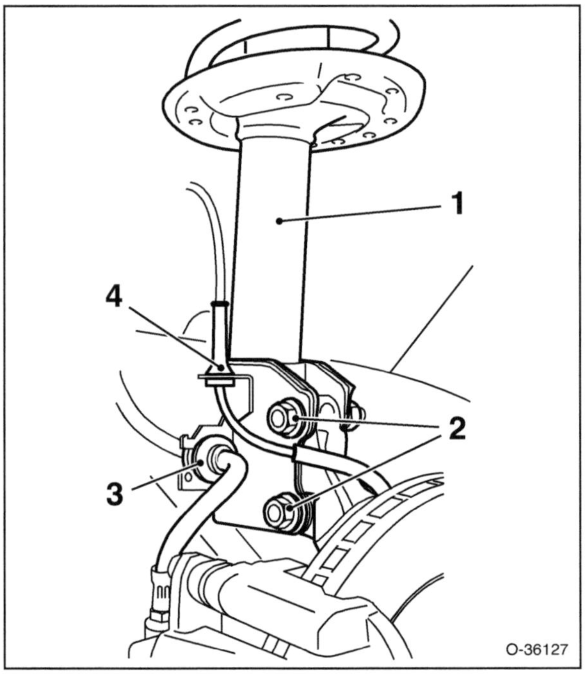

- Bremsschlauch –3– ausclipsen.
- Elektrische Leitung für ABS-Sensor –4– ausclipsen.
- Einbaulage der Schrauben für untere Federbeinbefestigung –2– am Achsschenkel kennzeichnen. Damit der Achsschenkel in gleicher Lage wieder angeschraubt wird, Schraubenköpfe mit Reißnadel umkreisen. **Achtung:** Durch Verschieben des Achsschenkels in den Bohrungen kann der Radsturz eingestellt werden.
- Muttern –2– abschrauben, Schrauben aus dem Achsschenkel herausziehen und Achsschenkel nach außen drücken und Federbein –1– vom Achsschenkel abnehmen.

Einbau

- Federbein mit **neuen Schrauben und Muttern** unten am Achsschenkel anschrauben, dabei Schraubenköpfe nach den Markierungen ausrichten. Schrauben von vorne einsetzen.
- Schraubverbindung für Federbein in **3 Stufen** festziehen:
  1. Stufe: . . mit Drehmomentschlüssel **80 Nm** anziehen.
  2. Stufe: . . mit starrem Schlüssel um **60°** weiterdrehen.
  3. Stufe: . . mit starrem Schlüssel um **15°** weiterdrehen.

Achtung: Falls die Einstellung des Radsturzes direkt nach dem Einbau des Federbeines erfolgt, Schraubverbindung mit **50 Nm** voranziehen und erst nach der Einstellung endgültig festziehen.

Hinweis: Um die Winkelgrade beim Anziehen einzuhalten, ist es sinnvoll, eine Winkelscheibe aus Pappe auszuschneiden oder die Winkelscheibe HAZET 6690 zu verwenden.

- Elektrische Leitung für ABS-Sensor einclipsen.
- Bremsschlauch einclipsen.
- Koppelstange am Federbein mit **40 Nm** anschrauben. Dabei Gelenkbolzen mit Gabelschlüssel gegenhalten.
- Federbein oben ansetzen und **neue** Mutter aufschrauben. Mutter mit **45 Nm** festziehen, dabei am Sechskant gegenhalten. Die Fachwerkstatt verwendet dazu das Spezialwerkzeug KM-808-A.
- Scheibenwischergestänge mit Motor einbauen, siehe Seite 76.
- Radsturz baldmöglichst in einer Fachwerkstatt kontrollieren und gegebenenfalls einstellen lassen.

Achtung: Wenn der Radsturz eingestellt werden muss, werden die Schrauben und Muttern für die untere Federbeinbefestigung ausgetauscht. Gegebenenfalls zweiten Satz Schrauben und Muttern bereit halten.

Federbein

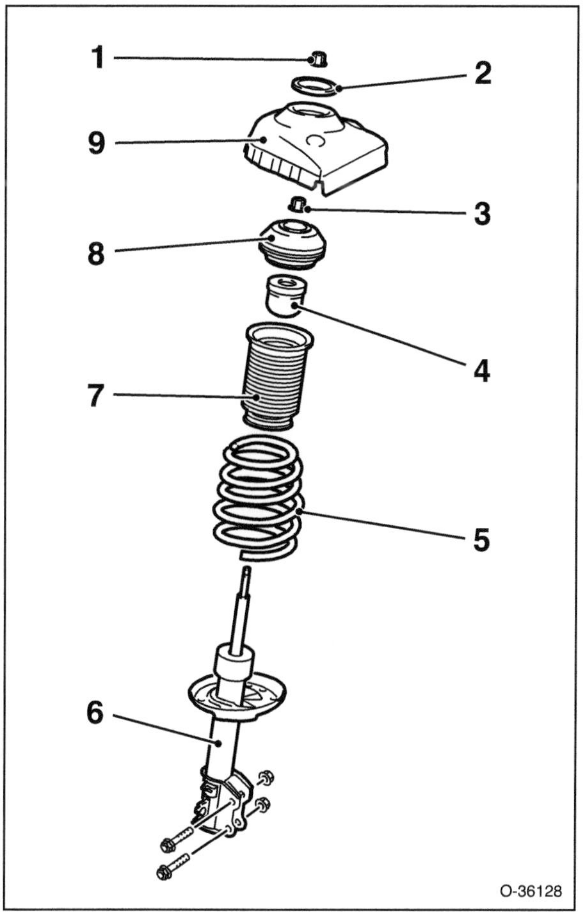

1 – Mutter
2 – Anschlag oben
3 – Befestigungsmutter für Stützlager
4 – Anschlagpuffer
5 – Feder
6 – Stoßdämpfer
7 – Schutzbalg
8 – Stützlager
9 – Federbeindom

Federbein zerlegen/Stoßdämpfer/ Schraubenfeder aus- und einbauen

Hinweis: Federn nur paarweise austauschen. Stoßdämpfer nur paarweise austauschen. Beim Austausch der Federn, beziehungsweise Stoßdämpfer sind die Fahrzeugvariante und Ausstattung zu beachten.

Ausbau

- Federbein ausbauen, siehe entsprechendes Kapitel.

Achtung: Die Schraubenfeder steht unter hoher Spannung. Um den Stoßdämpfer ausbauen zu können, **muss die Schraubenfeder mit einem geeigneten Federspanner zusammengedrückt werden**.

> **Sicherheitshinweis**
> **Auf keinen Fall Stoßdämpfermutter lösen, wenn die Feder nicht einwandfrei und sicher gespannt ist. Darauf achten, dass die Federwindungen sicher von den Spannplatten umfasst werden und der Federspanner nicht abrutschen kann. Nur stabiles Werkzeug verwenden. Keinesfalls Feder mit Draht zusammenbinden. Unfallgefahr!**

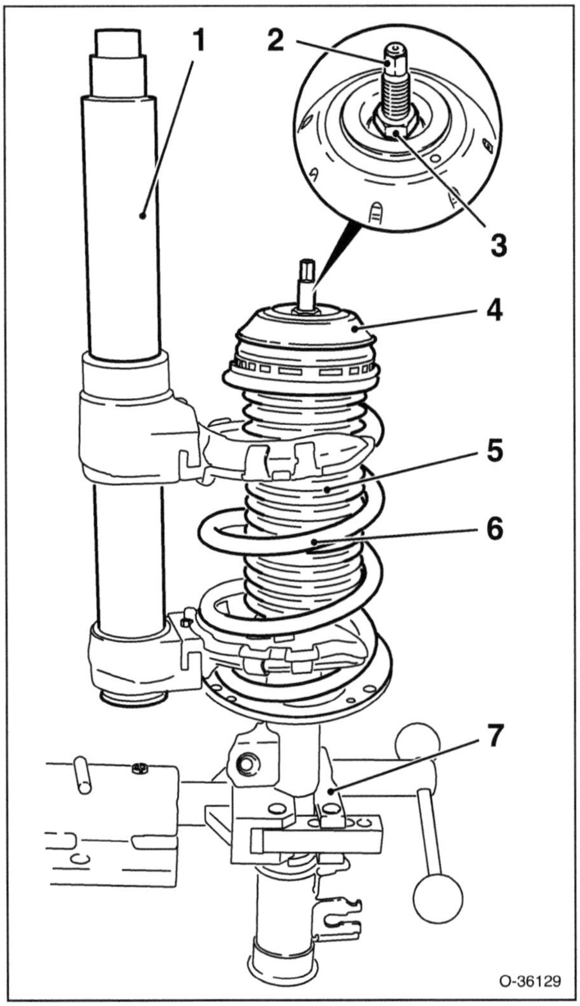

- Geeigneten Federspanner –1– mit Spannplattenpaar, zum Beispiel OPEL MKM-6068, in einen Schraubstock einspannen. **Hinweis:** Es kann auch der Federspanner HAZET 4900-2A mit Spannplattenpaar HAZET 4900-11 verwendet werden. In der Fachwerkstatt wird, wie in der Abbildung dargestellt, das Federbein in das Spezialwerkzeug KM-6066 –7– eingespannt.
- Federbein mit den Windungen der Schraubenfeder –6– so in den Federspanner –1– einsetzen, dass mindestens 3 Windungen der Feder gespannt werden.
- Feder –6– zusammendrücken, bis das Stützlager –4– entlastet ist.
- Einbaulage der Federbein-Bauteile notieren und gegebenenfalls kennzeichnen.
- Mutter –3– für Stützlager abschrauben, dabei am Sechskant der Stoßdämpfer-Kolbenstange mit einem Ringschlüssel gegenhalten.
- Stützlager –4– abnehmen. 5 – Schutzbalg.
- Federbeinstützrohr mit Stoßdämpfer, Schutzbalg und Anschlagpuffer aus der Schraubenfeder herausnehmen, siehe auch Abbildung O-36128.
- Stoßdämpfer prüfen, siehe entsprechendes Kapitel.
- Alle Einzelteile des Federbeins auf Risse, Verschleiß, Korrosion und Alterungserscheinungen sichtprüfen. Beschädigte beziehungsweise verschlissene Teile erneuern.
- Falls die Schraubenfeder –6– ausgewechselt werden soll, **Feder langsam entspannen** und aus dem Federspanner –1– nehmen.

Einbau

Schraubenfedern und Stoßdämpfer immer paarweise austauschen, also an beiden Fahrzeugseiten. Beim Einbau neuer Federn darauf achten, dass je nach Motorisierung/Fahrzeugausstattung unterschiedliche Federn eingebaut sein können. Nur gleiche Federn an einer Achse verwenden. Die Kennzeichnung der Federn erfolgt durch eine Farbmarkierung an einer Windung.

Hinweis: Neue Schraubenfedern sind gegen Korrosion mit einem Schutzlack versehen. Die Oberfläche darf nicht beschädigt sein.

- Wenn die Schraubenfeder ausgebaut war, Schraubenfeder in den Federspanner einsetzen und zusammendrücken.

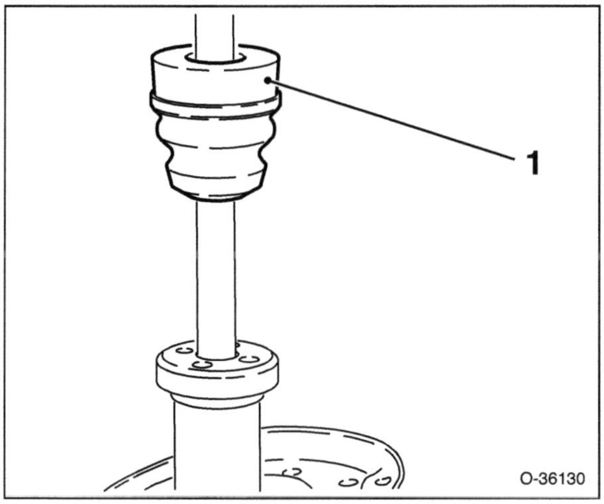

- Der Einbau erfolgt in umgekehrter Ausbaureihenfolge. Dabei auf richtige Einbaulage des Anschlagpuffers –1– achten.
- **Neue Mutter** auf die Stoßdämpfer-Kolbenstange aufschrauben und mit **50 Nm** festziehen. Dabei Kolbenstange gegenhalten.
- Schraubenfeder langsam entspannen, dabei auf richtigen Sitz der Feder achten.
- Federbein aus dem Federspanner herausnehmen.
- Federbein einbauen, siehe entsprechendes Kapitel.

Stoßdämpfer prüfen

Folgende Fahreigenschaften weisen auf defekte Stoßdämpfer hin:

- Langes Nachschwingen der Karosserie bei Bodenunebenheiten.
- Aufschaukeln der Karosserie bei aufeinander folgenden Bodenunebenheiten.
- Springen der Räder auch auf normaler Fahrbahn.
- Ausbrechen des Fahrzeuges beim Bremsen (kann auch andere Ursachen haben).
- Kurvenunsicherheit durch mangelnde Spurhaltung, Schleudern des Fahrzeuges.
- Abnorme Reifenabnutzung mit Abflachungen (Auswaschungen) am Reifenprofil.
- Polter- und Knackgeräusche während der Fahrt. Allerdings haben diese Geräusche häufig auch andere Ursachen, zum Beispiel lockere Fahrwerksschrauben und Muttern, defektes Radlager oder Gleichlaufgelenk (Achsgelenk). Daher Dämpfer vor dem Ersetzen immer prüfen, gegebenenfalls auf Stoßdämpferprüfstand prüfen lassen.

Der Stoßdämpfer kann von Hand geprüft werden. Eine genaue Überprüfung der Stoßdämpferleistung ist jedoch nur mit einem Shock-Tester (Stoßdämpfer eingebaut) oder einer Stoßdämpfer-Prüfmaschine möglich.

Prüfung von Hand

- Stoßdämpfer ausbauen.

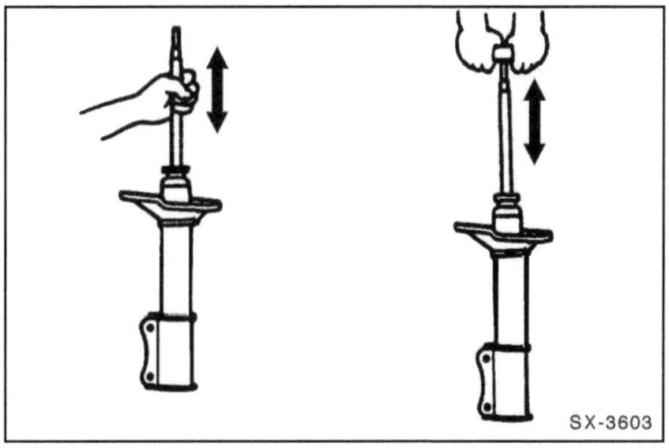

- Stoßdämpfer in Einbaulage halten, Stoßdämpfer auseinander ziehen und zusammendrücken. Der Stoßdämpfer muss sich über den gesamten Hub gleichmäßig schwer und ruckfrei bewegen lassen.
- Kolbenstange auf Oberflächen-Beschädigung, Verbiegung und auf klemmfreien Lauf in der Führungsbuchse prüfen.
- Gummilager im Gehäuseauge sichtprüfen. Die Gummilager müssen fest im Gehäuse sitzen und dürfen nicht gerissen oder beschädigt sein. Defekte Gummilager können im Fahrbetrieb Poltergeräusche verursachen.

- Bei Gasdruck-Stoßdämpfern geht die Kolbenstange bei ausreichendem Gasfülldruck von selbst wieder in die Ausgangslage zurück. Ist dies nicht der Fall, braucht der Dämpfer nicht unbedingt ersetzt werden. Die Wirkungsweise entspricht, solange kein größerer Ölverlust eingetreten ist, der Wirkungsweise eines konventionellen Dämpfers. Die dämpfende Funktion ist auch ohne Gasdruck vollständig vorhanden. Allerdings kann sich das Geräuschverhalten verschlechtern.
- Bei einwandfreier Funktion sind geringe Spuren von Stoßdämpferöl kein Grund zum Austausch. Als Faustregel gilt: Wenn ein Ölfleck sichtbar ist und sich nicht weiter ausbreitet als vom oberen Stoßdämpferverschluss (Kolbenstangendichtring) bis zum unteren Federteller, gilt der Dämpfer als in Ordnung. Voraussetzung ist, dass der Ölfleck stumpf, matt beziehungsweise durch Staub getrocknet ist. Ein geringfügiger Ölaustritt ist sogar von Vorteil, weil dadurch der Dichtring geschmiert wird und sich somit die Lebensdauer erhöht.
- Bei starkem Ölverlust Stoßdämpfer austauschen.

Stoßdämpfer verschrotten

Damit ein defekter Stoßdämpfer entsorgt werden kann, muss das Hydrauliköl aus dem Stoßdämpfer abgelassen werden. Der entleerte Stoßdämpfer kann dann wie normaler Eisenschrott behandelt werden.

Achtung: Hydrauliköl ist ein Problemstoff und darf auf keinen Fall einfach weggeschüttet oder dem Hausmüll mitgegeben werden. Gemeinde- und Stadtverwaltungen informieren darüber, wo sich die nächste Problemstoff-Sammelstelle befindet.

Sicherheitshinweis
Der Gasdruck eines neuen Stoßdämpfer beträgt bis zu 25 bar. Deshalb beim Öffnen des Dämpfers Arbeitsstelle abdecken und **unbedingt Schutzbrille tragen.**

Stoßdämpfer können auf 2 Arten entleert werden, entweder durch Anbohren oder durch Aufsägen der Außenwand.

Stoßdämpfer anbohren

- Ausgebauten Stoßdämpfer senkrecht, mit der Kolbenstange nach unten, in den Schraubstock einspannen.

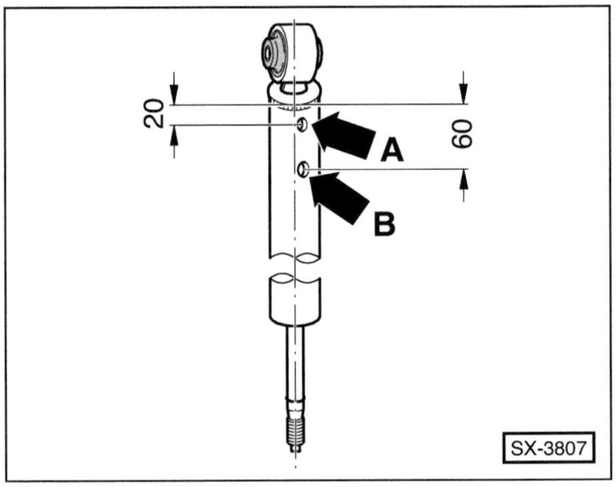

- An der Stelle –A– ein Loch mit 3 mm ∅ in das Außenrohr bohren.

Achtung: Bei Gasdruckstoßdämpfern entweicht nach dem Durchbohren der ersten Rohrwandung Gas. Öffnung während des Entgasens mit Lappen abdecken. Anschließend weiterbohren, bis das innenliegende Rohr (ca. 25 mm) durchbohrt ist.

- An der Stelle –B– eine zweite Bohrung mit 6 mm-Bohrer bis durch das innenliegende Rohr bohren.
- Dämpfer über eine Ölauffangwanne halten und Hydrauliköl durch hin- und herbewegen der Kolbenstange über den gesamten Hub herausdrücken.
- Dämpfer abtropfen lassen, bis kein Hydrauliköl mehr austritt.
- Hydrauliköl bei einer Problemstoff-Sammelstelle entsorgen.
- Entleerten Stoßdämpfer als Eisenschrott entsorgen.

Stoßdämpfer aufsägen

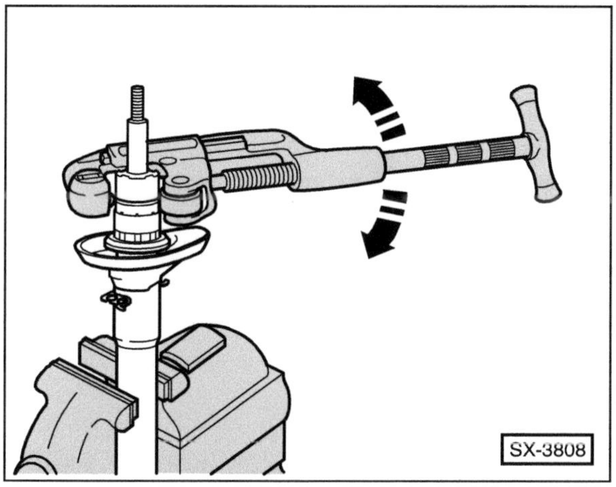

- Federbein in Schraubstock spannen.
- Rohrschneider, zum Beispiel Stahlwille Express 150/3, ansetzen und Außenrohr durchtrennen. **Achtung:** Bei Gasdruck-Stoßdämpfern entweicht dabei das Gas; Schutzbrille tragen.
- Kolbenstange hochziehen, dabei das Innenrohr mit einer Wasserrohrzange festhalten und nach unten drücken, so dass dieses beim langsamen Hochziehen der Kolbenstange im Außenrohr verbleibt.
- Kolbenstange vom Innenrohr abziehen.
- Dämpfer über eine Ölauffangwanne halten und Hydrauliköl ablaufen lassen, bis kein Hydrauliköl mehr austritt.
- Hydrauliköl bei einer Problemstoff-Sammelstelle entsorgen.
- Entleerten Stoßdämpfer als Eisenschrott entsorgen.

Radnabenmutter aus- und einbauen

Ausbau

- Schaltgetriebe in Leerlaufstellung bringen; Automatikgetriebe auf Stellung »N«. Handbremse anziehen.
- Reifen-Laufrichtung mit Pfeil am Reifen markieren. Radschrauben lösen. Fahrzeug vorne aufbocken und Rad abnehmen. **Achtung:** Unbedingt Hinweise im Kapitel »Rad aus- und einbauen« beachten.

Sicherheitshinweis
Beim Aufbocken des Fahrzeugs besteht Unfallgefahr! Hinweise im Kapitel »Fahrzeug aufbocken« beachten.

- Falls vorhanden, Staubkappe mit einem Schraubendreher von der Radnabe abhebeln. **Hinweis:** Die Kappe wird dabei beschädigt und muss ersetzt werden.

Achtung: Hohes Löse- und Anzugsmoment der Nabenmutter! Wir empfehlen, vor Lösen und Anziehen der Nabenmutter das Rad zu montieren und das Fahrzeug wieder auf die Räder zu stellen. Fußbremse beim Losdrehen der Mutter durch Helfer treten lassen.

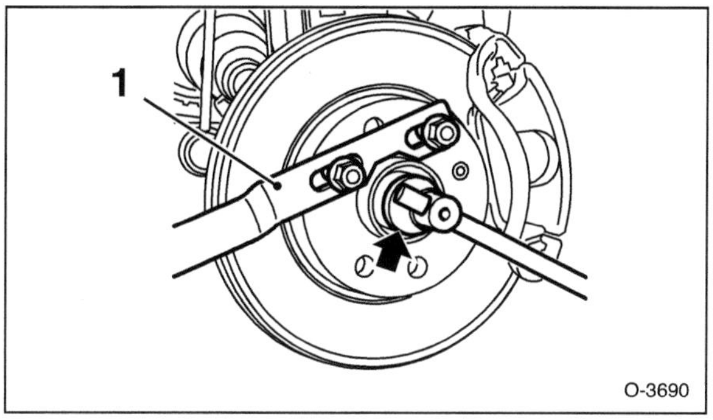

- Bleibt das Fahrzeug zum Abschrauben der Radnabenmutter –Pfeil– aufgebockt, muss die Radnabe beim Losdrehen der Mutter mit einem langen Hebelwerkzeug –1– gegengehalten werden. **Achtung:** Fahrzeug sicher aufbocken!
- Hebelwerkzeug anfertigen: Flacheisen mit Langlöchern versehen und mit Radschrauben an der Radnabe anschrauben.

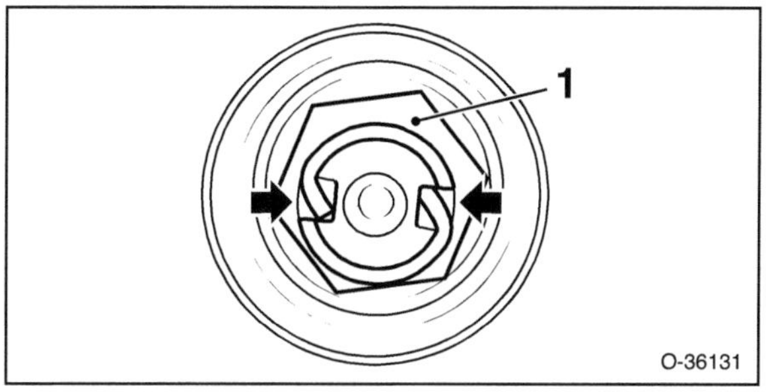

- Verstemmung der Radnabenmutter aufbiegen –Pfeile– und Radnabenmutter –1– von der Achswelle abschrauben.

- Gegebenenfalls Hebelwerkzeug von der Radnabe abschrauben.

Einbau

- **Neue Radnabenmutter** auf die Achswelle aufschrauben und genügend fest anziehen.

Achtung: Hohes Anzugsmoment der Nabenmutter! Wir empfehlen, vor Anziehen der Nabenmutter das Rad zu montieren und das Fahrzeug auf die Räder zu stellen. Beim Anziehen der Nabenmutter von Helfer Bremspedal treten lassen.

- Bleibt das Fahrzeug zum Anziehen der Radnabenmutter aufgebockt, Hebelwerkzeug an der Radnabe anschrauben.
- Radnabenmutter in **3 Stufen** festziehen:
  1. Stufe: . . mit Drehmomentschlüssel **70 Nm** anziehen.
  2. Stufe: . . mit starrem Schlüssel um **60°** weiterdrehen.
  3. Stufe: . . . mit starrem Schlüssel um **5°** weiterdrehen.
- Radnabenmutter gegen die Ausdrehrichtung 2-mal an den vorgesehenen Stellen verstemmen –Pfeile–, siehe Abbildung O-36131.
- Gegebenenfalls Hebelwerkzeug von der Radnabe abschrauben.
- **Gegebenenfalls neue Staubkappe** auf die Radnabe aufdrücken.
- Reifen-Laufrichtung beachten, Rad anschrauben, Fahrzeug ablassen, erst dann Radschrauben über Kreuz mit **110 Nm** festziehen. **Achtung:** Unbedingt Hinweise im Kapitel »Rad aus- und einbauen« beachten.

Achswelle aus- und einbauen

Je nach Motor wird die Antriebskraft auf der rechten Fahrzeugseite vom Getriebe über eine Zwischenwelle auf die Achswelle und das Rad geleitet.

Ausbau

Achtung: Beim Ausbau der Achswelle stets nur am Gelenk und nicht an der Welle ziehen.

- Gang in Leerlaufstellung bringen; Automatikgetriebe auf Stellung »N«.

Achtung: Hohes Lösemoment der Radnabenmutter!

- Radnabenmutter ausbauen, siehe entsprechendes Kapitel.
- Reifen-Laufrichtung mit Pfeil am Reifen markieren. Radschrauben lösen. Fahrzeug vorne aufbocken und Rad abnehmen. **Achtung:** Unbedingt Hinweise im Kapitel »Rad aus- und einbauen« beachten.
- Falls vorhanden, untere Motorraumabdeckung ausbauen.

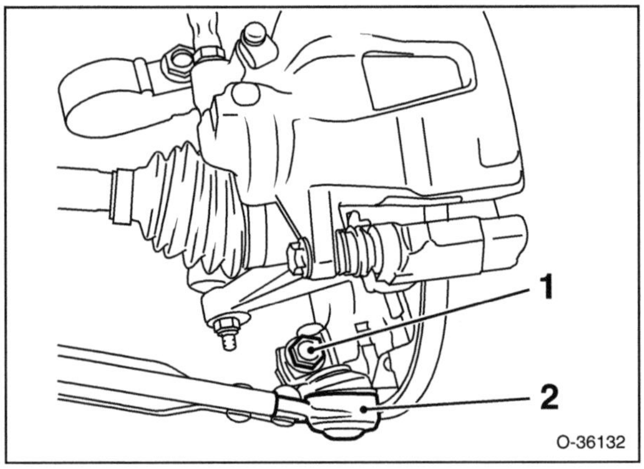

- Schraubverbindung –1– öffnen und Achsgelenk –2– vom Achsschenkel abdrücken.
- Achswelle mit Draht abstützen, damit die Gelenke beim Ausbau nicht bis zum Anschlag gebeugt werden.

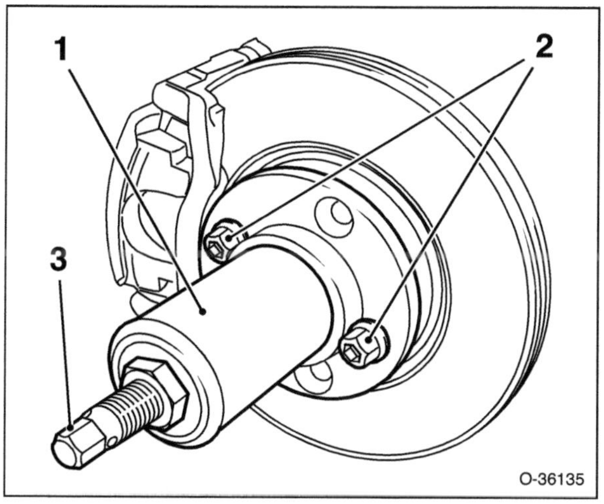

- Achswelle aus der Radnabe herausziehen, indem das Federbein nach außen gezogen wird. Falls das nicht möglich ist, Achswelle mit handelsüblichem Radnabenabzieher, zum Beispiel HAZET 781-5, herausdrücken. **Hinweis:** In der Abbildung ist das OPEL-Werkzeug KM-6282 –1/3– dargestellt. 2 – Radschrauben.

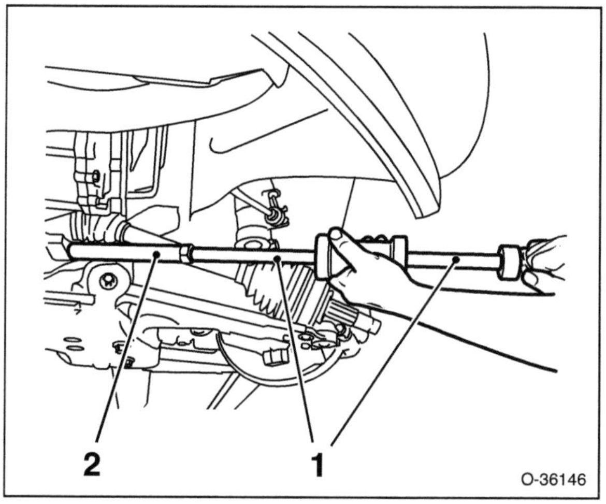

- Linke Achswelle mit geeignetem Schlagauszieher –1– und Klaue –2– aus dem Getriebe herausziehen, zum Beispiel OPEL-KM-313 mit KM-6003.

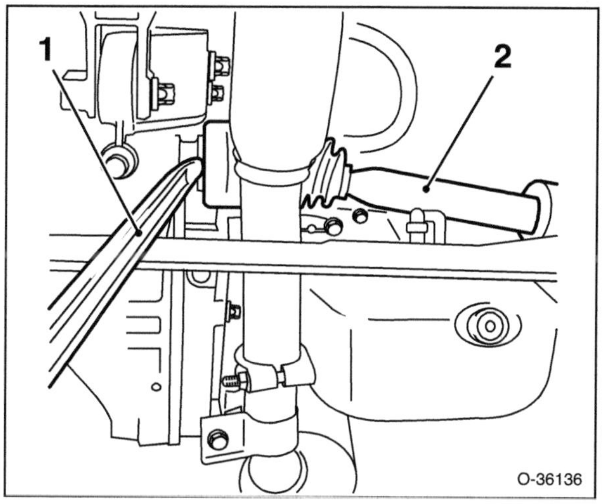

- **Alle außer 1,6-/1,7-l-Motor:** Rechte Achswelle –2– mit Montierhebel –1– aus dem Getriebe herausdrücken.

- **1,6-/1,7-l-Motor:** Rechte Achswelle –2– mit einem Hammer und einem Messingdorn –1– von der Zwischenwelle abschlagen.
- Achswelle vorsichtig aus dem Motorraum herausziehen.

Achtung: Aus dem Getriebegehäuse tritt beim Herausziehen der Achswelle Öl aus. Auffanggefäß unterstellen und Öffnung schnell mit geeignetem Stopfen verschließen.

Einbau

Achtung: Die Welle vorsichtig behandeln, sie darf nicht längere Zeit auf den Faltenbälgen lagern.

- Lagerstellen und Verzahnungen im Getriebe sowie an der Radnabe säubern und mit Getriebeöl schmieren.

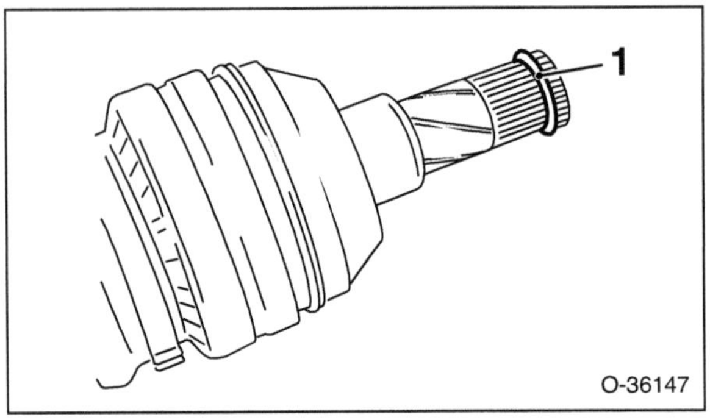

- Sicherungsring –1– am inneren Gelenk ersetzen.
- Verschlussstopfen am Getriebe abnehmen.
- Achswelle in Getriebegehäuse/Zwischenwelle einführen, bis der Sicherungsring einrastet. Dabei Dichtring an Getriebe/Zwischenwelle nicht beschädigen, gegebenenfalls Schutzhülse OPEL KM-6332 verwenden. Schutzhülse nach dem Einführen der Wellenverzahnung herausziehen.
- Achswelle mit Draht abstützen, damit die Gelenke nicht bis zum Anschlag gebeugt werden.
- Nach dem Einrasten des Sicherungsringes festen Sitz des Gelenkes durch Ziehen am **Gelenk** prüfen. Nicht an der Welle ziehen.
- Achswelle in die Verzahnung der Radnabe einsetzen.
- **Neue Radnabenmutter** auf die Achswelle aufschrauben und genügend fest anziehen.
- Sicherungsdraht für die Achswelle entfernen.
- Achsgelenk in den Achsschenkel einsetzen. Schraube von vorne in den Achsschenkel einschieben und **neue Mutter** mit **60 Nm** festziehen.
- Spurstangenkopf am Achsschenkel einbauen, siehe Seite 129.
- Radnabenmutter festziehen, siehe entsprechendes Kapitel.

Achtung: Hohes Anzugsmoment der Radnabenmutter!

- Falls vorhanden, **neue Staubkappe** auf die Radnabe aufdrücken.
- Reifen-Laufrichtung beachten, Rad anschrauben, Fahrzeug ablassen, erst dann Radschrauben über Kreuz mit **110 Nm** festziehen. **Achtung:** Unbedingt Hinweise im Kapitel »Rad aus- und einbauen« beachten.
- Getriebeölstand prüfen, Öl gegebenenfalls auffüllen, siehe Seite 31.
- Falls ausgebaut, untere Motorraumabdeckung einbauen.

Achswelle zerlegen/ Manschette ersetzen

Defekte Gelenkmanschette (Faltenbalg) sofort erneuern, dazu muss die Achswelle zerlegt werden. Falls Schmutz in das Fett eingedrungen ist, Gelenk auswaschen und mit neuem Spezialfett schmieren. **Achtung:** Auf peinlichste Sauberkeit achten. Jede noch so geringe Verschmutzung führt zur Zerstörung des Gelenkes.

Defekte Kugeln im Lager machen sich durch Lastwechselschlagen und Knackgeräusche bemerkbar. In diesem Fall Gelenk komplett erneuern.

Bei Fahrzeugen mit höherer Laufleistung empfiehlt es sich, beide Manschetten auszuwechseln. Auch wenn beide Manschetten erneuert werden sollen, immer nur ein Gelenk ausbauen.

Achtung: Je nach Motor-/Getriebekombination ist das getriebeseitige Gelenk (Innengelenk) als Gleichlauf-Kugelgelenk oder als Tripode-Gelenk ausgelegt. Das Tripodegelenk hat anstelle der Kugeln 3 Rollen, die um 120° versetzt auf einem Tripodestern angeordnet sind.

Gleichlaufgelenk außen

Ausbau

- Achswelle ausbauen, siehe entsprechendes Kapitel.
- Achswelle in Schraubstock spannen. Dabei die Welle mit Aluminiumblechen schützen.
- Manschettenbänder an der Gelenkmanschette mit Seitenschneider auftrennen und abnehmen.
- Manschette an der Achswelle mit Seitenschneider aufschneiden. **Achtung:** Gelenk und Welle dabei nicht beschädigen.

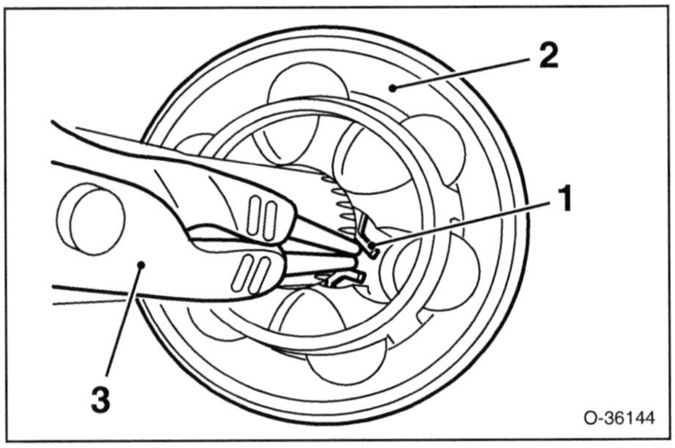

- **1,0-/1,2-l-Motor:** Gelenkmanschette zurückschieben und Fettfüllung aus dem Gelenk herausnehmen, bis der Sicherungsring –1– sichtbar ist.
- **1,0-/1,2-l-Motor:** Sicherungsring im Gelenk –2– mit einer Zange –3– spreizen.

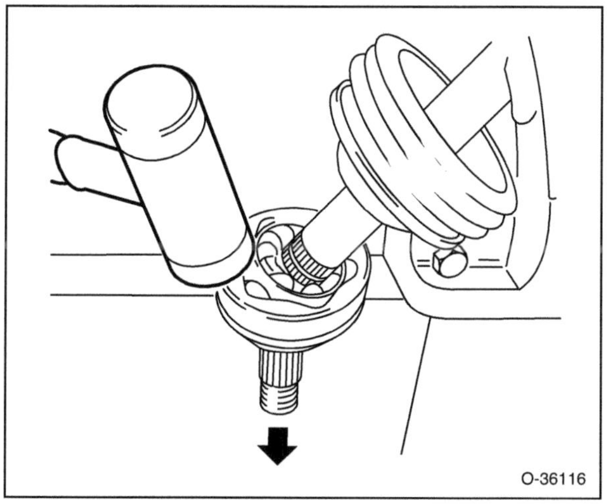

- **1,3-/1,4-l-Motor:** Gelenkmanschette zurückschieben und Gelenk mit Kunststoffhammer von der Wellenverzahnung abtreiben –Pfeil–.
- **1,3-/1,4-l-Motor:** Manschette von der Achswelle abziehen.

Hinweis: Beim **1,6-/1,7-l-Motor** muss zum Ersetzen der äußeren Achswellenmanschette das innere Gelenk (Getriebeseite) abgebaut werden, danach wird die Manschette vom äußeren Gelenk über die Achswelle abgezogen.

Einbau

Achtung: Spröde oder gerissene Manschetten ersetzen. Defekte Gelenke grundsätzlich komplett erneuern.

- Altes Fett aus dem Gelenk gründlich mit Benzin auswaschen. Mit einem Holzspachtel Gelenk-Hohlräume mit neuem OPEL-Spezialfett 1941522 (ET-Nr. 90007999) füllen.
- **Neuen** Sicherungsring in das Gelenk einsetzen. Dabei darauf achten, dass der Sicherungsring einwandfrei in seiner Nut sitzt.
- Halteband und Manschette auf die Achswelle aufschieben.
- Restliches Fett in Manschette einfüllen.
- Neues Gelenk auf die Wellenverzahnung aufschieben und mit Plastikhammer bis zum Einrasten des Sicherungsringes aufschlagen.
- Mit Schraubendreher Hülle an der Welle etwas anheben und entlüften.

Hinweis: Die Manschette muss in der Nut des Gelenks und in der Nut der Welle sitzen.

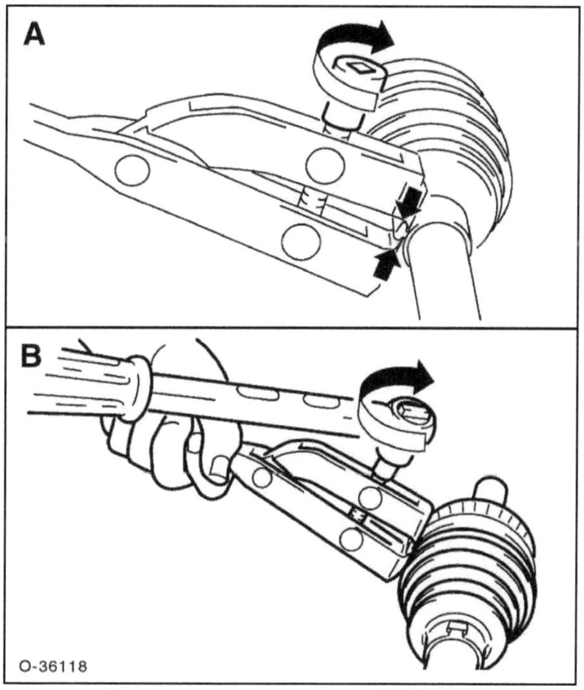

- **Außengelenk:** Mit Spannzange, zum Beispiel HAZET 1847, Manschettenbänder zunächst von Hand anziehen –Pfeil A–. Anschließend mit Drehmomentschlüssel und **25 Nm** festziehen –Pfeil B–. **Hinweis:** Das Gewinde der Zange muss leichtgängig sein, gegebenenfalls vorher mit MoS_2-Fett schmieren.

Achtung: An den **radseitigen,** äußeren Gelenken werden Edelstahl-Manschettenbänder verwendet. Um die nötige Spannkraft zu erreichen, müssen die Manschettenbänder mit Drehmoment angezogen werden.

- Achswelle einbauen, siehe entsprechendes Kapitel.

Gleichlaufgelenk innen

1,0-1,2-/1,3-1,4-l-Motor

Ausbau

- Einbaulage der Manschette auf der Achswelle markieren.
- Äußeres Gleichlaufgelenk abbauen und Faltenbalg für inneres Gelenk über die Achswelle abziehen. **Hinweis:** Beim Motor **Z14XEP/Z13DTJ/Z13DTH** muss die komplette Halbwelle ersetzt werden, da sich der Schwingungsdämpfer nicht zerstörungsfrei abbauen läßt.

Einbau

- Gelenk auswaschen und Hohlräume des Gelenks mit Spezialfett füllen.
- Neuen inneren Faltenbalg bis zur Markierung aufschieben.
- Neue Haltebänder anbauen.
- Äußeres Gelenk einbauen.

Tripodegelenk innen

1,6-1,7-l-Motor

Ausbau

- Einbaulage der Manschette auf der Achswelle markieren.

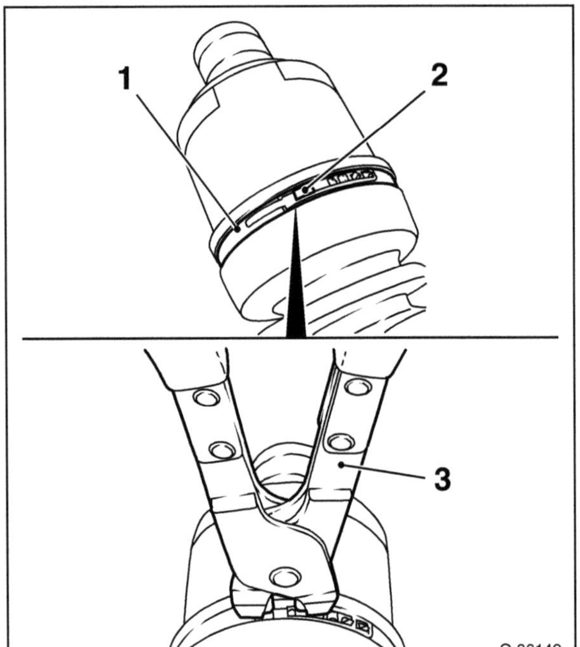

O-36149

- 2 Haltebänder abbauen. Dazu Halteband –1– mit geeigneter Zange –3–, zum Beispiel HAZET 1847-11, an der Verriegelung –2– öffnen.

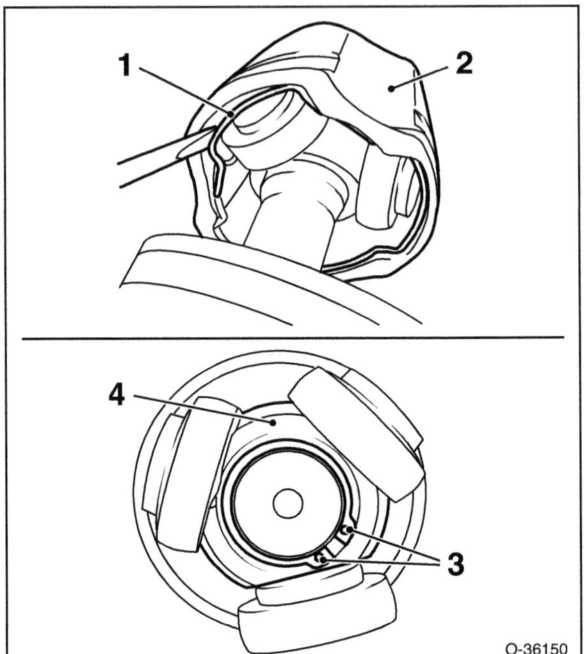

O-36150

- Inneres Gelenk abbauen. Dazu Sicherungbügel –1– mit einem Schraubendreher heraushebeln und Gelenkgehäuse –2– abziehen.
- Sicherungsring –3– mit geeigneter Zange spreizen und herausnehmen.
- Tripod –4– von der Achswelle abziehen.
- Faltenbalg abziehen.

Einbau

- Neuen inneren Faltenbalg mit Haltebändern aufschieben.
- Tripod auf die Welle schieben und mit neuem Sicherungsring sichern.
- Gelenkgehäuse über den Tripod schieben und Sicherungsbügel einsetzen.
- Manschette entsprechend den angebrachten Markierungen aufschieben.
- Neue Haltebänder anbauen und spannen, siehe Abbildung O-36149.

Achswelle/Manschetten/Gelenke

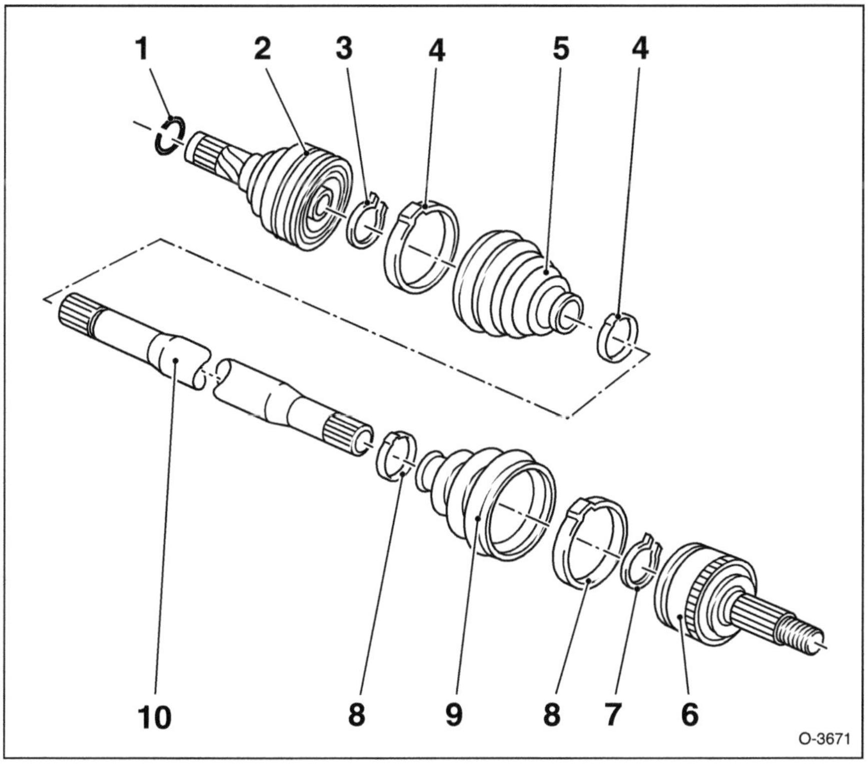

Achswelle mit Gleichlaufgelenken

1 – Sicherungsring auf der Welle
2 – Gleichlaufgelenk Getriebeseite
3 – Sicherungsring im Gelenk
4 – Manschettenbänder (Gleichlaufgelenk Getriebeseite)
5 – Manschette Getriebeseite
6 – Gleichlaufgelenk Radseite
7 – Sicherungsring im Gelenk
8 – Manschettenbänder (Gleichlaufgelenk Radseite)
9 – Manschette Radseite
10 – Achswelle

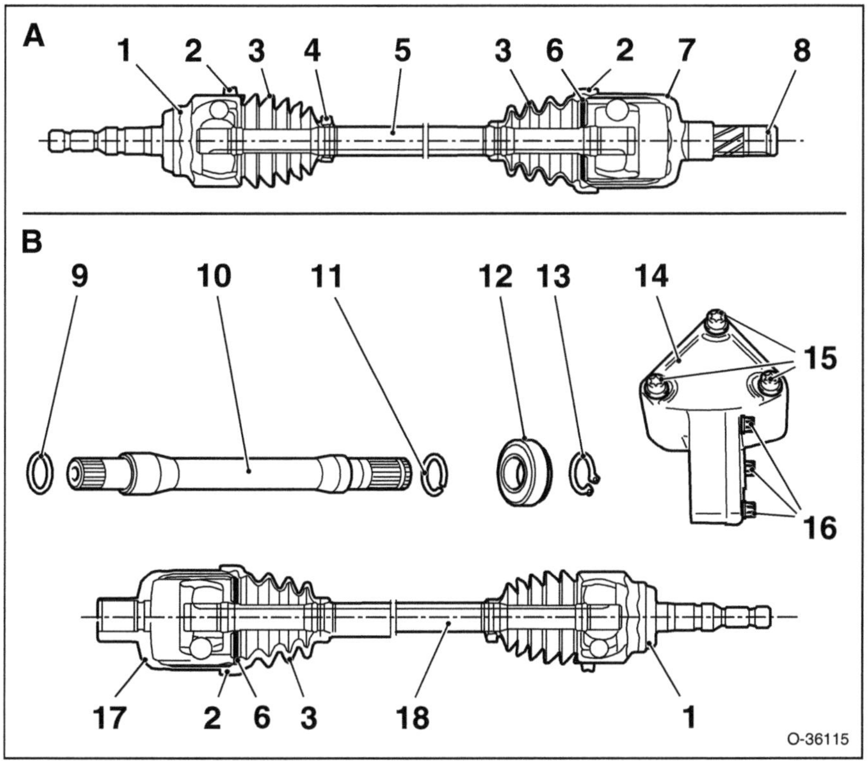

Achswelle mit Tripodegelenk innen und Zwischenwelle

1 – Gleichlaufgelenk Radseite
2 – Manschettenbänder, groß
3 – Manschette
4 – Manschettenband, klein
5 – Achswelle links
6 – Sicherungsring im Tripodegelenk
7 – Tripodegelenk innen (Getriebeseite)
8 – Sicherungsring auf der Welle (Getriebeseite)
9 – O-Ring auf der Zwischenwelle (Getriebeseite)
10 – Zwischenwelle
11 – Sicherungsring auf der Zwischenwelle
12 – Lager der Zwischenwelle
13 – Sicherungsring
14 – Haltebock für Zwischenwelle
15 – Schrauben für Haltebock
16 – Schrauben für Lagerflansch
17 – Tripodegelenk innen (mit Verzahnung für Zwischenwelle)
18 – Achswelle rechts

Hinterachse

Die Torsionslenker-Hinterachse des CORSA besteht aus dem Achskörper, an dem beidseitig die Längslenker angeschweißt sind. Der verdrehbare Achskörper wirkt zusätzlich als Stabilisator, der die Kurvenneigung des Fahrzeuges verringert und dadurch das Fahrverhalten stabilisiert. Die Hinterachse ist über Gummimetalllager mit dem Aufbau verbunden. Abgefedert wird das Fahrzeug hinten durch 2 Miniblock-Schraubenfedern und 2 hydraulisch arbeitende Stoßdämpfer. Schraubenfedern und Stoßdämpfer sind getrennt angeordnet, wodurch eine große Laderaumbreite verwirklicht werden konnte.

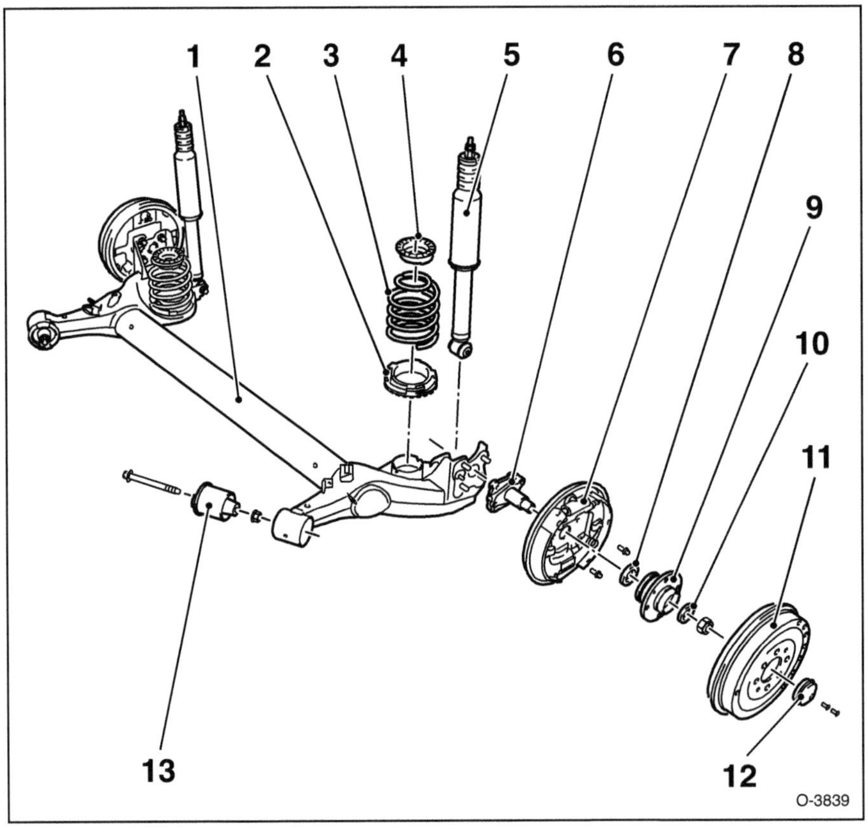

1 – **Hinterachskörper**
2 – **Zwischenring mit Federsitz**
3 – **Hinterfeder**
4 – **Dämpfungsring**
5 – **Stoßdämpfer**
6 – **Radzapfen**
7 – **Bremsankerplatte**
Mit Bremsbacken, Druckstange und Federn.
8 – **Distanzring**
9 – **Radnabe**
Mit integriertem Radlager.
10 – **Distanzring**
11 – **Bremstrommel**
12 – **Staubkappe**
13 – **Dämpfungsbuchse**

Stoßdämpfer an der Hinterachse aus- und einbauen

Achtung: Stoßdämpfer immer paarweise austauschen, also an beiden Fahrzeugseiten. Es gibt unterschiedliche Ausführungen; deshalb nur die für die jeweilige Fahrzeugausführung vorgesehenen Ersatzteile verwenden.

Achtung: Bedingt durch die Achskonstruktion können die Stoßdämpfer nur nacheinander aus- und eingebaut werden. Werden beide Stoßdämpfer gleichzeitig gelöst, fällt die Hinterachse nach unten.

Ausbau

Sicherheitshinweis
Beim Aufbocken des Fahrzeugs besteht Unfallgefahr! Hinweise im Kapitel »Fahrzeug aufbocken« beachten.

- Reifen-Laufrichtung mit Pfeil am Reifen markieren. Radschrauben lösen. Fahrzeug hinten aufbocken und Rad abnehmen. **Achtung:** Unbedingt Hinweise im Kapitel »Rad aus- und einbauen« beachten.
- Innenkotflügel hinten ausbauen, siehe Seite 216.
- Mit einem Werkstattwagenheber Längslenker der Hinterachse im Bereich des Stoßdämpfers etwas anheben. Damit ist sichergestellt, dass die Feder nicht wegspringen kann. Darauf achten, dass das Fahrzeug beim Anheben nicht von den Böcken rutscht. **Unfallgefahr!**

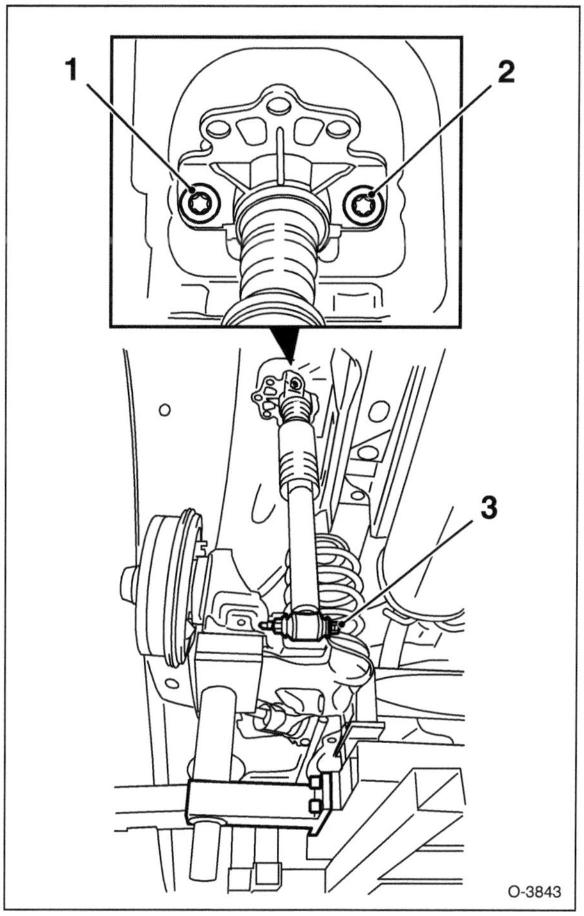

- Untere Schraube –3– für Stoßdämpfer herausdrehen.
- 2 Schrauben oben –1/2– herausdrehen und Stoßdämpfer nach unten aus dem Radkasten herausnehmen.

Einbau

- Stoßdämpfer prüfen, siehe Seite 113.
- Stoßdämpfer oben in den Halter am Fahrzeugunterbau einsetzen. Befestigungsschrauben am Halter ansetzen und handfest anziehen.
- Stoßdämpfer unten an der Hinterachse mit **90 Nm** festschrauben.
- Obere Schrauben in **3 Stufen** festziehen:
  1. Stufe: . . mit Drehmomentschlüssel **55 Nm** anziehen.
  2. Stufe: . . mit starrem Schlüssel um **60°** weiterdrehen.
  3. Stufe: . . mit starrem Schlüssel um **15°** weiterdrehen.
- Werkstattwagenheber unter der Hinterachse entfernen.
- Innenkotflügel einbauen, siehe Seite 216.
- Reifen-Laufrichtung beachten, Rad anschrauben, Fahrzeug ablassen, erst dann Radschrauben über Kreuz mit **110 Nm** festziehen. **Achtung:** Unbedingt Hinweise im Kapitel »Rad aus- und einbauen« beachten.
- Stoßdämpfer am anderen Hinterrad in gleicher Weise ersetzen.

Schraubenfeder an der Hinterachse aus- und einbauen

Achtung: Schraubenfedern immer paarweise austauschen, also an beiden Fahrzeugseiten. Es gibt unterschiedliche Ausführungen und Federhärten; deshalb nur die für die jeweilige Fahrzeugausführung vorgesehenen Ersatzteile verwenden.

Ausbau

- Handbremsseil am Handbremshebel lockern, siehe Kapitel »Handbremshebel ausbauen«.

Sicherheitshinweis
Beim Aufbocken des Fahrzeugs besteht Unfallgefahr! Hinweise im Kapitel »Fahrzeug aufbocken« beachten.

- Reifen-Laufrichtung mit Pfeil am Reifen markieren. Radschrauben lösen. Fahrzeug hinten aufbocken und Rad abnehmen. **Achtung:** Unbedingt Hinweise im Kapitel »Rad aus- und einbauen« beachten.
- Mit einem Werkstattwagenheber Längslenker der Hinterachse etwas anheben und untere Schraube für Stoßdämpfer herausdrehen, siehe Kapitel »Stoßdämpfer an der Hinterachse aus- und einbauen«.
- Werkstattwagenheber absenken, bis die Hinterachse frei hängt und die Schraubenfeder entlastet ist.

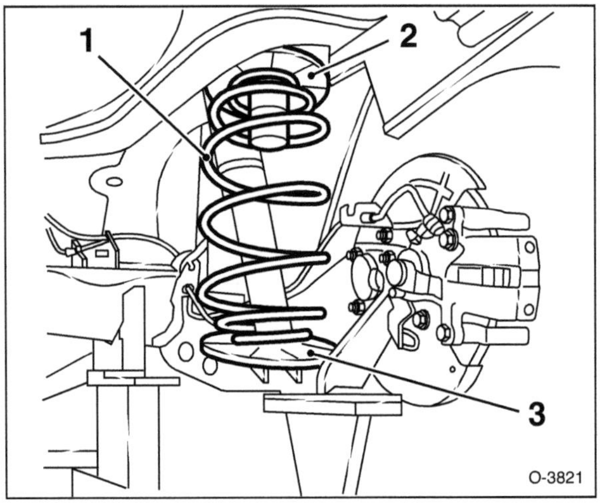

- Hinterachse nach unten drücken und Schraubenfeder –1– mit Dämpfungsring oben –2– und unten –3– herausnehmen.

Achtung: Dabei darauf achten, dass die Bremsschläuche nicht gedehnt werden.

Hinweis: Auf die Einbaulage der Dämpfungsringe achten.

- Dämpfungsringe aus der Feder herausnehmen und auf Verschleiß prüfen, gegebenenfalls erneuern.

Einbau

- Dämpfungsringe in die Schraubenfeder einsetzen, dabei auf korrekten Sitz der Dämpfungsringe achten.
- Hinterachse nach unten drücken und Schraubenfeder mit Dämpfungsringen in den Federsitz am Fahrzeug-Unterboden und an der Hinterachse einsetzen.
- Hinterachse mit Werkstattwagenheber anheben und Stoßdämpfer mit **90 Nm** an der Hinterachse anschrauben.
- Werkstattwagenheber absenken und entfernen.
- Reifen-Laufrichtung beachten, Rad anschrauben, Fahrzeug ablassen, erst dann Radschrauben über Kreuz mit **110 Nm** festziehen. **Achtung:** Unbedingt Hinweise im Kapitel »Rad aus- und einbauen« beachten.
- Schraubenfeder am anderen Hinterrad in gleicher Weise ersetzen.
- Handbremse einstellen, siehe Seite 151.

Lenkung/Airbag

Die Lenkung besteht im Wesentlichen aus dem Lenkrad mit der Lenksäule, dem Zahnstangen-Lenkgetriebe und den Spurstangen. Die Lenksäule überträgt die Lenkbewegungen auf das Lenkgetriebe. Über eine Verzahnung im Lenkgetriebe wird die Zahnstange entsprechend dem Lenkradeinschlag nach links oder rechts bewegt. Die Spurstangen übertragen die Lenkkräfte über die Spurstangengelenke und Achsschenkel auf die Räder.

Die Zahnstangenlenkung ist spiel- und wartungsfrei, nur die Lenkmanschetten und Staubkappen der Spurstangenköpfe müssen im Rahmen der Wartung auf einwandfreien Zustand geprüft werden.

Der Kraftaufwand beim Einschlagen der Räder, insbesondere bei stehendem Fahrzeug, wird durch eine **elektrische Lenkhilfe** (Servolenkung) verringert. Die Lenkbewegungen am Lenkrad werden über den Servomotor, der an der Lenksäule angebracht ist, auf das Lenkgetriebe übertragen.

Im Lenkrad ist der Fahrer-Airbag untergebracht. Der **Airbag** ist ein zusammengefalteter Luftsack, der im Fall einer Frontalkollision aufgeblasen wird und dadurch Oberkörper und Kopf des Fahrers vor einem Aufprall auf das Lenkrad schützt. Bei einer entsprechend starken Frontalkollision wird über ein Steuergerät eine kleine Sprengladung im Gasgenerator der Airbag-Einheit gezündet. Es entstehen Explosionsgase, die den Luftsack innerhalb weniger Millisekunden aufblasen. Diese Zeit reicht aus, um den Aufprall des nach vorn schnellenden Fahrer-Oberkörpers zu dämpfen. Der Airbag fällt anschließend wieder in sich zusammen, da die Gase durch Austrittsöffnungen entweichen.

Achtung: Die angegebenen Anzugsdrehmomente sind unbedingt einzuhalten. Bei mangelnder Erfahrung sollten Arbeiten an der Lenkung von einer Fachwerkstatt durchgeführt werden.

Sicherheitshinweis
Schweiß- und Richtarbeiten an Bauteilen der Lenkung **sind nicht zulässig. Selbstsichernde Schrauben/Muttern** sowie korrodierte Schrauben/Muttern im Reparaturfall **immer ersetzen.**

Airbag-Sicherheitshinweise

Das Airbag-System besteht aus Aufprallsensor, Gasgenerator, Steuergerät und Airbag. Das Aufblasen des Airbags wird elektrisch ausgelöst. Serienmäßig ist der CORSA mit Front- und Seiten-Airbags einschließlich Gurtstraffern ausgestattet.

Auf dem Beifahrersitz darf kein gegen die Fahrtrichtung angeordneter Babysitz montiert werden, wenn der Beifahrer-Airbag aktiviert ist; ausgenommen ist ein spezieller Kinder-

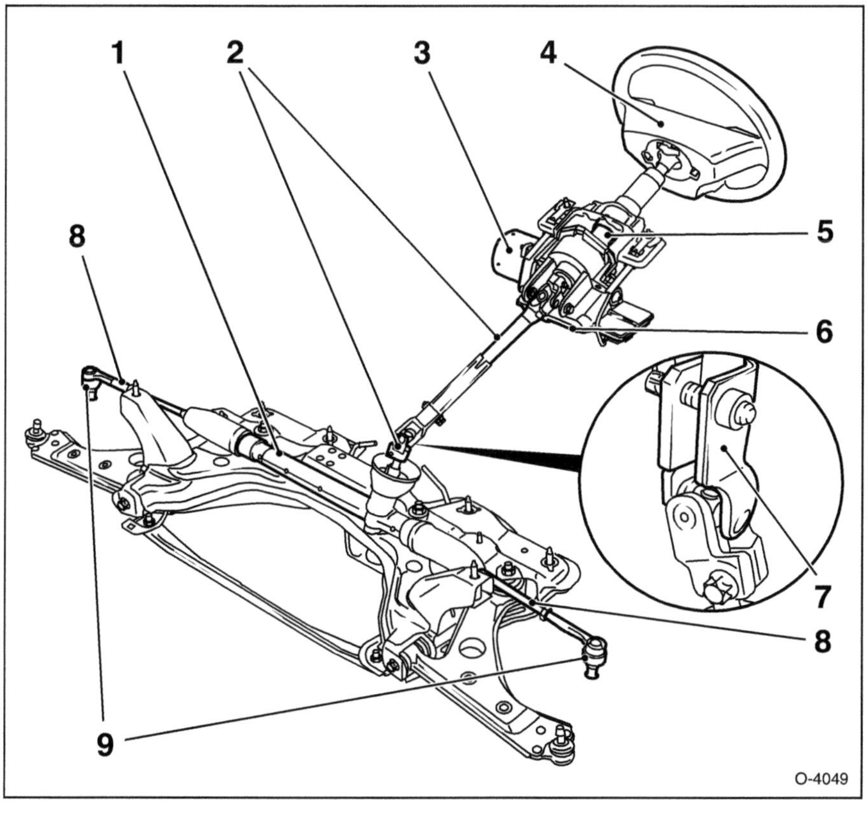

1 – Lenkgetriebe
2 – Lenkzwischenspindel
3 – EPS-Motor
EPS = Electric Power Steering
= Elektrische Servolenkung.
4 – Lenkrad
5 – EPS-Lenksäule
6 – EPS-Steuergerät
7 – Kreuzgelenk Lenkzwischenspindel
8 – Spurstangen
9 – Spurstangenköpfe

sitz in Zusammenhang mit der automatischen Kindersitzerkennung.

Achtung: Aus Sicherheitsgründen keine Arbeiten an Teilen des Airbag- oder Gurtstraffer-Systems durchführen.

Folgende Hinweise unbedingt beachten:

- Zuerst Batterie-Massekabel (–) und anschließend Batterie-Pluskabel (+) abklemmen. **Achtung:** Hinweise im Kapitel »Batterie aus- und einbauen« durchlesen.
- Batteriepole isolieren, um einen versehentlichen Kontakt zu vermeiden.
- Vor dem Abklemmen von Airbag-Komponenten **1 Minute warten**, um Restspannungen abzubauen.
- Vor dem Abnehmen (Berühren) der Airbag-Einheit elektrostatische Aufladung abbauen. Dazu kurz den Schließbügel der Tür oder die Karosserie anfassen.

Achtung: Beim Anklemmen der Batterie darf sich keine Person im Innenraum des Fahrzeuges aufhalten.

Speziell beim Fahrer-Airbag ist Folgendes zu beachten:

- Räder in Geradeausstellung, Lenkrad in Mittelstellung bringen.
- Die Airbag-Einheit ist im ausgebauten Zustand immer so abzulegen, dass das Lenkradpolster nach oben zeigt. Bei umgekehrter Lagerung besteht die Gefahr, dass bei eventueller Zündung der Gasgenerator nach oben geschleudert wird. Dadurch erhöht sich die Verletzungsgefahr.

Allgemeine Hinweise:

- Niemals Airbag-Komponenten oder das Lenkrad eines anderen Fahrzeugs einbauen. Beim Austausch stets neue Teile verwenden.
- Selbst nach einem leichten Unfall, der nicht zum Auslösen des Airbags führte, Airbag- und Gurtstraffer-System von einer Fachwerkstatt überprüfen lassen.
- **Das Airbag-System darf nur in der Fachwerkstatt geprüft werden. Keinesfalls mit Prüflampe, Voltmeter oder Ohmmeter prüfen.**
- Airbag-Komponenten, die aus einer Höhe von mehr als 80 cm fallengelassen wurden, müssen grundsätzlich ersetzt werden.
- Airbag-Komponenten vor großer Hitze und direkter Flammeneinwirkung schützen und keinen Temperaturen über +80° C aussetzen, auch nicht kurzfristig.
- Airbag-Komponenten vor Kontakt mit Wasser, Fett oder Öl schützen. Sofort mit einem trockenem Lappen abwischen.
- Bei Arbeitsunterbrechung die Airbag-Einheit nicht unbeaufsichtigt liegen lassen.
- Die Airbag-Einheit darf nicht zerlegt werden, bei einem Defekt ist sie immer komplett zu ersetzen. Da die Airbag-Einheit Explosivstoffe enthält, ist sie unter Verschluss oder geeigneter Aufsicht aufzubewahren.
- Vor Verschrotten des Fahrzeugs müssen die Airbag-Einheiten entsorgt werden. Die Entsorgung erfolgt nur durch eine Fachwerkstatt.
- Zwischen Airbag und Insassen dürfen sich keine Gegenstände befinden. Genügend großen Abstand zum Airbag einhalten, damit sich der Airbag-Luftsack beim Auslösen entfalten kann.
- Lenkrad, Armaturentafel und Vordersitzlehnen im Bereich der Airbag-Einheit nicht bekleben und von Gegenständen freihalten.
- An den Haken der Handgriffe nur leichte Kleidungsstücke ohne Kleiderbügel aufhängen. Keine Gegenstände in den Taschen der Kleidungsstücke belassen.
- Die Airbag-Kontrolllampe im Kombiinstrument muss beim Einschalten der Zündung aufleuchten und nach etwa 4 Sekunden erlöschen. Andernfalls liegt eine Störung vor.

Speziell beim Seitenairbag ist Folgendes zu beachten:

- Es dürfen nur original Sitzbezüge und Rücksitzbezüge verbaut werden, die für Seitenairbags freigegeben sind (erkennbar am Airbag-Annäher auf dem Bezug).
- Die Rückenlehnen dürfen nicht mit Schonbezügen überzogen werden, da dadurch die Funktion des Seitenairbags beeinflusst wird.
- Sitzplatzauflagen, -matten oder Ähnliches, die die Funktion der Sitzbelegungserkennung und der Airbags beeinträchtigen, sind nicht zulässig.
- Bei Beschädigung des Bezuges (durch Risse, Brandlöcher usw.) im Bereich des Seitenairbags ist aus Sicherheitsgründen immer der Bezug zu wechseln, da sich sonst der Seitenairbag nicht richtig entfaltet.
- Nicht mit der Polsternadel oder ähnlich spitzen Gegenständen im Bereich Airbag und Sensormatte in den Bezug stechen.

Airbag-Einheit aus- und einbauen

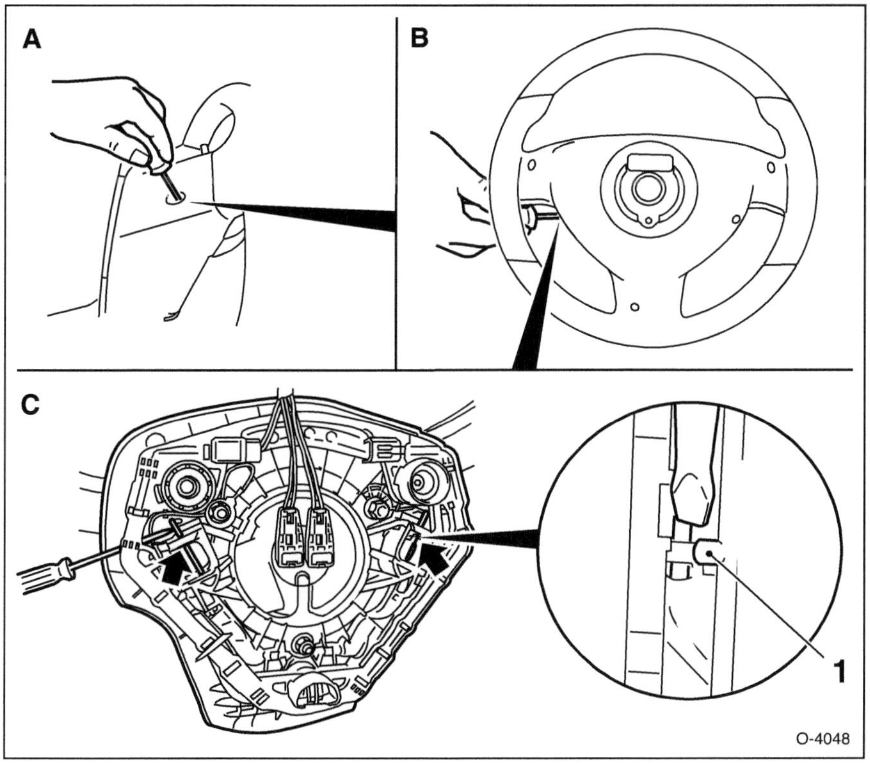

A/B – Schraubendreher in Serviceöffnung einführen
C – Haltedraht entriegeln
1 – Airbag-Plastikrahmen
Pfeile – Airbag-Haltedrähte

Ausbau

- **Airbag-Sicherheitshinweise durchlesen und befolgen.**
- **Batterie abklemmen. Achtung: Hinweise im Kapitel »Batterie aus- und einbauen« beachten.**
- **Batteriepole isolieren.**
- Lenkrad um 90° nach rechts drehen –A–.
- Kleinen Schraubendreher in die Öffnung an der Rückseite des Lenkrades einführen –A/B–.
- Haltedraht nach innen drücken –Pfeile– und entriegeln –C–.

Achtung: Beim Entriegeln darauf achten, dass der Schraubendreher nicht auf Airbag-Plastikrahmen –1– aufliegt. Der Schraubendreher muss auf dem Haltedraht –Pfeile– aufliegen. Dabei darauf achten, dass Haltedraht nicht verbogen wird.

- Lenkrad in die entsprechende Position nach links drehen und 2. Haltedraht in gleicher Weise entriegeln.
- Airbageinheit vorsichtig ein Stück vom Lenkrad abheben.

Achtung: Vor dem Abziehen der Kabel muss sich der Monteur elektrostatisch entladen. Dazu Schließbügel für Tür oder Karosserie kurz anfassen.

- 3 Stecker entriegeln und abziehen.
- Airbageinheit abnehmen und so ablegen, dass das Prallpolster nach oben zeigt.

Einbau

- 3 Stecker an der Airbageinheit aufschieben und verriegeln.
- Airbag-Einheit vorsichtig auf das Lenkrad setzen, dabei auf korrekten Sitz und gleichmäßige Spaltmaße achten.
- Airbag-Einheit an den Haltedrähten rechts und links einrasten.
- Isolierband an den Polen der Batterie entfernen und Batterie anklemmen. **Achtung:** Hinweise im Kapitel »Batterie aus- und einbauen« beachten.

Achtung: Beim Anklemmen der Batterie darf sich keine Person im Innenraum des Fahrzeuges aufhalten.

- Zündung einschalten; die Airbag-Kontrolllampe im Kombiinstrument muss für etwa 4 Sekunden aufleuchten.

Lenkrad aus- und einbauen

Ausbau

- Airbageinheit ausbauen, dabei Airbag-Sicherheitshinweise befolgen, siehe Seite 125.
- Räder in Geradeausstellung bringen, Zündschlüssel abziehen und Lenkradschloss einrasten lassen.

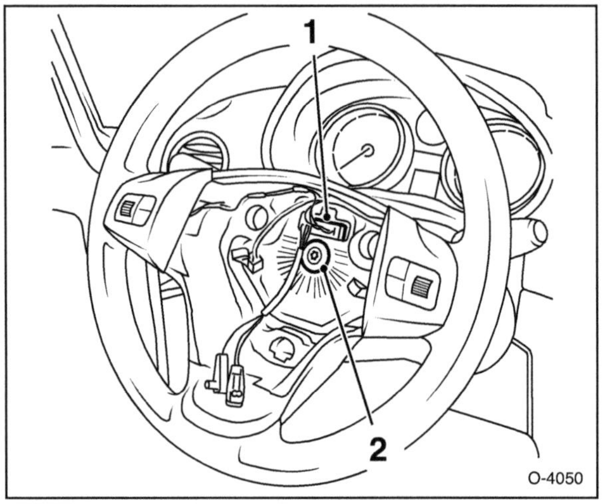

- Stecker –1– für Hupe und, falls vorhanden, für Radiofernbedienung entriegeln und trennen.
- Schraube –2– von der Lenkspindel abschrauben.
- Lenkrad von Hand von der Lenkspindel abziehen, dabei Kabel durch Lenkradnabe durchziehen.

Achtung: Lenkrad nicht ab- oder aufschlagen. Darauf achten, dass die Kabel beim Abziehen nicht beschädigt werden.

Einbau

- Gewinde in der Lenkspindel nachschneiden und säubern.

Achtung: Beim Aufsetzen des Lenkrades müssen sich die Räder in Geradeausstellung befinden.

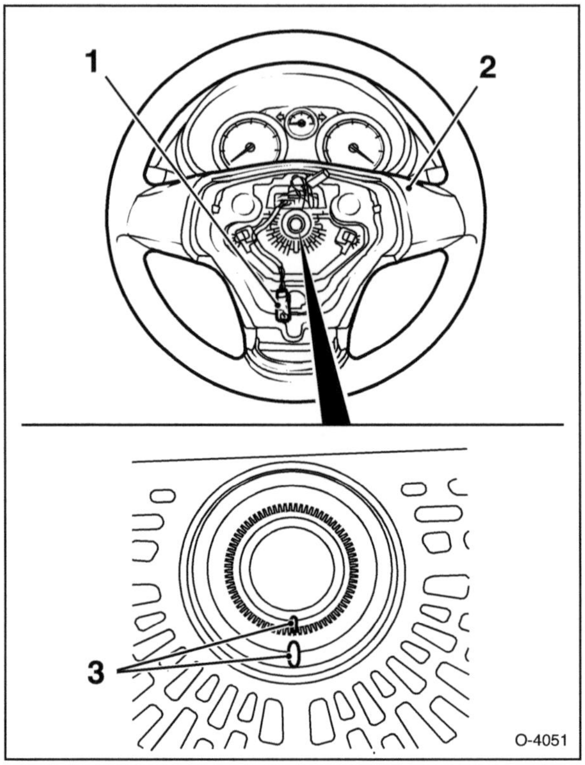

- Kabel für Airbag –1– durch die Nabe des Lenkrades durchziehen.
- Lenkrad –2– so auf Lenkspindel aufsetzen, dass die Strichmarkierungen –3– auf der Nabe des Lenkrades und auf der Lenkspindel fluchten.
- **Neue Schraube** für Lenkrad mit Schraubensicherungsmittel, zum Beispiel LOCTITE 243, bestreichen, einsetzen und mit **30 Nm** festziehen.
- Stecker für Hupe und, falls vorhanden, für Radiofernbedienung anschließen. Auf korrekte Verlegung der Kabel achten.
- Airbageinheit einbauen, siehe entsprechendes Kapitel.
- Auf ebener Straße kontrollieren, ob das Lenkrad in Mittelstellung steht, gegebenenfalls Lenkrad umsetzen.
- Hupe und, falls vorhanden, Radiofernbedienung auf Funktion prüfen.

Spurstangenkopf aus- und einbauen

Ausbau

- **Spurstangenspiel prüfen:** Fahrzeug vorn aufbocken, die Räder müssen frei hängen. Räder und Spurstangen bewegen. Dabei darf kein Spiel auftreten.
- Reifen-Laufrichtung mit Pfeil am Reifen markieren. Radschrauben lösen. Fahrzeug vorn aufbocken und Rad abnehmen. **Achtung:** Unbedingt Hinweise im Kapitel »Rad aus- und einbauen« beachten.

Sicherheitshinweis
Beim Aufbocken des Fahrzeugs besteht Unfallgefahr! Hinweise im Kapitel »Fahrzeug aufbocken« beachten.

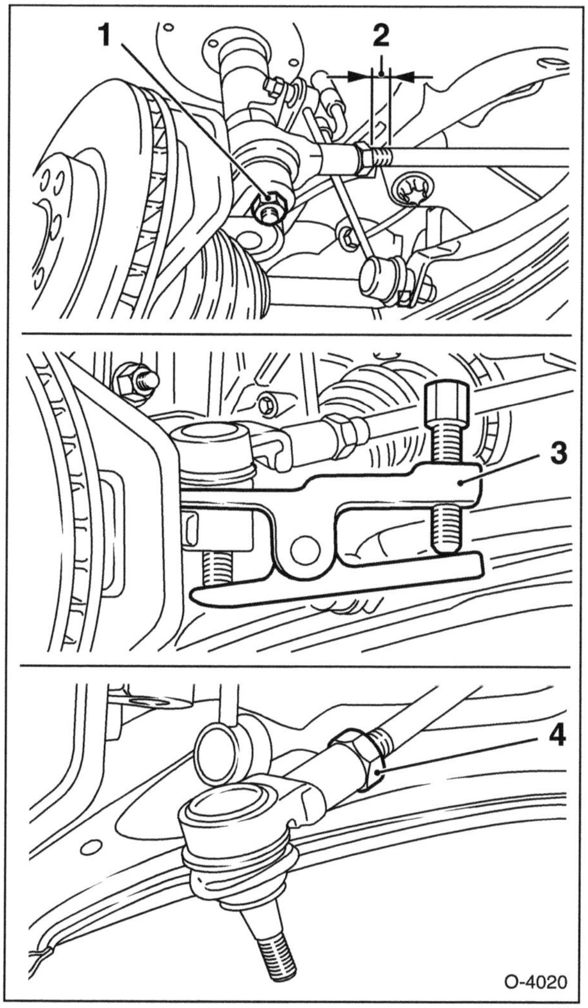

- Aufschraubtiefe –2– des Spurstangenkopfes auf der Spurstange messen und notieren.
- Mutter –1– so weit abschrauben, dass sich der Ausdrücker –3– auf der Mutter abstützt.
- Spurstangenkopf mit handelsüblichem Ausdrücker –3–, zum Beispiel HAZET 1779-1, aus dem Achsschenkel herausdrücken.
- Mutter –1– für Spurstangenkopf abschrauben.
- Kontermutter –4– lösen, dabei mit Gabelschlüssel den Spurstangenkopf gegenhalten. Spurstangenkopf abschrauben. Dabei die Anzahl der Umdrehungen für den späteren Einbau merken.

Einbau

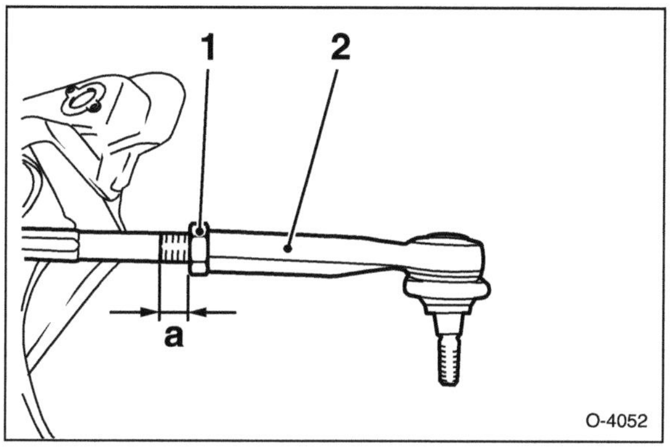

- Spurstangenkopf –2– mit der gleichen Anzahl an Umdrehungen wie beim Ausbau auf die Spurstange aufschrauben. Dabei das ermittelte Maß –a– für die Aufschraubtiefe, welches beim Ausbau notiert wurde, überprüfen. Kontermutter –1– handfest anschrauben.
- Spurstangenkopf am Achsschenkel einsetzen und mit **neuer selbstsichernder** Mutter und **35 Nm** festziehen.
- Kontermutter für Spurstangenkopf mit **65 Nm** festziehen, dabei an der Abflachung am Spurstangenkopf gegenhalten.
- Reifen-Laufrichtung beachten, Rad anschrauben, Fahrzeug ablassen, erst dann Radschrauben über Kreuz mit **110 Nm** festziehen. **Achtung:** Unbedingt Hinweise im Kapitel »Rad aus- und einbauen« beachten.
- Spur In der Fachwerkstatt überprüfen und gegebenenfalls einstellen lassen.

Manschette am Lenkgetriebe aus- und einbauen

Ausbau

- Reifen-Laufrichtung mit Pfeil am Reifen markieren. Radschrauben lösen. Fahrzeug vorn aufbocken und Rad abnehmen. **Achtung:** Unbedingt Hinweise im Kapitel »Rad aus- und einbauen« beachten.
- Spurstangenkopf ausbauen, siehe entsprechendes Kapitel.
- Kontermutter für Spurstangenkopf von der Spurstange abschrauben.
- Spurstange vor Ausbau der Manschette von Verschmutzungen säubern.

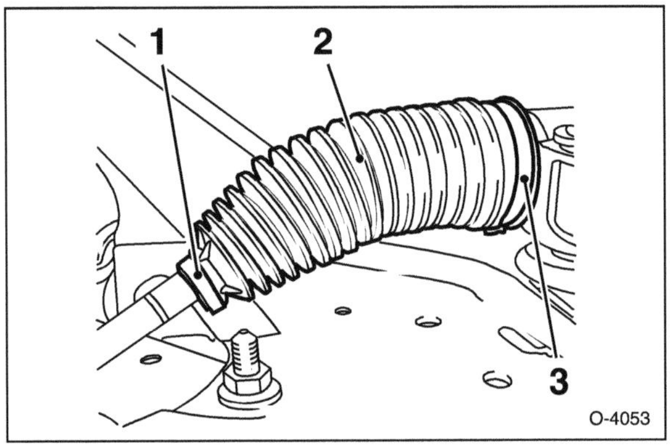

- Beide Manschettenbänder –1/3– lösen, dabei die Einbaulage der Manschettenbänder merken.
- Manschette –2– von der Spurstange abziehen.

Einbau

- Spurstange reinigen. Gewinde der Spurstange mit Klebeband abkleben, damit die Manschette beim Aufziehen nicht beschädigt wird. Spurstange leicht einfetten.

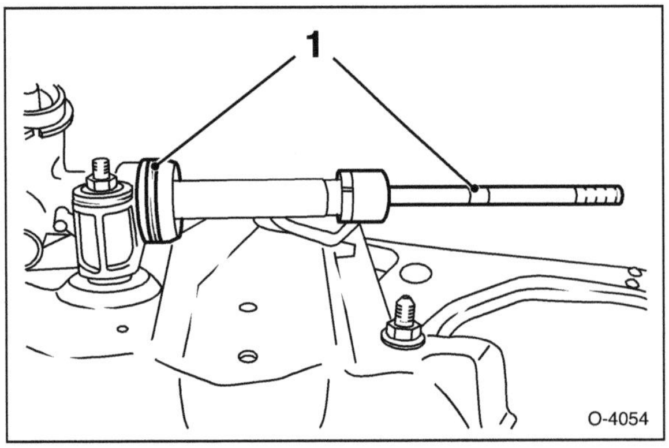

- **Neue** Manschette über die Spurstange aufziehen, dabei darauf achten, dass die Manschette in den Nuten –1– des Lenkgetriebes und der Spurstange richtig sitzt.

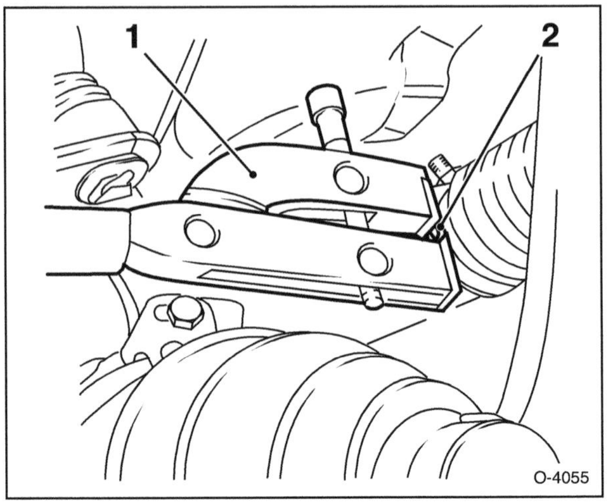

- Manschette am Lenkgetriebe mit **neuen** Haltebändern befestigen. Innenliegende Schelle –2– mit Klemmzange –1–, zum Beispiel HAZET 1847, spannen.
- Kontermutter auf die Spurstange aufschrauben und Spurstangenkopf einbauen, siehe entsprechendes Kapitel.
- Sicherstellen, dass die Manschette nicht verdreht ist.
- Reifen-Laufrichtung beachten, Rad anschrauben, Fahrzeug ablassen, erst dann Radschrauben über Kreuz mit **110 Nm** festziehen. **Achtung:** Unbedingt Hinweise im Kapitel »Rad aus- und einbauen« beachten.

Räder und Reifen

Der CORSA ist je nach Modell und Ausstattung mit Rädern unterschiedlicher Größe ausgerüstet. Sofern Reifen montiert werden, die nicht in den Fahrzeugpapieren vermerkt sind, müssen sie in der EG-Übereinstimmungsbescheinigung (CoC = Certificate of Conformity) zum Fahrzeug stehen. Die Bescheinigung oder eine Kopie davon ist dann grundsätzlich im Fahrzeug mitzuführen.

Neben der Felgenbreite und dem Felgendurchmesser sind bei einem Wechsel der Felge auch die Einpresstiefe und der Lochkreisdurchmesser zu beachten. Die Einpresstiefe ist das Maß von der Felgenmitte (= Mitte der Reifenspur) bis zur Anlagefläche der Radschüssel an die Radnabe/Bremstrommel. Der Lochkreisdurchmesser gibt den Durchmesser des Kreises an, an dem die Radschrauben angeordnet sind.

Alle Scheibenräder sind als Hump-Felgen ausgelegt. Der Hump ist ein in die Felgenschulter eingepresster Wulst, der auch bei extrem scharfer Kurvenfahrt nicht zulässt, dass der schlauchlose Reifen von der Felge gedrückt wird. **Achtung:** In schlauchlose Reifen darf kein Schlauch eingezogen werden.

Reifenfülldruck

Der Reifenfülldruck wird vom Automobilhersteller in Abhängigkeit verschiedener Parameter festgelegt. Dazu zählen unter anderem die Fahrzeugbeladung und die Fahrzeug-Höchstgeschwindigkeit. Vom Werk sind für den CORSA D unterschiedliche Reifendimensionen und Felgengrößen zugelassen. Die vorliegende Reifentabelle listet nur einen Querschnitt möglicher Reifen-/Felgenkombinationen auf. Eine komplette Liste aller zugelassenen Reifen und Felgen hat jede OPEL-Fachwerkstatt.

Achtung: Es dürfen nur die Reifen und Felgen montiert werden, die in den Fahrzeugpapieren aufgeführt sind.

Für die Lebensdauer der Reifen und die Fahrzeugsicherheit ist das Einhalten des Reifenfülldrucks von großer Wichtigkeit. Reifenfülldruck deshalb alle 4 Wochen und vor jeder längeren Fahrt prüfen (auch am Reserverad).

Hinweis: Die **Reifenfülldruckwerte** stehen auf einem Aufkleber an der **Innenseite der Tankklappe** oder in der Bedienungsanleitung des Fahrzeuges.

- Reifenfülldruckangaben beziehen sich auf **kalte** Reifen. Der sich bei längerer Fahrt einstellende und um ca. 0,2 bis 0,4 bar höhere Überdruck darf nicht reduziert werden. **Winterreifen** (Bezeichnung M+S) können mit einem um **0,1 bar höheren Überdruck** als Sommerreifen gefahren werden. Auf jeden Fall müssen die Reifenfülldrücke bei Winterreifen entsprechend den Vorgaben des Reifenherstellers eingehalten werden. Unterliegen die Winterreifen einer Geschwindigkeitsbeschränkung, muss ein Hinweis im Blickfeld des Fahrers angebracht werden (§ 36, Absatz 1 StVZO).
- Bei **Anhängerbetrieb** Reifenfülldruck auf den unter »volle Zuladung« angegebenen Wert erhöhen. Reifenfülldruck der Anhängerbereifung ebenfalls kontrollieren.
- Der Reifenfülldruck für das Reserverad, falls vorhanden, entspricht dem höchsten für das Fahrzeug vorgesehenen Fülldruck.

Eine Auswahl von Reifen-/Felgenkombinationen für die CORSA-Modelle

Motor	Reifengröße	Scheibenrad (Felgengröße)	Einpresstiefe in mm	Reifenfülldruck (Überdruck) in bar halbe Zuladung vorn	halbe Zuladung hinten	volle Zuladung vorn	volle Zuladung hinten
Z10XEP/ Z12XEP/ Z14XEP/ Z13DTJ	185/70 R14	5 1/2Jx14	39	2,0	1,8	2,6	3,2
	185/65 R 15	6Jx15	39				
	195/55 R16/RF16*	6Jx16	40				
	195/60 R 15	6Jx15	39				
Z12XEP/Z14XEP/Z13DTJ	215/45 R 17	7Jx14	44	2,0	1,8	2,6	3,2
Z13DTH	185/65 R 15	6Jx15	39	2,2	2,0	2,6	3,2
	195/55 R16/F16	6Jx16	40				
	195/60 R 15	6Jx15	39				
	215/45 R 17	7Jx17	44				
Z16LEL/ Z16LER	215/45 R 17-87 V	7Jx17	44	2,4	2,2	–	–
	225/35 ZR 18-87 W	7 1/2Jx18	47	2,6	2,4	–	–
Z17DTR	185/65 R 15	6Jx15	39	2,4	2,2	2,6	3,2
	195/55 R16/RF16	6Jx16	40				
	195/60 R 15	6Jx15	39				
	215/45 R 17	7Jx17	44				

*) Nur für Fahrzeuge mit bestimmter Hinterachsausführung. Wir empfehlen, sich an Ihren Opel-Partner zu wenden.

Reifen- und Scheibenrad-Bezeichnungen/Herstellungsdatum

Reifen-Bezeichnungen

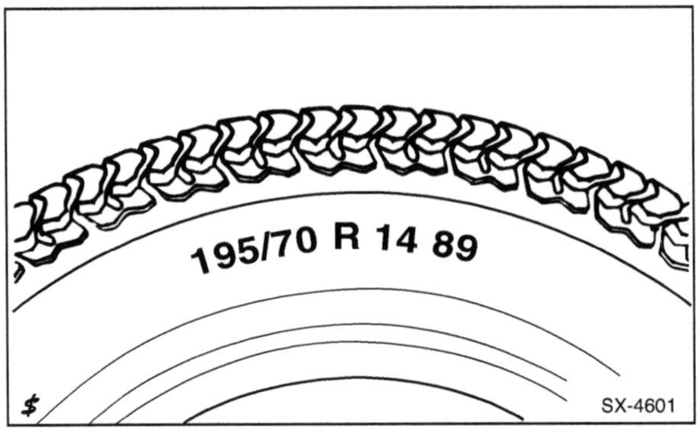

195 = Reifenbreite in mm.

/70 = Verhältnis Höhe zu Breite (die Höhe des Reifenquerschnitts beträgt 70 % von der Breite). Fehlt eine Angabe des Querschnittverhältnisses (zum Beispiel 155 R 13), so handelt es sich um das »normale« Höhen-Breiten-Verhältnis. Es beträgt bei Gürtelreifen 82 %.

R = Radial-Bauart (= Gürtelreifen).

14 = Felgendurchmesser in Zoll.

89 = Tragfähigkeits-Kennzahl.

H = Kennbuchstabe für zulässige Höchstgeschwindigkeit, H: bis 210 km/h. Der Geschwindigkeitsbuchstabe steht hinter der Reifengröße und gilt sowohl für Sommer- als auch für Winterreifen.

M+S = Winterreifen (M+S = Matsch und Schnee).

 = Nur mit diesem »Alpine-Symbol«, ein Bergpiktogramm mit Schneeflocke, sind die Reifen in der EU als Winterreifen zugelassen. Dies gilt auch für Ganzjahresreifen.

Geschwindigkeits-Kennbuchstabe

Kennbuchstabe	Zulässige Höchstgeschwindigkeit
Q	160 km/h
S	180 km/h
T	190 km/h
H	210 km/h
V	240 km/h
ZR	über 240 km/h

Achtung: Steht hinter der Reifenbezeichnung das Wort »reinforced«, handelt es sich um einen Reifen in verstärkter Ausführung, beispielsweise für Vans und Transporter.

Reifen-Herstellungsdatum

Das Herstellungsdatum steht auf dem Reifen im Hersteller-Code.

Beispiel: DOT CUL2 UM8 1908 TUBELESS

DOT = Department of Transportation (US-Verkehrsministerium)

CU = Kürzel für Reifenhersteller

L2 = Reifengröße

UM8 = Reifenausführung

1908 = Herstellungsdatum = 19. Produktionswoche 2008
Hinweis: Falls anstelle der 4-stelligen Ziffer eine 3-stellige Ziffer gefolgt von einem ◁-Symbol aufgeführt ist, dann wurde der Reifen im vergangenen Jahrzehnt produziert. Die Bezeichnung 509◁ bedeutet beispielsweise: 50. Produktionswoche 1999.

TUBELESS = schlauchlos (TUBETYPE = Schlauchreifen)

Achtung: Neureifen müssen seit 10/98 zusätzlich mit einer ECE-Prüfnummer an der Reifenflanke versehen sein. Diese Prüfnummer weist nach, dass der Reifen dem ECE-Standard entspricht. Werden Reifen seit 10/98 **ohne** ECE-Prüfnummer montiert, erlischt die Allgemeine Betriebserlaubnis (ABE) des Fahrzeuges.

Scheibenrad-Bezeichnungen

Beispiel : 5½J x 15 H2, ET 38, LK 4/100

5½ = Maulweite (Innenbreite) der Felge in Zoll.

J = Kennbuchstabe für Höhe und Kontur des Felgenhorns (B = niedrigere Hornform).

x = Kennzeichen für einteilige Tiefbettfelge.

15 = Felgen-Durchmesser in Zoll.

H2 = Felgenprofil an Außen- und Innenseite mit Hump-Schulter (Hump = Sicherheitswulst, damit der Reifen nicht von der Felge rutscht).

ET 38 = Einpresstiefe: 38 mm. Das Maß gibt in mm an, wie weit die Felgenanschraubfläche von der Felgenmitte entfernt ist.

LK 4 = Die Felge ist in diesem Beispiel mit 4 Schrauben befestigt.

/100 = Der Lochkreisdurchmesser, auf dem die Schrauben angeordnet sind, beträgt 100 mm.

Profiltiefe messen

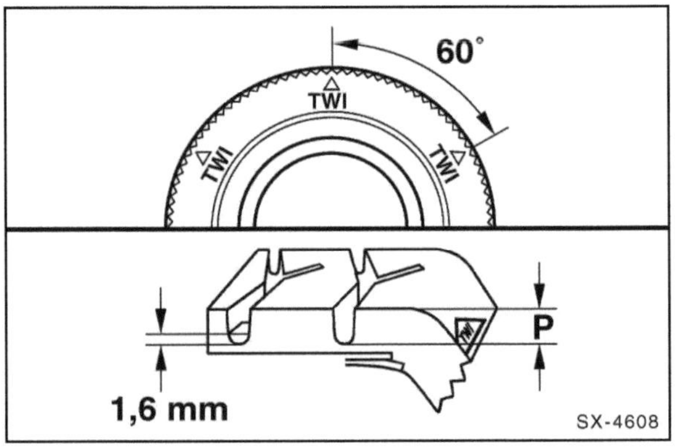

Reifen dürfen aufgrund gesetzlicher Vorschriften bis zu einer Profiltiefe von 1,6 mm abgefahren werden, und zwar an der gesamten Reifenlauffläche gemessen. Aus Sicherheitsgründen empfiehlt es sich, die Sommerreifen bereits bei einer Profiltiefe von 2 mm und die Winterreifen bei einer Profiltiefe von 4 mm auszutauschen.

Die Tiefe des Reifenprofils an den Hauptprofilrillen mit dem stärksten Verschleiß messen. Im Profilgrund der Originalbereifung sind Abnutzungsindikatoren vorhanden. An den Reifenflanken kennzeichnen Buchstaben (TWI = **T**read **W**ear **I**ndicator) oder Dreiecksymbole die Lage der Verschleißanzeiger. Die Flächen der Abnutzungsindikatoren haben eine Höhe von 1,6 mm. Sie dürfen nicht in die Messung mit einbezogen werden. Für die Messwerte entscheidend ist das Maß an der Stelle mit der geringsten Profiltiefe –P–.

Auswuchten von Rädern

Die serienmäßigen Räder werden im Werk ausgewuchtet. Das Auswuchten ist notwendig, um unterschiedliche Gewichtsverteilung und Materialungenauigkeiten auszugleichen. Im Fahrbetrieb macht sich die Unwucht durch Trampel- und Flattererscheinungen bemerkbar. Das Lenkrad beginnt dann bei höherem Tempo zu zittern.

In der Regel tritt dieses Zittern nur in einem bestimmten Geschwindigkeitsbereich auf und verschwindet wieder bei niedrigerer oder höherer Geschwindigkeit.

Solche Unwuchterscheinungen können mit der Zeit zu Schäden an Achsgelenken, Lenkgetriebe und Stoßdämpfern sowie am Reifenprofil führen.

Räder nach jeder Reifenreparatur und nach jeder Montage eines neuen Reifens auswuchten lassen, da sich durch Abnutzung und Reparatur die Gewichts- und Materialverteilung am Reifen ändert.

Schneeketten

Schneeketten sind nur an den **Vorderrädern** zulässig. Um Beschädigungen an den Radvollblenden zu vermeiden, sollten diese bei Schneekettenbetrieb abgenommen werden. Nach Entfernen der Schneeketten, Radvollblenden wieder montieren.

Aus technischen Gründen ist die Verwendung von Schneeketten nur mit bestimmten Reifen-/Felgenkombinationen zulässig, siehe Bedienungsanleitung. Auf dem Notrad keine Schneeketten auflegen.

Achtung: Nur feingliedrige Schneeketten aufziehen, die an der Lauffläche und an den Reifeninnenseiten inklusive Schloss maximal 15 mm auftragen.

Mit Schneeketten darf in Deutschland nicht schneller als **50 km/h** gefahren werden. Auf schnee- und eisfreien Straßen Schneeketten abnehmen. Nur feingliedrige Schneeketten verwenden.

Rad aus- und einbauen

Ausbau

Hinweis: Leichtmetallfelgen sind durch einen Klarlacküberzug gegen Korrosion geschützt. Beim Radwechsel darauf achten, dass die Schutzschicht nicht beschädigt wird, andernfalls mit Klarlack ausbessern.

- Reifen-Laufrichtung mit Kreide durch einen Pfeil am Reifen markieren.
- Fahrzeug gegen Wegrollen sichern. Dazu Handbremse anziehen, Rückwärtsgang oder 1. Gang einlegen. Bei Fahrzeugen mit Automatikgetriebe Wählhebel in Stellung »P« legen. Außerdem einen Keil hinter das diagonal gegenüberliegende Rad legen. Dabei Keil immer an der von der Aufbockstelle weg zeigenden Seite unterlegen.

O-4609

- **Räder mit Radvollblende:** Für das Abziehen der Radblende gibt es ein spezielles Werkzeug, welches dem Bordwerkzeug beigelegt ist. Fehlt das Werkzeug zum Lösen der Radkappe, Schraubendreher an der seitlichen Aussparung der Radkappe ansetzen.
- **Leichtmetallräder:** Radschraubenkappen mit Schraubendreher ausrasten und abnehmen. Dabei zum Schutz der Felge weichen Lappen zwischen Schraubendreher und Leichtmetallrad legen.

Hinweis: Zum Lösen diebstahlgesicherter Radschrauben ist ein Adapter für die Radschrauben erforderlich, der in der Regel dem Bordwerkzeug beigelegt ist.

O-4610

- **Radschrauben ½ Umdrehung** lockern, nicht abschrauben.

Achtung: Radschrauben lösen, wenn das Fahrzeug auf dem Boden steht. Dabei muss ein Gang eingelegt und die

Handbremse angezogen sein. Zum Lösen keinen Drehmomentschlüssel verwenden.

Sicherheitshinweis
Beim Aufbocken des Fahrzeugs besteht Unfallgefahr! Hinweise im Kapitel »Fahrzeug aufbocken« beachten.

- Fahrzeug mit dem Wagenheber so weit anheben, bis das Rad vom Boden abgehoben hat, siehe Seite 54.
- Radschrauben herausdrehen und Rad abnehmen. Dabei Schrauben so ablegen, dass sie nicht verschmutzen. **Achtung:** Befinden sich Sicherungsscheiben an den Radschrauben, dürfen diese nicht entfernt werden.

Einbau

- Zum Schutz gegen das Festrosten des Rades Zentriersitz der Felge an der Radnabe vorn und hinten vor jeder Montage des jeweiligen Rades dünn mit Wälzlagerfett einfetten.
- Verschmutzte Schrauben und Gewinde reinigen. Gewinde der Radschrauben **nicht** fetten oder ölen.

Achtung: Korrodierte oder schwergängige Schrauben umgehend erneuern. Bis dahin vorsichtshalber nur mit mäßiger Geschwindigkeit fahren.

- Kegelflächen der Schrauben mit Wälzlagerfett bestreichen.
- Rad entsprechend der beim Ausbau angebrachten Laufrichtungs-Markierung ansetzen.
- Radschrauben anschrauben und leicht mit etwa **50 Nm** über Kreuz anziehen.
- Fahrzeug absenken und Wagenheber entfernen.
- Radschrauben über Kreuz in mehreren Durchgängen anziehen. Zum Festziehen der Radschrauben sollte stets ein Drehmomentschlüssel verwendet werden. Dadurch wird sichergestellt, dass die Radschrauben gleichmäßig und fest angezogen sind. **Das Anzugsdrehmoment für die Radschrauben beträgt für Stahl- und Leichtmetallfelgen 110 Nm.**

Achtung: Wurden die Radschrauben nicht mit einem Drehmomentschlüssel festgezogen, unbedingt das Anzugsdrehmoment in einer Werkstatt kontrollieren lassen. Durch einseitiges oder unterschiedlich starkes Anziehen der Radschrauben können das Rad oder die Radnabe verspannt werden.

- **Fahrzeuge mit Radvollblende:** Felge im Bereich der Halteklammern säubern. Radblende im Bereich des Ventilausschnittes zuerst aufdrücken. Dabei auf das Ventilsymbol an der Rückseite der Blende achten. Radkappe/Radvollblende gegebenenfalls mit dem Handballen aufschlagen.
- **Leichtmetallräder:** Kappen auf die Radschrauben aufdrücken.
- Nach dem Reifenwechsel unbedingt Reifenfülldruck prüfen und gegebenenfalls korrigieren.

Achtung: Nach ca. **100 km Fahrt** Radschrauben in der angegebenen Reihenfolge mit **110 Nm nachziehen**.

Austauschen der Räder/ Laufrichtung beachten

Es ist nicht zweckmäßig, bei einem Austausch der Räder die Drehrichtung der Reifen zu ändern, da sich die Reifen nur unter vorübergehend stärkerem Verschleiß der veränderten Drehrichtung anpassen. Bei einigen Reifen ist die Laufrichtung durch einen Pfeil auf der Reifenflanke vorgegeben, die Laufrichtung ist dann unbedingt einzuhalten.

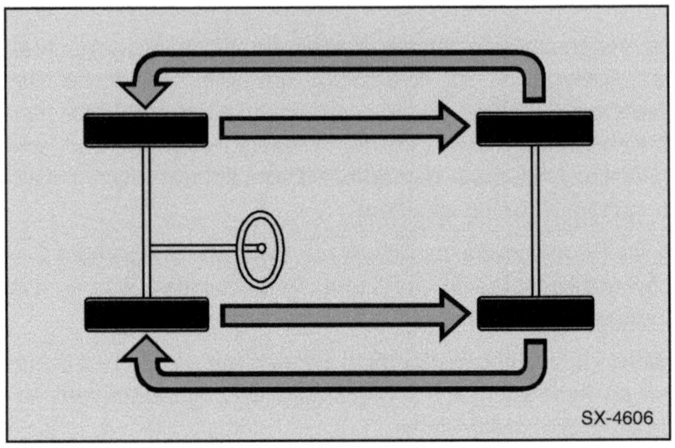

SX-4606

Bei größerem Verschleiß der vorderen Reifen empfiehlt es sich, die Vorderräder gegen die Hinterräder zu tauschen. Dadurch haben alle 4 Reifen etwa die gleiche Lebensdauer.

Sicherheitshinweise
Reifen nicht einzeln, sondern mindestens achsweise ersetzen. Reifen mit der größeren Profiltiefe **vorn** montieren. Am Fahrzeug dürfen nur Reifen gleicher Bauart verwendet werden. An einer Achse dürfen nur Reifen desselben Herstellers und mit der selben Profilausführung eingebaut werden. Reifen, die älter als 6 Jahre sind, nur im Notfall und bei vorsichtiger Fahrweise verwenden. Keine gebrauchten Reifen verwenden, deren Ursprung nicht bekannt ist. Beim Erneuern von Felge oder Reifen grundsätzlich das Gummiventil ersetzen.

SX-4609

- Bei Reifen **mit laufrichtungsgebundenem Profil,** erkennbar an Pfeilen auf der Reifenflanke in Laufrichtung, **muss** die Laufrichtung des Reifens **unbedingt** eingehalten werden. Dadurch werden optimale Laufeigenschaften bezüglich Aquaplaning, Haftvermögen, Geräusch und Abrieb sichergestellt.

Bremsanlage

Aus dem Inhalt:

- **Bremsbeläge wechseln**
- **Bremsscheibe prüfen**
- **Bremsscheibe wechseln**
- **Bremse entlüften**
- **Handbremse einstellen**
- **ABS/CBS/DTC/EBD/ESP**
- **Handbremsseil**
- **Bremslichtschalter**

Das Arbeiten an der Bremsanlage erfordert peinliche Sauberkeit und exakte Arbeitsweise. Falls die nötige Arbeitserfahrung fehlt, sollten Reparaturarbeiten an der Bremsanlage von einer Fachwerkstatt durchgeführt werden.

Das Bremssystem besteht aus dem Hauptbremszylinder, dem Bremskraftverstärker und den Scheibenbremsen für die Vorder- und teilweise auch für die Hinterräder. Das hydraulische Bremssystem ist in zwei Kreise aufgeteilt, die diagonal wirken. Ein Bremskreis ist mit den Bremssätteln vorn rechts/hinten links verbunden, der zweite mit den Bremssätteln vorn links/hinten rechts. Dadurch kann bei Ausfall eines Bremskreises, zum Beispiel durch ein Leck, das Fahrzeug über den anderen Bremskreis zum Stehen gebracht werden. Der Druck für beide Bremskreise wird im Tandem-Hauptbremszylinder über das Bremspedal aufgebaut.

Der Bremsflüssigkeitsbehälter befindet sich im Motorraum über dem Hauptbremszylinder. Er versorgt das Bremssystem wie auch das hydraulische Kupplungssystem mit Bremsflüssigkeit.

Der Bremskraftverstärker speichert beim Benzinmotor einen Teil des vom Motor erzeugten Ansaugunterdruckes. Beim Betätigen des Bremspedals wird dann die Pedalkraft durch den Unterdruck verstärkt.

Da beim Dieselmotor der Ansaugunterdruck nicht vorhanden ist, erzeugt eine **Vakuumpumpe** den Unterdruck für den Bremskraftverstärker. Die Vakuumpumpe sitzt am Zylinderkopf und wird über die Nockenwelle angetrieben.

Die Bremsbeläge sind Bestandteil der Allgemeinen Betriebserlaubnis (ABE), außerdem sind sie vom Werk auf das jeweilige Fahrzeugmodell abgestimmt. Es dürfen deshalb nur die vom Automobilhersteller beziehungsweise vom Kraftfahrtbundesamt (KBA) freigegebenen Bremsbeläge verwendet werden. Diese Bremsbeläge haben eine KBA-Freigabenummer.

Hinweis: Während des Fahrens auf stark regennassen Fahrbahnen die Fußbremse von Zeit zu Zeit betätigen, um die Bremsscheiben von Rückständen zu befreien. Während der Fahrt wird zwar durch die Zentrifugalkraft das Wasser von den Bremsscheiben geschleudert, doch bleibt teilweise ein dünner Film von Fett und Verschmutzungen zurück, der das Ansprechen der Bremse vermindert.

Eingebrannter Schmutz auf den Bremsbelägen und zugesetzte Regennuten in den Bremsbelägen führen zur Riefenbildung auf den Bremsscheiben. Dadurch kann eine verminderte Bremswirkung eintreten.

Sicherheitshinweis
Beim Reinigen der Bremsanlage fällt Bremsstaub an, der zu gesundheitlichen Schäden führen kann. Beim Reinigen der Bremsanlage Bremsstaub nicht einatmen.

ABS/CBS/DTC/TCPlus/EBD/ESP/EUS

Grundsätzlich dürfen Arbeiten an den elektronisch gesteuerten Brems- und Fahrwerkskomponenten nur von entsprechend ausgebildeten Fachkräften ausgeführt werden.

ABS: Das **A**nti-**B**lockier-**S**ystem verhindert bei scharfem Abbremsen das Blockieren der Räder, dadurch bleibt das Fahrzeug lenkbar. Serienmäßig ist der OPEL CORSA D mit ABS, Bremsassistent und der Kurvenbremskontrolle CBC (**C**ornering **B**rake **C**ontrol) ausgestattet.

Bremsassistent: Diese Unterfunktion des zweistufigen Bremskraftverstärkers baut bei besonders schnellem und festem Tritt aufs Bremspedal progressiv den maximalen Bremsdruck auf und verkürzt so den Bremsweg.

CBC (Cornering Brake Control): Die Kurvenbremskontrolle sorgt für optimalen Bremsweg und hohe Fahrstabilität auch beim Bremsen in Kurven. Registrieren die Radsensoren durch unterschiedliche Drehzahlen links und rechts eine Kurvenfahrt, werden schon bei Bremsdrücken unterhalb der ABS-Regelschwelle die kurveninneren Räder schwächer abgebremst als die auf der Außenseite. Dadurch entsteht ein Moment, das der eindrehenden Gierbewegung beim Kurvenbremsen entgegenwirkt.

DTC (Drag Torque Control): ABS-Funktion, die das Blockieren der Antriebsräder beim Einkuppeln/Zurückschalten in Kurven verhindert.

EBD (Electronic Brake Force Distribution): Elektronische Bremskraftverteilung, die jedem Rad die Bremsleistung zuteilt, die für einen optimalen Anhalteweg am besten ist.

TCPlus (Traction Control Plus): DieTraktionskontrolle sorgt dafür, dass Antriebskraft mit minimalem Schlupf übertragen wird. Steht das Auto mit einem der beiden angetriebenen Räder auf griffigem und mit dem anderen auf rutschigem Untergrund, neigt ein Rad beim Anfahren zum Durchdrehen.

TCPlus bremst das Rad mit Traktionsproblemen automatisch soweit ab, bis das zweite Antriebsrad genügend Drehmoment zum Anfahren übertragen kann. Die TC/ESP-Warnleuchte im Kombiinstrument blinkt, wenn ein Rad die Schlupfgrenze erreicht hat.

ESP (Elektronische-Stabilitäts-Programm): Über die ABS-Funktionen hinaus verringert ESP das Schleuderrisiko, auch wenn gerade nicht Gas gegeben oder gebremst wird. Im ESP sind die Funktionen der Traktionskontrolle (TCPlus) integriert.

In schnell durchfahrenen Kurven oder bei abrupten Ausweichmanövern erkennt ESP, ob das Fahrzeug auszubrechen droht. Über Sensoren erfasst ESP den Lenkwinkel und die Drehgeschwindigkeit des Fahrzeugs um die Hochachse. Unstabile Fahrzustände werden sofort erkannt. Durch das Abbremsen einzelner Räder und die Regulierung der Motorleistung wird das Fahrzeug bestmöglichst auf dem gewünschten Kurs gehalten.

Ist die ESP-Regelung aktiv, wird dies durch Blinken der TC/ESP-Warnleuchte im Kombiinstrument signalisiert. Die Fahrweise sollte dann den Straßenverhältnissen angepasst werden, sonst besteht Unfallgefahr.

EUC (Enhanced Understeering Control): Die Untersteuer-Kontroll-Logik ist eine weiterentwickelte ESP-Funktion, die für ein neutrales Kurvenverhalten sorgt. In einer Untersteuersituation wird zunächst die Geschwindigkeit durch Gaswegnehmen reduziert und dann durch Abbremsen von bis zu vier Rädern so verringert, dass das Fahrzeug möglichst neutral durch die Kurve fährt.

SLS (Straight-Line Stability Control): Geradeaus-Brems-Stabilitätskontrolle, die auch bei unterschiedlichen Fahrbahn-Reibwerten links und rechts ein Ausbrechen des Fahrzeugs verhindert.

Hinweise zur ABS/TC/ESP-Anlage

Eine Sicherheitsschaltung im elektronischen Steuergerät sorgt dafür, dass sich die Anlage bei einem Defekt (zum Beispiel Kabelbruch) oder bei zu niedriger Betriebsspannung (Batteriespannung unter 10 Volt) selbst abschaltet. Angezeigt wird dies durch das Aufleuchten der Kontrolllampen im Kombiinstrument. Die herkömmliche Bremsanlage bleibt dabei in Betrieb. Das Fahrzeug verhält sich dann beispielsweise beim Bremsen so, als ob keine ABS-Anlage eingebaut wäre.

Sicherheitshinweis
Wenn während der Fahrt die Kontrollleuchten für das ABS und für die Bremsanlage leuchten, können bei starkem Abbremsen die Hinterräder blockieren, da die Bremskraftverteilung ausgefallen ist.

Leuchten eine oder mehrere Kontrolllampen im Kombiinstrument während der Fahrt auf, folgende Punkte beachten:

- Fahrzeug kurz anhalten, Motor abstellen und wieder starten.
- Batteriespannung prüfen. Wenn die Spannung unter 10,5 Volt liegt, Batterie laden.

Achtung: Wenn die Kontrolllampen am Anfang einer Fahrt aufleuchten und nach einiger Zeit wieder erlöschen, deutet das darauf hin, dass die Batteriespannung zunächst zu gering war, bis sie sich während der Fahrt durch Ladung über den Generator wieder erhöht hat.

- Prüfen, ob die Batterieklemmen richtig festgezogen sind und einwandfreien Kontakt haben.
- Fahrzeug aufbocken, Räder abnehmen, elektrische Leitungen zu den Drehzahlfühlern auf äußere Beschädigungen (Scheuerstellen) prüfen. Weitere Prüfungen der ABS/EBV/TC/ESP-Anlage sollten von einer Fachwerkstatt durchgeführt werden.

Achtung: Vor Schweißarbeiten mit einem elektrischen Schweißgerät muss der Stecker von der ABS-Steuereinheit im Motorraum abgezogen werden. Stecker nur bei ausgeschalteter Zündung abziehen. Bei Lackierarbeiten darf das Steuergerät auch kurzzeitig keiner Temperatur von mehr als +80° C belastet werden.

Technische Daten Bremsanlage

Motor		Z10/12XEP (3-Türer)	Z10/12XEP (5-Türer) Z14XEP Z13DTJ	Z13DTH	Z16LE(L/R)	A14NEL Z17DTR	A16LES	Z16LE(L/R) Z17DTR
Scheibenbremse		**Vorderradbremse**						**Hinterradbremse**
Bremsbelagdicke neu, ohne Rückenpl.	mm	18	24	24	24	24	10	10,5
Zulässige Restdicke ohne Rückenplatte	mm	2	2	2	2	2	3	2
Bremsscheiben-Außendurchmesser	mm	257	257	284	308	278	305	264
Bremsscheibendicke neu	mm	12*	22	22	25	26	28	10
Bremsscheibe, zulässige Restdicke nach dem Feinstdrehen**	mm	11	20	20	23	24	27	9
Bremsscheibe, Verschleißgrenze	mm	9	19	19	22	23	26	8
Trommelbremse		**Hinterradbremse**						
Bremstrommel, Durchmesser	mm	203	228	228	–	–	–	–
Bremstrommel, Verschleißgrenze	mm	204,5	229,5	229,5	–	–	–	–

*) Massive Bremsscheibe. **) Wenn dieses Maß erreicht ist, dürfen nur noch einmal neue Bremsbeläge eingebaut werden.

Scheibenbremsbeläge vorn aus- und einbauen

Ausbau

Achtung: Bremsbeläge sind Bestandteil der Allgemeinen Betriebserlaubnis (ABE) und vom Werk auf das jeweilige Modell abgestimmt. Es dürfen deshalb nur die vom Automobilhersteller freigegebenen Bremsbeläge verwendet werden.

Achtung: Sollen die Bremsbeläge wieder verwendet werden, müssen sie beim Ausbau gekennzeichnet werden. Ein Wechsel der Beläge von der Außen- zur Innenseite oder vom rechten zum linken Rad ist nicht zulässig.

Achtung: Grundsätzlich alle Scheibenbremsbeläge einer Achse gleichzeitig ersetzen, auch wenn nur ein Belag die Verschleißgrenze erreicht hat.

- Reifen-Laufrichtung mit Pfeil am Reifen markieren. Radschrauben lösen. Fahrzeug vorn aufbocken und Räder abnehmen. **Achtung:** Unbedingt Hinweise im Kapitel »Rad aus- und einbauen« beachten.

Sicherheitshinweis
Beim Aufbocken des Fahrzeugs besteht Unfallgefahr! Hinweise im Kapitel »Fahrzeug aufbocken« beachten.

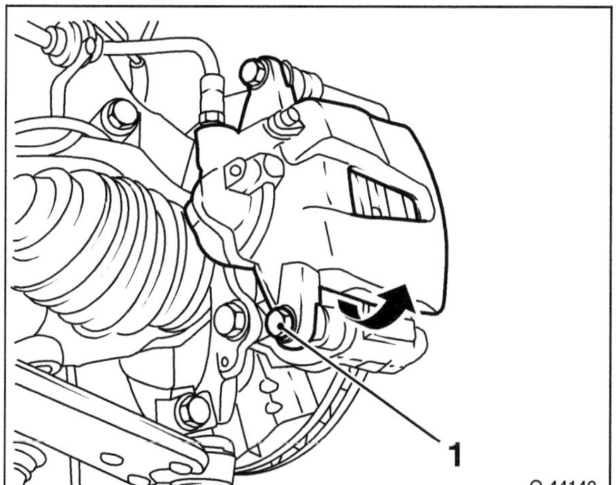

O-44140

- Schraube –1– für unteren Bremssattel-Führungsbolzen herausdrehen und Bremssattel –Pfeil– nach oben klappen. Dabei darauf achten, dass der Bremsschlauch nicht zu stark beansprucht wird.

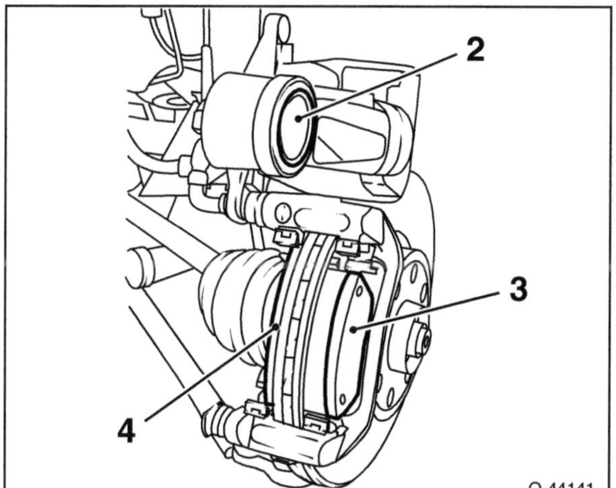

O-44141

- Bremsbeläge –3/4– seitlich aus dem Bremssattelträger herausnehmen, dabei die Einbaulage der Bremsbeläge merken beziehungsweise markieren. 2 – Bremskolben.

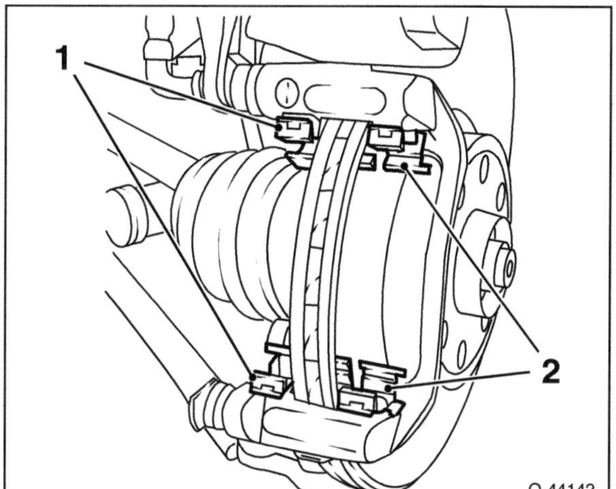

O-44142

- 4 Haltebleche –1/2– oben und unten entnehmen.

Einbau

Achtung: Bei ausgebauten Bremsbelägen nicht auf das Bremspedal treten, sonst wird der Kolben aus dem Gehäuse herausgedrückt. In diesem Fall Bremssattel komplett ausbauen und Kolben in der Werkstatt einsetzen lassen.

- Vor Einbau der Beläge ist die Bremsscheibe durch Abtasten mit den Fingern auf Riefen zu untersuchen. Riefige Bremsscheiben können abgedreht werden (Werkstattarbeit), sofern sie noch eine ausreichende Dicke aufweisen. Grundsätzlich beide Bremsscheiben einer Achse auf gleiches Maß abdrehen lassen.
- Bremsscheibendicke messen, siehe entsprechendes Kapitel.

Achtung: Zum Reinigen der Bremse **ausschließlich** Spiritus verwenden. Führungsfläche beziehungsweise Sitz der Beläge im Gehäuseschacht mit einem Lappen reinigen. Keine scharfkantigen Werkzeuge verwenden. Besonders auf das Entfernen eventueller Klebefolienreste an den Anlageflächen der äußeren Bremsbeläge achten.

- Staubkappe für Bremskolben auf Anrisse prüfen. Eine beschädigte Staubkappe umgehend ersetzen lassen, da eingedrungener Schmutz schnell zu Undichtigkeiten des Bremssattels führt. Der Bremssattel muss hierzu zerlegt werden (Werkstattarbeit).
- Bei hohem Bremsbelagverschleiß Leichtgängigkeit des Kolbens prüfen. Dazu einen Holzklotz in den Bremssattel einsetzen und durch Helfer langsam auf das Bremspedal treten lassen. Der Bremskolben muss sich leicht heraus- und hineindrücken lassen. Zur Prüfung muss der andere Bremssattel eingebaut sein. Darauf achten, dass der Bremskolben nicht ganz herausgedrückt wird. Angerosteten Bremskolben nur mit Bremsflüssigkeit oder Spiritus reinigen. Bei schwergängigem Kolben Bremssattel in der Werkstatt reparieren lassen oder ersetzen.

Achtung: Beim Zurückdrücken des Kolbens wird Bremsflüssigkeit aus dem Bremszylinder in den Vorratsbehälter gedrückt. Flüssigkeit im Behälter beobachten, eventuell Bremsflüssigkeit mit einem Saugheber absaugen.

Sicherheitshinweis
Zum Absaugen eine Entlüfter- oder Plastikflasche verwenden, die nur mit Bremsflüssigkeit in Berührung kommt. Keine Trinkflaschen verwenden! **Bremsflüssigkeit ist giftig und darf auf gar keinen Fall mit dem Mund über einen Schlauch abgesaugt werden. Saugheber verwenden.** Auch nach dem Belagwechsel darf die MAX-Marke am Bremsflüssigkeitsbehälter nicht überschritten werden, da sich die Flüssigkeit bei Erwärmung ausdehnt. Ausgelaufene Bremsflüssigkeit läuft am Hauptbremszylinder herunter, zerstört den Lack und führt zur Rostbildung.

- Bremskolben mit Rücksetzwerkzeug, zum Beispiel HAZET 4970/6, zurückdrücken.

Hinweis: Dazu kann ein Hartholzstab (Hammerstiel) verwendet werden, dabei jedoch darauf achten, dass der Kolben nicht verkantet wird und Kolbenfläche sowie Staubkappe nicht beschädigt werden.

- Vor dem Einsetzen neuer Bremsbeläge Bremsträger oben und unten sowie die Anlageflächen der Bremsklötze am Bremskolben und den gegenüberliegenden Flächen gründlich reinigen. **Hinweis:** Besonders die Klebereste an den Anlageflächen der Bremsklötze sind zu entfernen und die Flächen anschließend zu reinigen.
- 4 Haltebleche –1/2– lagerichtig einbauen, siehe Abbildung O-44142 unter »Ausbau«.

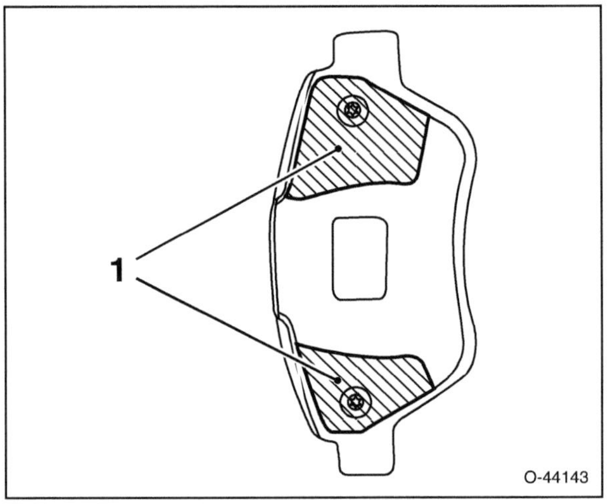

- Wo vorhanden, Bremsbeläge mit neuer Klebefolie –1– anbauen. Neue Klebefolien beim OPEL-Service kaufen.
- Äußeren Bremsbelag lagerichtig einsetzen.

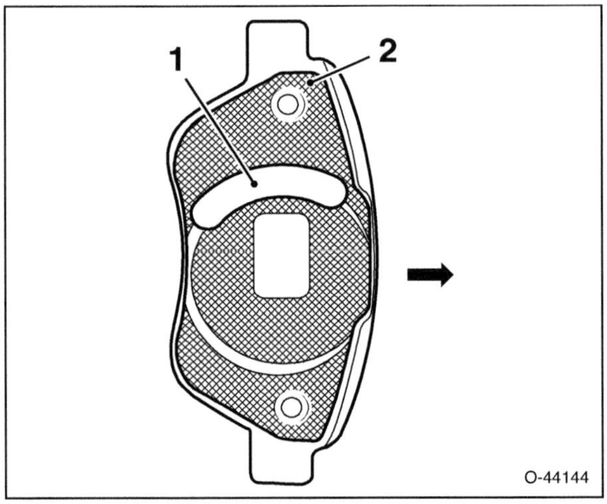

- Inneren Bremsbelag –2–, Bremskolbenseite, so einsetzen, dass der bogenförmige Ausschnitt –1– nach oben zeigt. Die Abbildung zeigt die linke Seite in Fahrtrichtung –Pfeil–.
- Bremssattel nach unten klappen, und Schraube mit **30 Nm** festziehen.
- Reifen-Laufrichtung beachten, Räder anschrauben, Fahrzeug ablassen, erst dann Radschrauben über Kreuz mit **110 Nm** festziehen. **Achtung:** Unbedingt Hinweise im Kapitel »Rad aus- und einbauen« beachten.

Achtung: Bremspedal im Stand mehrmals kräftig niedertreten, bis fester Widerstand spürbar ist. Dadurch legen sich die Bremsbeläge an die Bremsscheiben an und nehmen einen dem Betriebszustand entsprechenden Sitz ein.

- Bremsflüssigkeit im Vorratsbehälter prüfen, gegebenenfalls bis zur MAX-Marke auffüllen.
- Neue Bremsbeläge vorsichtig einbremsen, dazu Fahrzeug mehrmals von ca. 80 km/h auf 40 km/h mit geringem Pedaldruck abbremsen. Dazwischen Bremse etwas abkühlen lassen.

Achtung: Nach dem Einbau neuer Bremsbeläge müssen diese eingebremst werden. Während einer Fahrtstrecke von rund 200 km sollten unnötige Vollbremsungen unterbleiben.

Hinweis: Bremsbeläge müssen in einigen Kommunen als Sondermüll entsorgt werden. Die örtlichen Behörden geben darüber Auskunft, ob auch eine Entsorgung über den hausmüllähnlichen Gewerbemüll zulässig ist.

Achtung, Sicherheitskontrolle durchführen:

- ◆ Sind die Bremsschläuche festgezogen?
- ◆ Befindet sich der Bremsschlauch in der Halterung?
- ◆ Sind die Entlüftungsschrauben angezogen?
- ◆ Ist genügend Bremsflüssigkeit eingefüllt?
- ◆ Bei laufendem Motor Dichtheitskontrolle durchführen. Hierzu Bremspedal mit 200 bis 300 N (entspricht 20 bis 30 kg) etwa 10 Sekunden betätigen. Das Bremspedal darf nicht nachgeben. Sämtliche Anschlüsse auf Dichtheit kontrollieren.

Bremssattel/Bremsattelträger vorn aus- und einbauen

Ausbau

- Scheibenbremsbeläge vorn ausbauen, siehe entsprechendes Kapitel.

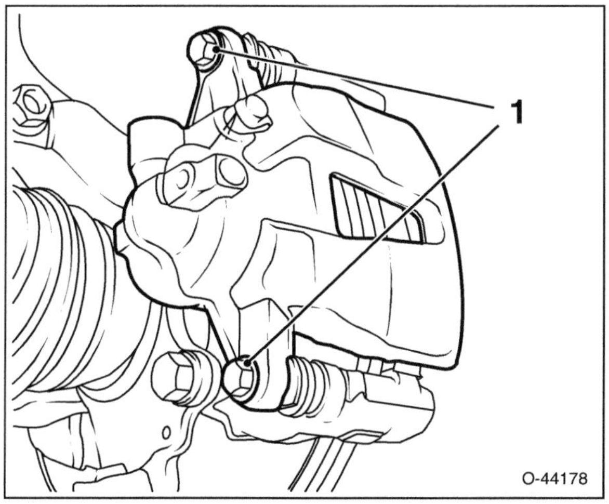

- Schraube –1– für Bremssattel herausdrehen und Bremssattel vorsichtig vom Sattelträger abnehmen.

Sicherheitshinweis
Beim Öffnen vom Bremskreis läuft Bremsflüssigkeit aus. Bremsflüssigkeit in einer untergelegten Schale auffangen. Man kann auch zuvor die Bremsflüssigkeit mit einem Saugheber aus dem Vorratsbehälter absaugen.

Hinweis: Wird der Bremssattel nur zum Ausbau der Bremsbeläge oder der Bremsscheibe ausgebaut, muss der Bremsschlauch nicht vom Bremssattel abgeschraubt werden. In diesem Fall den Bremssattel mit Draht so am Aufbau aufhängen, dass der Bremsschlauch nicht verdreht oder auf Zug beansprucht wird.

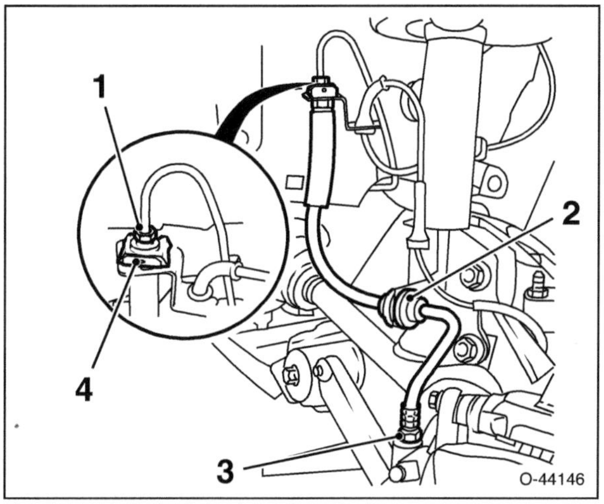

- Bremsschlauch aus Federbein ausclipsen –2–. **Achtung:** Bremssattel so festhalten, dass der Bremsschlauch nicht überdehnt wird. 1 – Überwurfmutter, 3 – Überwurfschraube, 4 – Sicherungsklammer

Einbau

- Mit Maulschlüssel Bremsschlauch am Sechskant festhalten und Bremssattel vom Bremsschlauch abschrauben und sofort neuen Bremssattel aufschrauben. Bremsschlauch mit **20 Nm** festziehen. **Hinweis:** Auslaufende Bremsflüssigkeit auffangen.

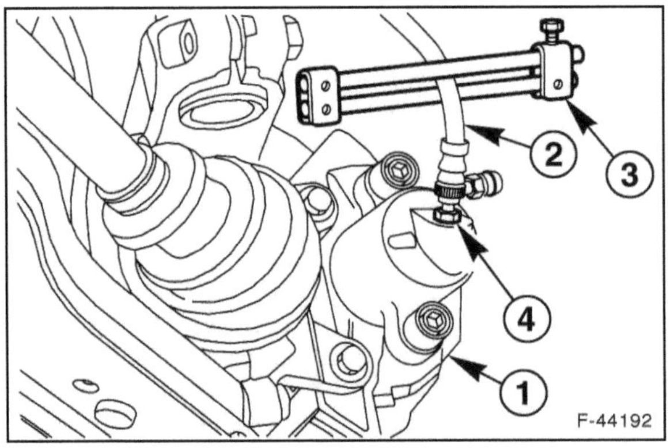

- Um sicherzustellen, dass keine Bremsflüssigkeit beim Abschrauben des Bremssattels ausläuft, kann der Bremsschlauch –2– auch mit einer geeigneten Schlauchklemme –3– abgeklemmt werden. 1 – Bremssattel, 4 – Schraube. Die Abbildung zeigt nicht den CORSA-Bremssattel.
- Bremssattel mit Draht am Aufbau so aufhängen, dass der Bremsschlauch nicht auf Zug beansprucht wird.

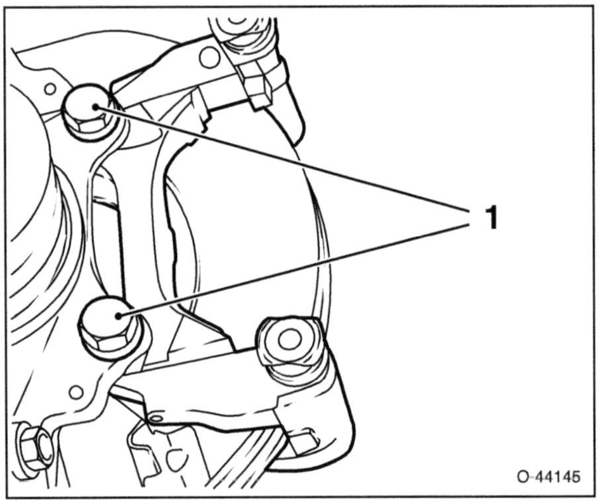

- Falls erforderlich, Bremssattelträger vom Achsschenkel abschrauben –1–. **Achtung:** Hohes Lösemoment. Falls nötig, Fahrzeug auf den Boden stellen. Gewinde der Schrauben reinigen. Schrauben mit Sicherungsmittel bestreichen, zum Beispiel Loctite 243, und mit **105 Nm** festziehen. **Achtung:** Hohes Anziehmoment. Falls nötig, Fahrzeug auf den Boden stellen.
- Bremsbeläge einbauen, siehe entsprechendes Kapitel.
- Bremsschlauch am Federbein einclipsen.
- Bremssattel über die Bremsbeläge setzen und mit 2 Schrauben und **30 Nm** festziehen.

Achtung: Sicherstellen, dass der Bremsschlauch bei maximalem Lenkeinschlag das Rad nicht berührt.

Achtung: Bremspedal im Stand mehrmals kräftig niedertreten, bis fester Widerstand spürbar ist. Dadurch legen sich die Bremsbeläge an die Bremsscheiben an und nehmen einen dem Betriebszustand entsprechenden Sitz ein.

- Bremsflüssigkeitsstand im Vorratsbehälter prüfen, gegebenenfalls auffüllen.
- **Bremsanlage entlüften, siehe entsprechendes Kapitel.**

Bremsscheibe aus- und einbauen

Um beidseitig eine gleichmäßige Verzögerung sicherzustellen, müssen alle Bremsscheiben die gleiche Oberfläche bezüglich Schliffbild und Rautiefe aufweisen. Deshalb **grundsätzlich beide** Bremsscheiben einer Achse ersetzen, beziehungsweise abdrehen lassen.

Achtung: Wenn die Bremsscheiben ersetzt oder abgedreht werden, müssen gleichzeitig auch neue Bremsbeläge eingebaut werden.

Korrodierte Bremsscheiben erzeugen beim Abbremsen einen Rubbeleffekt, der sich auch durch längeres Bremsen nicht beseitigen lässt. In diesem Fall müssen die Bremsscheiben erneuert werden.

Ausbau

- Reifen-Laufrichtung mit Pfeil am Reifen markieren. Radschrauben lösen. Fahrzeug aufbocken und Rad abnehmen. **Achtung:** Unbedingt Hinweise im Kapitel »Rad aus- und einbauen« beachten.

Sicherheitshinweis
Beim Aufbocken des Fahrzeugs besteht Unfallgefahr! Hinweise im Kapitel »Fahrzeug aufbocken« beachten.

- Scheibenbremsbeläge ausbauen, siehe entsprechendes Kapitel.
- Bremssattelträger ausbauen, siehe entsprechendes Kapitel.

Hinweis: Der Bremsschlauch braucht dabei nicht ausgebaut zu werden.

- Bremssattel so am Aufbau aufhängen, dass der Bremsschlauch nicht verdreht und auf Zug beansprucht wird.
- Um ein Herausgleiten des Bremskolbens zu verhindern, Holzstück zwischen Bremskolben und Bremssattel klemmen.

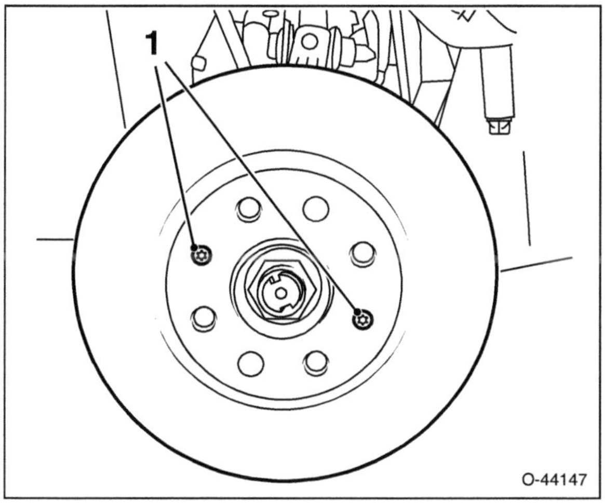

- 2 Sicherungsschrauben –1– herausdrehen.
- Bremsscheibe von der Radnabe abnehmen. **Hinweis:** Festsitzende Bremsscheibe durch leichte Schläge mit einem Kunststoffhammer von der Nabe lösen.

Achtung: Die Bremsscheibe darf nicht durch Gewaltanwendung (Hammerschläge) von der Radnabe getrennt werden. Stattdessen handelsüblichen Rostlöser anwenden, um Schäden an der Bremsscheibe zu vermeiden. Falls der Ausbau nur durch kräftige Hammerschläge möglich ist, aus Sicherheitsgründen Bremsscheibe erneuern. Auch wenn ein Abzieher verwendet wird, Bremsscheibe erneuern.

Einbau

Die Werkstatt kann die Bremsscheibe auf Schlag prüfen. Maximal zulässiger Seitenschlag: **0,11 mm**. Zulässige Riefentiefe **0,4 mm**, Ungleichdicke (zulässige Toleranz) **0,01 mm**.

- Falls vorhanden, Rost am Flansch der Bremsscheibe und der Radnabe entfernen.
- Neue Bremsscheibe mit Verdünnung vom Schutzlack reinigen.
- Bremsscheibe auf Radnabe aufsetzen, Sicherungsschrauben eindrehen und mit **7 Nm** festziehen.
- Bremssattelträger, Scheibenbremsbeläge und Bremssattel einbauen, siehe entsprechende Kapitel.
- Reifen-Laufrichtung beachten, Rad anschrauben, Fahrzeug ablassen, erst dann Radschrauben über Kreuz mit **110 Nm** festziehen. **Achtung:** Unbedingt Hinweise im Kapitel »Rad aus- und einbauen« beachten.

Achtung: Bremspedal im Stand mehrmals kräftig niedertreten, bis fester Widerstand spürbar ist. Dadurch legen sich die Bremsbeläge an die Bremsscheiben an und nehmen einen dem Betriebszustand entsprechenden Sitz ein.

- Bremsflüssigkeit im Vorratsbehälter prüfen, gegebenenfalls bis zur MAX-Marke auffüllen.

Achtung, Sicherheitskontrolle durchführen:

- ◆ Sind die Bremsschläuche festgezogen?
- ◆ Befindet sich der Bremsschlauch in der Halterung?
- ◆ Sind die Entlüftungsschrauben angezogen?
- ◆ Ist genügend Bremsflüssigkeit eingefüllt?
- ◆ Bei laufendem Motor Dichtheitskontrolle durchführen. Hierzu Bremspedal mit 200 bis 300 N (entspricht 20 bis 30 kg) etwa 10 Sekunden betätigen. Das Bremspedal darf nicht nachgeben. Sämtliche Anschlüsse auf Dichtheit kontrollieren.

- Neue Bremsscheiben vorsichtig einbremsen, dazu Fahrzeug mehrmals von ca. 80 km/h auf 40 km/h mit geringem Pedaldruck abbremsen. Dazwischen Bremse etwas abkühlen lassen.

Bremsscheibendicke prüfen

Prüfen

- Reifen-Laufrichtung mit Pfeil am Reifen markieren. Radschrauben lösen. Fahrzeug aufbocken und Rad abnehmen. **Achtung:** Unbedingt Hinweise im Kapitel »Rad aus- und einbauen« beachten.

Sicherheitshinweis
Beim Aufbocken des Fahrzeugs besteht Unfallgefahr! Hinweise im Kapitel »Fahrzeug aufbocken« beachten.

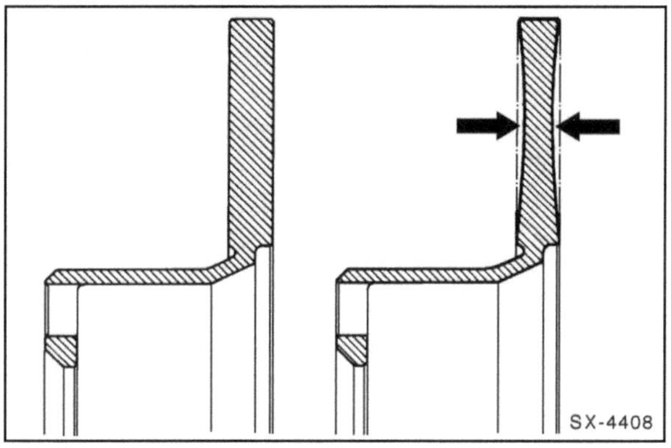

- Bremsscheibendicke immer an der dünnsten Stelle –Pfeile– messen. Die Werkstatt benutzt dazu einen speziellen Messschieber oder eine Mikrometer-Bügelmessschraube, da sich durch die Abnutzung der Bremsscheibe ein Rand bildet. Man kann die Bremsscheibendicke auch mit einer normalen Schieblehre messen, allerdings muss dann auf jeder Seite der Bremsscheibe eine entsprechend starke Unterlage zwischengelegt werden (beispielsweise 2 Münzen). Um das exakte Maß der Bremsscheibendicke zu ermitteln, muss von dem gemessenen Wert die Dicke der Münzen beziehungsweise der Unterlage abgezogen werden.

Achtung: Messung an mehreren Punkten der Bremsscheibe vornehmen. Zulässige Toleranz an verschiedenen Messpunkten: **0,01 mm**.

- Soll- und Verschleißwerte für Bremsscheibe, siehe »Technische Daten Bremsanlage«.
- Wird die Verschleißgrenze erreicht, Bremsscheibe erneuern.

- Bei größeren Rissen oder bei Riefen, die tiefer als **0,4 mm** sind, Bremsscheibe erneuern, siehe entsprechendes Kapitel.
- Reifen-Laufrichtung beachten, Rad anschrauben, Fahrzeug ablassen, erst dann Radschrauben über Kreuz mit **110 Nm** festziehen. **Achtung:** Unbedingt Hinweise im Kapitel »Rad aus- und einbauen« beachten.

Bremstrommel aus- und einbauen/Trommelbremse einstellen

Ausbau

- Reifen-Laufrichtung mit Pfeil am Reifen markieren. Radschrauben lösen. Fahrzeug hinten aufbocken und Räder abnehmen. **Achtung:** Unbedingt Hinweise im Kapitel »Rad aus- und einbauen« beachten.

Sicherheitshinweis
Beim Aufbocken des Fahrzeugs besteht Unfallgefahr! Hinweise im Kapitel »Fahrzeug aufbocken« beachten.

- Handbremsseil am Handbremshebel lösen, siehe entsprechendes Kapitel.
- Bremsbacken zurückstellen, siehe entsprechendes Kapitel.

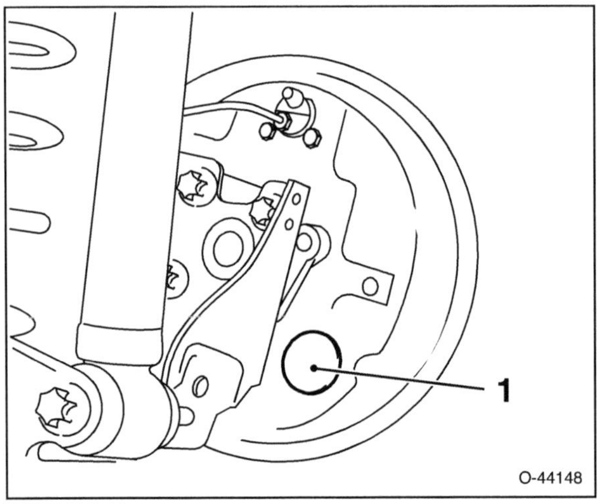

- Schutzkappe –1– von Bremsankerplatte abdrücken.

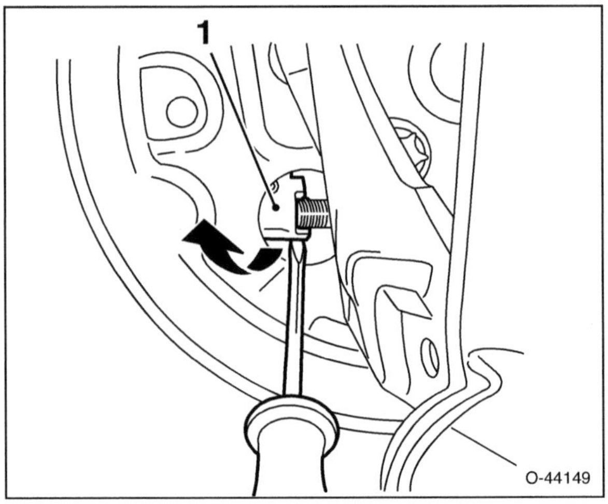

- Handbremshebel –1– zurücksetzen. Dazu Handbremshebel mit einem Schraubendreher in Pfeilrichtung aushebeln. **Hinweis:** Der Handbremshebel muss über dem Bremsbacken stehen, damit er zurückgedrückt werden kann.

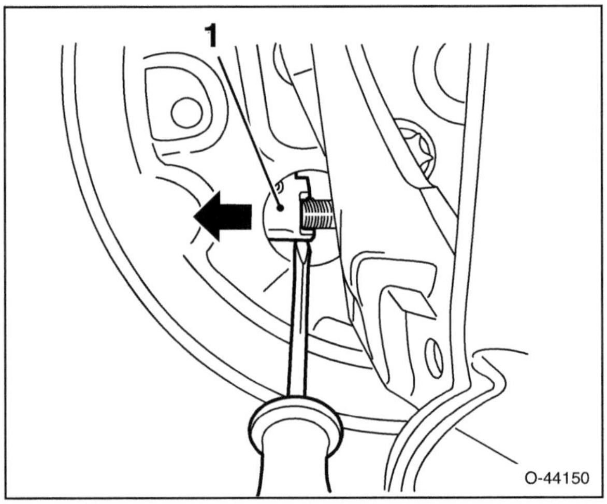

- Handbremshebel –1– in Pfeilrichtung komplett zurückdrücken.

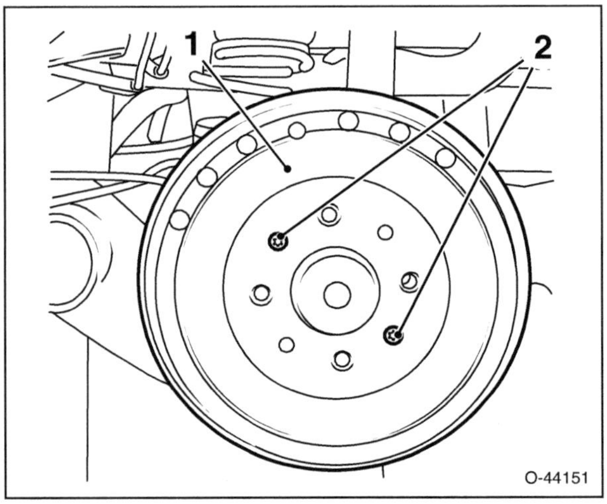

- 2 Schrauben –1– an der Bremstrommel herausdrehen.

- Bremstrommel –2– abnehmen.

Achtung: Lässt sich die Bremstrommel aufgrund von erhöhtem Verschleiß nicht abnehmen, wie folgt vorgehen:

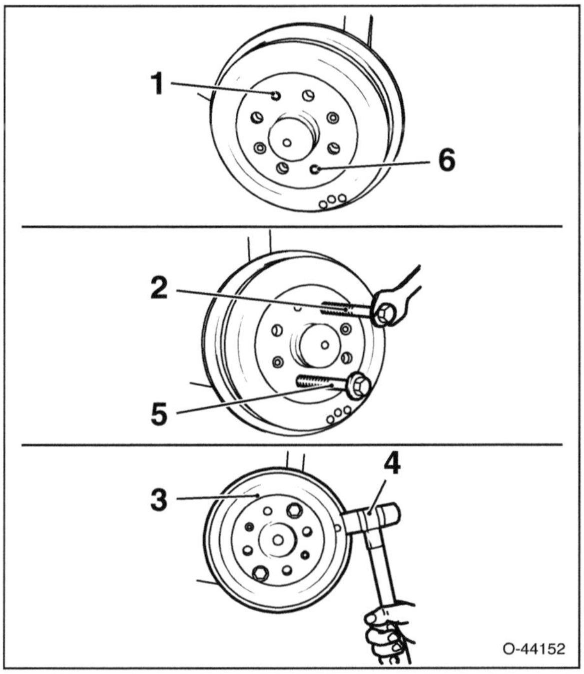

- 2 lange M10 Schrauben –2/5– in die Servicebohrungen –1/6– eindrehen, bis sich die Bremstrommel –3– löst. **Hinweis:** Während des Eindrehens der M10-Schrauben mit einem Kunststoffhammer –4– auf Bremstrommel –3– schlagen.

Achtung: Halteclipse der Bremsbacken sind bei dieser Vorgehensweise immer zu ersetzen.

Einbau

- Bremstrommel auf Risse und auf der Anlauffläche der Bremsbacken auf Riefen prüfen. Falls erforderlich, Bremstrommel feinstdrehen (Werkstattarbeit) oder Bremstrommel erneuern. **Hinweis:** Grundsätzlich beide Bremstrommeln feinstdrehen oder erneuern. Beide Radbremszylinder auf Dichtheit prüfen.

Trommelbremse einstellen

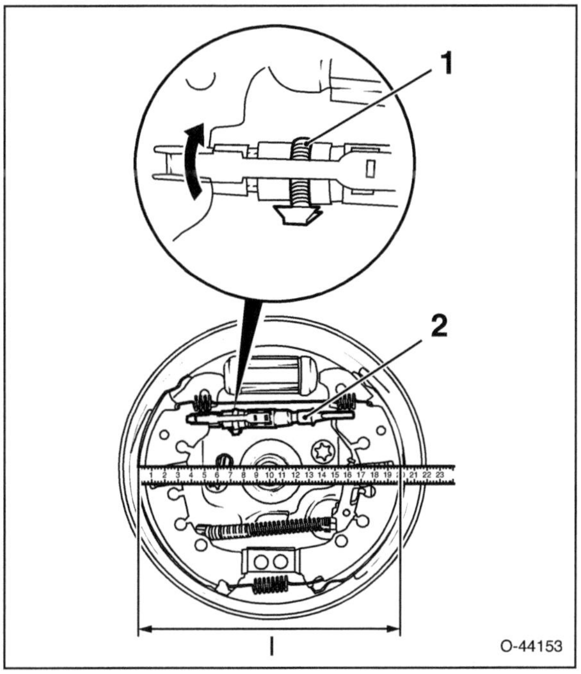

- Vorgeschriebenen Durchmesser einstellen. Dazu Nachstelleinheit –2– am Ritzel –1– ausdrehen –Pfeil–, bis der vorgeschriebene Durchmesser erreicht ist. **Hinweis:** Ritzel –1– der Nachstelleinheit rechte Seite in Gegenrichtung des Pfeils drehen.

Sollwerte:

Z10/12XEP(3-Türer): . . . . 202,5 – 202,7 mm
Z10/12XEP(3-Türer) Z14XEP, Z13DT(J/H): . . . . . . 227,7 – 227,9 mm

- Bremstrommel aufsetzen und 2 Schrauben mit **7 Nm** festziehen.
- Schutzkappe in Bremsankerplatte einsetzen.
- Reifen-Laufrichtung beachten, Rad anschrauben, Fahrzeug ablassen, erst dann Radschrauben über Kreuz mit **110 Nm** festziehen. **Achtung:** Unbedingt Hinweise im Kapitel »Rad aus- und einbauen« beachten.
- Fußbremse mindestens 20mal betätigen bis kein Überspringen des Nachstellhebels mehr zu hören ist und die Bremsbacken an der Bremstrommel anliegen.
- Handbremse einstellen, siehe entsprechendes Kapitel.
- Faltenbalg am Handbremshebel einclipsen.
- Kurze Einlauffahrt von circa 300 Metern mit geringer Geschwindigkeit und leicht angezogener Handbremse durchführen.

Bremsbacken der Trommelbremse aus- und einbauen

Ausbau

Achtung: Bremsbeläge sind Bestandteil der Allgemeinen Betriebserlaubnis (ABE) und vom Werk auf das jeweilige Modell abgestimmt. Es dürfen deshalb nur die vom Automobilhersteller freigegebenen Bremsbeläge verwendet werden.

Achtung: Sollen die Bremsbeläge wieder verwendet werden, müssen sie beim Ausbau gekennzeichnet werden. Ein Wechsel der Beläge von der Außen- zur Innenseite oder vom rechten zum linken Rad ist nicht zulässig.

Hinweis: Bremsbeläge/-backen immer nur an einer Fahrzeugseite ausbauen, damit die andere Seite beim Zusammenbau als Vorlage dienen kann.

Achtung: Grundsätzlich alle Bremsbeläge einer Achse gleichzeitig ersetzen, auch wenn nur ein Belag die Verschleißgrenze erreicht hat.

- Reifen-Laufrichtung mit Pfeil am Reifen markieren. Radschrauben lösen. Fahrzeug hinten aufbocken und Räder abnehmen. **Achtung:** Unbedingt Hinweise im Kapitel »Rad aus- und einbauen« beachten.

Sicherheitshinweis
Beim Aufbocken des Fahrzeugs besteht Unfallgefahr! Hinweise im Kapitel »Fahrzeug aufbocken« beachten.

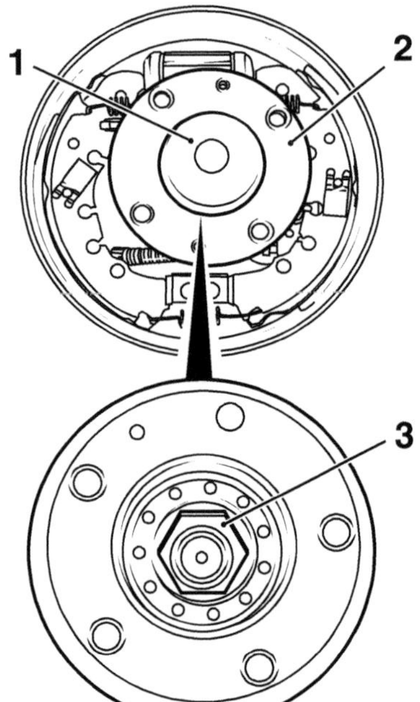

O-44154

- Falls vorhanden, Staubkappe –1– mit einem Schraubendreher von der Radnabe –2– abhebeln. **Hinweis:** Die Kappe wird dabei beschädigt und muss ersetzt werden. Mutter –3– lösen. **Achtung: Hohes Löse- und Anzugsmoment der Radnabenmutter!** Ich empfehle, vor Lösen und Anziehen der Nabenmutter den Reifen zu montieren und das Fahrzeug auf die Räder zu stellen.
- Rad anschrauben und Fahrzeug ablassen.
- Radnabenmutter –3– lösen. **Achtung:** Dabei Fußbremse durch Helfer treten lassen.
- Fahrzeug aufbocken, Rad abnehmen.
- Bremstrommel ausbauen, siehe entsprechendes Kapitel.
- Nabenmutter abschrauben.
- Radnabe abziehen.

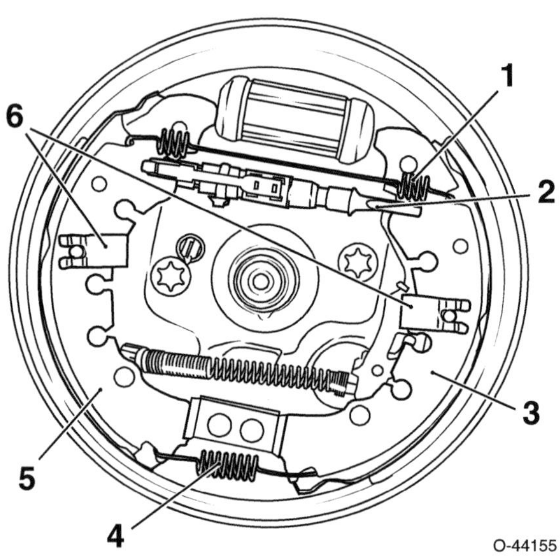

O-44155

- Untere Feder –4– mit Federzange aushängen.
- Obere Feder –1– abbauen.
- 2 Halteclips –6– mit Schraubendreher oder Zange abbauen.
- Nachstelleinheit –2– abnehmen.
- Bremsbacken –3/5– abnehmen. **Hinweis:** Bei den Bremsbacken –3– Handbremsseil aushängen.

Achtung: Die Federn und Halteclips dürfen nicht überdehnt beziehungsweise zu weit verformt werden, um eine einwandfreie Funktion zu garantieren.

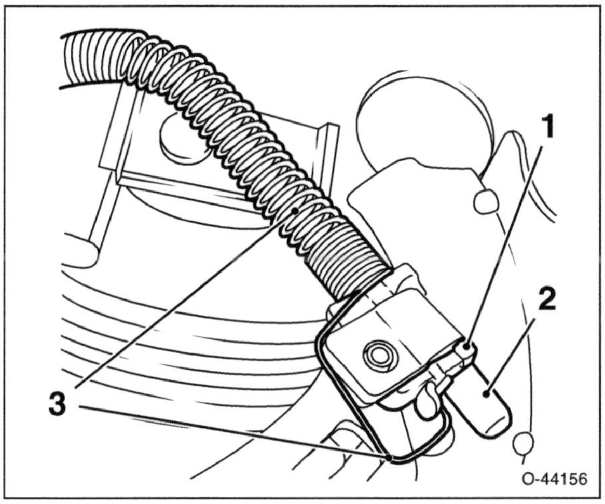

- Handbremsseil –2– abbauen. **Achtung:** Darauf achten, dass die Feder –3– nicht verbogen wird.
- Feder –3– aushängen.
- Hebel –1– vorklappen.
- Handbremsseil –2– aushängen.
- Federspange oder Spanngurt oben um den Radbremszylinder legen, damit die Bremskolben nicht aus dem Bremszylinder herausrutschen.

Achtung: Bei ausgebauten Bremsbelägen nicht auf das Bremspedal treten. Wurden die Bremskolben aus dem Radbremszylinder herausgedrückt, Radbremszylinder ausbauen und in der Fachwerkstatt zusammensetzen lassen, oder austauschen.

Achtung: Die Manschetten des Radbremszylinders nicht beschädigen.

Einbau

Grundsätzlich immer alle 4 Backen an einer Achse gleichzeitig ersetzen und dabei gleiches Fabrikat verwenden. Bremstrommel und Bremsträger nur mit Spiritus reinigen. Die Teile müssen vor dem Wiedereinbau gründlich gereinigt werden.

- Bremsträgerplatte reinigen. **Achtung:** Der Bremsstaub kann gesundheitsschädlich sein, nicht einatmen!

Achtung: Solange die Bremsbacken ausgebaut sind, nicht auf die Fußbremse treten, da sonst die Bremskolben aus den Radbremszylindern rutschen.

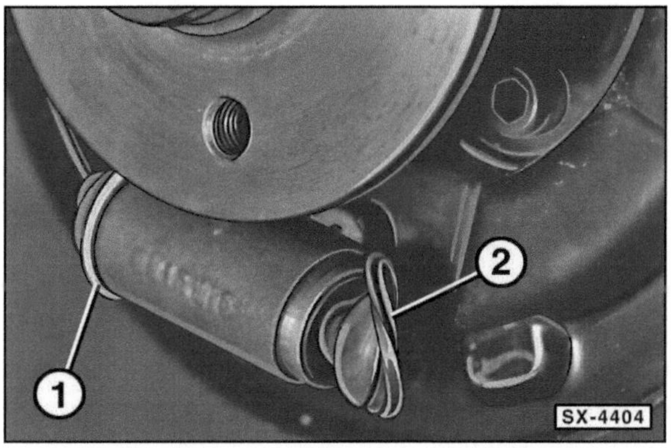

- Am Radbremszylinder die Staubmanschetten –1/2– von Hand oder mit einem stumpfen Keil anheben. **Achtung: Dabei darf der Bremskolben nicht herausgezogen werden.** Wenn es hinter der Staubmanschette feucht ist, Radbremszylinder austauschen. Staubmanschette wieder aufsetzen. Beschädigte Staubmanschetten ersetzen. **Hinweis:** In der Abbildung ist nicht der Bremskolben des OPEL CORSA dargestellt.
- Bremsfläche der Bremstrommel mit dem Finger auf Riefen prüfen. Riefige Bremstrommeln ausdrehen oder ersetzen, dabei grundsätzlich beide Bremstrommeln ausdrehen oder ersetzen.
- Geringe Unebenheiten und Rostspuren an der Bremsfläche mit Schmirgelleinen (Körnung 150) beseitigen.
- Innendurchmesser der Bremstrommel messen. Wenn die Verschleißgrenze erreicht ist, Trommel ersetzen.

Hinweis: Dabei immer beide Bremstrommeln einer Achse ersetzen. Sollwerte und Verschleißgrenzen, siehe Kapitel »Technische Daten Bremsanlage«.

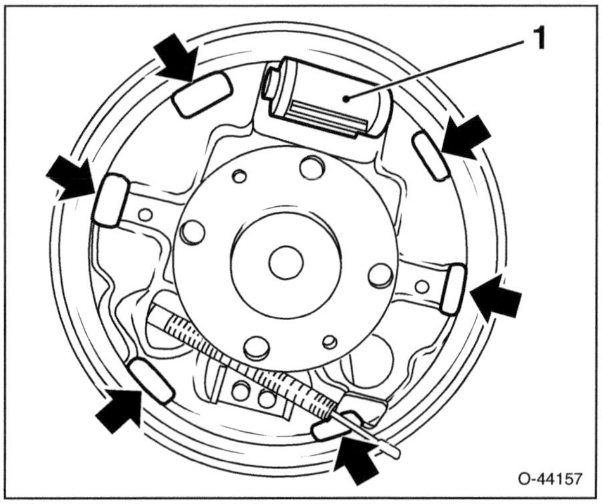

- Bremsankerplatte reinigen und auf beiden Seiten im Bereich der Pfeile, an den Anlageflächen der Bremsbacken, mit Anti-Quietsch-Paste, zum Beispiel von LIQUI MOLY, bestreichen.

Achtung: Kein Fett auf Bremsbacken oder Bremsbeläge gelangen lassen.

- Handbremsseil in Bremsbacke einhängen. Bremsbacke an die Ankerplatte ansetzen und mit Halteclip sichern. Dazu Stift an der Ankerplatte und an der Bremsbacke einsetzen und mit der linken Hand auf der Rückseite der Ankerplatte andrücken. Clip –6– seitlich ansetzen, mit einem Schraubendreher zusammendrücken und auf den Stift aufschieben. Dadurch wird der Stift arretiert, siehe auch Abbildung O-44155.
- Zweite Bremsbacke einsetzen und ebenso mit Halteclip sichern.
- Untere Feder mit Bremsfederzange einsetzen.
- Nachstelleinheit zusammendrehen und einsetzen. Dazu Bremsbacken oben auseinander spreizen, Nachstelleinheit so zwischen den Bremsbacken einsetzen, dass das Nachstellritzel an der vorderen Bremsbacke sitzt. Dabei auf die richtige Einbaulage achten. **Hinweis:** Lage der Nachstelleinheit gegebenenfalls mit der Einbauposition an der zweiten Bremse vergleichen.
- Obere Feder einhängen.
- Bremsbacken auf vorgeschriebenen Durchmesser einstellen, siehe »Bremstrommel aus- und einbauen«
- Radnabe anbauen. **Neue Mutter** für Radnabe aufschrauben und kräftig beiziehen. **Achtung: Sehr hohes Anziehmoment. Deshalb Mutter erst endgültig festziehen, wenn das Fahrzeug auf den Rädern steht.**

Achtung: Vor Einbau der Bremstrommel Einbaupositionen von Bremsbacken, Federn sowie Nachstelleinheit kontrollieren und gegebenenfalls mit der gegenüberliegenden Bremse vergleichen.

- Bremstrommel aufsetzen und 2 Schrauben mit **7 Nm** festziehen.
- Abdeckung an der Bremsankerplatte einsetzen.
- Reifen-Laufrichtung beachten, Rad anschrauben, Fahrzeug ablassen, erst dann Radschrauben über Kreuz mit **110 Nm** festziehen. **Achtung:** Unbedingt Hinweise im Kapitel »Rad aus- und einbauen« beachten.
- Bremspedal mindestens 20-mal kräftig durchtreten, um Bremsdruck hinten aufzubauen. **Hinweis:** Die Nachstelleinheit stellt sich automatisch durch hörbare Geräusche ein.
- 1. Gang einlegen, Fußbremse von Helfer betätigen. **Mutter für Radnabe mit 280 Nm festziehen.**
- Neue Staubkappe für Radnabe mit Kunststoffhammer einsetzen.
- Handbremse einstellen, siehe entsprechendes Kapitel.
- Faltenbalg für Handbremshebel einclipsen.
- Neue Bremsbeläge vorsichtig einbremsen, dazu Fahrzeug mehrmals von ca. 80 km/h auf 40 km/h mit geringem Pedaldruck abbremsen. Dazwischen Bremse etwas abkühlen lassen.

Achtung: Nach dem Einbau neuer Bremsbeläge müssen diese eingebremst werden. Während einer Fahrtstrecke von rund 200 km sollten unnötige Vollbremsungen unterbleiben.

Hinweis: Bremsbeläge müssen in einigen Kommunen als Sondermüll entsorgt werden. Die örtlichen Behörden geben darüber Auskunft, ob auch eine Entsorgung über den hausmüllähnlichen Gewerbemüll zulässig ist.

Achtung, Sicherheitskontrolle durchführen:
- Sind die Bremsschläuche festgezogen?
- Befindet sich der Bremsschlauch in der Halterung?
- Sind die Entlüftungsschrauben angezogen?
- Ist genügend Bremsflüssigkeit eingefüllt?
- Bei laufendem Motor Dichtheitskontrolle durchführen. Hierzu Bremspedal mit 200 bis 300 N (entspricht 20 bis 30 kg) etwa 10 Sekunden betätigen. Das Bremspedal darf nicht nachgeben. Sämtliche Anschlüsse auf Dichtheit kontrollieren.

Radbremszylinder aus- und einbauen

Ausbau

- Bremsbacken an der Trommelbremse ausbauen, siehe entsprechendes Kapitel.

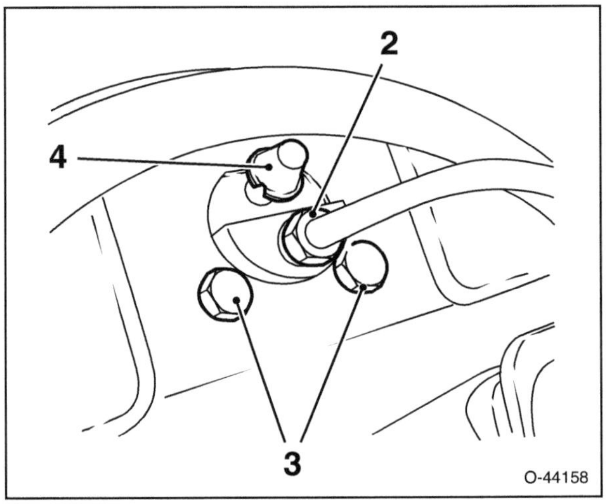

- Überwurfmutter –2– der Bremsleitung zunächst nur lösen.
- 2 Schrauben –3– für Radbremszylinder herausschrauben. Dabei den Radbremszylinder mit einer Hand festhalten. 4 – Abdeckkappe für Entlüftungsschraube.

Einbau

- Mutter –2– für Bremsleitung von Hand abschrauben und sofort handfest in den neuen Radbremszylinder einschrauben. Dadurch ist sichergestellt, dass nur wenig Bremsflüssigkeit ausläuft. Auslaufende Bremsflüssigkeit auffangen.
- 2 Schrauben –3– für Radbremszylinder einschrauben und mit **8 Nm** festziehen.
- Mutter –2– für Bremsleitung mit **16 Nm** anziehen.
- Bremsbacken einbauen, siehe entsprechendes Kapitel.
- **Bremsanlage entlüften, siehe entsprechendes Kapitel.**

Scheibenbremsbeläge hinten aus- und einbauen

Ausbau

Achtung: Bremsbeläge sind Bestandteil der Allgemeinen Betriebserlaubnis (ABE) und vom Werk auf das jeweilige Modell abgestimmt. Es dürfen deshalb nur die vom Automobilhersteller freigegebenen Bremsbeläge verwendet werden.

Achtung: Sollen die Bremsbeläge wieder verwendet werden, müssen sie beim Ausbau gekennzeichnet werden. Ein Wechsel der Beläge von der Außen- zur Innenseite oder vom rechten zum linken Rad ist nicht zulässig.

Achtung: Grundsätzlich alle Scheibenbremsbeläge einer Achse gleichzeitig ersetzen, auch wenn nur ein Belag die Verschleißgrenze erreicht hat.

- Reifen-Laufrichtung mit Pfeil am Reifen markieren. Radschrauben lösen. Fahrzeug vorn aufbocken und Räder abnehmen. **Achtung:** Unbedingt Hinweise im Kapitel »Rad aus- und einbauen« beachten.

Sicherheitshinweis
Beim Aufbocken des Fahrzeugs besteht Unfallgefahr! Hinweise im Kapitel »Fahrzeug aufbocken« beachten.

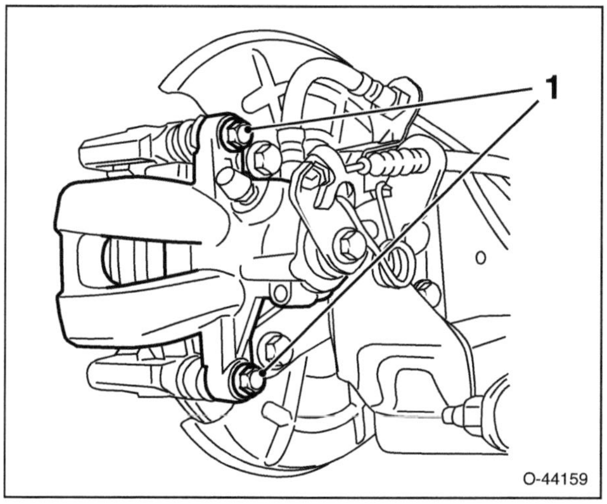

- 2 Schrauben –1– für Bremssattel herausdrehen. Bremssattel abnehmen und mit Draht am Aufbau so aufhängen, dass der Bremsschlauch nicht auf Zug beansprucht wird.

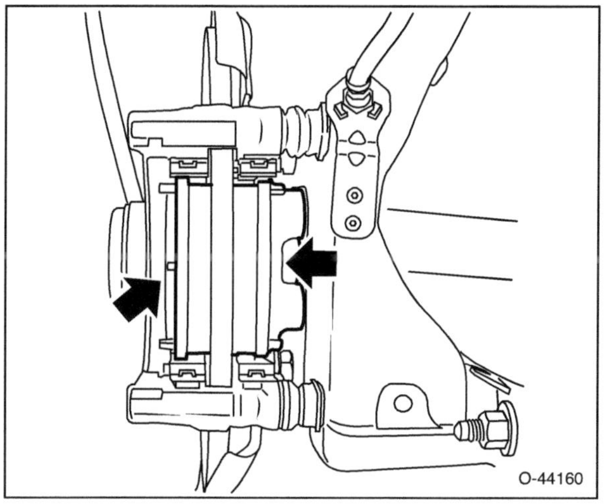

- 2 Bremsbeläge –Pfeile– herausnehmen und gegebenenfalls für den Wiedereinbau markieren.

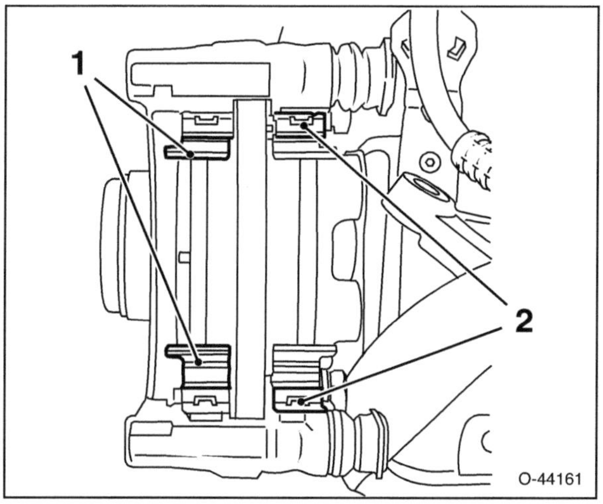

- Führungsbleche –1/2– entnehmen.

Einbau

Achtung: Bei ausgebauten Bremsbelägen nicht auf das Bremspedal treten, sonst wird der Kolben aus dem Gehäuse herausgedrückt. In diesem Fall Bremssattel komplett ausbauen und Kolben in der Werkstatt einsetzen lassen.

- Vor Einbau der Beläge ist die Bremsscheibe durch Abtasten mit den Fingern auf Riefen zu untersuchen. Riefige Bremsscheiben können abgedreht werden (Werkstattarbeit), sofern sie noch eine ausreichende Dicke aufweisen. Grundsätzlich beide Bremsscheiben einer Achse auf gleiches Maß abdrehen lassen.
- Bremsscheibendicke messen, siehe entsprechendes Kapitel.

Achtung: Zum Reinigen der Bremse **ausschließlich** Spiritus verwenden. Führungsfläche beziehungsweise Sitz der Beläge im Gehäuseschacht mit einem Lappen reinigen. Keine scharfkantigen Werkzeuge verwenden. Besonders auf das Entfernen eventueller Klebefolienreste an den Anlageflächen der äußeren Bremsbeläge achten.

● Staubkappe für Bremskolben auf Anrisse prüfen. Eine beschädigte Staubkappe umgehend ersetzen lassen, da eingedrungener Schmutz schnell zu Undichtigkeiten des Bremssattels führt. Der Bremssattel muss hierzu zerlegt werden (Werkstattarbeit).

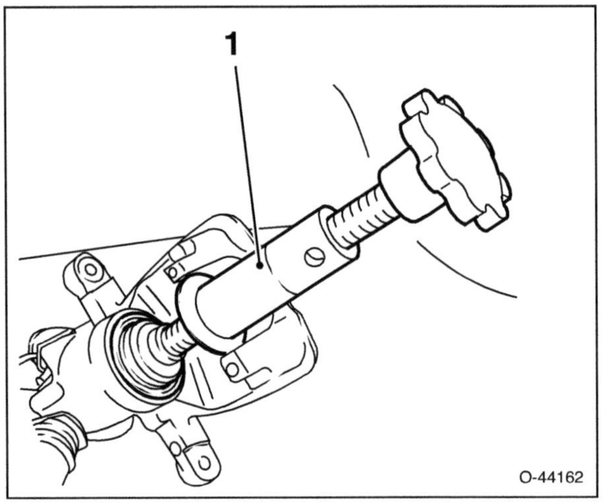

Achtung: Beim Zurückdrehen des Kolbens wird Bremsflüssigkeit aus dem Bremszylinder in den Vorratsbehälter gedrückt. Flüssigkeit im Behälter beobachten, eventuell Bremsflüssigkeit mit einem Saugheber absaugen.

● Bremskolben **nur** mit Rücksetzwerkzeug –1– zurückdrehen, zum Beispiel OPEL KM-6007 oder HAZET 4970/6. **Achtung:** Beim linkem Bremssattel auf Rechtsgewinde achten! Bremskolben der linken Seite entgegen dem Uhrzeigersinn zurückdrehen.

● Vor dem Einsetzen neuer Bremsbeläge Bremsträger oben und unten sowie die Anlageflächen der Bremsklötze am Bremskolben und den gegenüberliegenden Flächen gründlich reinigen. **Hinweis:** Besonders die Klebereste an den Anlageflächen der Bremsklötze entfernen und die Flächen anschließend reinigen.

● 2 Führungsbleche lagerichtig einbauen, siehe Abbildung O-44161 unter »Ausbau«.

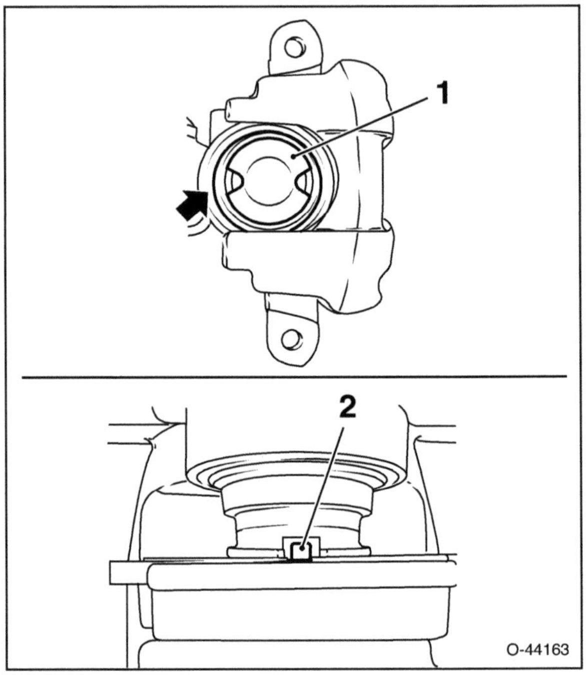

● 2 Bremsbeläge einsetzen. **Achtung:** Auf waagerechte Stellung des Bremskolbens –1– zum inneren Bremsbelag –2– achten.

● Bremssattelschrauben reinigen und mit Sicherungsmittel bestreichen, zum Beispiel LOCTITE 243.

● Bremssattel ansetzen und mit 2 Schrauben und **30 Nm** festziehen.

● Reifen-Laufrichtung beachten, Räder anschrauben, Fahrzeug ablassen, erst dann Radschrauben über Kreuz mit **110 Nm** festziehen. **Achtung:** Unbedingt Hinweise im Kapitel »Rad aus- und einbauen« beachten.

Achtung: Bremspedal im Stand mehrmals kräftig niedertreten, bis fester Widerstand spürbar ist. Dadurch legen sich die Bremsbeläge an die Bremsscheiben an und nehmen einen dem Betriebszustand entsprechenden Sitz ein.

● Bremsflüssigkeit im Vorratsbehälter prüfen, gegebenenfalls bis zur MAX-Marke auffüllen.

● Neue Bremsbeläge vorsichtig einbremsen, dazu Fahrzeug mehrmals von ca. 80 km/h auf 40 km/h mit geringem Pedaldruck abbremsen. Dazwischen Bremse etwas abkühlen lassen.

Achtung: Nach dem Einbau neuer Bremsbeläge müssen diese eingebremst werden. Während einer Fahrtstrecke von rund 200 km sollten unnötige Vollbremsungen unterbleiben.

Hinweis: Bremsbeläge müssen in einigen Kommunen als Sondermüll entsorgt werden. Die örtlichen Behörden geben darüber Auskunft, ob auch eine Entsorgung über den hausmüllähnlichen Gewerbemüll zulässig ist.

Achtung, Sicherheitskontrolle durchführen:

◆ Sind die Bremsschläuche festgezogen?
◆ Befindet sich der Bremsschlauch in der Halterung?
◆ Sind die Entlüftungsschrauben angezogen?
◆ Ist genügend Bremsflüssigkeit eingefüllt?

- ◆ Bei laufendem Motor Dichtheitskontrolle durchführen. Hierzu Bremspedal mit 200 bis 300 N (entspricht 20 bis 30 kg) etwa 10 Sekunden betätigen. Das Bremspedal darf nicht nachgeben. Sämtliche Anschlüsse auf Dichtheit kontrollieren.

Handbremshebel aus- und einbauen/ Schalter für Handbremskontrollleuchte aus- und einbauen

Ausbau

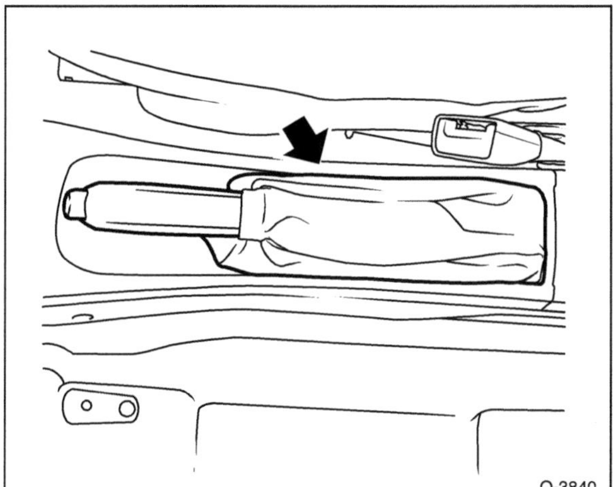
O-3840

- Faltenbalg vom Handbremshebel –Pfeil– abziehen.

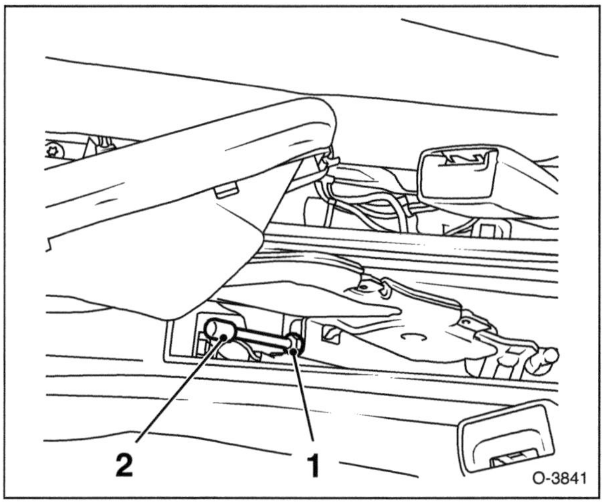

O-3841

- Handbremsseil lösen. Dazu Schutzkappe –2– abziehen und Mutter –1– herausdrehen.

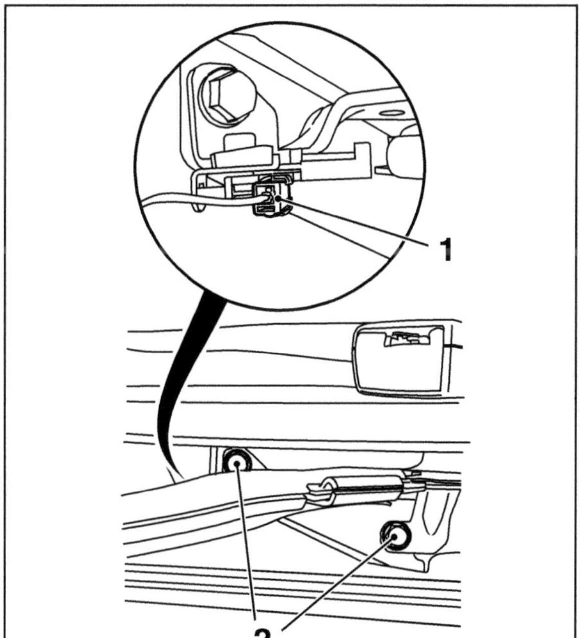

O-44166

- Kabelsatzstecker –1– für Handbremskontrollleuchte trennen.
- Handbremshebel ausbauen. Dazu 2 Schrauben –2– herausdrehen.

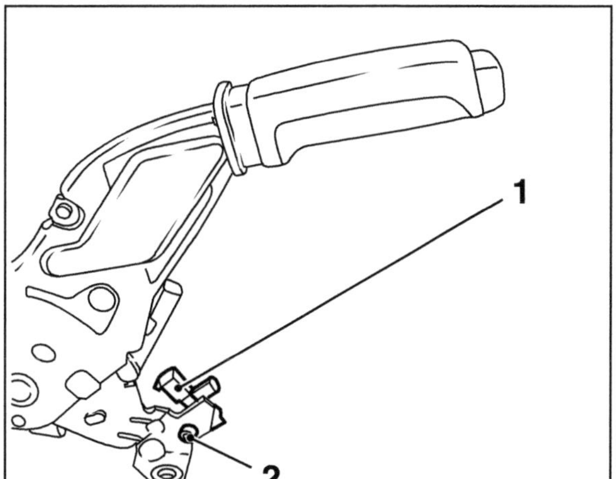

O-44167

- Schraube –2– herausdrehen und Schalter –1– für Handbremskontrollleuchte abnehmen.

Einbau

- Schraubengewinde reinigen.
- Schalter für Handbremskontrollleuchte einsetzen. **Achtung:** Auf korrekte Einbauposition achten. Schraube mit Sicherungsmittel einstreichen und festziehen.
- Handbremshebel einbauen und 2 Schrauben mit **20 Nm** festziehen.
- Kabelsatzstecker für Handbremskontrollleuchte verbinden.

- Handbremsseil an Handbremshebel befestigen. Mutter locker anziehen.
- Handbremsseil einstellen, siehe entsprechendes Kapitel.

Handbremsseil aus- und einbauen

Handbremsseil vorn

Ausbau

- Handbremshebel ausbauen, siehe entsprechendes Kapitel.
- Fahrzeug aufbocken.

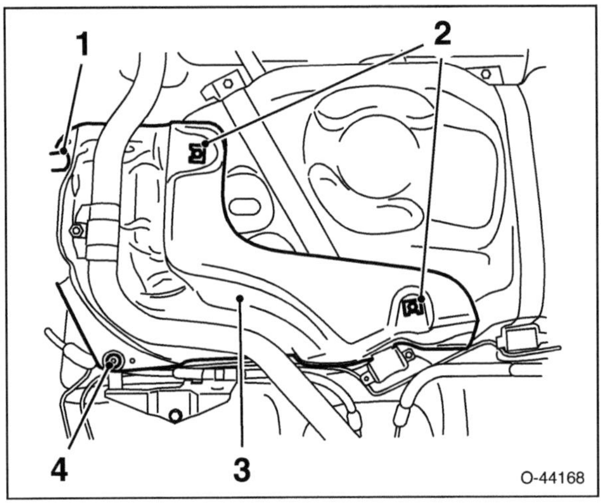

- Am Hitzeschutzblech im Bereich des Tanks Schraube –1– herausdrehen und Blechmutter –4– herausdrehen. 2 Klammern –2– lösen und Hitzeschutzschild –3– abnehmen. **Hinweis:** Bei Fahrzeugen mit Dieselpartikelfilter zusätzlich das Hitzeschutzschild an der Abgasanlage abbauen.

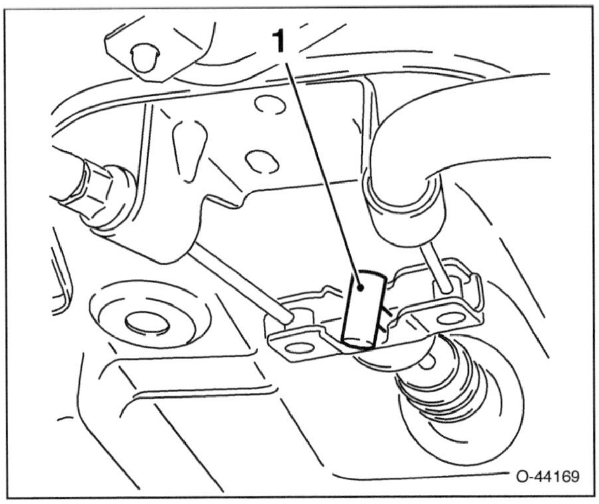

- Handbremsseil vorn –1– aus dem Ausgleichstück herausnehmen.
- Handbremsseil vorn mit Schutzmanschette herausnehmen.

Einbau

- Handbremsseil vorn mit Schutzmanschette einziehen.
- Schutzmanschette in Trägerblech-Handbremshebel einhängen.
- Handbremsseil in Handbremsseilausgleich einhängen und um 90° verdrehen. **Hinweis:** Darauf achten, dass das T-Stück am Ende des Handbremsseils vorn richtig im Handbremsseilausgleich sitzt.
- Handbremsseil vorn am Handbremshebel einhängen.
- Hitzeschutzschild montieren.
- Einstellmutter für Handbremsseil locker aufdrehen.
- Handbremse einstellen, siehe entsprechendes Kapitel.

Handbremsseil hinten

Ausbau

- Handbremsseil am Handbremshebel lösen, siehe Kapitel »Handbremsseil vorn« ausbauen.
- Hitzeschutzschild ausbauen, siehe Kapitel »Handbremsseil vorn« ausbauen.
- Abgasanlage hinten aushängen, siehe Kapitel »Abgasanlage«.
- **3-Türer mit 1,0- und 1,2-l-Motor:** Bremsbacken ausbauen, siehe entsprechendes Kapitel.

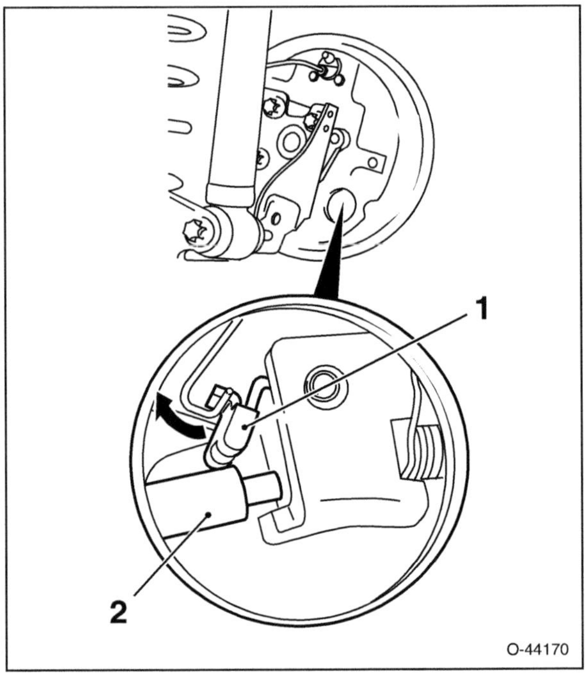

- Verriegelung –1– an der jeweiligen Bremsankerplatte hochklappen.
- Handbremsseil –2– aus Bremstrommel herausziehen.

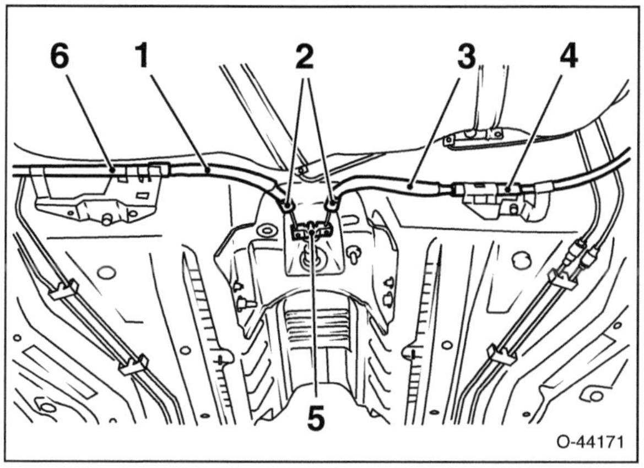

- Handbremsseil –1/3– hinten aus dem Ausgleichstück –5– herausnehmen.
- Handbremsseil –1/3– aus der Führung –2– aushängen.
- Handbremsseil aus der Führung –4/6– ausclipsen.
- Handbremsseil hinten von der Hinterachse ausclipsen.

Einbau

- Handbremsseil hinten mit Handbremsseil vorn verbinden.
- Handbremsseil mit Ausgleichstück vorne verbinden.
- Handbremsseil in Führung einsetzen.
- Handbremsseil hinten am Unterboden 4mal und an der Hinterachse 2mal einclipsen.
- **3-Türer mit 1,0- und 1,2-l-Motor:** Bremsbacken und Bremstrommel einbauen, siehe entsprechende Kapitel.
- Handbremsseil in Hinterradbremse einführen bis die Verriegelung einrastet. **Achtung**: Auf korrekten Sitz der Feder achten.
- Handbremsseil in Bremsankerplatte einclipsen.
- Hitzeschutzblech am Kraftstofftank anbauen.
- Hinteren Schalldämpfer einhängen, siehe entsprechendes Kapitel.
- Bei Dieselmotoren: Vorderes Hitzeschutzschild mit 2 Blechmuttern befestigen.
- Abgasanlage einhängen, siehe entsprechendes Kapitel.
- Handbremse einstellen.

Handbremse einstellen

Einstellen

- Faltenbalg-Handbremshebel aus der Mittelkonsole clipsen und nach oben ziehen, siehe Seite 201.

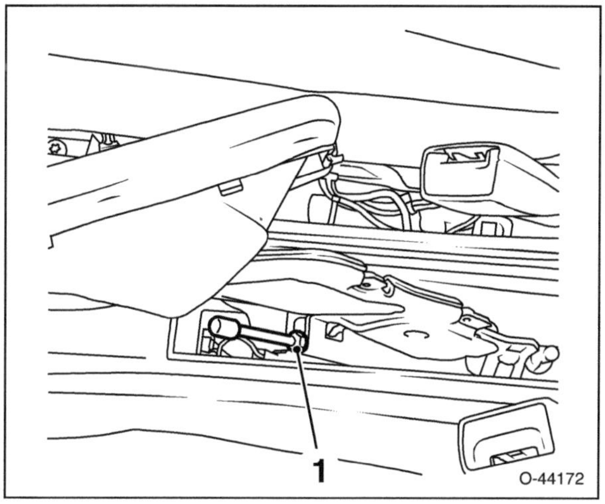

- Einstellmutter –1– ganz lösen.
- Handbremshebel ganz lösen, Position »O«.
- Fahrzeug hinten aufbocken, siehe entsprechendes Kapitel.
- Bei Fahrzeugen mit Trommelbremse an der Hinterachse, Trommelbremse einstellen, siehe entsprechendes Kapitel.
- Bremspedal mindestens 5mal durchtreten. **Hinweis:** Um das Spiel der Handbremse am Bremssattel beziehungswseise an der Bremstrommel einzustellen, darauf achten, dass nach jeder Bremsbetätigung das Bremspedal in Ausgangsstellung zurückgeht. Das Bremspedal muss also vollständig entlastet sein. Bei Fahrzeugen mit Trommelbremse darf vorher kein Überspringen des Nachstellhebels mehr zu hören sein.
- Handbremshebel 5mal bis zum Anschlag ziehen und wieder lösen.
- Handbremshebel bis zur 2. Raste anziehen.
- Einstellmutter am Handbremshebel verdrehen bis sich die Hinterräder schwergängig drehen lassen. **Achtung:** Die Bremswirkung muss an beiden Rädern gleich groß sein.
- Handbremshebel bis zur 3. Raste anziehen. Die Räder dürfen sich jetzt nicht mehr von Hand drehen lassen. Falls doch, Einstellung wiederholen.
- Faltenbalg für Handbremshebel in Mittelkonsole einclipsen.

Bremsschlauch aus- und einbauen

Das Bremsleitungssystem stellt die Verbindung vom Hauptbremszylinder zu den vier Radbremsen her.

Achtung: Die starren Bremsleitungen aus Metall müssen von einer Fachwerkstatt verlegt werden, da zur fachgerechten Montage einige Erfahrung nötig ist.

Als flexible Verbindungen zwischen den starren und beweglichen Fahrzeugteilen, beispielsweise den Bremssätteln, werden druckfeste Bremsschläuche verwendet. Diese müssen bei erkennbaren Schäden sofort ausgewechselt werden. Ältere Bremsschläuche können aufquellen. In einem solchen Fall kann die Bremsflüssigkeit nicht aus dem Radbremszylinder in den Ausgleichzylinder zurückfließen; die Radbremse erhitzt sich. Wird dann das betreffende Entlüfterventil am Radbremszylinder geöffnet und das Rad blockiert nicht mehr, ist das ein Zeichen für einen defekten Bremsschlauch.

Sicherheitshinweis, Fahrzeuge mit ABS
Ist ein Bremsschlauch montiert worden oder eine Kammer des Bremsflüssigkeit-Behälters leergelaufen (zum Beispiel bei Undichtigkeiten im Bremssystem oder wenn beim Entlüften vergessen wurde, Bremsflüssigkeit nachzufüllen), wird Luft angesaugt, die in die ABS-Hydraulikpumpe gelangt. **Die Bremsanlage muss dann in der Werkstatt mit dem Entlüftergerät entlüftet werden.**

Achtung: Bremsschläuche nicht mit Öl oder Petroleum in Berührung bringen, nicht lackieren oder mit Unterbodenschutz besprühen.

Achtung: Regeln im Umgang mit Bremsflüssigkeit beachten, siehe Kapitel »Bremsanlage entlüften«.

Bremsschlauch für Vorderradbremse

Ausbau

- Reifen-Laufrichtung mit Pfeil am Reifen markieren. Radschrauben lösen. Fahrzeug aufbocken und Rad abnehmen. **Achtung:** Unbedingt Hinweise im Kapitel »Rad aus- und einbauen« beachten.

Sicherheitshinweis
Beim Aufbocken des Fahrzeugs besteht Unfallgefahr! Hinweise im Kapitel »Fahrzeug aufbocken« beachten.

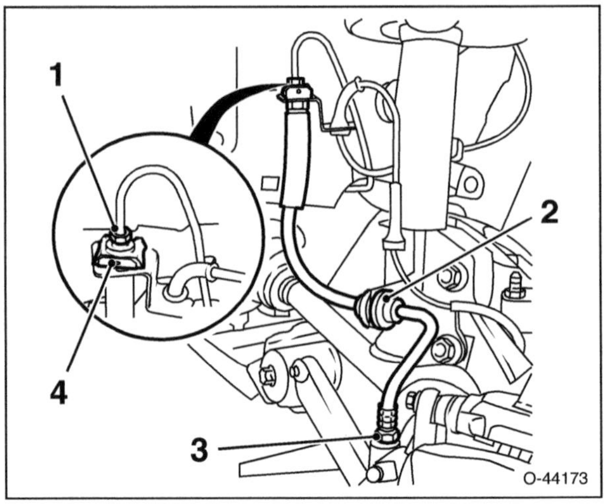

- Überwurfmutter –1– vom Bremsschlauch abschrauben. Starre Bremsleitung mit sauberem Stopfen verschließen. Sicherungsklammer –4– am Halter abdrücken. **Achtung:** Austretende Bremsflüssigkeit mit Lappen auffangen.

Sicherheitshinweis
Beim Öffnen vom Bremskreis läuft Bremsflüssigkeit aus. Bremsflüssigkeit in einer Flasche sammeln, die ausschließlich für Bremsflüssigkeit vorgesehen ist. Man kann auch zuvor die Bremsflüssigkeit mit einem Saugheber aus dem Vorratsbehälter absaugen.

- Bremsschlauch am Federbein ausclipsen –2–.
- Bremsschlauch an der Überwurfschraube –3– aus dem Bremssattel herausdrehen. Auslaufende Bremsflüssigkeit auffangen.

Einbau

Achtung: Nur vom Werk freigegebene Bremsschläuche einbauen. Neuen Bremsschlauch vorne so einbauen, dass er ohne Drall durchhängt.

- Bremsschlauch in Bremssattel eindrehen und mit **20 Nm** festziehen.
- Bremsschlauch an Federbein einclipsen.
- Bremsschlauch an Bremsleitung anschrauben und Überwurfmutter mit **16 Nm** festziehen. Sicherstellen, dass der Bremsschlauch nicht verdreht eingebaut wird.
- Sicherungsklammer einsetzen.
- Bei entlasteten Rädern (Wagen angehoben) Lenkung nach links und rechts einschlagen und sicherstellen, dass der Schlauch allen Radbewegungen folgt ohne irgendwo zu scheuern.
- **Achtung:** Bremsanlage unbedingt mit einem Bremsentlüftungsgerät entlüften, siehe entsprechendes Kapitel.
- Reifen-Laufrichtung beachten, Räder anschrauben, Fahrzeug ablassen, erst dann Radschrauben über Kreuz mit **110 Nm** festziehen. **Achtung:** Unbedingt Hinweise im Kapitel »Rad aus- und einbauen« beachten.

- Erneut prüfen, ob der vordere Bremsschlauch allen Radbewegungen folgt ohne irgendwo zu scheuern.

Achtung, Sicherheitskontrolle und Probebremsungen durchführen, siehe Ende des Kapitels.

Bremsschlauch für Hinterradbremse

Ausbau

- Reifen-Laufrichtung mit Pfeil am Reifen markieren. Radschrauben lösen. Fahrzeug hinten aufbocken und Rad abnehmen. **Achtung:** Unbedingt Hinweise im Kapitel »Rad aus- und einbauen« beachten.

Sicherheitshinweis
Beim Aufbocken des Fahrzeugs besteht Unfallgefahr! Hinweise im Kapitel »Fahrzeug aufbocken« beachten.

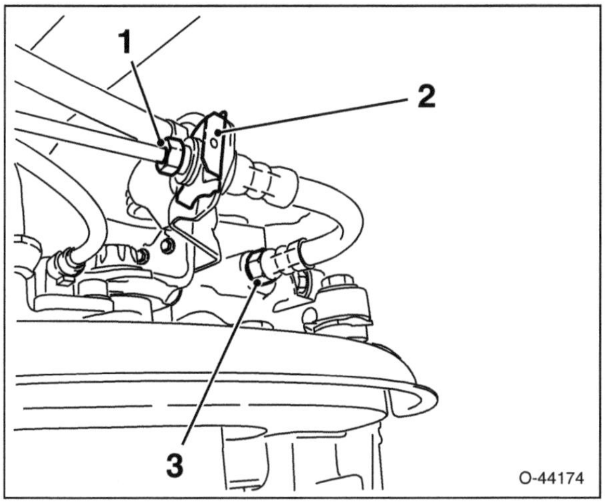

- Überwurfmutter –1– herausdrehen. Bremsleitung mit sauberem Stopfen verschließen. **Achtung:** Austretende Bremsflüssigkeit auffangen.
- Halteblech –2– abziehen.
- Bremsschlauch –3– vom Bremssattel abschrauben. **Achtung:** Austretende Bremsflüssigkeit auffangen.

Einbau

- Bremsschlauch mit **16 Nm** im Bremssattel einschrauben.
- Bremsschlauch in Halterung einsetzen und mit Halteblech sichern.
- Überwurfmutter in Bremsschlauch einschrauben und mit **16 Nm** festziehen.
- Bremsanlage entlüften. **Achtung:** Bremsanlage unbedingt mit einem Bremsentlüftungsgerät entlüften, siehe entsprechendes Kapitel.
- Reifen-Laufrichtung beachten, Räder anschrauben, Fahrzeug ablassen, erst dann Radschrauben über Kreuz mit **110 Nm** festziehen. **Achtung:** Unbedingt Hinweise im Kapitel »Rad aus- und einbauen« beachten.
- Erneut prüfen, ob der vordere Bremsschlauch allen Radbewegungen folgt ohne irgendwo zu scheuern.

Achtung, Sicherheitskontrolle durchführen:

- ◆ Sind die Bremsschläuche festgezogen?
- ◆ Befindet sich der Bremsschlauch in der Halterung?
- ◆ Sind die Entlüftungsschrauben angezogen?
- ◆ Ist genügend Bremsflüssigkeit eingefüllt?
- ◆ Bei laufendem Motor Dichtheitskontrolle durchführen. Hierzu Bremspedal mit 200 bis 300 N (entspricht 20 bis 30 kg) etwa 10 Sekunden betätigen. Das Bremspedal darf nicht nachgeben. Sämtliche Anschlüsse auf Dichtheit kontrollieren.

- Anschließend einige Bremsungen auf einer Straße ohne Verkehr durchführen.

Bremsanlage entlüften

Beim Umgang mit Bremsflüssigkeit sind folgende Hinweise zu beachten:

Sicherheitshinweis
Bremsflüssigkeit ist giftig. Keinesfalls Bremsflüssigkeit mit dem Mund über einen Schlauch absaugen. Bremsflüssigkeit nur in Behälter füllen, bei denen ein versehentlicher Genuss ausgeschlossen ist.

- ■ Bremsflüssigkeit ist ätzend und darf deshalb nicht mit dem Autolack in Berührung kommen, gegebenenfalls Bremsflüssigkeit sofort abwischen und mit viel Wasser abwaschen.
- ■ Bremsflüssigkeit ist hygroskopisch, das heißt, sie nimmt aus der Luft Feuchtigkeit auf. Bremsflüssigkeit deshalb nur in geschlossenen Behältern aufbewahren.
- ■ **Bremsflüssigkeit, die schon einmal im Bremssystem verwendet wurde, darf nicht wieder verwendet werden. Auch beim Entlüften der Bremsanlage nur neue Bremsflüssigkeit verwenden.**
- ■ Bremsflüssigkeits-Spezifikationen: **DOT 4+** .
- ■ **Bremsflüssigkeit darf nicht mit Mineralöl in Berührung kommen.** Schon geringe Spuren von Mineralöl machen die Bremsflüssigkeit unbrauchbar, beziehungsweise führen zum Ausfall des Bremssystems. Stopfen und Manschetten der Bremsanlage werden beschädigt, wenn sie mit mineralölhaltigen Mitteln zusammenkommen. Zum Reinigen keine mineralölhaltigen Putzlappen verwenden.
- ■ Bremsflüssigkeit **alle 2 Jahre wechseln**, möglichst nach der kalten Jahreszeit.

Achtung: Bremsflüssigkeit ist ein Problemstoff und darf auf keinen Fall einfach weggeschüttet oder dem Hausmüll mitgegeben werden. Gemeinde- und Stadtverwaltungen informieren darüber, wo sich die nächste Problemstoff-Sammelstelle befindet.

Entlüften

Nach jeder Reparatur an der Bremse bei der die Bremsanlage geöffnet wurde, kann Luft in die Druckleitungen eingedrungen sein. Dann muss das Bremssystem entlüftet werden. Luft ist auch dann in den Leitungen, wenn sich beim Treten des Bremspedals der Bremsdruck schwammig anfühlt. In diesem Fall muss die Undichtigkeit beseitigt und die Bremsanlage entlüftet werden.

In der Werkstatt wird die Bremse in der Regel mit einem Bremsentlüftungsgerät entlüftet. **Zwingend vorgeschrieben ist die Verwendung eines Bremsentlüftungsgerätes, wenn ein Bremsschlauch demontiert wurde, wenn nur eine Kammer des Bremsflüssigkeitsbehälters leer war oder wenn die hydraulische Kupplungsbetätigung ebenfalls entlüftet werden muss.** Im Normalfall geht es auch ohne das Bremsentlüftungsgerät. Die Bremsanlage wird dann durch Pumpen mit dem Bremspedal entlüftet, dazu ist eine zweite Person notwendig.

Muss die ganze Anlage entlüftet werden, jede Radbremse einzeln und den Kupplungsnehmerzylinder entlüften. Das ist immer dann der Fall, wenn Luft in jeden einzelnen Bremszylinder gedrungen ist. Dafür immer ein **Bremsentlüftungsgerät** verwenden. Falls nur ein Bremssattel erneuert bzw. überholt wurde, genügt in der Regel das Entlüften des betreffenden Bremszylinders.

Hinweis: Wird die Bremse durch Pumpen mit dem Bremspedal entlüftet, soll es mitunter vorkommen, dass die Manschetten im Hauptbremszylinder beschädigt werden.

Sicherheitshinweis
Ist eine Kammer des Bremsflüssigkeit-Ausgleichbehälters komplett leergelaufen (zum Beispiel bei Undichtigkeiten im Bremssystem oder wenn beim Entlüften vergessen wurde, Bremsflüssigkeit nachzufüllen), wird Luft angesaugt, die in die ABS-Hydraulikpumpe gelangt. Die Bremsanlage muss dann in der Werkstatt mit dem Entlüftergerät entlüftet werden. Bei Einbau eines neuen Bremsschlauchs muss die Anlage ebenfalls mit einem Entlüftergerät entlüftet werden.

Die Reihenfolge der Entlüftung:
1. Bremssattel hinten rechts, 2. Bremssattel hinten links, 3. Bremssattel vorn rechts, 4. Bremssattel vorn links.

- Fahrzeug aufbocken.
- Vorratsbehälter bis MAX-Markierung auffüllen.

Achtung: Entlüfterventile vorsichtig öffnen, damit sie nicht abgedreht werden. Es empfiehlt sich, die Ventile ca. 1 Stunde vor dem Entlüften mit Rostlöser einzusprühen.

Achtung: Während des Entlüftens die Entlüfterflasche 30 Zentimeter höher als das Entlüfterventil halten und ab und zu den Ausgleichbehälter beobachten. Der Flüssigkeitsspiegel darf nicht zu weit sinken, sonst wird über den Ausgleichbehälter Luft angesaugt. **Immer nur neue Bremsflüssigkeit nachgießen!**

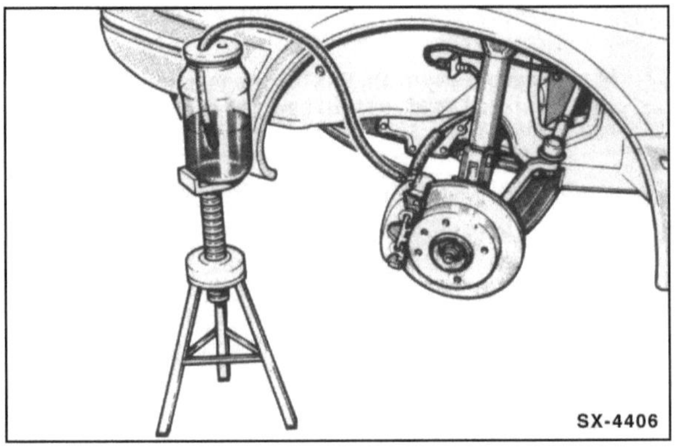
SX-4406

- Staubkappe vom Entlüfterventil des Bremszylinders abnehmen. Entlüfterventil reinigen, sauberen Schlauch aufstecken, anderes Schlauchende in eine mit Bremsflüssigkeit halbvoll gefüllte Flasche stecken (geeigneten Schlauch und passendes Gefäß gibt es auch im Autozubehör-Handel).
- Von einem Helfer Bremspedal so oft niedertreten lassen, »pumpen«, bis sich im Bremssystem Druck aufgebaut hat – zu spüren am wachsenden Widerstand beim Betätigen des Pedals.
- Ist genügend Druck vorhanden, Bremspedal ganz durchtreten und Fuß auf dem Bremspedal halten.

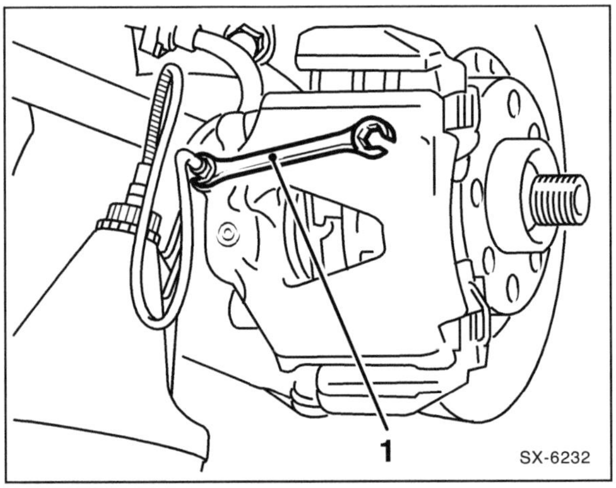

SX-6232

- Entlüfterventil am Bremssattel beziehungsweise am Radbremszylinder etwa ½ Umdrehung mit Ringschlüssel –1– öffnen. Zum Öffnen der Ventile gibt es spezielle Entlüftungsschlüssel, zum Beispiel HAZET 4968-9. Ausfließende Bremsflüssigkeit in der Flasche sammeln. **Hinweis:** Die Abbildung zeigt nicht den CORSA-Bremssattel.
- Ausfließende Bremsflüssigkeit in der Flasche sammeln. Darauf achten, dass sich das Schlauchende in der Flasche ständig unterhalb des Flüssigkeitsspiegels befindet.
- Sobald der Flüssigkeitsdruck nachlässt, Entlüfterventil schließen.

- Pumpvorgang wiederholen, bis sich Druck aufgebaut hat. Bremspedal niedertreten, Fuß auf dem Bremspedal lassen, Entlüfterventil öffnen, bis der Druck nachlässt. Entlüfterventil schließen.
- Entlüftungsvorgang an einem Bremszylinder so lange wiederholen bis sich in der Bremsflüssigkeit, die in die Entlüfterflasche strömt, keine Luftblasen mehr zeigen.
- Nach dem Entlüften Schlauch von Entlüfterventil abziehen, Entlüfterventil festziehen und Staubkappe auf Ventil stecken. Anzugsdrehmoment für das Entlüfterventil: Bremssattel **10 Nm**, Radbremszylinder hinten **6 Nm**.
- Die Bremszylinder an den anderen Rädern auf die gleiche Weise entlüften, dabei Reihenfolge einhalten.
- Nach dem Entlüften den Ausgleichbehälter bis zur MAX-Markierung auffüllen.

Achtung, Sicherheitskontrolle durchführen:

- Sind die Entlüftungsschrauben angezogen?
- Ist genügend Bremsflüssigkeit eingefüllt?
- Bei laufendem Motor Dichtheitskontrolle durchführen. Hierzu Bremspedal mit 200 bis 300 N (entspricht 20 bis 30 kg) etwa 10 Sekunden betätigen. Das Bremspedal darf nicht nachgeben. Sämtliche Anschlüsse auf Dichtheit kontrollieren.

- Nach dem Entlüften darf sich beim Treten auf das Bremspedal der Druck nicht schwammig anfühlen. Falls doch, Anlage nochmals entlüften.
- Anschließend einige Bremsungen auf einer Straße ohne Verkehr durchführen. Dabei sollte mindestens einmal die Bremsregelung des ABS-Systems geprüft werden, beispielsweise auf losem Untergrund. Dazu Bremse stark betätigen, bis am spürbaren Pulsieren des Bremspedals der Beginn der Bremsregelung erkennbar ist.

Achtung: Falls der Bremspedalweg nach der Probefahrt zu groß ist, obwohl er direkt nach dem Entlüften in Ordnung war, dann ist möglicherweise Luft in der ABS-Hydraulikeinheit. In diesem Fall Bremsanlage umgehend in der Fachwerkstatt entlüften lassen.

Speziell: Entlüften mit Bremsentlüftungsgerät

- Verschlussdeckel vom Bremsflüssigkeitsbehälter abschrauben und Entlüftungsgerät über einen Adapter am Bremsflüssigkeitsbehälter anschließen.
- Im Bremssystem einen Arbeitsdruck von 2,0 bis 2,5 bar einstellen.
- Nacheinander jeden Bremszylinder entlüften: Dazu Schlauch am Entlüfterventil aufstecken, Ventil öffnen und Flüssigkeit ausströmen lassen, bis sich keine Luftblasen mehr zeigen. Anschließend Ventil schließen.
- Nach dem Entlüften Adapter und Entlüftungsgerät abbauen, dabei darauf achten, dass der Bremsflüssigkeitsbehälter unter Druck steht.

Bremslichtschalter aus- und einbauen

Ausbau

- Fußraumverkleidung auf der Fahrerseite ausbauen, siehe Seite 199.
- Bremspedal von Hand niederdrücken und halten beziehungsweise mit geeignetem Brett festklemmen.

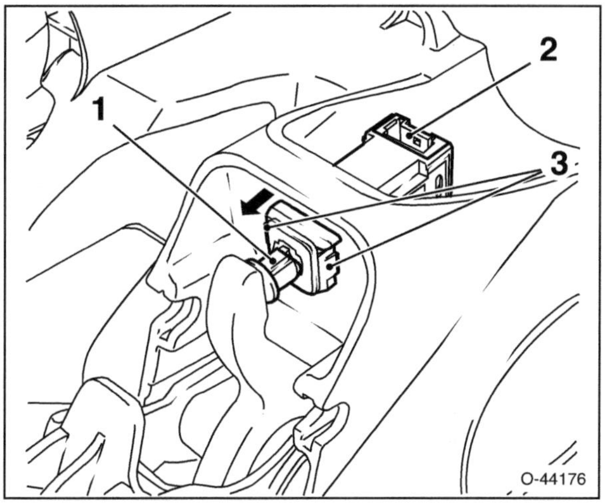

- Schaltersicherung –1– in Pfeilrichtung entriegeln.
- 2 Haltenasen –3– eindrücken und Schalter –2– aus dem Träger herausziehen.
- Mehrfachstecker vom Schalter abziehen.

Einbau

- Mehrfachstecker aufschieben.
- Schalter in den Träger einsetzen und einrasten.
- Fußraumverkleidung einbauen, siehe Seite 199.

Störungsdiagnose Bremse

Störung	Ursache	Abhilfe
Leerweg des Bremspedals zu groß.	Ein Bremskreis ausgefallen.	■ Bremskreise auf Flüssigkeitsverlust prüfen.
Bremspedal lässt sich weit und federnd durchtreten.	Luft im Bremssystem.	■ Bremse entlüften.
	Zu wenig Bremsflüssigkeit im Ausgleichbehälter.	■ Neue Bremsflüssigkeit nachfüllen. Bremse entlüften.
	Dampfblasenbildung. Tritt meist nach starker Beanspruchung auf, z. B. Passabfahrt.	■ Bremsflüssigkeit wechseln. Bremse entlüften.
Bremswirkung lässt nach, und Bremspedal lässt sich durchtreten.	Undichte Leitung.	■ Leitungsanschlüsse nachziehen oder Leitung erneuern.
	Beschädigte Manschette im Haupt- oder Radbremszylinder.	■ Manschette erneuern. Beim Hauptbremszylinder Innenteile ersetzen (Werkstatt), gegebenenfalls Hauptbremszylinder ersetzen oder Radbremszylinder überholen lassen.
Schlechte Bremswirkung trotz hohen Fußdrucks.	Bremsbeläge verölt.	■ Bremsbeläge erneuern.
	Ungeeigneter oder verhärteter Bremsbelag.	■ Beläge erneuern. Nur vom Automobilhersteller freigegebene Bremsbeläge verwenden.
	Bremsbeläge abgenutzt.	■ Bremsbeläge erneuern.
	Bremskraftverstärker defekt, Unterdruckleitung porös, defekt.	■ Bremskraftverstärker und Unterdruckleitung prüfen.
Bremse zieht einseitig.	Unvorschriftsmäßiger Reifendruck. Bereifung ungleichmäßig abgefahren.	■ Reifendruck prüfen und berichtigen. Abgefahrene Reifen ersetzen.
	Bremsbeläge verölt.	■ Bremsbeläge erneuern.
	Verschiedene Bremsbelagsorten auf einer Achse.	■ Beläge erneuern. Nur vom Automobilhersteller freigegebene Bremsbeläge verwenden.
	Speziell bei Scheibenbremse:	
	Verschmutzte Bremssattelschächte.	■ Sitz- und Führungsflächen der Bremsbeläge im Bremssattel reinigen.
	Korrosion in den Bremssattelzylindern.	■ Bremssattel erneuern.
	Bremsbelag ungleichmäßig verschlissen.	■ Bremsbeläge erneuern (an beiden Rädern), Bremssättel auf Leichtgängigkeit prüfen.
	Speziell bei Trommelbremse:	
	Kolben in den Radbremszylindern schwergängig.	■ Radbremszylinder erneuern.
Bremse zieht von selbst an.	Hauptbremszylinder defekt.	■ Hauptbremszylinder ersetzen.
Bremsen erhitzen sich während der Fahrt.	Bremse schwergängig.	■ Bewegliche Teile der Bremse schmieren. Bremssattel überholen lassen (Werkstattarbeit).
	Handbremsseil schwergängig.	■ Seil schmieren oder erneuern.
	Bremsschlauch innen aufgequollen, dicht.	■ Bremsschlauch erneuern.
	Speziell bei Scheibenbremse:	
	Korrosion in den Bremsattelzylindern.	■ Bremssattel erneuern.
	Speziell bei Trommelbremse:	
	Bremsbacken-Rückzugfedern erlahmt.	■ Rückzugfedern erneuern.

Störung	Ursache	Abhilfe
Bremsen rattern.	Ungeeigneter Bremsbelag.	■ Beläge erneuern. Nur vom Automobilhersteller freigegebene Bremsbeläge verwenden.
	Speziell bei Scheibenbremse:	
	Bremsscheibe stellenweise korrodiert.	■ Scheibe mit Schleifklötzen sorgfältig glätten.
	Bremsscheibe hat Seitenschlag.	■ Scheibe nacharbeiten oder ersetzen.
	Speziell bei Trommelbremse:	
	Bremsbeläge verschlissen.	■ Beläge erneuern.
	Bremstrommel unrund.	■ Bremstrommel ersetzen.
Räder lassen sich schwer von Hand drehen.	**Speziell bei Scheibenbremse:** Bremsbeläge lösen sich nicht von der Bremsscheibe, Korrosion in den Bremssattelzylindern.	■ Bremssattel überholen, eventuell austauschen.
	Speziell bei Trommelbremse:	
	Bremsbacken lösen sich nicht von der Bremstrommel, Rückholfeder gebrochen oder abgesprungen.	■ Neue Rückholfeder einbauen.
Ungleichmäßiger Belag-Verschleiß.	**Speziell bei Scheibenbremse:**	
	Ungeeigneter Bremsbelag.	■ Beläge erneuern.
	Bremssattel verschmutzt.	■ Bremssattelschächte reinigen.
	Bremssattel klemmt.	■ Führungsbuchsen und -stifte gangbar machen.
	Kolben nicht leichtgängig.	■ Kolben gangbar machen (Werkstattarbeit).
	Bremssystem undicht.	■ Bremssystem auf Dichtigkeit prüfen.
Keilförmiger Bremsbelag-Verschleiß.	**Speziell bei Scheibenbremse:**	
	Bremsscheibe läuft nicht parallel zum Bremssattel.	■ Anlagefläche des Bremssattels prüfen.
	Korrosion in den Bremssätteln.	■ Verschmutzung beseitigen oder Bremssattel erneuern.
Bremse quietscht.	Oft auf atmosphärische Einflüsse (Luftfeuchtigkeit) zurückzuführen.	■ Keine Abhilfe erforderlich, wenn Quietschen nach längerem Stillstand des Wagens bei hoher Luftfeuchtigkeit auftritt, sich dann aber nach den ersten Bremsungen nicht wiederholt.
	Speziell bei Scheibenbremse:	
	Ungeeigneter Bremsbelag.	■ Beläge erneuern. Rückenplatte mit Anti-Quietsch-Paste bestreichen.
	Bremsscheibe läuft nicht parallel zum Bremssattel.	■ Anlagefläche des Bremssattels prüfen.
	Verschmutzte Schächte im Bremssattel.	■ Bremssattelschächte reinigen.
	Speziell bei Trommelbremse:	
	Ungeeigneter Bremsbelag oder Belag liegt nicht satt auf.	■ Beläge erneuern. Nur vom Automobilhersteller freigegebene Bremsbeläge verwenden.
	Bremse verschmutzt.	■ Bremsen reinigen.
	Rückholfedern zu schwach, gebrochen oder abgesprungen.	■ Rückholfedern erneuern.

Störung	Ursache	Abhilfe
Bremse pulsiert.	ABS bei Vollbremsung in Funktion.	■ Normal, keine Abhilfe.
	Speziell bei Scheibenbremse:	
	Seitenschlag oder Dickentoleranz der Bremsscheibe zu groß.	■ Schlag und Toleranz prüfen. Scheibe nacharbeiten oder ersetzen.
	Bremsscheibe läuft nicht parallel zum Bremssattel.	■ Anlagefläche des Bremssattels prüfen.
	Speziell bei Trommelbremse:	
	Anlagefläche der Felge an der Bremstrommel nicht plan, dadurch Verzug der Bremstrommel.	■ Es kann versucht werden, die Felgen untereinander auszutauschen. Gegebenenfalls Felgen ersetzen.
ABS-Kontrollleuchte leuchtet während der Fahrt.	Betriebsspannung zu niedrig (unter ca. 10 Volt).	■ Batteriespannung prüfen. Prüfen, ob Kontrolllampe für Generator nach dem Motorstart erlischt, andernfalls Keilrippenriemen und Generator prüfen.
		■ Hinweise zu ABS/EBV/TC/ESP beachten.
	ABS-Anlage defekt.	■ ABS-Anlage in der Fachwerkstatt prüfen lassen.
Wirkung der Handbremse nicht ausreichend.	Leerweg des Handbremshebels zu groß.	■ Handbremse einstellen.
	Bowdenzüge korrodiert.	■ Neuteile einbauen.

Motor-Mechanik

Aus dem Inhalt:

- Ventilspiel prüfen
- Lüfter ausbauen
- Keilrippenriemen ersetzen
- Kühler ausbauen
- Motor-Kühlung
- Kühlmittelregler

Motorabdeckung aus- und einbauen

1,3-/1,7-l-Dieselmotor

Ausbau

Hinweis: In der Abbildung ist der 1,3-l-Motor dargestellt.

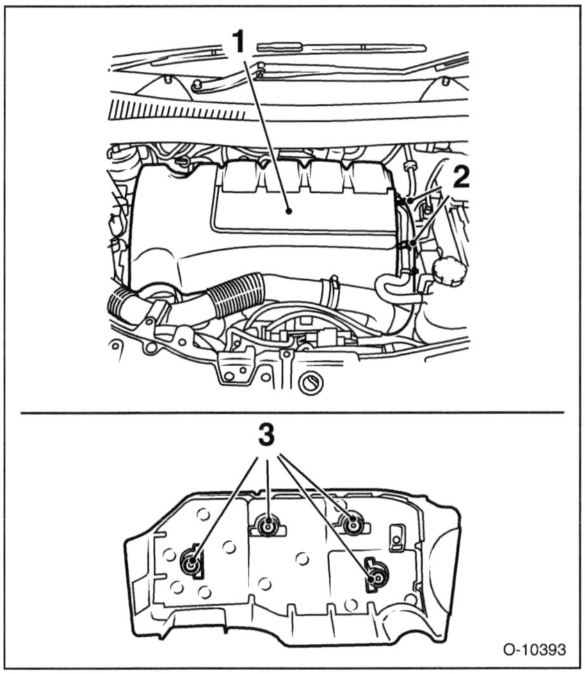

- Unterdruckleitung und Kühlmittelrücklaufschlauch aus Halter –2– ausclipsen.
- Motorabdeckung –1– nach oben abziehen. **Achtung:** Die 4 Haltegummis –3– bleiben an der Motorabdeckung.

Einbau

- Motorabdeckung mit den Haltegummis –3– über den Aufnahmen ansetzen und aufdrücken.
- Unterdruckschlauch und Kühlmittelrücklaufschlauch in die Halter einclipsen.

Zylinderkopfdeckel aus- und einbauen

Motor A/Z16LE(L/R)

Ausbau

- Zündmodul ausbauen, siehe Seite 29.

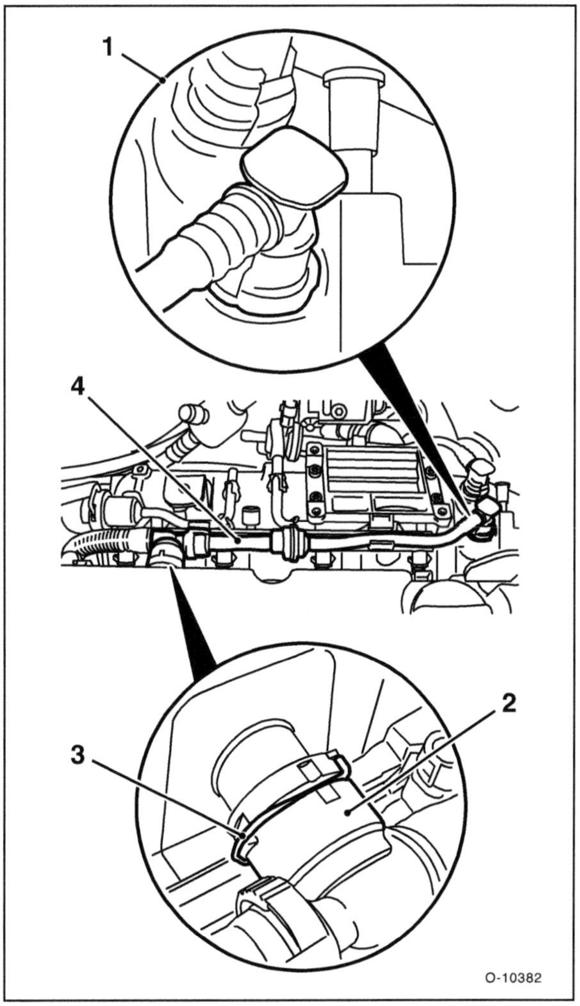

- Entlüftungsleitung –4– abbauen. Dazu Schnellverschluss –1– trennen. Leitung ausclipsen. Sicherungsbügel –3– herausziehen und Schnellverschluss –2– abziehen.

- 2 Kabelkanäle vom Zylinderkopfdeckel abziehen.

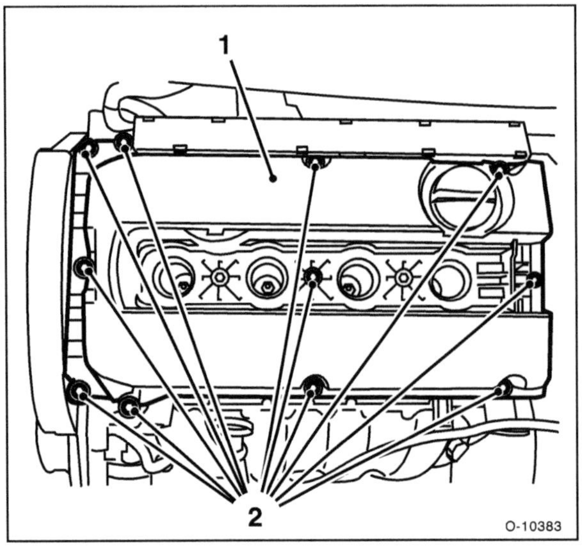

- 11 Schrauben –2– herausdrehen und Zylinderkopfdeckel –1– abnehmen.

Einbau

- Neue Dichtungen in den Zylinderkopfdeckel einlegen.
- Zylinderkopfdeckel ansetzen und wechselweise mit **8 Nm** festziehen.
- Zündmodul einbauen, siehe Seite 29.

Ventilspiel prüfen

Allgemeine Hinweise

Um unterschiedliche Wärmeausdehnungen im Ventiltrieb zu kompensieren, muss ein gewisses Ventilspiel vorhanden sein.

Bei zu geringem Spiel verändern sich die Steuerzeiten, die Verdichtung ist schlecht, die Motorleistung nimmt ab, der Motorlauf ist unregelmäßig. In extremen Fällen können sich die Ventile verziehen oder die Ventile beziehungsweise Ventilsitze verbrennen.

Bei zu großem Spiel stellen sich starke mechanische Geräusche ein, die Steuerzeiten verändern sich, der Motor gibt, in Folge zu kurzer Öffnungszeiten der Ventile und somit schlechter Zylinderfüllung, weniger Leistung ab, der Motorlauf ist unregelmäßig.

Das Einstellen der Ventile hat nur dann den gewünschten Erfolg, wenn die Ventile einwandfrei abdichten, diese kein unzulässiges Spiel in den Ventilführungen haben und am Schaftende nicht eingeschlagen sind.

Das Ventilspiel muss im Rahmen der Wartung, nach Reparaturen oder wenn Geräusche am Ventiltrieb auftreten, geprüft beziehungsweise eingestellt werden. Ventilspiel immer bei »kaltem« Motor prüfen/einstellen. Der Motor ist dann kalt, wenn er auf Umgebungstemperatur abgekühlt ist.

Sollwerte für das Ventilspiel in mm:

Motor/Ventile	Prüfwert	Einstellwert
A/Z16LEL, A/Z16LER		
Einlassventile	0,25 ± 0,04	0,25
Auslassventile	0,34 ± 0,04	0,34
Z17DTR, A17DTS		
Einlassventile	0,40 ± 0,05	0,40
Auslassventile	0,40 ± 0,05	0,40

Hinweis: Es wird **nur das Prüfen des Ventilspiels beschrieben**. Zum Einstellen müssen die Nockenwellen ausgebaut und die Tassenstößel ersetzt werden (Werkstattarbeit).

Motor A/Z16LE(L/R)

Prüfen

- Batterie abklemmen. **Achtung:** Hinweise im Kapitel »Batterie aus- und einbauen« beachten.
- Zylinderkopfdeckel ausbauen, siehe dazu auch Seite 159.

Sicherheitshinweis
Beim Aufbocken des Fahrzeugs besteht Unfallgefahr! Hinweise im Kapitel »Fahrzeug aufbocken« beachten.

- Rechtes Vorderrad ausbauen. Vorher Reifen-Laufrichtung markieren. Radschrauben lösen. Fahrzeug aufbocken und Rad abnehmen. **Achtung:** Unbedingt Hinweise im Kapitel »Rad aus- und einbauen« beachten.
- Motor-Spritzschutz ausbauen.

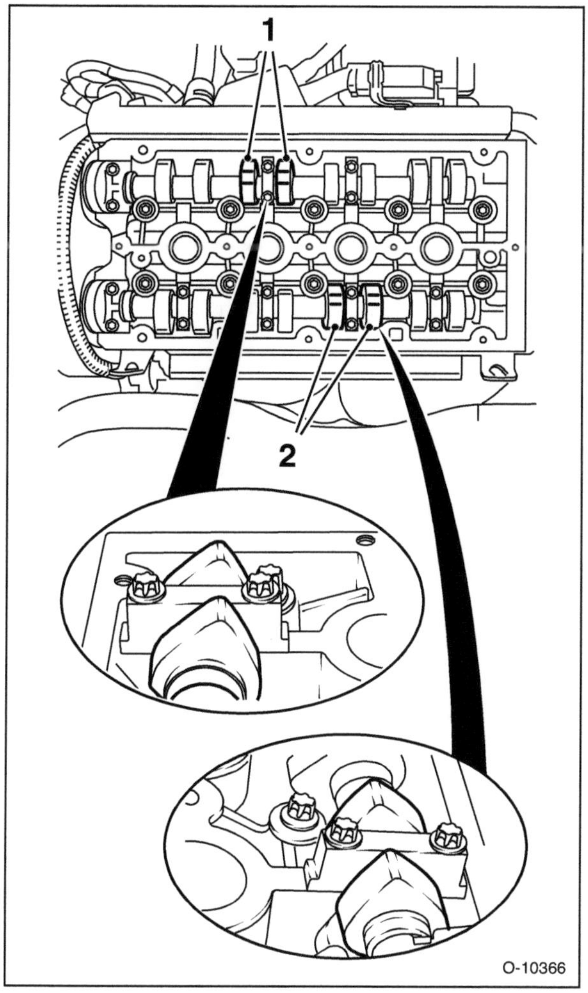

- Motorkurbelwelle an der Zentralschraube der Kurbelwellen-Riemenscheibe drehen, bis die Nocken des 2. Zylinders auf der Einlassseite –1– und des 3. Zylinders auf der Auslassseite –2– nach oben zeigen und gleichmäßig leicht schräg nach innen stehen.

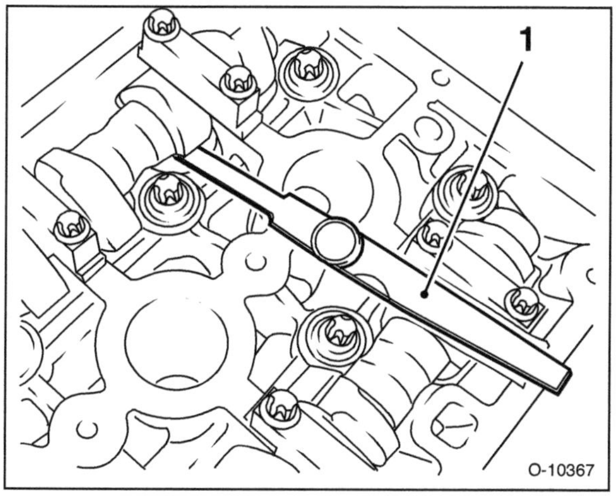

- An diesen Nocken das Ventilspiel mit einer Fühlerblattlehre –1– prüfen. Liegt das Ventilspiel außerhalb des Prüfwertes, aktuelles Ventilspiel durch Wechseln der Fühlerblätter ermitteln und notieren.
- Kurbelwelle um ½ Umdrehung in Motordrehrichtung weiterdrehen. Dies entspricht ¼ Umdrehung der Nockenwellenräder, dabei an den Markierungen der Nockenwellenräder orientieren. In dieser Stellung das Ventilspiel an den Nocken für die Einlassventile des 1. Zylinders und die Auslassventile des 4. Zylinders prüfen.
- Nach einer weiteren halben Umdrehung der Kurbelwelle Ventilspiel an den Nocken für die Einlassventile des 3. Zylinders und die Auslassventile des 2. Zylinders prüfen.
- Nach einer weiteren halben Umdrehung der Kurbelwelle Ventilspiel an den Nocken für die Einlassventile des 4. Zylinders und die Auslassventile des 1. Zylinders prüfen.
- Motor-Spritzschutz einbauen.
- Reifen-Laufrichtung beachten, Vorderrad anschrauben, Fahrzeug ablassen, erst dann Radschrauben über Kreuz mit **110 Nm** festziehen. **Achtung:** Unbedingt Hinweise im Kapitel »Rad aus- und einbauen« beachten.
- Fahrzeug ablassen.
- Batterie anklemmen. **Achtung:** Hinweise im Kapitel »Batterie aus- und einbauen« beachten.

Motor Z17DTR, A17DTS

Hinweis: Die sehr aufwändigen Vorarbeiten für das Prüfen des Ventilspiels (Ausbau von Injektoren und Zahnriemen) werden hier nicht beschrieben. Es werden lediglich Hinweise für den eigentlichen Prüfvorgang gegeben.

- Injektoren ausbauen.

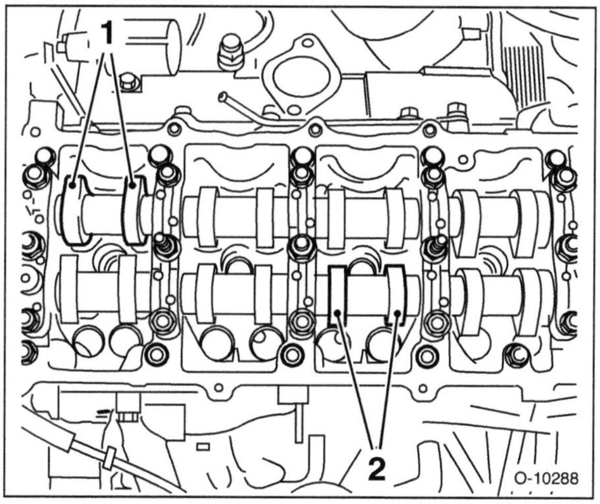

- Kurbelwelle drehen, bis die Nockenpaare –1– und –2– nach oben stehen.
- Ventilspiel mit Fühlerblattlehre prüfen. Dazu Fühlerblattlehre zwischen die Nocken –1– und –2– und die jeweils darunter liegenden Ventilstößel schieben. Die Lehre muss sich saugend durchschieben lassen, andernfalls ist das Ventilspiel einzustellen. **Prüfwert** für Einlass-/Auslass-Ventilspiel: **0,35 – 0,45 mm**.
- Liegt das gemessene Ventilspiel außerhalb des Prüfwertes, muss das Ventilspiel eingestellt werden.

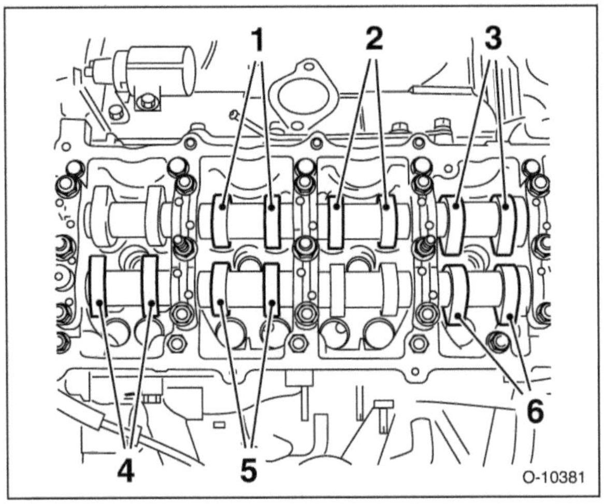

- Kurbelwelle um ½ Umdrehung in Motordrehrichtung weiterdrehen. Dies entspricht ¼ Umdrehung der Nockenwellenräder, dabei an den Markierungen der Nockenwellenräder orientieren. In dieser Stellung das Ventilspiel an den Nockenpaaren –6– und –2– prüfen.
- Kurbelwelle um ½ Umdrehung in Motordrehrichtung weiterdrehen und Ventilspiel an den Nockenpaaren –5– und –3– prüfen.
- Kurbelwelle um ½ Umdrehung in Motordrehrichtung weiterdrehen und Ventilspiel an den Nockenpaaren –4– und –1– prüfen.
- Falls das Ventilspiel eingestellt werden muss, sind die Nockenwellen auszubauen und die Tassenstößel zu ersetzen (Werkstattarbeit).
- Injektoren einbauen.

Keilrippenriemen aus- und einbauen

1,2-/1,4-l-Benzinmotor

Hinweis: Die Arbeitsschritte beim 1,0-l-Benzinmotor sind weitgehend identisch wie beim 1,2-/1,4-l-Benzinmotor.

Ausbau

- Luftfiltergehäuse ausbauen, siehe Seite 187.
- Laufrichtung auf dem Keilrippenriemen markieren. Dazu mit Filzstift oder Kreide einen Pfeil in Laufrichtung anbringen. Der Keilrippenriemen dreht im Uhrzeigersinn.

Sicherheitshinweis
Beim Aufbocken des Fahrzeugs besteht Unfallgefahr! Deshalb die Hinweise im Kapitel »Fahrzeug aufbocken« beachten.

- Fahrzeug aufbocken.
- Motorraumabdeckung unten beziehungsweise Spritzschutz ausbauen.

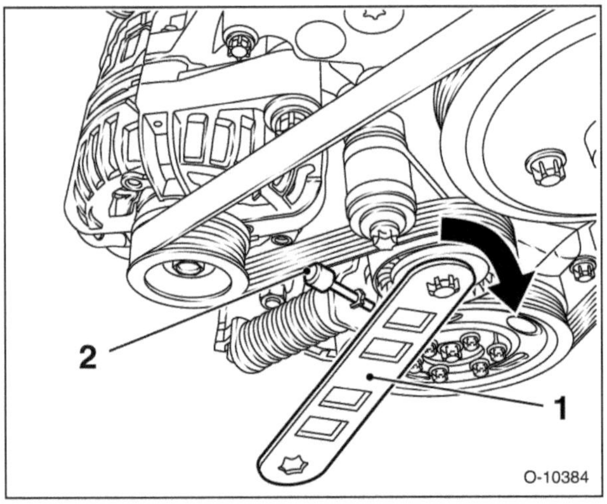

- Spannvorrichtung des Keilrippenriemens mit Außentorxschlüssel –1– in Pfeilrichtung spannen und mit geeignetem Absteckdorn –2–, zum Beispiel OPEL-KM-955-2 arretieren. Anschließend Spannvorrichtung wieder entspannen.

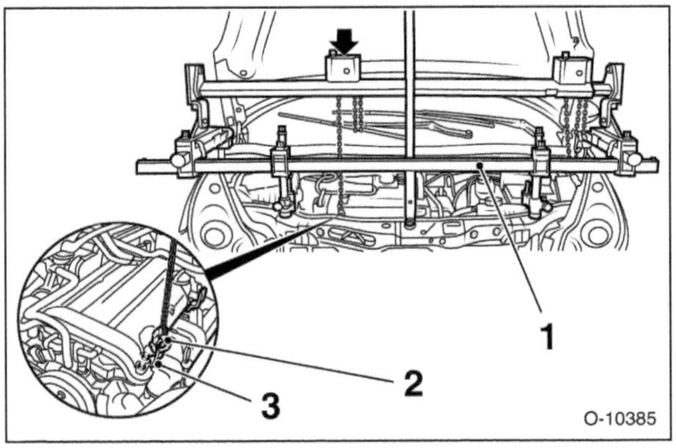

- Fahrzeug absenken und Motorbrücke –1– anbauen.

- Motor an Motorbrücke anhängen. Dabei Kettenkasten oberhalb der Motortransportlasche positionieren –Pfeil– und Haken –2– in die Motortransportlasche –3– einhängen. Kette durch Drehen am Sechskant des Kettenkastens auf Spannung bringen.

Achtung: Falls das Motorlager nur zum Ausbau des Keilrippenriemens ausgebaut werden soll, kann der Motor anstelle des Spezialwerkzeuges auch mit einem handelsüblichen Werkstattkran oder mit einem Motorheber abgefangen werden. **Hinweis:** Bei Verwendung eines Motorkrans können die folgenden Arbeiten nur bei aufgebocktem Fahrzeug durchgeführt werden.

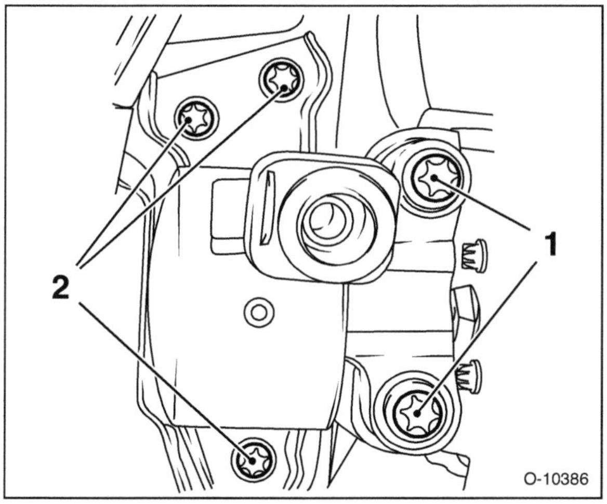

- Motordämpfungsblock rechts ausbauen. Dazu 5 Schrauben –1– und –2– herausdrehen.

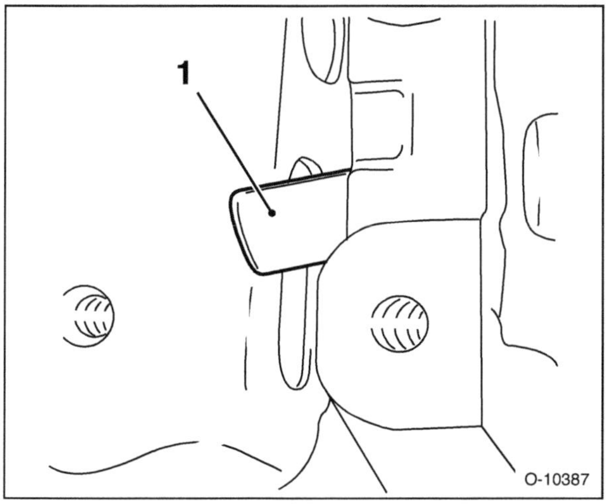

- Motor etwas absenken. **Achtung:** Dabei darf die Lackierung der Karosserie nicht beschädigt werden. Deshalb Kunststoff- oder Holzkeil –1– zwischen Karosserie und Haltebock des Motordämpfungsblocks einsetzen.

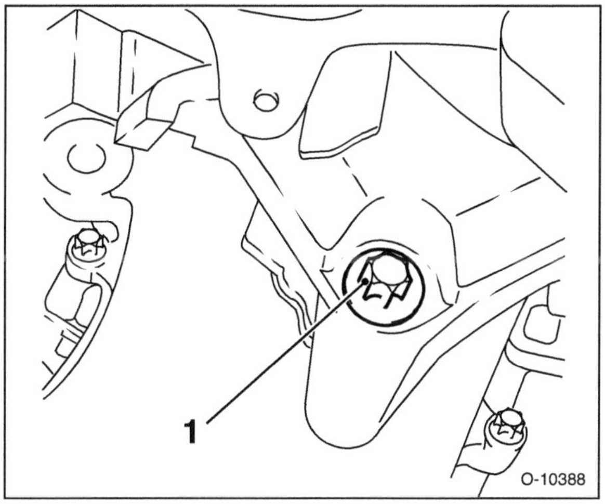

- Kette der Motorbrücke langsam ablassen, bis die untere Schraube –1– des Haltebocks von unten zugänglich ist.
- Fahrzeug anheben und Schraube –1– herausdrehen.
- Fahrzeug absenken.
- Motor anheben, bis die oberen Schrauben des Haltebocks zugänglich sind.
- Kunststoff- beziehungsweise Holzkeil herausnehmen.

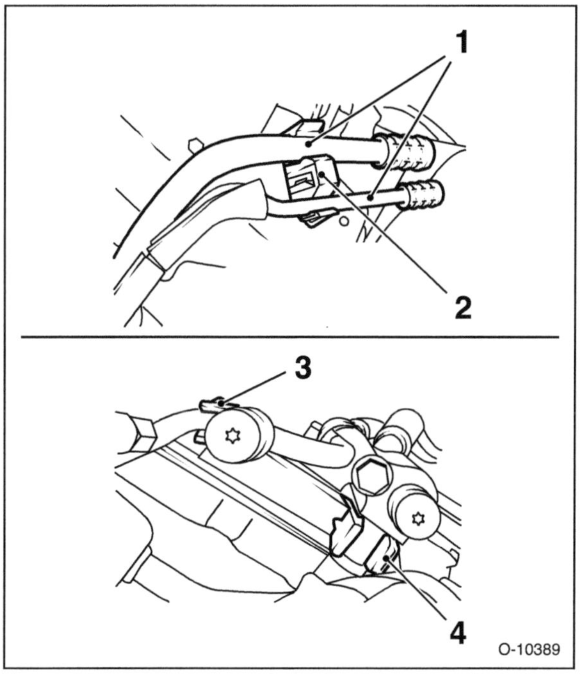

- Fahrzeuge mit Klimaanlage: Kältemittelleitungen –1– aus den Haltern –2–, –3– und –4– ausclipsen. **Achtung:** Kältemittelkreislauf der Klimaanlage **nicht** öffnen.
- Halter –2– um 90° verdrehen.

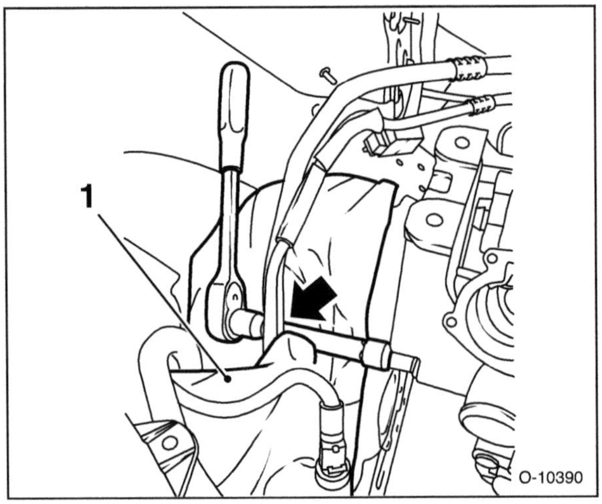

- Haltebock des Motordämpfungsblocks vom Steuergehäuse abschrauben, dazu 2 Schrauben herausdrehen.

Achtung: Dicken Lappen –1– unterlegen, damit die Lackierung der Karosserie nicht beschädigt wird. Bei Ausführung mit Klimaanlage: Verlängerung unter Kältemittelleitungen hindurchführen –Pfeil–.

- Haltebock nach oben herausnehmen.
- Keilrippenriemen herausnehmen.

Einbau

- Keilrippenriemen auf die Riemenscheibe der Kühlmittelpumpe auflegen. **Achtung:** Wird der bisherige Riemen wieder eingebaut, Laufrichtungsmarkierung beachten. Der Keilrippenriemen darf nur in der gleichen Laufrichtung wieder eingebaut werden, da er sonst erhöhtem Verschleiß ausgesetzt ist.
- Haltebock oben mit 2 Schrauben am Steuergehäuse anschauben. **Achtung:** Dabei Lappen zwischen Karosserie und Ratsche beziehungsweise Drehmomentschlüssel einlegen, damit die Lackierung der Karosserie nicht beschädigt wird. Schrauben mit **60 Nm** festziehen.
- Fahrzeuge mit Klimaanlage: Halter um 90° verdrehen und Kältemittelleitungen an 4 Stellen einclipsen.
- Motor absenken. Dabei Kunststoff- oder Holzkeil zwischen Karosserie und Haltebock-Motordämpfungsblock einlegen damit die Lackierung der Karosserie nicht beschädigt wird.
- Fahrzeug anheben.
- Haltebock unten mit **60 Nm** anschrauben.
- Keilrippenriemen auf die Riemenscheiben auflegen.
- Spannvorrichtung etwas in Pfeilrichtung drehen und Dorn herausziehen. Anschließend Spannvorrichtung langsam im Gegenuhrzeigersinn drehen und dadurch entspannen. Dadurch wird der Keilrippenriemen gespannt.
- Fahrzeug absenken.
- Motor etwas anheben und Kunststoff- beziehungsweise Holzkeil herausnehmen. Anschließend Motor wieder absenken.
- 3 Schrauben oben für Motordämpfungsblock an Karosserie mit **60 Nm** festziehen.
- 2 **neue** Schrauben für Motordämpfungsblock an Haltebock-Motordämpfungsblock mit **80 Nm** festziehen. Anschließend Schrauben mit starrem Schlüssel um **45°** weiterdrehen.
- Motorbrücke beziehungsweise Werkstattkran abbauen.
- Luftfiltergehäuse einbauen, siehe Seite 187.
- Motorhaube schließen.

Motor A/Z16LE(L/R/S)

Ausbau

- Luftfilter ausbauen, siehe auch Seite 187.
- Rechten Motorspritzschutz abbauen.
- Laufrichtung auf dem Keilrippenriemen markieren. Dazu mit Filzstift oder Kreide einen Pfeil in Laufrichtung anbringen. Der Keilrippenriemen dreht im Uhrzeigersinn.

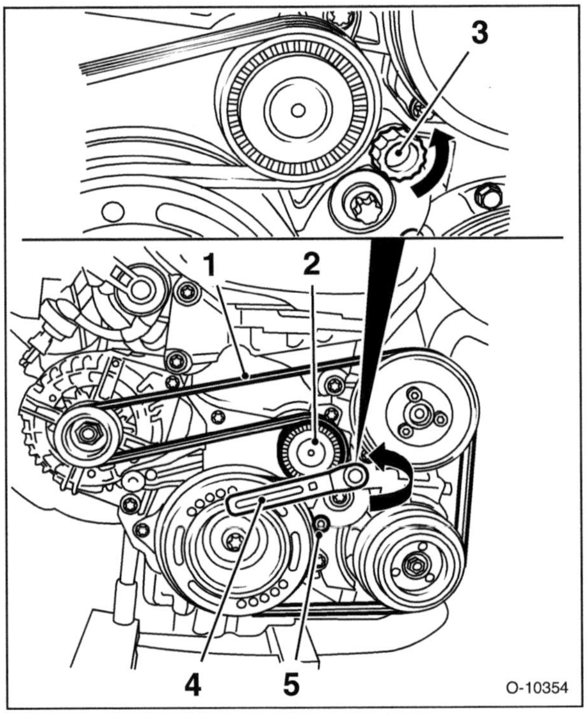

- Spannvorrichtung –2– am Vielzahn-Anguss –3– mit geeignetem Außenvielzahn-Steckschlüssel –4– in Pfeilrichtung spannen und mit einem Dorn –5– arretieren.
- Keilrippenriemen –1– abnehmen.

Einbau

- Keilrippenriemen –1– auflegen. **Achtung:** Wird der bisherige Riemen wieder eingebaut, Laufrichtungsmarkierung beachten. Der Keilrippenriemen darf nur in der gleichen Laufrichtung wieder eingebaut werden, da er sonst erhöhtem Verschleiß ausgesetzt ist.

- Spannvorrichtung etwas in Pfeilrichtung drehen und Dorn herausziehen. Anschließend Spannvorrichtung langsam im Uhrzeigersinn drehen. Dadurch wird der Keilrippenriemen gespannt.
- Rechten Motorspritzschutz einbauen.
- Luftfilter einbauen.

Hinweis: Falls die Spannvorrichtung aus- und eingebaut werden muss, Spannvorrichtung in arretiertem Zustand abschrauben und später mit **50 Nm** anschrauben.

Motor Z13DTH/A13DTE

Ausbau

Hinweis: Der Keilrippenriemen wird bei diesem Motor von unten ausgebaut.

> **Sicherheitshinweis**
> Beim Aufbocken des Fahrzeugs besteht Unfallgefahr! Hinweise im Kapitel »Fahrzeug aufbocken« beachten.

- Fahrzeug aufbocken.
- Untere Motorabdeckung beziehungsweise Motorspritzschutz ausbauen.
- Laufrichtung auf dem Keilrippenriemen markieren. Dazu mit Filzstift oder Kreide einen Pfeil in Laufrichtung anbringen. Der Keilrippenriemen dreht im Uhrzeigersinn.

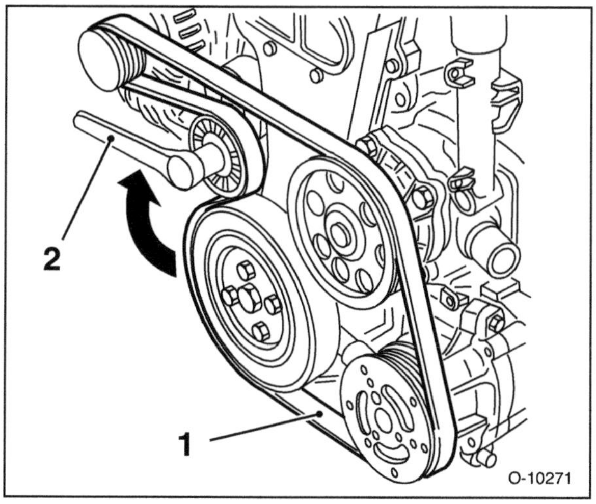

- Keilrippenriemen-Spannvorrichtung mit Schlüsssel –2– in Pfeilrichtung spannen. 1 – Keilrippenriemen.

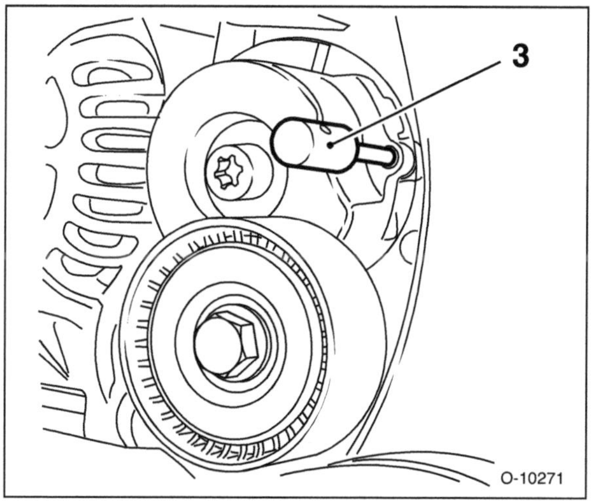

- In dieser Stellung Spannvorrichtung mit Absteckdorn –3– arretieren. Die Fachwerkstatt verwendet dazu den Dorn KM-6130 oder HAZET 3088-10.
- Keilrippenriemen abnehmen.

Einbau

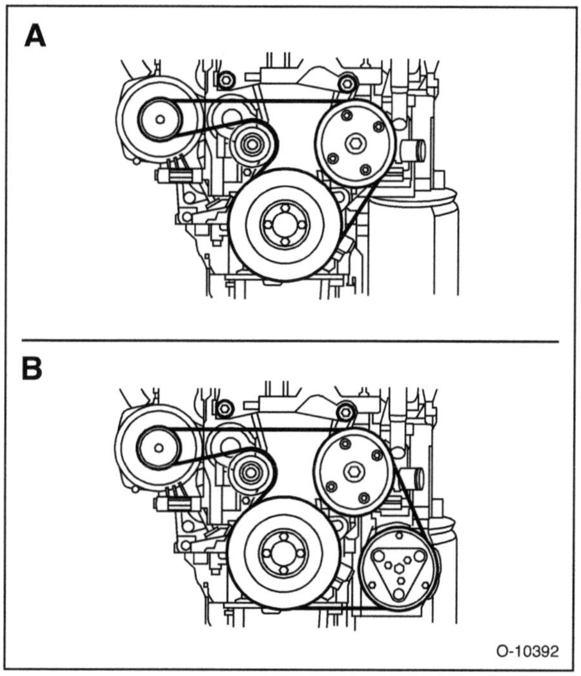

- Der Einbau erfolgt in umgekehrter Ausbaureihenfolge. Riemenverlauf A: Ohne Klimaanlage.
Riemenverlauf B: Mit Klimaanlage.

Speziell Motor Z17DTR

Hinweis: Der Ausbau erfolgt auf die gleiche Weise wie beim 1,3-l-Dieselmotor. Hier werden nur die Unterschiede angegeben.

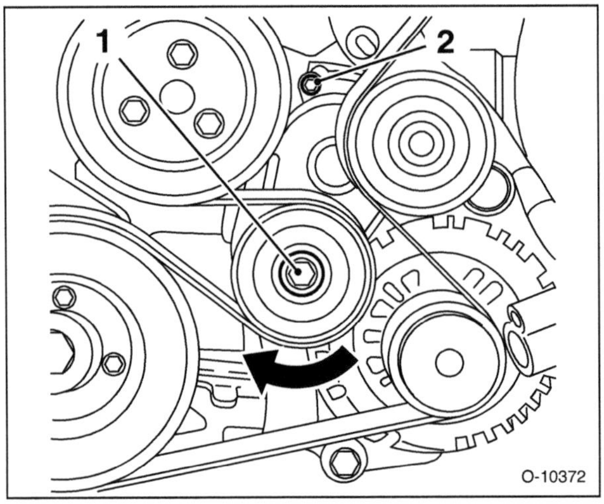

- Keilrippenriemen entspannen. Dazu Maulschlüssel an der Schraube –1– der Keilrippenriemen-Spannvorrichtung ansetzen und Spannvorrichtung in Pfeilrichtung spannen.
- Spannvorrichtung mit einem Dorn an der Bohrung –2– arretieren.

Motor-Kühlung

Kühlmittelkreislauf

Solange der Motor kalt ist, zirkuliert das Kühlmittel nur im Zylinderkopf sowie im Motorblock und im Wärmetauscher der Innenraumheizung. Mit zunehmender Erwärmung öffnet der Kühlmittelregler den großen Kühlmittelkreislauf. Das Kühlmittel wird von der ständig im Einsatz befindlichen Kühlmittelpumpe über den Kühler geleitet. Die Kühlflüssigkeit durchströmt den Kühler von oben nach unten und wird dabei durch die an den Kühlrippen vorbeistreichende Luft gekühlt.

Zur Verstärkung der Kühlluft ist ein elektrisch angetriebener, temperaturgesteuerter Lüfter eingebaut. Der Zeitpunkt für das Einschalten und die Drehzahl des Lüfters werden vom Motor-Steuergerät anhand der Werte des Kühlmittel-Temperaturfühlers bestimmt und über Relais und Vorwiderstand geschaltet.

Sicherheitshinweis
Der Elektrolüfter kann sich auch bei ausgeschalteter Zündung einschalten. Durch Stauwärme im Motorraum ist auch **mehrmaliges Einschalten möglich.** Abhilfe: **Sicherung für Kühlerlüfter abziehen.**

Sicherheitshinweis
Der **Kältemittelkreislauf der Klimaanlage darf nicht geöffnet** werden, da das Kältemittel bei Hautberührung Erfrierungen hervorrufen kann.
Bei versehentlichem Hautkontakt betroffene Stelle sofort mindestens 15 Minuten lang mit kaltem Wasser spülen. Kältemittel ist farb- und geruchlos sowie schwerer als Luft. Bei austretendem Kältemittel besteht am Boden beziehungsweise in unteren Räumen Erstickungsgefahr. Das Kältemittelgas ist nicht wahrnehmbar.

Kühler-Frostschutzmittel

Die Motor-Kühlanlage wird ganzjährig mit einer Mischung aus Wasser und Kühlerfrost- und Korrosions-Schutzmittel befüllt. Diese Mischung verhindert Frost- und Korrosionsschäden, Kalkansatz und hebt außerdem die Siedetemperatur des Kühlmittels an. Durch den Verschlussdeckel am Ausgleichbehälter wird bei warmem Motor innerhalb des Kühlkreislaufes ein Überdruck von ca. 1,2 bis 1,5 bar aufgebaut, der ebenfalls zur Siedepunkterhöhung der Kühlflüssigkeit beiträgt. Erforderlich ist der höhere Siedepunkt der Kühlflüssigkeit für ein einwandfreies Funktionieren der Motor-Kühlung. Bei zu niedrigem Siedepunkt der Flüssigkeit kann es zu

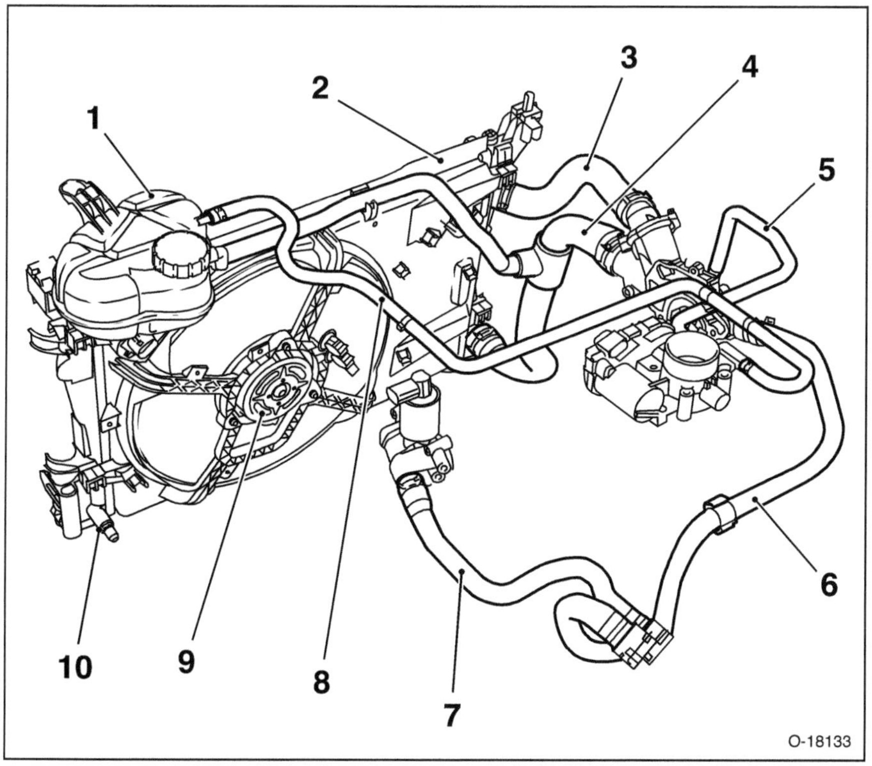

Anordnung der Kühlmittelschläuche

1,0-/1,2-/1,4-l-Motor

1 – Kühlmittel-Ausgleichbehälter
2 – Kühler
3 – Oberer Kühlmittelschlauch
4 – Unterer Kühlmittelschlauch
5 – Zulaufschlauch
Für Kraftstoff-Luftgemisch-Vorwärmung.
6 – Rücklaufschlauch
Vom Wärmetauscher der Heizung.
7 – Zulaufschlauch
Zum Wärmetauscher der Heizung.
8 – Rücklaufschlauch
Von der Kraftstoff-Luftgemisch-Vorwärmung.
9 – Lüftermotor
10 – Kühlmittel-Ablassschraube

einem Hitzestau kommen, wodurch der Kühlkreislauf behindert und die Kühlung des Motors vermindert wird. Deshalb muss das Kühlsystem unbedingt ganzjährig mit einer Kühlkonzentrat-Mischung gefüllt sein.

Grundsätzlich nur rotes, silikatfreies Frostschutzmittel verwenden. Das Frostschutzmittel muss von OPEL freigegeben sein beziehungsweise die OPEL-Nummer 19 40 650/09 194 431 aufweisen.

Achtung: Auf keinen Fall das für ältere Fahrzeuge vorgesehene silikathaltige, blaugrüne Kühlmittel einfüllen.

Kühlmittel-Mischungsverhältnis

Die Kühlflüssigkeit wird aus einer Mischung von Kühlkonzentrat (Frostschutzmittel) und kalkarmem Trinkwasser hergestellt.

Frostschutz bis	Kühlkonzentrat	Wasser
– 30° C	40 %	60 %
– 40° C	50 %	50 %

Empfehlenswert ist grundsätzlich ein Mischungsverhältnis von 1:1, also 50% Wasser und 50% Frostschutzmittel.

Die Kühlmittel-Füllmenge kann je nach Ausstattung des Fahrzeuges variieren. Anhaltswerte stehen in der Tabelle auf Seite 13.

Kühlmittel ablassen und auffüllen

Falls bei Reparaturen der Zylinderkopf, die Zylinderkopfdichtung, der Kühler, der Heizungs-Wärmetauscher oder der Motor ersetzt wurden, muss die Kühlflüssigkeit auf jeden Fall ersetzt werden. Das ist erforderlich, weil sich die Korrosionsschutzanteile in der Einlaufphase an den neuen Leichtmetallteilen absetzen und somit eine dauerhafte Korrosionsschutzschicht bilden. Bei gebrauchter Kühlflüssigkeit ist der Korrosionsschutzanteil in der Regel nicht mehr groß genug, um eine ausreichende Schutzschicht an den neuen Teilen zu bilden.

Ein Wechsel des Kühlmittels im Rahmen der Wartung ist nicht erforderlich.

Achtung: Bei Arbeiten am Kühlsystem unbedingt darauf achten, dass **kein Kühlmittel** auf den **Keilrippenriemen** und, falls vorhanden, auf den **Zahnriemen** gelangt. Der Glykolanteil des Kühlmittels kann das Gewebe des Riemens so schädigen, dass der Riemen nach einiger Betriebszeit reißt, wodurch schwer wiegende Motorschäden (Zahnriemen) auftreten können.

Hinweis: Kühlmittel ist leicht giftig. Gemeinde- und Stadtverwaltungen informieren darüber, wie das alte Kühlmittel entsorgt werden soll.

Ablassen

- Falls vorhanden, Klimaanlage ausschalten beziehungsweise auf ECO-Mode stellen.

Sicherheitshinweis
Bei heißem Motor vor dem Öffnen des Ausgleichbehälters einen dicken Lappen auflegen, um Verbrühungen durch heiße Kühlflüssigkeit oder Dampf zu vermeiden. Deckel nur bei Kühlmitteltemperaturen unter +90° C abnehmen.

- Verschlussdeckel am Ausgleichbehälter öffnen.

Sicherheitshinweis
Beim Aufbocken des Fahrzeugs besteht Unfallgefahr! Hinweise im Kapitel »Fahrzeug aufbocken« beachten.

- Fahrzeug aufbocken.
- Falls vorhanden, untere Motorraumabdeckung ausbauen.
- Sauberes Auffanggefäß unter den Kühler stellen.

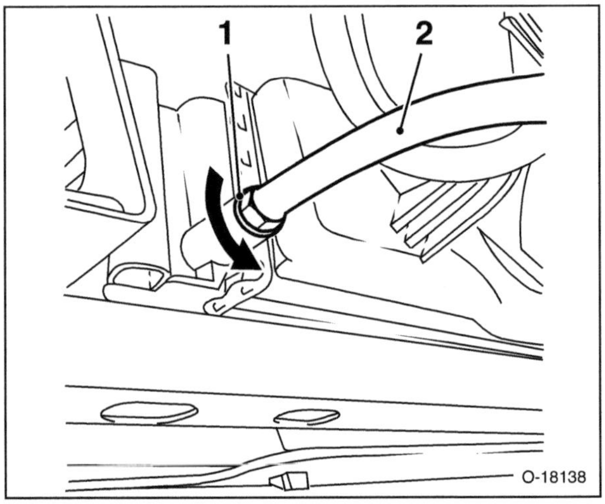

- Geeigneten Schlauch –2– auf die Ablassöffnung aufstecken und in die Auffangwanne führen.
- Ablasshahn –1– in Pfeilrichtung öffnen und Kühlmittel komplett in die Auffangwanne abfließen lassen.
- Ablasshahn schließen und Ablaufschlauch abnehmen.
- Fahrzeug ablassen.

Auffüllen

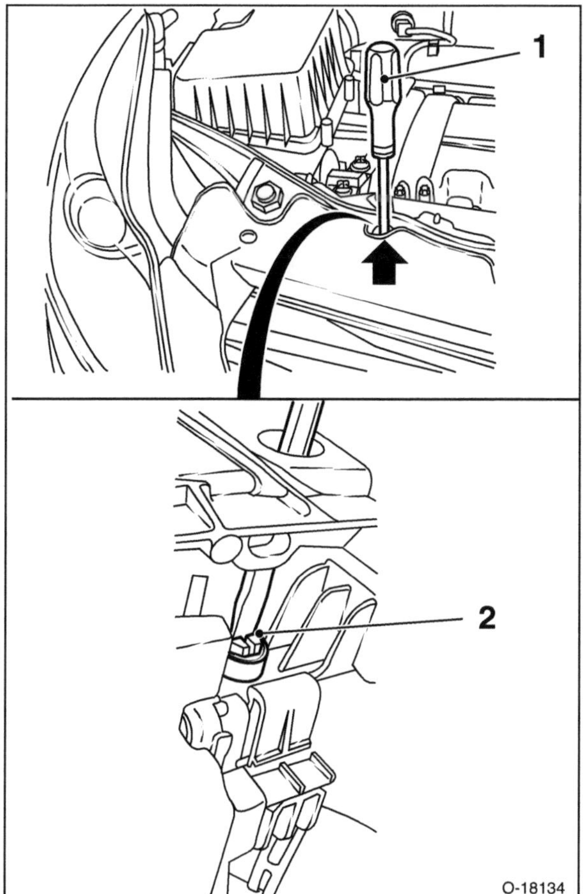

O-18134

- Entlüftungsschraube –2– mit einem Schraubendreher –1– über die Öffnung im vorderen Schließblech –Pfeil– von oben öffnen. **Hinweis:** Die Entlüftungsschraube ist aus Blickrichtung des Kühlmittel-Ausgleichsbehälters sichtbar. Zur besseren Übersicht ist auf der Darstellung der Resonator ausgebaut.

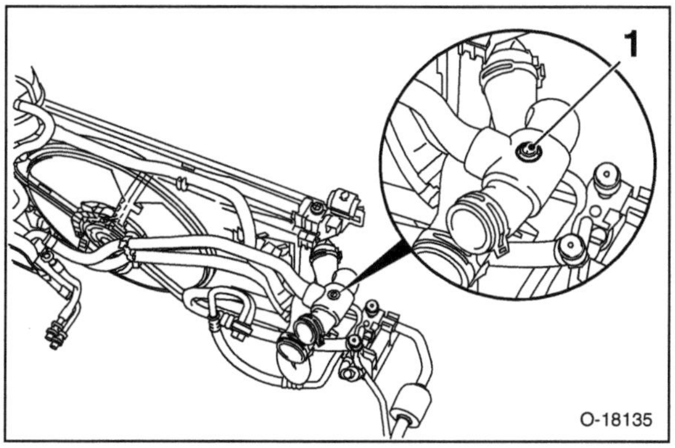

O-18135

- 1,4-l-Benziner mit Automatikgetriebe: Entlüftungsschraube –1– im T-Stück des oberen Kühlmittelschlauches öffnen.

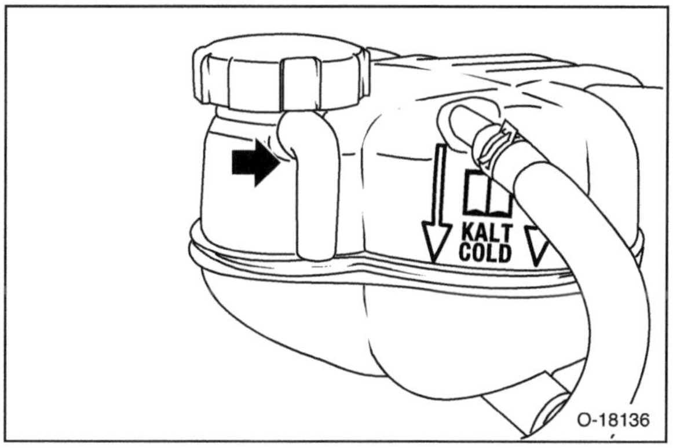

O-18136

- Kühlflüssigkeit über die Öffnung des Ausgleichbehälters langsam auffüllen.
- Entlüftungsschraube(n) jeweils schließen, wenn die Kühlflüssigkeit dort austritt.
- Kühlflüssigkeit bis zum unteren Rand des Überlaufrohres –Pfeil– am Ausgleichsbehälter auffüllen.
- Schraubverschluss für Ausgleichbehälter bis zum Anschlag festdrehen.
- Motor starten und warm laufen lassen. Dabei Motor mit Leerlaufdrehzahl bis maximal 2500/min laufen lassen, bis die erste Kühlerlüfterstufe zugeschaltet wird.

Hinweis: Wurde der Wärmetauscher der Heizung ersetzt, ist folgende Zusatzarbeit durchzuführen: Direkt nach Motorstart 3 mal das Gaspedal antippen und dadurch 3 Gasstösse ausführen. Dabei sollte eine Drehzahl von 2500/min nicht überschritten werden.

- Kühlsystem entlüften. Dazu 3 mal das Gaspedal antippen und dadurch 3 Gasstösse ausführen. Dabei sollte eine Drehzahl von 2500/min nicht überschritten werden.

Hinweis: Wurde der Wärmetauscher der Heizung ersetzt, den Motor für 2 Minuten bei 2000 – 2500/min laufen lassen. So wird eine komplette Entlüftung des Kühlsystems gewährleistet.

- Kühlsystem auf Dichtheit sichtprüfen.
- Motor abstellen und abkühlen lassen.

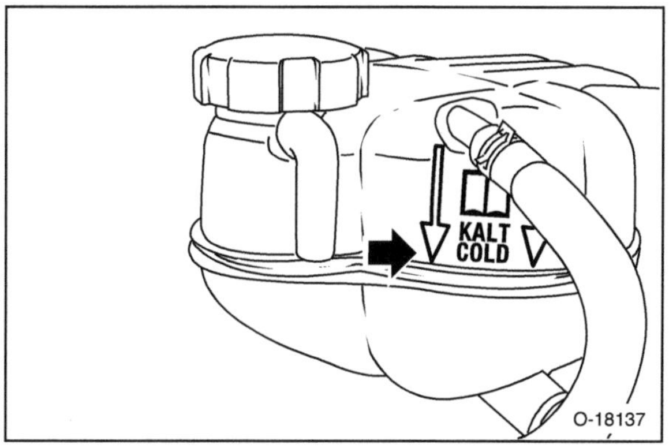

O-18137

- Kühlmittelstand nochmals prüfen, gegebenenfalls Kühlmittel bis zur Markierung »KALT/COLD« –Pfeil– nachfüllen.
- Probefahrt durchführen. Motor abkühlen lassen. Kühlmittelstand erneut prüfen und gegebenenfalls Kühlmittel bis zur Markierung »KALT/COLD« –Pfeil– nachfüllen.

Kühlmittelregler (Thermostat) aus- und einbauen

Der Kühlmittelregler (Thermostat) öffnet mit zunehmender Erwärmung des Motors den großen Kühlmittelkreislauf. Bleibt der Thermostat durch einen Defekt geschlossen, wird der Motor zu heiß. Erkennbar ist das am Aufleuchten der Kühlmitteltemperatur-Warnleuchte, während gleichzeitig der Kühler kalt bleibt. Ein defekter Thermostat kann aber auch nach dem Abkühlen der Kühlflüssigkeit weiterhin geöffnet bleiben. Dies erkennt man daran, dass der Motor nicht mehr seine Betriebstemperatur erreicht beziehungsweise dass insbesondere im Winter die Heizleistung nachlässt.

Ausbau

Achtung: Die Beschreibung bezieht sich auf die Motoren **Z10/12/14XEP**. Hinweise für die anderen Motoren stehen am Ende des Kapitels.

- Kühlmittel ablassen und auffangen, siehe entsprechendes Kapitel.

Achtung: Die Kühlflüssigkeit braucht nicht vollständig abgelassen zu werden. Es reicht, wenn der Kühlflüssigkeitsspiegel unterhalb vom Thermostatgehäuse liegt.

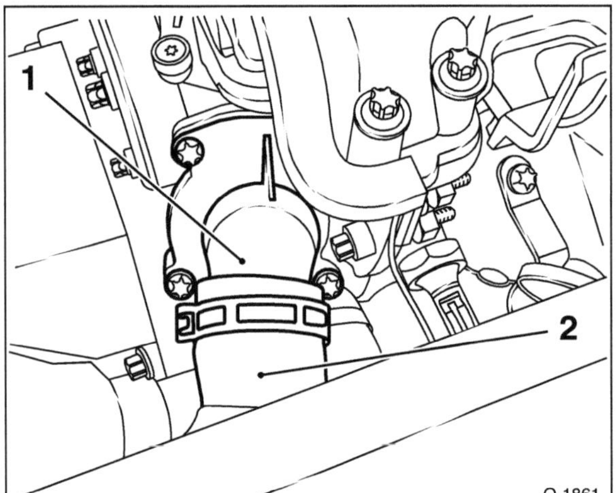

O-1861

- Kühlerschlauch –2– vom Kühlmittelstutzen abziehen, vorher Schellen öffnen und zurückschieben. **Hinweis:** Die Abbildung zeigt den 1,0-l-Motor.
- 3 Schrauben herausdrehen und Thermostatgehäuse –1– mit Thermostat abnehmen.
- Thermostat prüfen.

Einbau

- Dichtflächen reinigen.

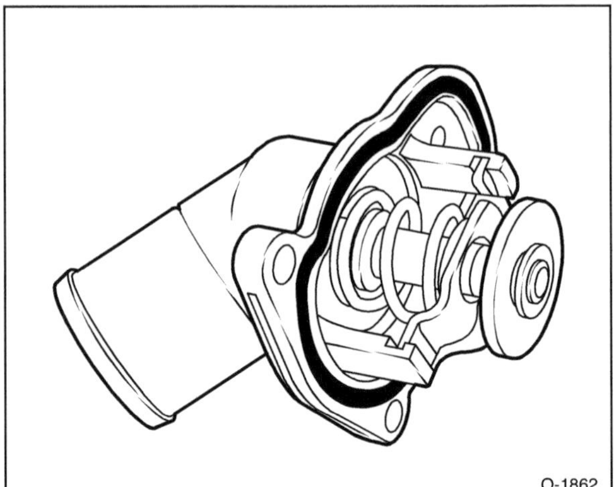
O-1862

- Thermostatgehäuse mit integriertem Thermostat und **neuer** Dichtung einsetzen und mit **8 Nm** anschrauben.
- Kühlmittelschlauch aufschieben und mit Schelle sichern.
- Frostschutz der Kühlflüssigkeit überprüfen, Kühlmittel auffüllen, siehe entsprechendes Kapitel.

Speziell 1,7-l-Dieselmotor

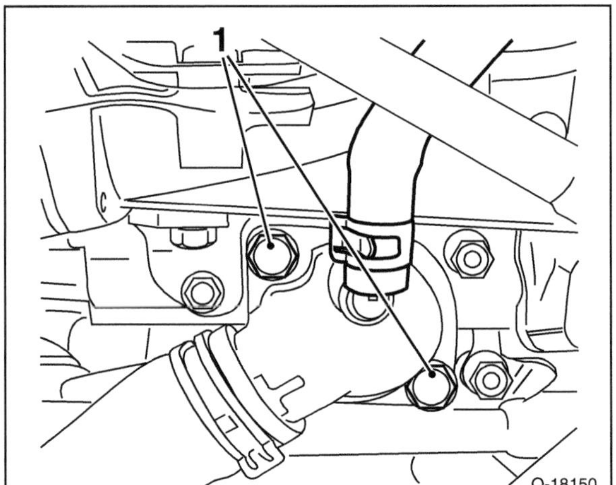

O-18150

- Deckel für Thermostatgehäuse abschrauben –1–.
- Thermostat herausnehmen.

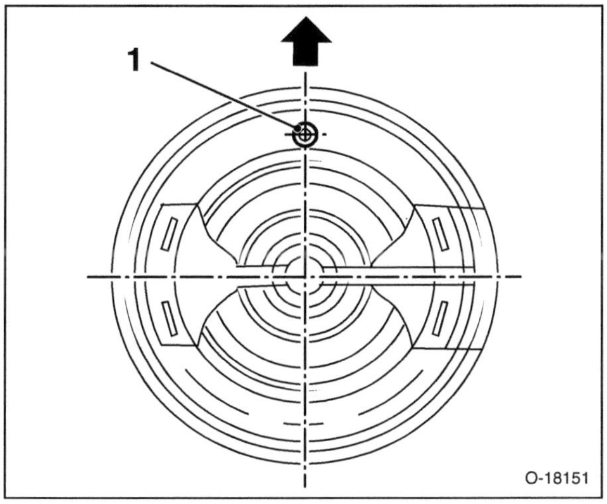

- Thermostat so einsetzen, dass die Markierung (Bohrung) –1– auf dem Thermostat nach oben zeigt –Pfeil–.
- Thermostatdeckel mit **neuer** Dichtung ansetzen und mit **24 Nm** anschrauben.

Kühlmittelregler (Thermostat) prüfen

Achtung: Es kann nur der Öffnungsbeginn überprüft werden, da das Öffnungsende bei einer Temperatur über dem Siedepunkt des Wassers liegt.

Prüfen

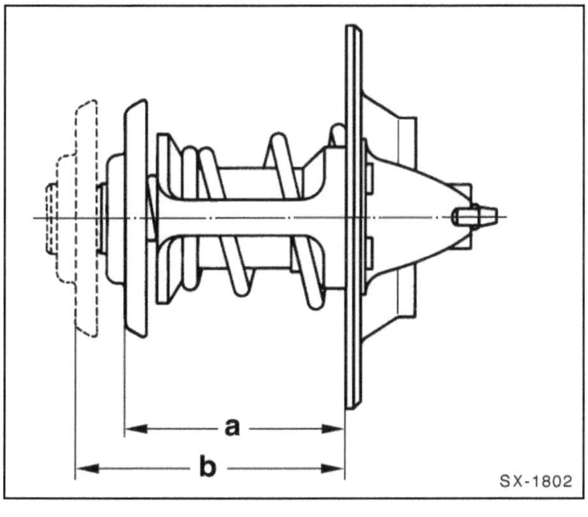

- Höhe des Thermostats messen, Maß »a« notieren.

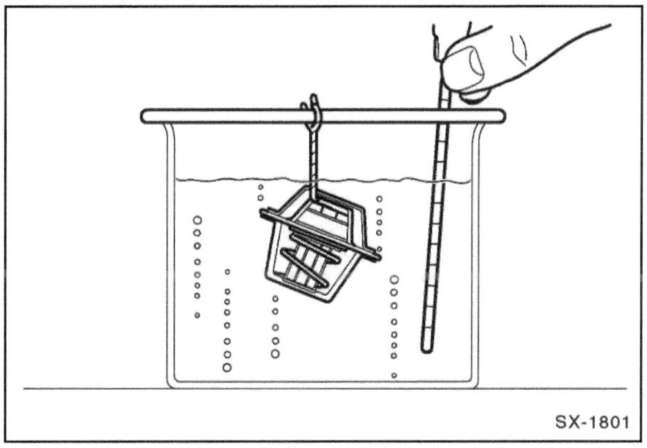

- Kühlmittelregler im Wasserbad langsam erwärmen. Dabei darf der Thermostat nicht die Wände des Behälters berühren. Der Thermostat muss vollständig eingetaucht sein. Temperatur mit einem geeigneten Thermometer kontrollieren.
- Sobald das Wasser die Öffnungstemperatur erreicht, muss der Thermostat mit dem Öffnen der Regelklappe beginnen.
  Sollwert für Themostatöffnung:
  Benzinmotor: . . . . +92° ± 2° C;
  1,3-l-Dieselmotor: . . . . +88° C;
  1,7-l-Dieselmotor: . . . . +89° C.

Hinweis: Beim **1,4-l-Motor A14NEL** wird ein elektronisch gesteuerter Thermostat verwendet. Öffnungsbeginn bei 12 Volt: **+80° C**; Öffnungsbeginn bei 0 Volt: **+103° C**.
1,6-l-Motor A16LES: Öffnungsbeginn elektrisch: **+90 °C**; Öffnungsbeginn thermisch: **+105 °C**.

- Wasser weiter erwärmen, bis der Siedepunkt erreicht ist. Thermostat herausnehmen, die Höhe messen (Maß »b«) und mit dem ersten Messwert (Maß »a«) vergleichen. Der Öffnungshub beträgt bei Öffnungsende ca. 8 mm. Da diese Temperatur nicht erreicht wird, prüfen, ob sich der Regler um ein vergleichbares Maß geöffnet hat, sonst Kühlmittelregler ersetzen.
- Anschließend prüfen, ob sich der Regler beim Abkühlen wieder ganz schließt, andernfalls Regler ersetzen.

Kühler aus- und einbauen

1,0-/1,2-/1,4-l-Benzinmotor A/Z10/12/14XEP mit Klimaanlage

Ausbau

- Batterie abklemmen. **Achtung:** Hinweise im Kapitel »Batterie aus- und einbauen« beachten.

Sicherheitshinweis
Bei heißem Motor vor dem Öffnen des Ausgleichbehälters einen dicken Lappen auflegen, um Verbrühungen durch heiße Kühlflüssigkeit oder Dampf zu vermeiden. Deckel nur bei Kühlmitteltemperaturen unter +90° C abnehmen.

- Verschlussdeckel am Ausgleichbehälter öffnen.

Sicherheitshinweis
Beim Aufbocken des Fahrzeugs besteht Unfallgefahr! Hinweise im Kapitel »Fahrzeug aufbocken« beachten.

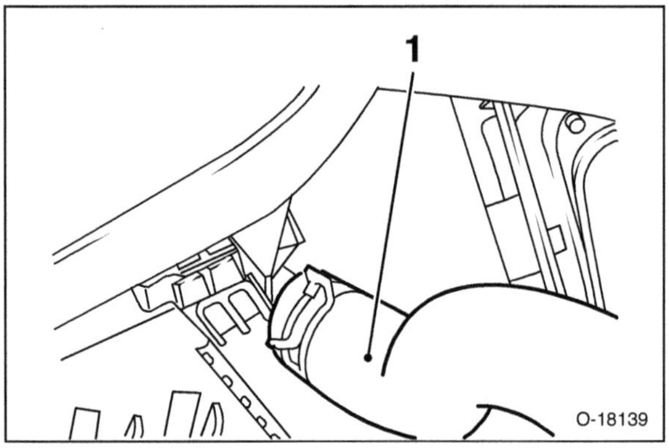

- Schelle für oberen Kühlerschlauch –1– öffnen, Schlauch noch nicht abziehen.
- 3 Kühlmittelschläuche am Lüftergehäuse ausclipsen.

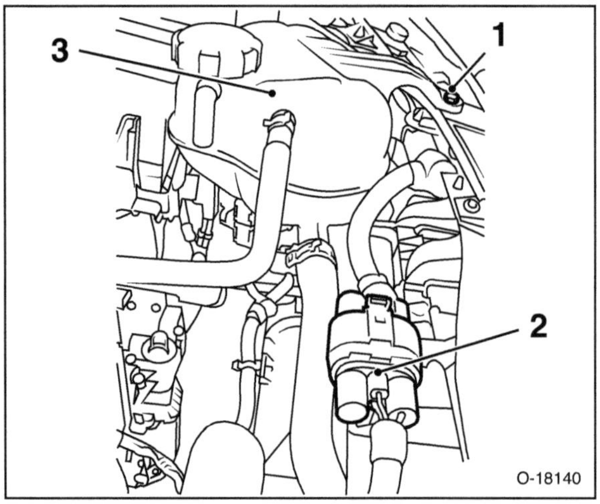

- Mehrfachstecker –2– trennen und ausclipsen. Elektrische Leitungen ausclipsen.
- Kühlmittel-Ausgleichsbehälter –3– abbauen. Dazu Schraube –1– herausdrehen und Behälter an 2 Stellen nach oben ausclipsen.

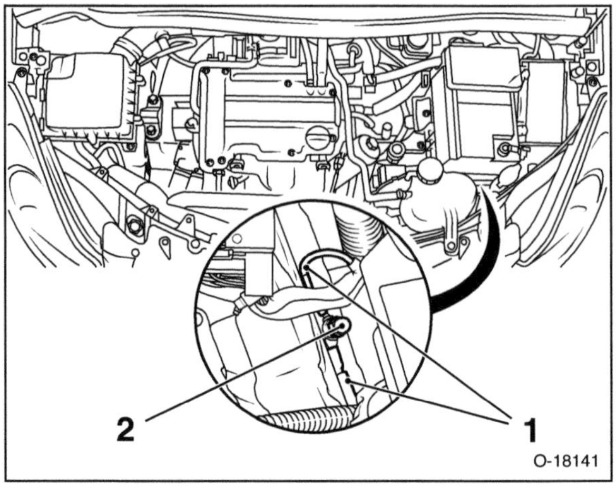

- 2 Massekabel –1– von der Karosserie abschrauben –2–.

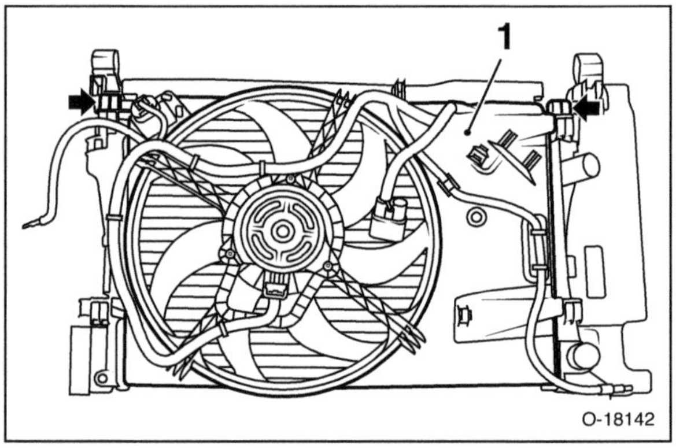

- Lüftergehäuse –1– entriegeln. Dazu 2 Entriegelungstasten –Pfeile– drücken und Lüftergehäuse vom Kühler wegklappen.

Sicherheitshinweis
Beim Aufbocken des Fahrzeugs besteht Unfallgefahr! Deshalb die Hinweise im Kapitel »Fahrzeug aufbocken« beachten.

- Fahrzeug aufbocken.

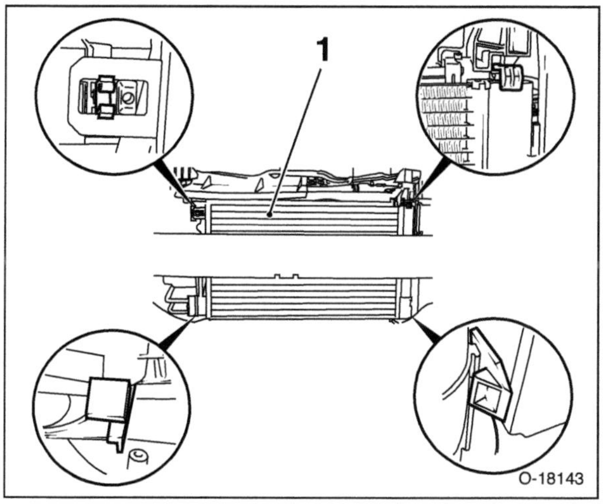

- Verflüssiger –1– vom Kühlmodul abbauen. Dazu 4 Halter –Bildausschnitte– ausclipsen.

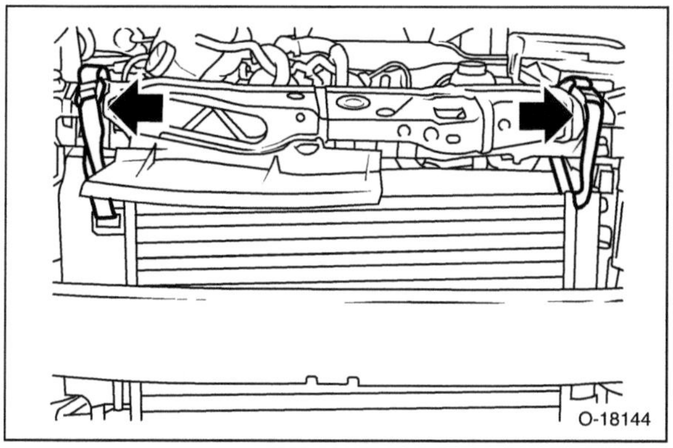

- Verflüssiger mit Draht oder Kabelbindern im Frontbereich oben anhängen –Pfeile–.
- Kühlflüssigkeit ablassen, siehe entsprechendes Kapitel.

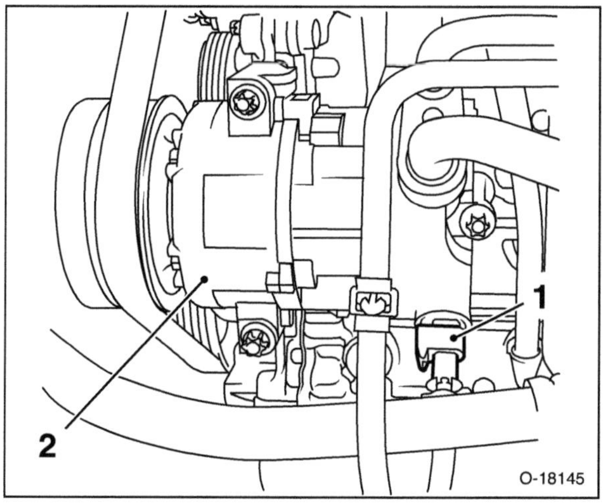

- Mehrfachstecker –1– vom Kompressor –2– abziehen.
- Lüftergehäuse aus den beiden unteren Halterungen aushängen und nach unten herausnehmen.

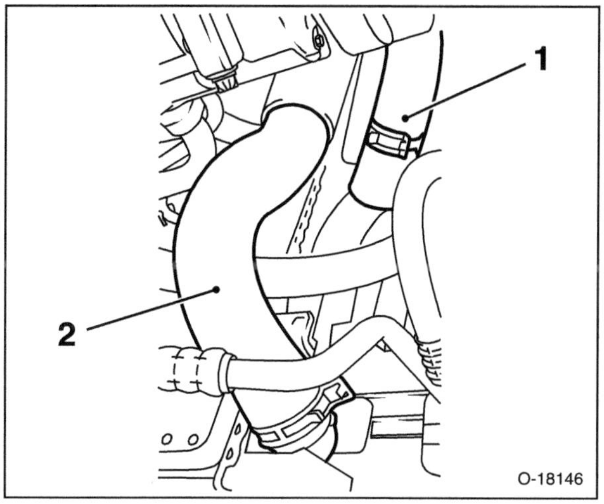

- Schelle für Kühlerschlauch oben –1– öffnen und zurückschieben, Kühlerschlauch abziehen.
- Schelle für Kühlerschlauch unten –2– öffnen und zurückschieben, Kühlerschlauch abziehen.

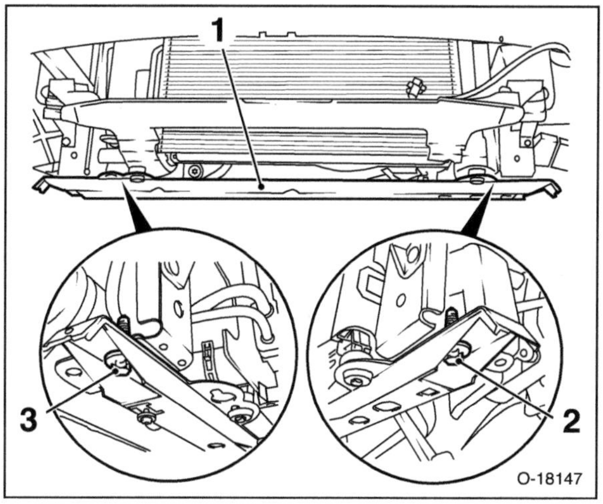

- 2 Schrauben –2– und –3– herausdrehen und Kühler mit Querstrebe –1– nach unten herausnehmen.

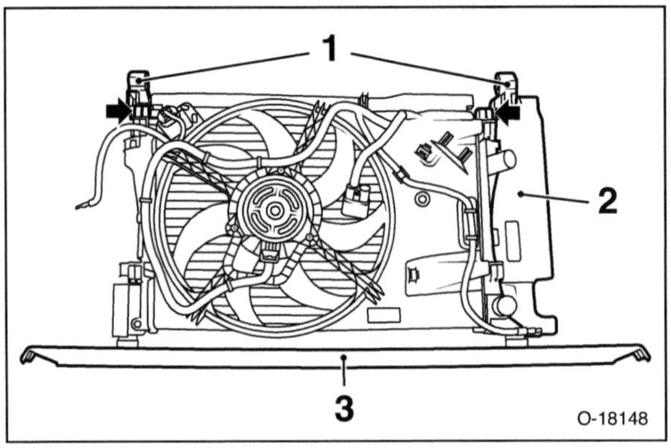

● Falls der Kühler ersetzt wird, Anbauteile vom Kühler abbauen. Dabei Querstrebe –3– abziehen. Beide Gummilager oben –1– abbauen. Abdeckung –2– ausclipsen. Pfeile – Lüfterbefestigung.

Einbau

● Falls abgebaut, Anbauteile am Kühler anbauen.
● Kühlmodul mit Querstrebe einsetzen. Dabei darauf achten, dass die oberen Gummilager in den Führungen sitzen.
● Kühlmodul mit Schrauben festziehen.
● Kühlerschlauch unten am Kühler aufschieben und mit Schelle sichern.
● Verflüssiger im Frontbereich lösen und am Kühlmodul einclipsen.
● Lüftergehäuse von unten einsetzen und in die beiden unteren Halterungen einhängen.
● Stecker am Kompressor aufschieben.
● Fahrzeug absenken.
● Kühlerschlauch oben am Kühler aufschieben und mit Schelle sichern.
● Lüftergehäuse oben einclipsen.
● 2 Massekabel an die Karosserie anschrauben.
● Ausgleichsbehälter einclipsen und anschrauben.
● Kühlmittelschläuche einclipsen.
● Mehrfachstecker aufschieben und Kabelsatz einclipsen.
● Batterie anklemmen. **Achtung:** Hinweise im Kapitel »Batterie aus- und einbauen« beachten.
● Kühlsystem auffüllen und entlüften, siehe entsprechendes Kapitel.

Lüftermotor aus- und einbauen

1,0-/1,2-/1,4-l-Benzinmotor Z10/12/14XEP

Ausbau

● Lüftergehäuse ausbauen. **Hinweis:** Der Ausbau des Lüftergehäuses wird im Rahmen des Kühlerausbaus beschrieben.

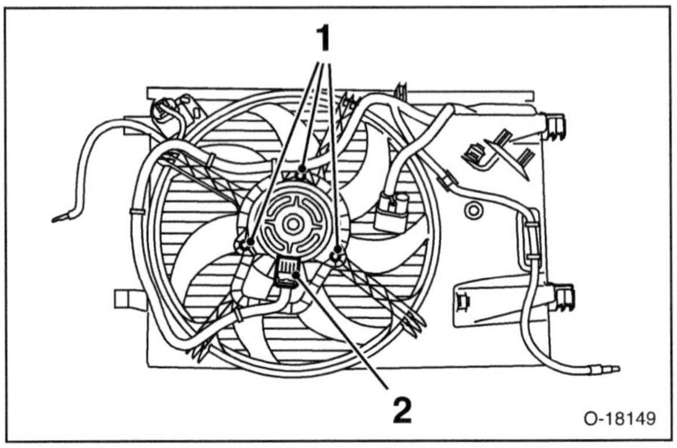

● Mehrfachstecker –2– abziehen.
● 3 Muttern –1– herausdrehen.
● Lüftermotor vom Lüftergehäuse abnehmen.

Einbau

● Der Einbau erfolgt in umgekehrter Ausbaureihenfolge.

Motor-Management

Aus dem Inhalt:

- **Benzineinspritzanlage**
- **Dieseleinspritzanlage**
- **Kraftstoffanlage**
- **Luftfilter ausbauen**

Im Kapitel »Motor-Management« sind die Themen »Benzin-Einspritzanlage«, »Diesel-Einspritzanlage« und Kraftstoffanlage zusammengefasst.

Benzin-Einspritz- und Zündanlage

Das elektronische Motor-Management regelt die Kraftstoffzuteilung und das Zündsystem. Die Vorteile des elektronischen Motormanagements:

- Genau dosierte Kraftstoffmenge in jedem Betriebszustand des Motors, dadurch geringer Verbrauch bei guten Fahrleistungen.
- Reduzierung der Abgas-Schadstoffe durch exakte Kraftstoffzumessung und den Einsatz eines geregelten Katalysators.
- Die Eigendiagnose des Motor-Managements ermöglicht ein schnelleres Auffinden von Defekten. Das System ist mit einem Fehlerspeicher ausgestattet. Treten während des Betriebs Defekte auf, werden diese im Speicher abgelegt. Sollte der Motor nicht einwandfrei arbeiten, kann die Fachwerkstatt gegen Kostenerstattung eine Fehlerliste ausdrucken, damit gegebenenfalls der Defekt dann selbst behoben werden kann.

Das Steuergerät entspricht einem kleinen, sehr schnell arbeitenden Computer. Es bestimmt den optimalen Zündzeitpunkt, den Einspritzzeitpunkt und die Kraftstoff-Einspritzmenge. Dabei erfolgt eine Abstimmung des Steuergeräts mit anderen Fahrzeugsystemen, beispielsweise der Getriebesteuerung oder der Wegfahrsperre.

Die Bauteile des Zünd- und Einspritzsystems sind langzeitstabil und praktisch wartungsfrei. Nur der Luftfiltereinsatz sowie die Zündkerzen müssen im Rahmen der Wartung gewechselt werden. Wesentliche Einstell- und Reparaturarbeiten können nur mit Hilfe von teuren Prüfgeräten durchgeführt werden, so dass diese Arbeiten nur noch von entsprechend ausgerüsteten Fachwerkstätten ausgeführt werden können.

Sicherheitsmaßnahmen bei Arbeiten am Benzin-Einspritzsystem

- **Kein offenes Feuer, nicht rauchen, keine glühenden oder sehr heißen Teile in die Nähe des Arbeitsplatzes bringen. Unfallgefahr! Feuerlöscher bereitstellen.**
- **Unbedingt für gute Belüftung des Arbeitsplatzes sorgen. Kraftstoffdämpfe sind giftig.**
- **Das Kraftstoffsystem steht unter Druck!** Bevor Schlauchverbindungen gelöst werden, Kraftstoffdruck abbauen, siehe Seite 182.
- Beim Trennen der Schlauchverbindungen sicherheitshalber einen dicken Putzlappen um die Verbindungsstelle legen.

Achtung: Bei Arbeiten am Einspritzteil des Systems sind auch die allgemeinen Sicherheits- und Sauberkeitsregeln zu beachten, siehe Kapitel »Kraftstoffanlage«.

Diesel-Einspritzanlage

Die Dieseleinspritzung wird vollelektronisch durch das Motor-Management geregelt. Die Vorteile sind:

- Die Eigendiagnose des Motor-Managements ermöglicht ein schnelleres Auffinden von Defekten.
- Genau dosierte Kraftstoffmenge. Dadurch Reduzierung der Abgas-Schadstoffe und geringer Verbrauch.
- Das Einstellen von Leerlaufdrehzahl und Abregeldrehzahl ist nicht erforderlich.

Die Bauteile des Motor-Managements sind langzeitstabil und praktisch wartungsfrei. Nur der Motor-Luftfiltereinsatz und der Kraftstofffilter müssen im Rahmen der Wartung gewechselt werden.

Benzin-Einspritzanlage

Der Kraftstoff wird aus dem Kraftstoffvorratsbehälter (Tank) von der elektrischen Kraftstoffpumpe angesaugt und über den im Tank untergebrachten Kraftstofffilter zum Kraftstoffverteiler gefördert. Ein Druckregler im Deckel der Kraftstoff-Fördereinheit sorgt dafür, dass der Druck im Kraftstoffsystem konstant bei etwa 3,0 bar (1,0-/1,2-/1,4-l-Motor) oder 3,3 bar (1,6-l-Motor) gehalten wird. **Hinweis:** Ab 1/2010 liegt der Kraftstoffdruck beim 1,0-/1,2-/1,4-l-Motor bei 3,8 ± 0,4 bar (88-PS-Motor A14NEL: 3,3 bar).

Über elektrisch angesteuerte Einspritzventile wird der Kraftstoff stoßweise in das Ansaugrohr direkt vor die Einlassventile des Motors gespritzt. Das Motor-Steuergerät steuert die Einspritzventile sequentiell an, also in Zündreihenfolge, und regelt die Einspritzzeit und dadurch die Einspritzmenge.

Die Verbrennungsluft wird vom Motor über den Luftfilter angesaugt und gelangt durch das Drosselklappenteil sowie das Ansaugrohr bis zu den Einlassventilen. Geregelt wird die Luftmenge durch die Drosselklappe, die über einen Schrittmotor vom Motor-Steuergerät betätigt wird.

Die angesaugte Luftmenge wird beim 1,6-l-Motor von einem Luftmassenmesser gemessen. Anhand der Signale des Luftmassenmessers erkennt das Motor-Steuergerät den Lastzustand des Motors und regelt dementsprechend die Einspritzmenge.

Das Motor-Steuergerät bestimmt den optimalen Zündzeitpunkt, den Einspritzzeitpunkt und die Einspritzmenge.

Informationen von weiteren Sensoren (Fühlern) und Befehle an Aktoren (Stellglieder) sorgen in jeder Fahrsituation für einen optimalen Motorbetrieb. Fallen wichtige Sensoren aus, schaltet das Steuergerät auf ein Notlaufprogramm um, damit Motorschäden vermieden werden und weitergefahren werden kann. In diesem Fall ruckelt der Motor und neigt beim Gas geben zum Absterben.

Sensoren und Aktoren der Einspritzanlage

- Der **Pedalwertgeber** sitzt im Fahrerfußraum und ist am Lagerbock des Gaspedals angeschraubt. Durch den Pedalwertgeber wird ein elektrisches Spannungssignal entsprechend der Gaspedalstellung an das Motor-Steuergerät übertragen.
- Der **Kühlmittel-Temperaturfühler** sitzt im Thermostatgehäuse. Es handelt sich dabei um einen NTC-Widerstand. Das heißt, der Widerstand wird geringer, wenn die Kühlmitteltemperatur ansteigt. NTC = **N**egativer **T**emperatur **K**oeffizient.
- Die Tankentlüftung besteht aus dem **Aktivkohlebehälter** und einem **Magnetventil** (Regenerierventil). Im Aktivkohlebehälter werden Kraftstoffdämpfe gespeichert, die sich durch Erwärmung des Kraftstoffs im Tank bilden. Bei laufendem Motor werden die Kraftstoffdämpfe aus dem Aktivkohlebehälter abgesaugt und dem Motor zur Verbrennung zugeführt. Der Aktivkohlebehälter befindet sich neben dem linken, hinteren Stoßdämpfer.
- Der **Klopfsensor** ist unterhalb vom Ansaugkrümmer im Motorblock eingeschraubt. Er verhindert, dass schädliche, klopfende Verbrennungen auftreten können. Dadurch kann der Zündzeitpunkt an der Klopfgrenze gehalten werden, wodurch die Energie des Kraftstoffes besser ausgenutzt und somit der Kraftstoffverbrauch reduziert wird.

Leerlaufdrehzahl/Zündzeitpunkt/ CO-Gehalt prüfen/einstellen

Im Rahmen der Wartung ist es nicht mehr erforderlich Leerlaufdrehzahl, Zündzeitpunkt und CO-Gehalt einzustellen, da die Werte permanent elektronisch nachgeregelt werden.

Falls die tatsächlichen Betriebswerte von den Sollwerten abweichen, liegt die Ursache in defekten Bauteilen, die ersetzt werden müssen. Eine fachgerechte Prüfung des Motormanagements ist nur mit speziellen Diagnosegeräten möglich.

Allgemeine Prüfung der Benzin-Einspritzanlage

Für eine systematische Fehlersuche beziehungsweise Fehlerbehebung sind markenspezifische Messgeräte erforderlich. Diese Messgeräte sind sehr teuer und in der Regel nur in der Fachwerkstatt vorhanden. Deshalb wird hier nur eine Grundprüfung beschrieben:

- Batterie prüfen, siehe Seite 48/61.
- Alle Sicherungen prüfen, siehe Seite 56.
- Sämtliche Stecker und Steckverbindungen des betroffenen elektronischen Systems abziehen und aufstecken. Festen Sitz der Steckverbindungen und Fixierung der Kabel im Motorraum prüfen.
- Alle Masseverbindungen auf festen Sitz und einwandfreien Kontakt prüfen.
- Schläuche und Leitungen auf Undichtigkeiten prüfen. Dabei auf Porosität und Risse achten. Lockere Anschlüsse befestigen.

Motormanagement-Übersicht

1,0-/1,2-/1,4-l-Motor (Z10/12/14XEP)

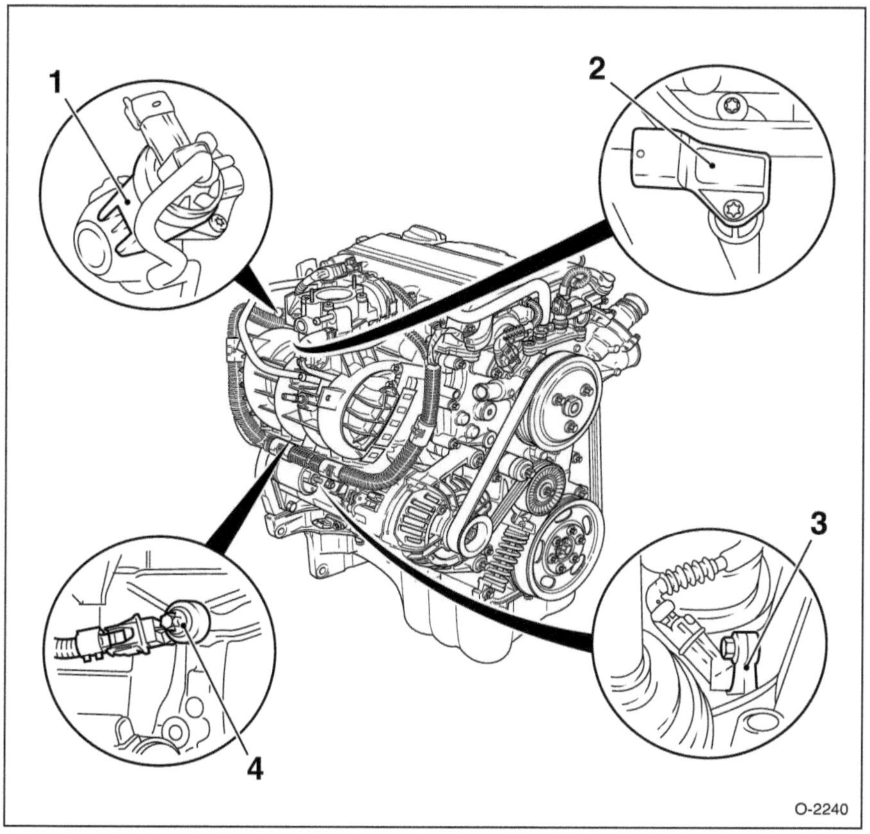

1 – **Unterdruckdose für Twinport-System**

2 – **Saugrohr-Druckfühler**
Anhand von Signalen des Druckfühlers und den Signalen des Ansaugluft-Temperaturfühlers ermittelt das Motor-Steuergerät den Lastzustand des Motors und regelt dementsprechend die Einspritzmenge.

3 – **Kurbelwellen-Impulsgeber, 8 Nm**
Der Kurbelwellen-Impulsgeber übermittelt dem Steuergerät die aktuelle Motordrehzahl.

4 – **Klopfsensor, 20 Nm**

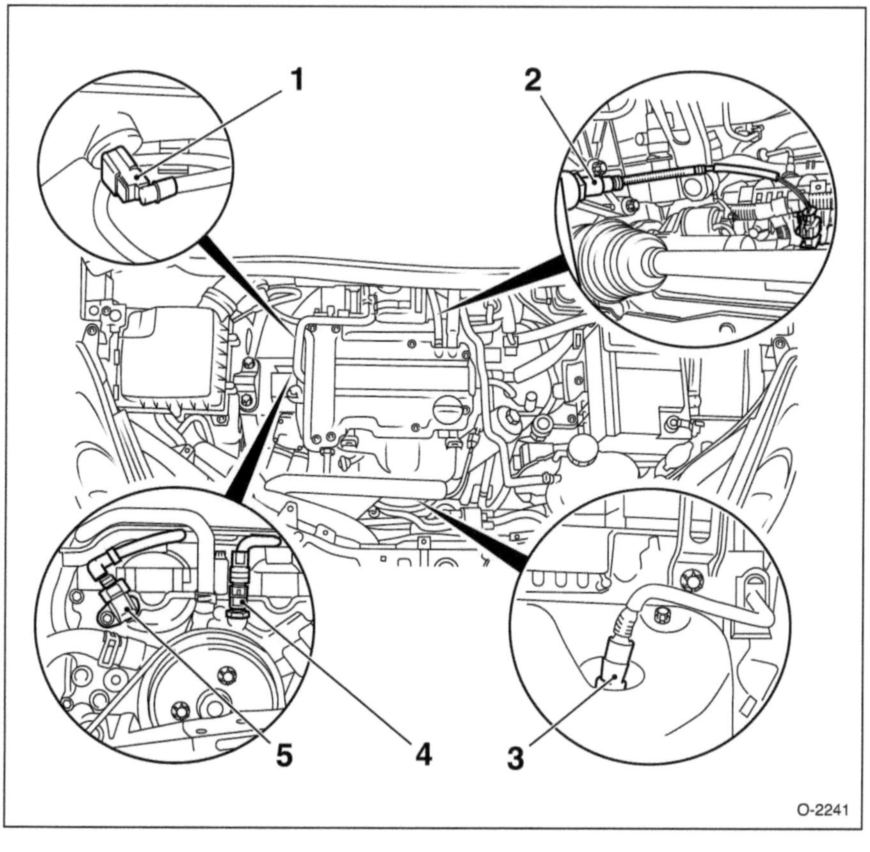

1 – **Ansaugluft-Temperaturfühler, gesteckt**

2 – **Lambdasonde für Katalysatorkontrolle, 40 Nm**
Die Lambdasonde (Sauerstoffsensor) misst den Sauerstoffgehalt im Abgasstrom und schickt entsprechende Spannungssignale an das Motor-Steuergerät. Dort wird der Wert mit dem Wert der Lambdasonde für Gemischregelung verglichen wodurch die Funktionsfähigkeit des Katalysators festgestellt wird.

3 – **Lambdasonde für Gemischregelung, 40 Nm**
Die Lambdasonde für Gemischregelung dient zur Regelung des Kraftstoff-Luftgemisches für eine optimale Nachverbrennung im Katalysator.

4 – **Kühlmittel-Temperaturfühler, 18 Nm**

5 – **Nockenwellen-Sensor, 6 Nm**
Der Nockenwellensensor übermittelt dem Steuergerät die Zünd-OT-Stellung für Zylinder 1. Dies dient zur Synchronisation von Zündzeitpunkt und Einspritzreihenfolge.

Twinport-System

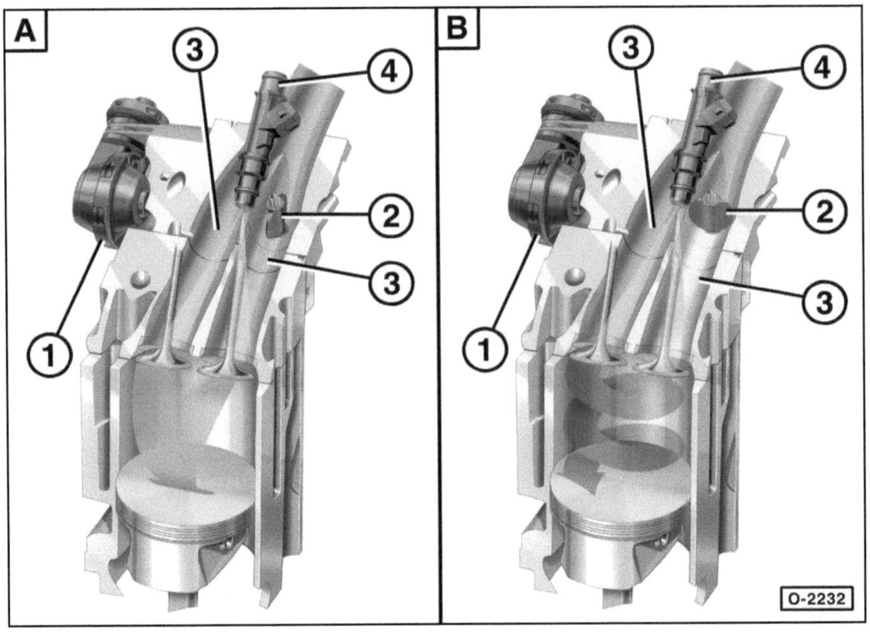

Motor Z10XEP/Z12XEP/Z14XEP

Bei den Motoren mit **Twinport-System** wird durch Kanalabschaltung der Kraftstoffverbrauch reduziert. Dabei öffnet oder schließt das Motor-Steuergerät je nach Bedarf die zusätzlichen Steuerklappen –2– in den zweigeteilten Einlasskanälen –3– des Ansaugkrümmers. Angesteuert werden die Steuerklappen über eine Unterdruckdose –1– und eine gemeinsame Betätigungsstange.

A – **Twinport-Steuerklappe –2– ist geöffnet.**
Zum Beispiel bei Volllast.

B – **Twinport-Steuerklappe –2– ist geschlossen.**
Zum Beispiel bei Leerlaufdrehzahl und stehendem Fahrzeug.

4 – **Einspritzventil**

Störungsdiagnose Benzin-Einspritzanlage

Störungen in der Steuerelektronik lassen sich praktisch nur noch mit speziellen Messgeräten herausfinden. Bevor anhand der Störungsdiagnose ein Fehler aufgespürt wird, müssen folgende Prüfvoraussetzungen erfüllt sein: Bedienungsfehler beim Starten ausgeschlossen.

Kraftstoff im Tank, Motor mechanisch in Ordnung, Batterie geladen, Anlasser dreht mit ausreichender Drehzahl, Zündanlage ist in Ordnung, keine Undichtigkeiten an der Kraftstoffanlage, Verschmutzungen im Kraftstoffsystem ausgeschlossen, Kurbelgehäuse-Entlüftung in Ordnung, elektrische Masseverbindungen »Motor-Getriebe-Aufbau« vorhanden. Fehlerspeicher abfragen (Werkstattarbeit). **Achtung:** Wenn Kraftstoffleitungen gelöst werden, vorher unbedingt Kraftstoffdruck abbauen.

Störung	Ursache	Abhilfe
Motor springt nicht an.	Elektro-Kraftstoffpumpe läuft beim Betätigen des Anlassers nicht an. Es sind keine Laufgeräusche hörbar.	■ Prüfen, ob Spannung an der Pumpe anliegt. Elektrische Kontakte auf gute Leitfähigkeit überprüfen.
	Sicherung für Kraftstoffpumpe defekt.	■ Sicherung überprüfen.
	Kraftstoffpumpen-Relais defekt.	■ Relais überprüfen.
	Einspritzventile erhalten keine Spannung.	■ Stecker von den Einspritzventilen abziehen, Diodenprüflampe an Zuleitung anschließen und Anlasser betätigen. Prüflampe muss flackern.
Der kalte Motor springt schlecht an, läuft unrund.	Geber für Kühlmitteltemperatur defekt.	■ Temperaturfühler und Stecker prüfen. Ggf. Geber und Stecker mit Goldkontakten einbauen.
Der Motor hat Übergangsstörungen.	Luftansaugsystem undicht.	■ Ansaugsystem prüfen. Dazu Motor im Leerlauf drehen lassen und Dichtstellen sowie Anschlüsse im Ansaugtrakt mit Benzin bestreichen. Wenn sich die Drehzahl kurzfristig erhöht, undichte Stelle beseitigen. **Achtung:** Benzindämpfe sind giftig, nicht einatmen!
	Kraftstoffsystem undicht.	■ Sichtprüfung an allen Verbindungsstellen im Bereich des Motors und der elektrischen Kraftstoffpumpe.

Diesel-Einspritzanlage

Diesel-Einspritzverfahren

Beim Dieselmotor wird reine Luft in die Zylinder angesaugt und dort sehr hoch verdichtet. Dadurch steigt die Temperatur in den Zylindern über die Zündtemperatur des Dieselöls an. Wenn der Kolben kurz vor dem Oberen Totpunkt steht, wird in die hoch verdichtete und etwa +600° C heiße Luft Dieselöl eingespritzt. Das Dieselöl zündet von selbst, Zündkerzen sind also nicht erforderlich.

Bei sehr kaltem Motor kann es vorkommen, dass allein durch die Verdichtung die Zündtemperatur nicht erreicht wird. In diesem Fall muss vorgeglüht werden. Dazu befindet sich in jedem Brennraum eine Glühkerze, die den Brennraum aufheizt. Die Dauer des Vorglühens ist abhängig von der Umgebungstemperatur und wird durch das Motor-Steuergerät über ein Vorglührelais gesteuert.

Für die Einspritzung beim Dieselmotor gibt es 3 unterschiedliche Verfahren: Die Wirbel- und Vorkammereinspritzung sowie die Direkteinspritzung.

Bei der **Wirbel- und Vorkammereinspritzung** wird der Kraftstoff in die Vorkammer des betreffenden Zylinders eingespritzt. Das Gemisch entzündet sich sofort. Die Sauerstoffmenge, die in der Vorkammer vorhanden ist, reicht aber nur zur Verbrennung eines Teils des eingespritzten Kraftstoffs. Der übrige, unverbrannte Teil wird durch den bei der Verbrennung entstandenen Überdruck in den Verbrennungsraum geblasen. Dort verbrennt der Kraftstoff vollständig.

Die **Direkteinspritzung** spritzt den Kraftstoff direkt in den Brennraum ein, und zwar in die Brennmulde im Kolben.

Direkteinspritzung im CORSA

Die Diesel-Direkteinspritzung erfolgt durch ein **Common-Rail-System**. Dabei liegt der maximale Einspritzdruck beim 1,7-l-Motor bei etwa 1800 bar, beim 1,3-l-Motor bei etwa 1600 bar. Der Kraftstoff wird dadurch besonders fein zerstäubt und seine Energie kann besser genutzt werden. Der Kraftstoff wird durch eine elektrische Kraftstoffpumpe aus dem Tank zur Hochdruckpumpe gefördert. Diese baut bereits bei niedrigen Motordrehzahlen einen sehr hohen Druck auf. Von der Hochdruckpumpe führt eine gemeinsame Kraftstoffleitung (Common Rail) zu den Einspritzventilen der einzelnen Zylinder. Die gemeinsame Kraftstoffleitung dient als Druckspeicher und verteilt den Kraftstoff mit konstantem Druck an die Einspritzventile. Die erforderliche Kraftstoff-Einspritzmenge wird vom Motor-Steuergerät über die elektromagnetischen Einspritzventile den einzelnen Zylindern exakt zugeteilt. Dabei sind beim 1,7-l-Motor bis zu 5 Einspritzungen pro Arbeitstakt möglich, wodurch der Motorlauf weicher und geräuschärmer wird.

Alle Dieselmotoren

Bevor der Kraftstoff in die Diesel-Hochdruckpumpe gelangt, wird er im Kraftstofffilter von Verunreinigungen und Wasser befreit. Daher ist es äußerst wichtig, den Kraftstofffilter im Rahmen der Wartung regelmäßig zu entwässern und auszuwechseln.

Die Diesel-Hochdruckpumpe ist wartungsfrei. Alle beweglichen Teile werden mit Dieselöl geschmiert. Angetrieben wird die Hochdruckpumpe je nach Motor durch die Nockenwelle oder über den Zahnriemen oder der Motorsteuerung.

Achtung: Bei Arbeiten an der Kraftstoffanlage Sicherheits- und Sauberkeitsregeln befolgen, siehe Seite 182.

Diesel-Partikelfilter

Der Partikelfilter hält die Rußanteile im Abgas zurück. Dabei setzt sich der Filter im Laufe der Zeit mit Rußpartikeln zu. Zur Kontrolle misst ein Differenzdrucksensor den Abgasdruck vor und nach dem Filter. Anhand des Differenzdruckes erkennt das Motor-Steuergerät den Verschmutzungsgrad des Filters und leitet bei Bedarf automatisch eine Regenerierung (Reinigung) des Filters ein. Dabei wird während der Fahrt durch Veränderung der Einspritzmenge die Temperatur im Partikelfilter auf ca. +600° C erhöht, so dass die angelagerten Rußpartikel abgebrannt werden können. Dieser Vorgang kann bis zu 15 Minuten dauern und wird vom Fahrer normalerweise nicht wahrgenommen.

Glühkerzen aus- und einbauen

Die Glühkerze besteht im Wesentlichen aus einem Gehäuse mit eingepresstem Heizstab.

Hinweis: Aufgrund der guten Kaltstarteigenschaften des Diesel-Direkteinspritzmotors ist ein Vorglühen überwiegend erst bei Temperaturen unter ca. 0° C erforderlich.

Ausbau

- Batterie abklemmen. **Achtung:** Hinweise im Kapitel »Batterie aus- und einbauen« beachten.
- Obere Motorabdeckung ausbauen, siehe Seite 159.
- Glühkerzenstecker –1– von den 4 Glühkerzen abziehen.
- Glühkerzen herausschrauben.

Einbau

- Glühkerzen einschrauben und mit folgendem Anzugsdrehmoment festziehen:
  A/Z13DT(J/H) . . . . **10 Nm**
  Z17DTR . . . . **14 Nm**

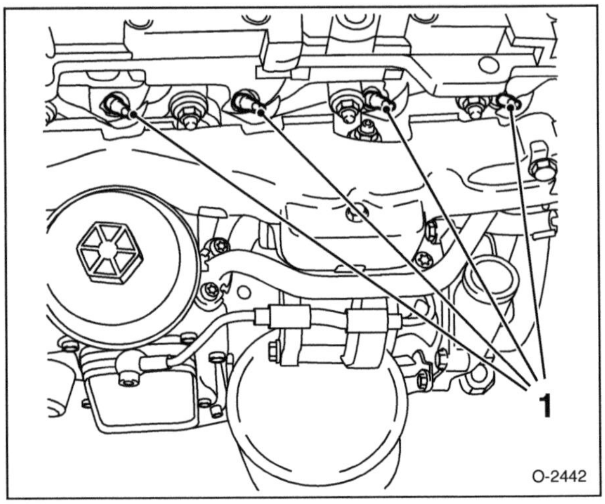

- Glühkerzenstecker an den 4 Glühkerzen –1– aufstecken. **Hinweis:** Die Abbildung zeigt den 1,3-l-Motor.
- Obere Motorabdeckung einbauen, siehe Seite 159.
- Batterie anklemmen. **Achtung:** Hinweise im Kapitel »Batterie aus- und einbauen« beachten.

Common-Rail-Einspritzsystem

Motor A/Z13DT(J/H)/Z17DTR/A17DTS

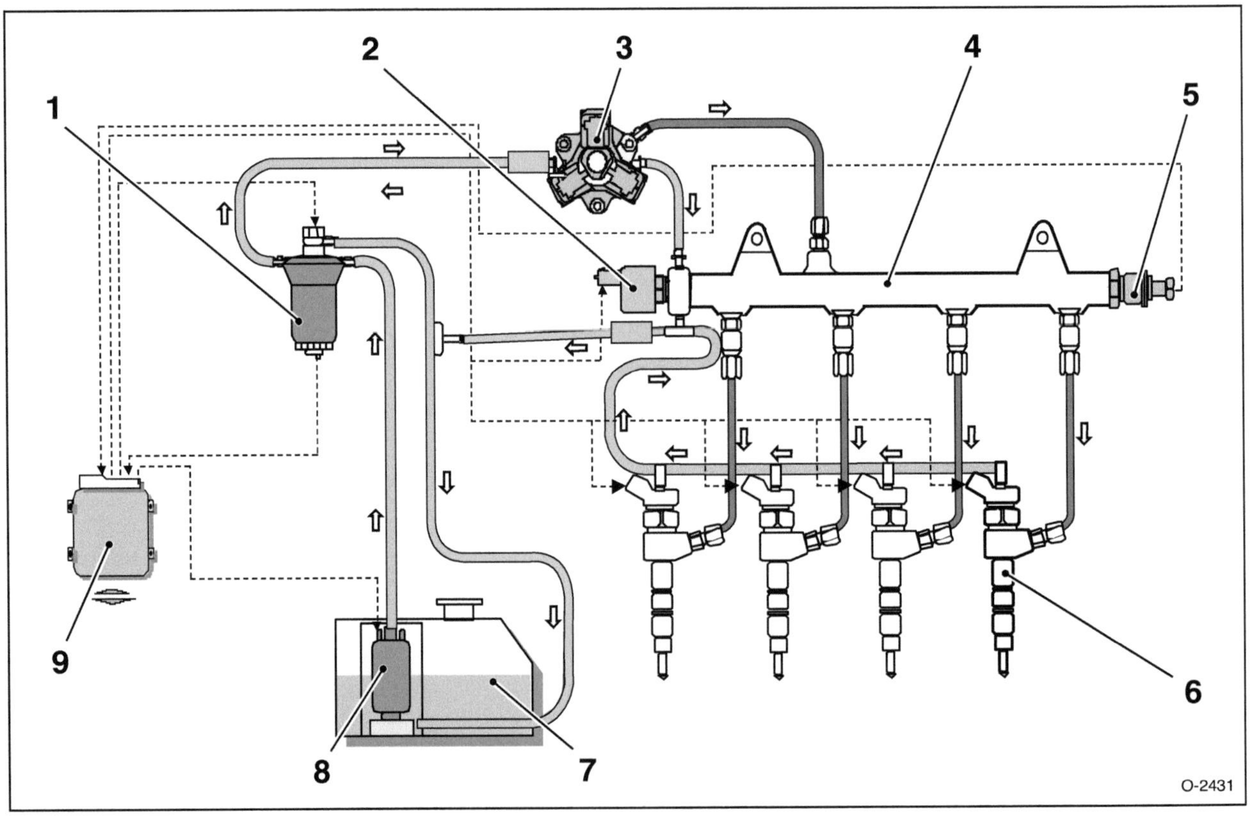

1 – Kraftstofffilter
2 – Druckregler
3 – Hochdruckpumpe
4 – Kraftstoffverteilerrohr (Common-Rail)
5 – Drucksensor
6 – Injektor (Einspritzventil)
7 – Kraftstoffvorratsbehälter (Tank)
8 – Elektrische Kraftstoffpumpe
Nur 1,3-l-Motor.
9 – Motor-Steuergerät

Motormanagement-Übersicht

1,7-l-Dieselmotor Z17DTR

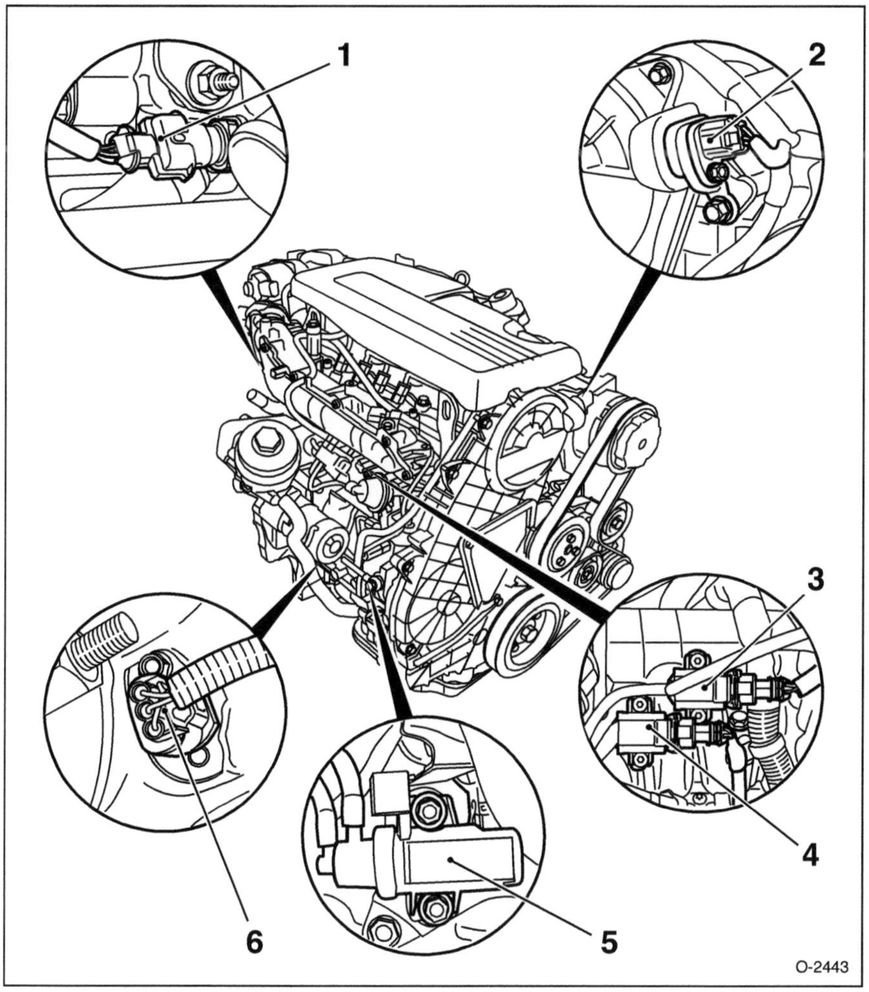

1 – Kühlmittel-Temperaturfühler

2 – Nockenwellen-Sensor

3 – Magnetventil
Für Umschaltklappen am Einlasskrümmer.

4 – Magnetventil
Für Bypass am Kühler für Abgasrückführung.

5 – Magnetventil/Umschaltventil
Für Ladedruckregelung.

6 – Kurbelwellen-Impulsgeber

Kraftstoffanlage

Zur Kraftstoffanlage zählen der Kraftstoffvorratsbehälter (Kraftstofftank), die Kraftstoffpumpe und die Kraftstoffleitungen sowie Kraftstoff- und Luftfilter. Hinweise zum Kraftstofffilter befinden sich im Kapitel »Wartungsarbeiten«.

Der Kraftstoffvorratsbehälter hat einen Inhalt von ca. 45 Litern und ist vor der Hinterachse angeordnet. Der jeweilige Kraftstoffvorrat wird dem Fahrer im Kombiinstrument angezeigt. Über ein Entlüftungssystem wird der Tank belüftet. Die schädlichen Benzindämpfe der Tankentlüftung werden in einem Aktivkohlespeicher aufgefangen und dem Motor kontrolliert zur Verbrennung zugeführt. Der Aktivkohlebehälter befindet sich am rechten Kotflügel.

Kraftstoff sparen beim Fahren

Wesentlichen Einfluss auf den Kraftstoffverbrauch hat die Fahrweise des Fahrzeuglenkers. Hier einige Tipps für den intelligenten Umgang mit dem Gaspedal:

- Nach dem Motorstart gleich losfahren, auch bei Frost.
- Motor abschalten bei voraussichtlichen Stopps über 40 Sekunden Dauer.
- Im höchstmöglichen Gang fahren.
- Möglichst gleichmäßige Geschwindigkeiten über längere Strecken fahren, hohe Geschwindigkeiten meiden. Vorausschauend fahren. Nicht unnötig bremsen.
- Keine unnötige Zuladung mitführen, Aufbauten am Fahrzeug, beispielsweise Dachgepäckträger, möglichst abbauen.
- Immer mit richtigem, nie mit zu niedrigem Reifendruck fahren.

Sicherheits- und Sauberkeitsregeln bei Arbeiten an der Kraftstoffversorgung

Bei Arbeiten an der Kraftstoffversorgung sind die folgenden Regeln zur Sicherheit und Sauberkeit sorgfältig zu beachten:

Sicherheitshinweise

- **Kein offenes Feuer, nicht rauchen, keine glühenden oder sehr heißen Teile in die Nähe des Arbeitsplatzes bringen. Unfallgefahr! Feuerlöscher bereitstellen.**
- **Unbedingt für gute Belüftung des Arbeitsplatzes sorgen. Kraftstoffdämpfe sind giftig.**
- Das Kraftstoffsystem steht unter Druck. Beim Öffnen der Anlage kann Kraftstoff herausspritzen, daher austretenden Kraftstoff mit einem Lappen auffangen. **Schutzbrille tragen.**

- Verbindungsstellen und deren Umgebung vor dem Lösen gründlich reinigen.
- Ausgebaute Teile auf einer sauberen Unterlage ablegen und abdecken. Folie oder Papier verwenden. Keine fasernden Lappen benutzen!
- Geöffnete Bauteile sorgfältig abdecken beziehungsweise verschließen, wenn die Reparatur nicht umgehend ausgeführt wird.
- Ersatzteile erst unmittelbar vor dem Einbau aus der Verpackung nehmen. Nur saubere Teile einbauen.
- Bei geöffneter Kraftstoffanlage möglichst nicht mit Druckluft arbeiten. Das Fahrzeug möglichst nicht bewegen.
- Keine silikonhaltigen Dichtmittel verwenden. Vom Motor angesaugte Spuren von Silikonbestandteilen werden im Motor nicht verbrannt und schädigen die Lambdasonden.

Kraftstoffdruck abbauen

Benzinmotor

Das Kraftstoffsystem steht auch nach dem Abstellen des Motors lange unter hohem Druck. Vor Öffnen des Kraftstoffsystems, zum Beispiel durch Abziehen von Kraftstoffleitungen, muss auf jeden Fall der Kraftstoffdruck abgebaut werden.

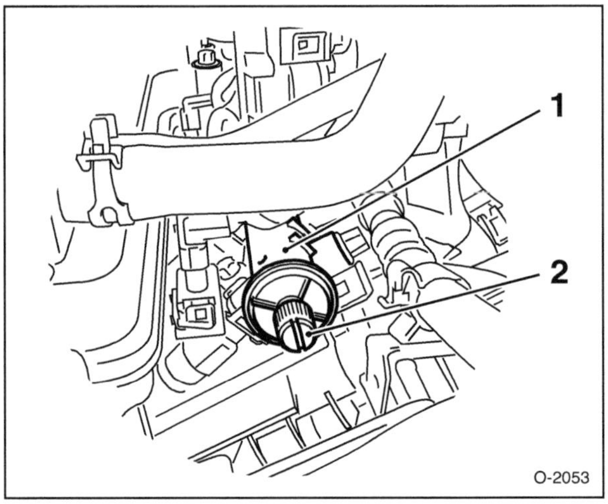

- Schutzkappe –2– am Prüfanschluss des Kraftstoffverteilerrohres –1– abschrauben. **Hinweis:** Je nach Motor kann die Position des Prüfanschlusses von der Darstellung in der Abbildung abweichen.

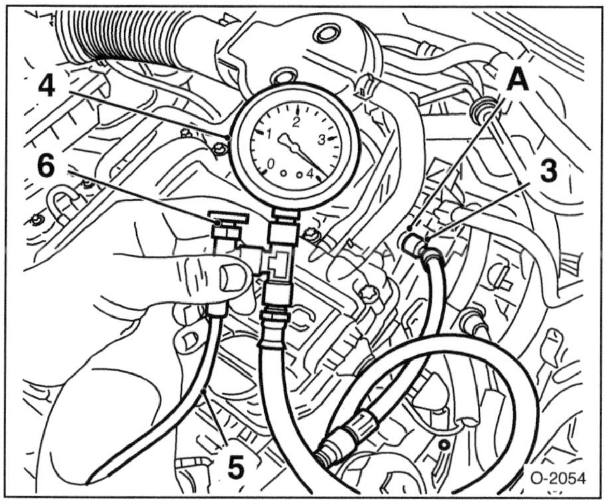

- Anschluss –3– für Kraftstoffdruck-Prüfgerät –4–, zum Beispiel OPEL-KM-J-34730-91, am Prüfanschluss –A– anschließen, siehe auch Abbildung O-2053. Ablaufschlauch –5– in geeigneten Behälter führen.
- Ablassventil –6– öffnen und Kraftstoffdruck abbauen. Dabei etwas Kraftstoff in den Auffangbehälter fließen lassen.
- Kraftstoffdruck-Prüfgerät abbauen und Schutzkappe aufschrauben.

Hinweis: Wenn das Spezialwerkzeug nicht zur Verfügung steht, kann folgendermaßen vorgegangen werden:

- Sicherung Nr. 34 für Kraftstoffpumpe aus dem Sicherungskasten im Motorraum herausziehen.
- Motor starten und im Leerlauf laufen lassen, bis der Motor von selbst ausgeht.
- Motor mit Anlasser ca. 5 Sekunden durchdrehen, um sicherzustellen, dass der Druck in der Kraftstoffvorlaufleitung abgebaut wurde.
- Sicherung einstecken.

Kraftstoffpumpe/Tankgeber aus- und einbauen

Die elektrische Kraftstoffpumpe befindet sich zusammen mit dem Tankgeber im Kraftstofftank und wird als Intankmodul bezeichnet. **Hinweis:** Beim Dieselmotor Y17DR ist an dieser Stelle nur der Tankgeber eingebaut.

Der Tankgeber besteht aus einem Schwimmer und einem Potentiometer. Mit sinkendem Kraftstoffspiegel sinkt auch der Schwimmer des Tankgebers ab. Ein mit dem Schwimmer verbundenes Potentiometer erhöht dabei den elektrischen Widerstand des Gebers. Dadurch sinkt die Spannung am Anzeigeinstrument, und der Zeiger der Kraftstoff-Vorratsanzeige geht in Richtung »leer« zurück.

Sicherheitshinweis
Beim Ausbau der Kraftstoffpumpe kann etwas Kraftstoff austreten. Kraftstoffdämpfe sind giftig und feuergefährlich, deshalb auf besonders gute Belüftung des Arbeitsplatzes achten. Hautkontakt mit Kraftstoff vermeiden. Kraftstoffbeständige Handschuhe tragen. Kein offenes Feuer, Brandgefahr! Feuerlöscher bereitstellen.

Vor Ausbau von Kraftstoffpumpe und Tankgeber, Tank möglichst leer fahren. Der Tank darf maximal zu ⅔ voll sein. Zur Belüftung des Arbeitsplatzes kann auch ein Radiallüfter verwendet werden, **dessen Motor außerhalb des Luftstromes liegt und der über ein Mindest-Fördervolumen von 15 m³/h verfügt.**

Hinweis Benzinmotor: Der im Intankmodul integrierte Kraftstofffilter ist ein fester Bestandteil des Intankmoduls. Aus diesem Grund kann der Kraftstofffilter nicht einzeln ersetzt werden. Bei Bedarf muss das komplette Intankmodul ersetzt werden.

Intankmodul mit Verschlussschelle

Ausbau

- Batterie abklemmen. **Achtung:** Hinweise im Kapitel »Batterie aus- und einbauen« beachten.
- Kraftstoffdruck ablassen, siehe entsprechendes Kapitel.
- Rücksitzbank ausbauen, siehe Seite 208.
- Geräuschisolierung über der Abdeckung des Intankmoduls hochklappen, siehe Abbildung O-2043.

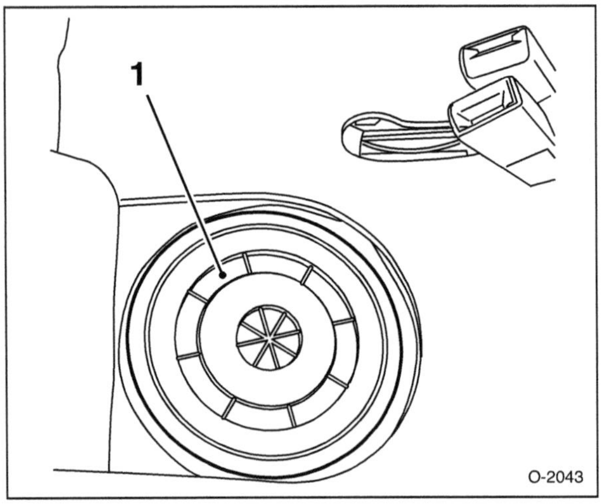

● Abdeckung –1– für das Intankmodul abhebeln.

Hinweis: Für den leichteren Einbau ist es sinnvoll, die Verlegung von Kraftstoffschläuchen, die Anordnung von Markierungen auf Tank und Verschlussdeckel sowie die Zuordnung von Kraftstoffschläuchen zu den Anschlüssen zu notieren, gegebenenfalls die Bauteile zu markieren.

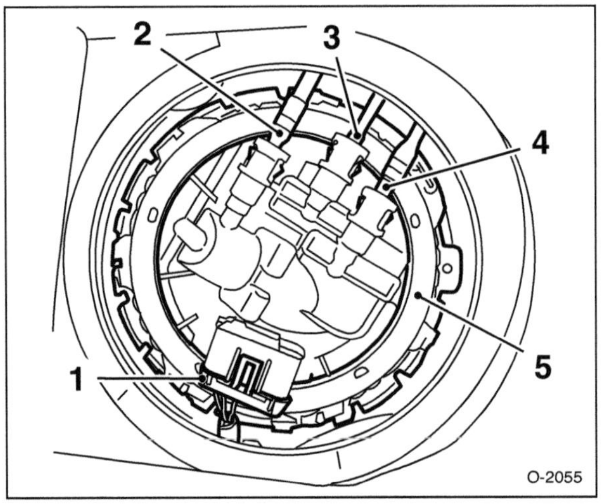

● Mehrfachstecker –1– entriegeln und abziehen.

● Kraftstoffvorlaufleitung –4– und Rücklaufleitung –2–, wo vorhanden, mit Tesaband kennzeichnen. Lappen um die Kraftstoff-Anschlüsse legen, um herauslaufenden Kraftstoff aufzufangen. Kraftstoffleitungen mit Spezialzange, zum Beispiel HAZET 4501-1, entriegeln und abziehen.

● Kraftstoffleitungen mit geeigneten Stopfen verschließen und zur Seite legen.

● Falls vorhanden, Kraftstoffleitung –3– für Standheizung am Schnellverschluss abbauen und verschließen.
5 – Verriegelungsring.

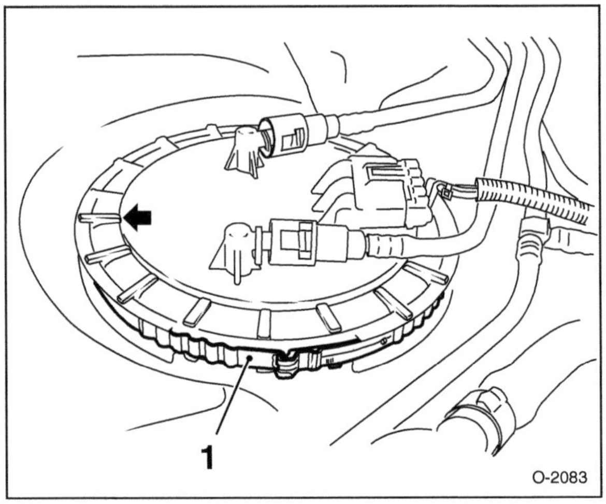

● Verriegelungsschelle –1– mit Schraubendreher ausheben. **Hinweis:** In der Abbildung ist die Verriegelungsschelle am ausgebauten Kraftstoffbehälter dargestellt.

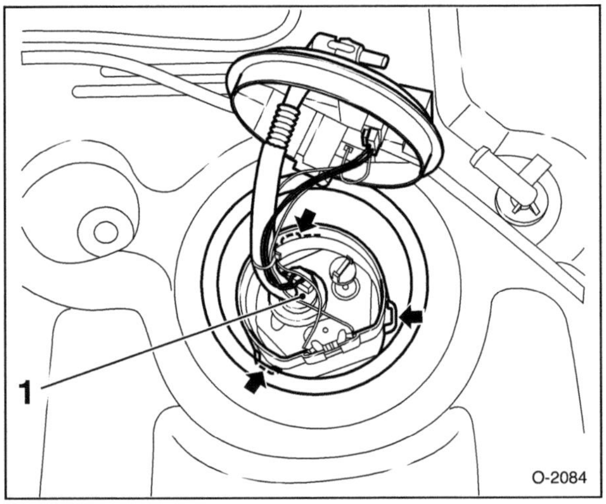

● Verschlussdeckel von der Wartungsöffnung vorsichtig anheben.

● Verriegelungen –Pfeile– mit geeignetem Werkzeug nach innen drücken und gedrückt halten.

● Intankmodul mit Kraftstoffpumpe –1– aus der Halteplatte im Kraftstoffbehälter herausziehen und in geeignetem Auffanggefäß ablegen.

Hinweis: Bei Z17DTR besteht das Intank-Modul nur aus dem Tankgeber.

Einbau

- Intankmodul in die Halteplatte im Kraftstoffbehälter einsetzen, bis die Verriegelungen hörbar einrasten.

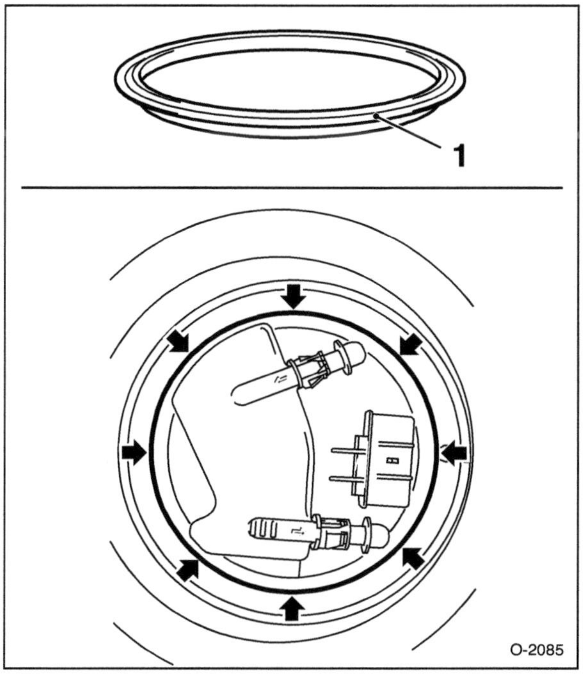

- Neue Dichtung mit Prüflippe –1– einsetzen. Dabei auf richtigen Sitz der Dichtung achten. **Achtung:** Bei eingesetztem Verschlussdeckel in die Wartungsöffnung muss die Prüflippe –1– der Dichtung überall zu sehen sein –Pfeile–.
- Verschlussdeckel für Wartungsöffnung vorsichtig einsetzen. **Achtung:** Die Dichtung darf bei der Montage nicht verrutschen. Deshalb Verschlussdeckel für Wartungsöffnung mit etwas Motoröl leicht benetzen, um ein verrutschen der Dichtung zu vermeiden.

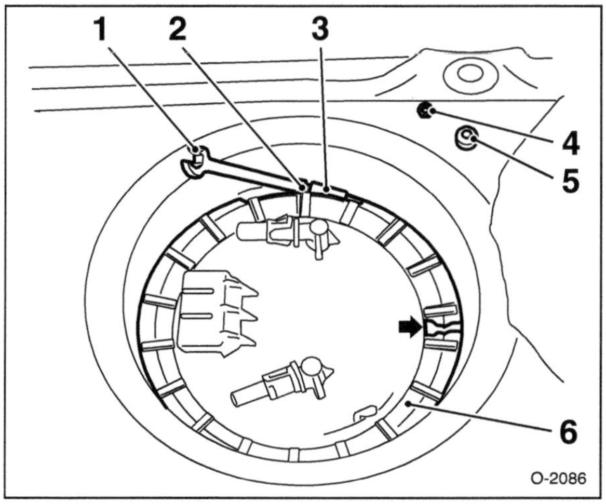

Hinweis: Verriegelungsschelle grundsätzlich ersetzen.

- Kunststoffhalterung –6– so einsetzen, dass die offene Seite auf den Pfeil zeigt.
- Verriegelungsschelle –3– mit Ringschlüssel –1–, Schlüsselweite 7 mm, festziehen –2–, bis der Sechskantabreißkopf –4– abreißt.
- Steckhülse –5– mit einem Schraubendreher entfernen.
- Kraftstoffleitungen entsprechend den Markierungen aufstecken und einrasten.
- Falls vorhanden, Kraftstoffleitung für Standheizung aufstecken.
- Mehrfachstecker aufstecken und einrasten.
- Falls erforderlich, Kraftstoff einfüllen.
- Batterie anklemmen. **Achtung:** Hinweise im Kapitel »Batterie aus- und einbauen« beachten.
- Motor starten und prüfen, ob die Kraftstoffpumpe anläuft und kein Kraftstoff durch Undichtigkeit austritt.
- Funktion des Tankgebers prüfen.
- Abdeckung für Intankmodul aufdrücken und Geräuschisolierung zurückklappen.
- Rücksitzbank einbauen, siehe Seite 208.

Intankmodul mit Schraubring

Achtung: Hier werden nur die Abweichungen beschrieben.

Ausbau

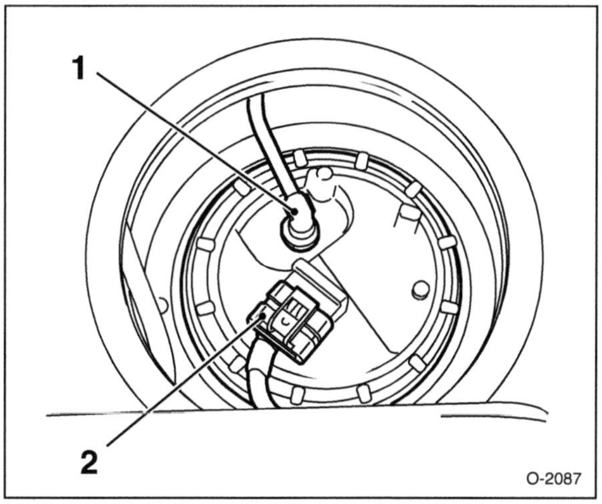

- Mehrfachstecker –2– entriegeln und vom Intankvodul abziehen.
- Kraftstoffvorlaufleitung –1– mit Tesaband kennzeichnen. Lappen um die Kraftstoff-Anschlüsse legen, um herauslaufenden Kraftstoff aufzufangen. Kraftstoffleitung mit Spezialzange, zum Beispiel HAZET 4501-1, entriegeln und abziehen.
- Kraftstoffleitung mit geeigneten Stopfen verschließen und zur Seite legen.
- **1,6-l-Motor Z16LE(L/R):** Kraftstoffrücklaufleitung auf die gleiche Weise abbauen.

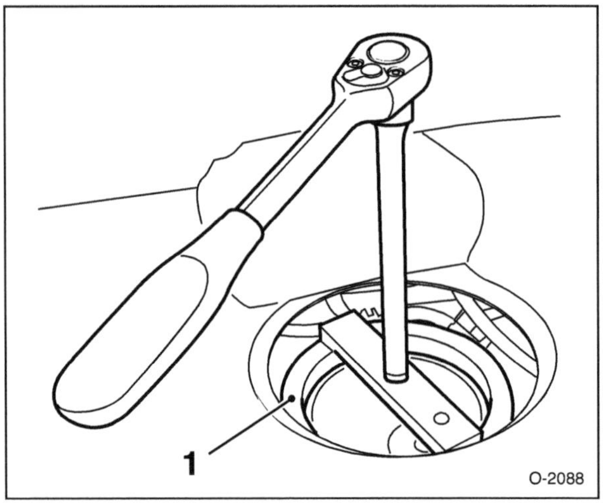

Achtung: Ausgangsposition des Verriegelungsrings mit geeignetem Stift an Kraftstoffbehälter und Verriegelungsring markieren.

- Verriegelungsring mit dem Spezialwerkzeug CH-48378 –1– im Gegenuhrzeigersinn abschrauben.
- Intankmodul vorsichtig nach oben ziehen. **Achtung:** Beim Herausziehen des Intankmoduls darauf achten, dass der Tankgeber nicht beschädigt wird.

Hinweis: Bei den Motoren Z13DTJ und Z13DTH werden unterschiedliche Tankgeber verwendet.

Ausführung 1 mit getrennten Steckern für Tankgeber und Kraftstoffpumpe:

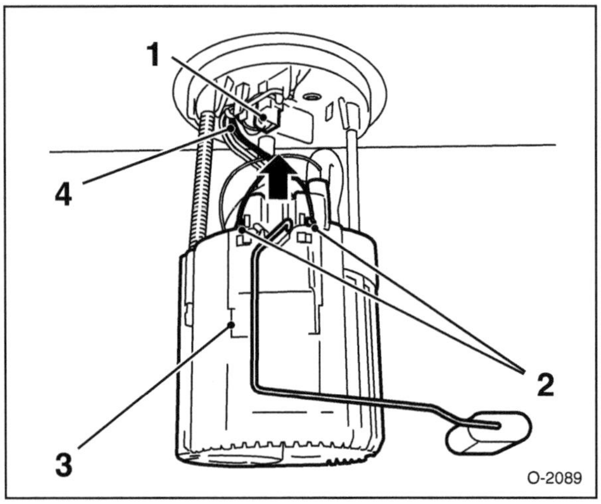

- Mehrfachstecker –1– vom Deckel des Intankmoduls –3– abziehen.
- Kabelsatz –4– aus dem Halter freilegen.
- Tankgeber in Pfeilrichtung aus der Führung schieben, dabei Verriegelungen –2– eindrücken.

Ausführung 2 mit gemeinsamem Stecker für Tankgeber und Kraftstoffpumpe:

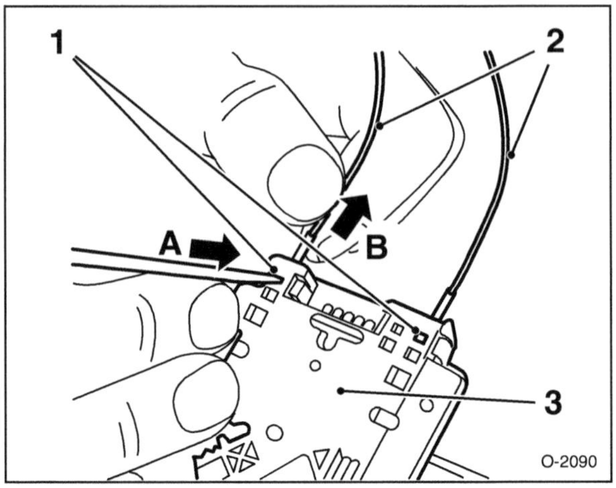

- Tankgeber aus der Führung schieben, dabei Verriegelungen eindrücken.

Achtung: Anschlussbelegung vor dem Ausbau eindeutig kennzeichnen.

- 2 Stecker vom Tankgeber –3– abziehen. Dabei Rastzunge –1– des jeweiligen Kabelsteckers vorsichtig mit einem stumpfen Gegenstand in Pfeilrichtung –A– niederdrücken und Stecker in Pfeilrichtung –B– herausziehen.

Einbau

- Tankgeber in das Intankmodul einsetzen. Beim Aufstecken der Stecker die angebrachten Markierungen beachten.

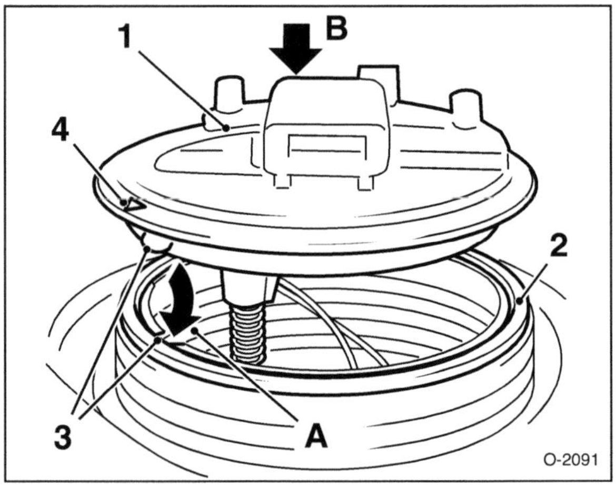

- **Neue** Dichtung –2– einsetzen.
- Intankmodul –1– in die Tanköffnung einsetzen . Dabei auf die Position der Verdrehsicherung –3– achten –Pfeil A–.
- Die Pfeilmarkierung –4– am Verschlussdeckel muss auf die entsprechende Markierung am Tank zeigen.

Achtung: Beim Aufschrauben des Verriegelungsrings den Verschlussdeckel herunterdrücken –Pfeil B– und darauf achten, dass sich der Verschlussdeckel nicht mitdreht.

- Verriegelungsring bis zur markierten Ausgangsposition festziehen.

Luftfilter/Luftführung

Motor A/Z13DT(J/H)

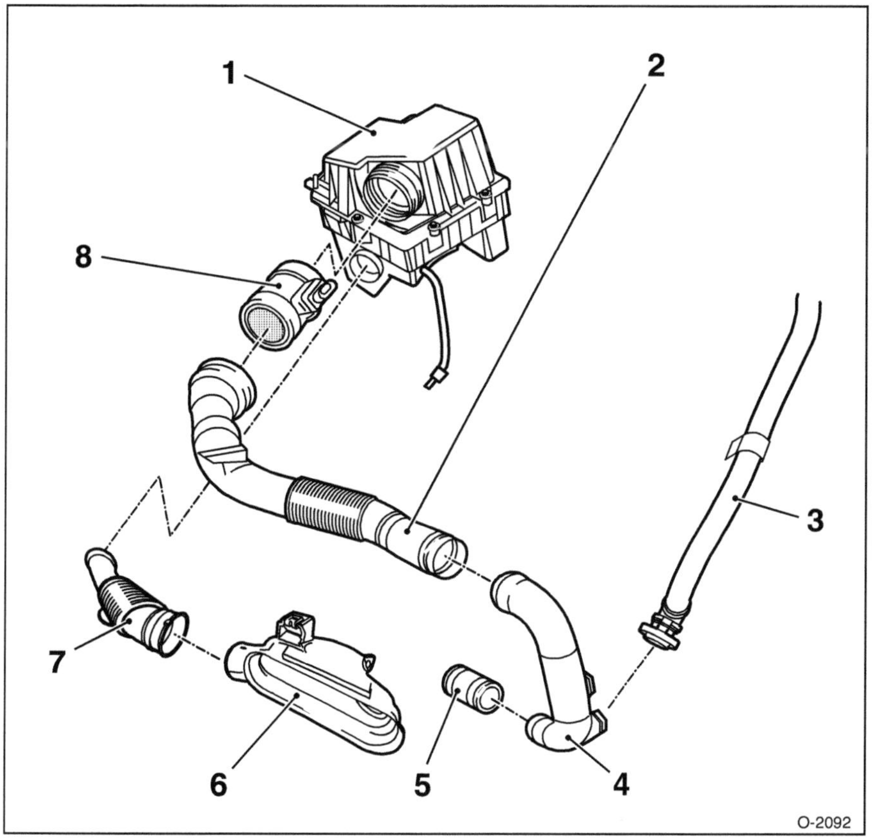

1 – **Luftfiltergehäuse**

2 – **Luftansaugschlauch**

3 – **Schlauch für Motorentlüftung**
Über Motorentlüftungsrohr und Ölabscheider.

4 – **Luftkanal**
Zwischen Luftfilter und Turbolader (Luftansaugrohr).

5 – **Verbindungsschlauch**
Vom Luftansaugrohr zum Turbolader.

6 – **Resonator**

7 – **Ansaugkanal**
Zum Luftfilter.

8 – **Heißfilm-Luftmassenmesser**
Der Luftmassenmesser misst die angesaugte Luftmasse.
Im Gehäuse des Luftmassenmessers befindet sich eine dünne, elektrisch beheizte Sensorplatte, die durch die vorbeistreichende Ansaugluft abgekühlt wird. Eine Steuerelektronik regelt den Heizstrom so, dass die Temperatur der Platte konstant bleibt. Anhand der Schwankungen des Heizstromes erkennt das Motor-Steuergerät den Lastzustand des Motors und regelt dementsprechend die Kraftstoff-Einspritzmenge.

Luftfiltergehäuse aus- und einbauen

Motor A/Z10/12/14XEP

Ausbau

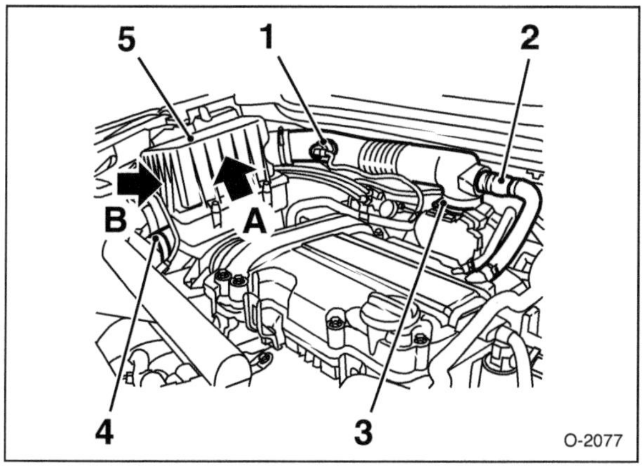

- Stecker vom Ansauglufttemperaturgeber –1–abziehen.
- Schelle –2– öffnen und zurückschieben. Schlauch für Motorentlüftung vom Luftansaugrohr abziehen.
- Schelle –3– öffnen und zurückschieben. Luftansaugrohr vom Drosselklappenmodul abziehen.
- Schelle –4– öffnen und zurückschieben. Luftansaugrohr vom Luftfiltergehäuse abziehen.
- Luftfiltergehäuse –5– aus den Gummilagern nach oben –Pfeil A– und nach innen –Pfeil B– drücken.

Einbau

- Luftfiltergehäuse über den Gummilagern ansetzen und eindrücken.
- Der weitere Einbau erfolgt in umgekehter Ausbaureihenfolge.

Motor A/Z13DT(J/H)

Ausbau

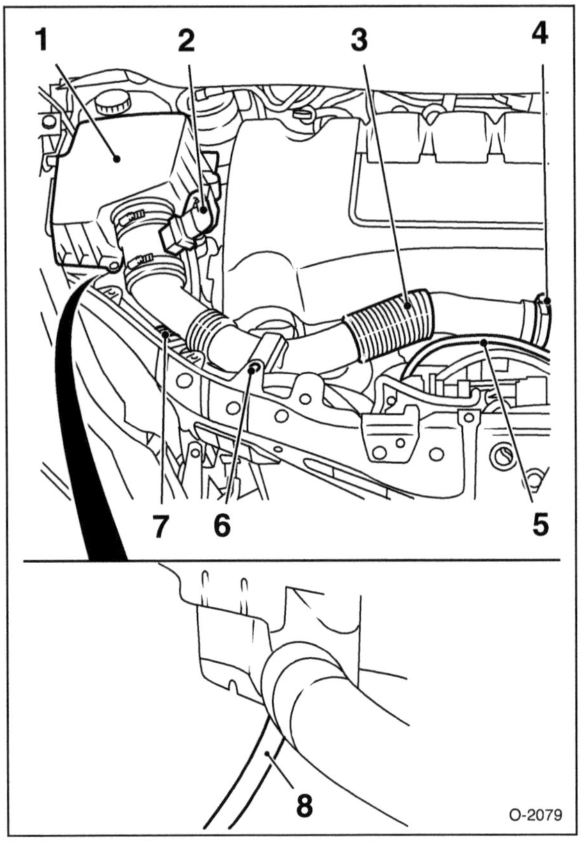

- Stecker –2– vom Luftmassenmesser abziehen.
- Unterdruckleitungen –5– ausclipsen.
- Schelle –4– öffnen und zurückschieben.
- Schraube –6– herausdrehen.
- Luftansaugschlauch –3– vom Luftansaugrohr abziehen.
- Luftansaugschlauch –7– vom Resonator abziehen.
- Wasserablaufschlauch –8– vom Luftfiltergehäuse abziehen.
- Luftfiltergehäuse –1– aus den 3 Haltegummis am Radhaus herausziehen.

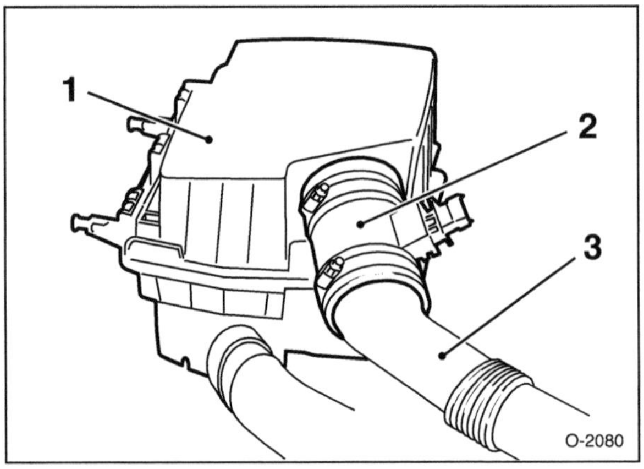

- Luftfiltergehäuse –1– mit Luftmassenmesser –2– und Luftansaugschlauch –3– herausnehmen.

Einbau

- Der Einbau erfolgt in umgekehrter Ausbaureihenfolge.

Abgasanlage

Aus dem Inhalt:

- **Katalysator- und Filtersysteme**
- **Abgasturbolader**
- **Abgasanlagen-Übersicht**
- **Abgasanlage demontieren**
- **Abgasanlage prüfen**
- **Lambdasonde**

Die Abgasanlage besteht je nach Motor-Ausführung aus Abgaskrümmer, Katalysator, mittlerem Abgasrohr mit Mittelschalldämpfer sowie Nachschalldämpfer und Endrohr. Je nach Motor ist eine Lambdasonde zur Abgasregelung eingeschraubt. Die Abgasanlage des Dieselmotors ist mit einem Katalysator und je nach Motor und Ausstattung mit einem Rußpartikelfilter ausgerüstet.

Bei einer Reparatur lassen sich sämtliche Teile einzeln auswechseln.

Katalysatorschäden vermeiden

Um Beschädigungen am Katalysator zu vermeiden, sind folgende Hinweise unbedingt zu beachten:

Benzinmotor

- Grundsätzlich nur **bleifreies** Benzin tanken.
- Das Anlassen des Motors durch **Anschieben** oder Anschleppen darf nur in **einem** Versuch über eine Strecke von etwa 50 Metern erfolgen. Besser: Starthilfekabel verwenden. Unverbrannter Kraftstoff könnte bei einer Zündung zur Überhitzung des Katalysators und zu seiner Zerstörung führen. Ist der Motor **betriebswarm**, darf er **nicht** angeschoben oder angeschleppt werden.
- Treten Zündaussetzer auf, hohe Motordrehzahlen vermeiden und Fehler umgehend beheben.
- Nur die vorgeschriebenen Zündkerzen verwenden.
- Keine Funkenprüfung ohne ausreichende Masseverbindung durchführen.
- Es darf kein Zylindervergleich (Balancetest) durch Zündabschaltung eines Zylinders durchgeführt werden. Bei Zündabschaltung der einzelnen Zylinder – auch über Motortester – gelangt unverbrannter Kraftstoff in den Katalysator.

Benzin- und Dieselmotor

- Fahrzeug nicht über trockenem Laub oder Gras beziehungsweise auf einem Stoppelfeld abstellen. Die Abgasanlage wird im Bereich des Katalysators sehr heiß und strahlt die Wärme auch nach Abstellen des Motors noch ab.
- Keinen Unterbodenschutz auf Abgasrohre auftragen.
- Die Hitzeschilde der Abgasanlage nicht verändern.
- Bei Startschwierigkeiten nicht unnötig lange den Anlasser betätigen. Während des Anlassens wird permanent Kraftstoff eingespritzt. Fehlerursache ermitteln und beseitigen.
- Kraftstofftank nie ganz leer fahren.
- Beim Ein- oder Nachfüllen von Motoröl besonders darauf achten, dass auf keinen Fall die Maximum-Markierung am Ölmessstab (obere Markierung) überschritten wird. Das überschüssige Öl gelangt sonst aufgrund unvollständiger Verbrennung in den Katalysator und kann das Edelmetall beschädigen oder den Katalysator vollständig zerstören.

Funktion des Katalysators

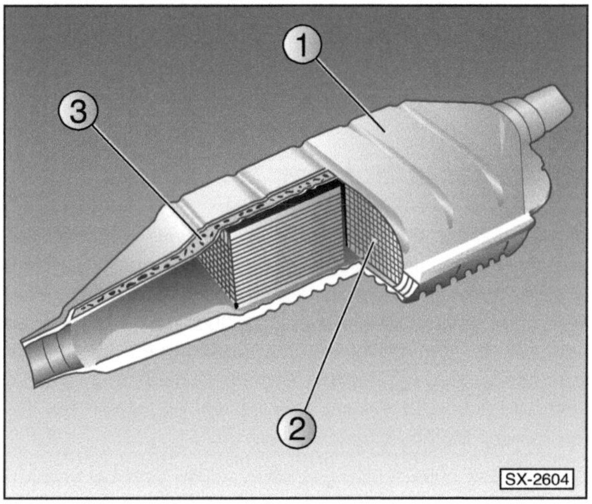

Der Katalysator dient zur Abgasumwandlung. Er besteht aus einem Keramik-Wabenkörper –2–, der mit einer Trägerschicht überzogen ist. Auf der Trägerschicht befinden sich Edelmetallsalze, die den Umwandlungsprozess bewirken. Im Gehäuse –1– wird der Katalysator durch eine Isolations-Stützmatte –3– fixiert, die außerdem Wärmeausdehnungen ausgleicht.

In Verbindung mit der elektronischen Benzin-Einspritzanlage und der Lambdasonde wird die Kraftstoffmenge für die Verbrennung dosiert, damit der Katalysator die Schadstoffe reduzieren kann. Bei der Lambdasonde handelt es sich um einen elektrischen Messfühler, der den Restgehalt an Sauerstoff im Abgas durch elektrische Spannungsschwankungen anzeigt und Rückschlüsse auf die Zusammensetzung des Luft-Benzingemisches ermöglicht.

Da die Verbrennung im Dieselmotor generell mit Luftüberschuss erfolgt, kommen beim Selbstzünder ungeregelte Katalysatoren zum Einsatz.

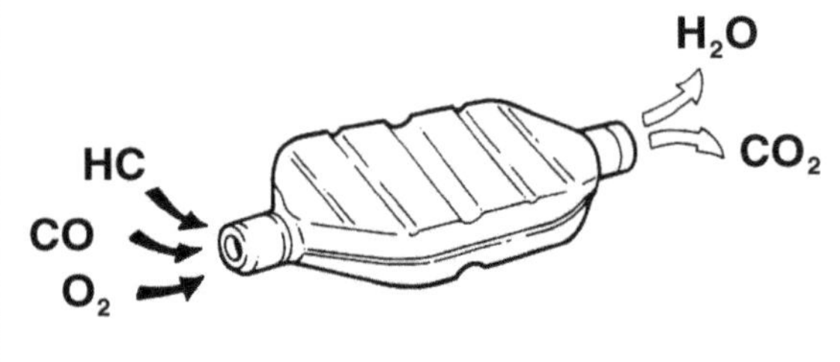

SX-2602

Der Diesel-Katalysator wandelt die im Abgas befindlichen giftigen Kohlenmonoxide und Kohlenwasserstoffverbindungen in Kohlendioxid (CO_2) und Wasser (H_2O) um. Außerdem vermindert sich der dieseltypische Abgasgeruch.

Der höhere Anteil von Stickoxiden (NO_X) im Abgas des Dieselmotors wird durch ein zusätzliches **Abgas-Rückführungssystem** (ARF) auf geringem Niveau gehalten.

Das Abgasrückführungsventil (ARF-Ventil) sitzt am Lufteinlassrohr und wird über Unterdruck angesteuert. Dadurch kann bei heißem Motor ein Teil der Abgase in die Verbrennungsräume des Motors zurückgeführt werden, um die Verbrennungstemperatur zu mindern und dadurch den Schadstoffanteil der Abgase zu reduzieren.

Der Abgasturbolader

Beim Turbolader sitzen auf einer Welle zwei Turbinenräder, die in zwei voneinander getrennten Gehäusen untergebracht sind. Für den Antrieb der Turbinenräder sorgen die Abgase. Sie bringen die Laderwelle auf bis zu 300.000 Umdrehungen in der Minute. Und da Abgas- und Frischluftrotor auf gleicher Welle sitzen, wird mit gleicher Drehzahl Frischluft in die Zylinder gedrückt. Zur Schmierung ist der Lader an den Ölkreislauf des Motors angeschlossen.

Aufgrund des guten Füllungsgrades lassen sich bei vorhandenen Motoren Leistungszuwachsraten von bis zu 100 Prozent verwirklichen. Abhängig ist der Leistungszuwachs unter anderem vom Ladedruck, der bei einem Pkw-Motor zwischen 0,4 bis 0,8 bar (Reifenfülldruck etwa 1,8 bar) liegt. Der Ladedruck wird über einen Druckfühler laufend vom Steuergerät überprüft und geregelt. Dadurch ist auch sichergestellt, dass ein maximaler Ladedruck nicht überschritten wird.

Neben der Motorleistung steigt bei der Verwendung eines Abgasladers auch das Drehmoment an, was vor allem im Hinblick auf einen elastischen Motorlauf wünschenswert ist. Voraussetzung ist allerdings, dass die Laderwelle mit ausreichender Drehzahl rotiert und somit einen ordentlichen Füllungsgrad garantiert.

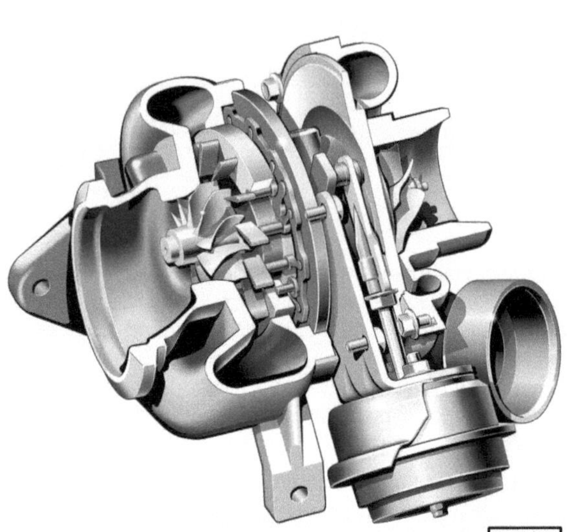
M-2619

Aus diesem Grund wird bei den Motoren Z13DTJ/Z13DTH und Z17DTR ein Turbolader mit **v**ariabler **T**urbinen-**G**eometrie (VTG-Lader) verwendet. Dabei besitzt der Abgaslader verstellbare Leitschaufeln, die vom Motor-Steuergerät über ein Magnetventil und eine Unterdruckdose stufenlos geregelt werden. So kann bei allen Drehzahlen der optimale Ladedruck erzeugt werden, was zu höherem Drehmoment und damit zu mehr Leistung führt, insbesondere bei niedrigen Drehzahlen. **Hinweis:** Der Turbolader wird manchmal auch als VNT-Lader bezeichnet, VNT bedeutet in diesem Fall **V**ariable **N**ozzle **T**urbine.

Zwischen Turbolader und Einlasskanal des Motors befindet sich ein Ladeluftkühler, der die vorverdichtete Luft abkühlt. Das erhöht die Motorleistung, weil kühle Luft durch die höhere Luftdichte einen höheren Sauerstoffanteil besitzt.

Gegenüber dem Ottomotor ist es beim Dieseltriebwerk nicht erforderlich, die Verdichtung aufgrund der Aufladung zu verringern, so dass der eingespritzte Kraftstoff auch im unteren Drehzahlbereich gut ausgenutzt wird.

Der Turbolader ist ein äußerst präzise hergestelltes Bauteil. Deshalb wird er in der Regel bei einem Defekt komplett ausgetauscht.

Abgasanlagen-Übersicht

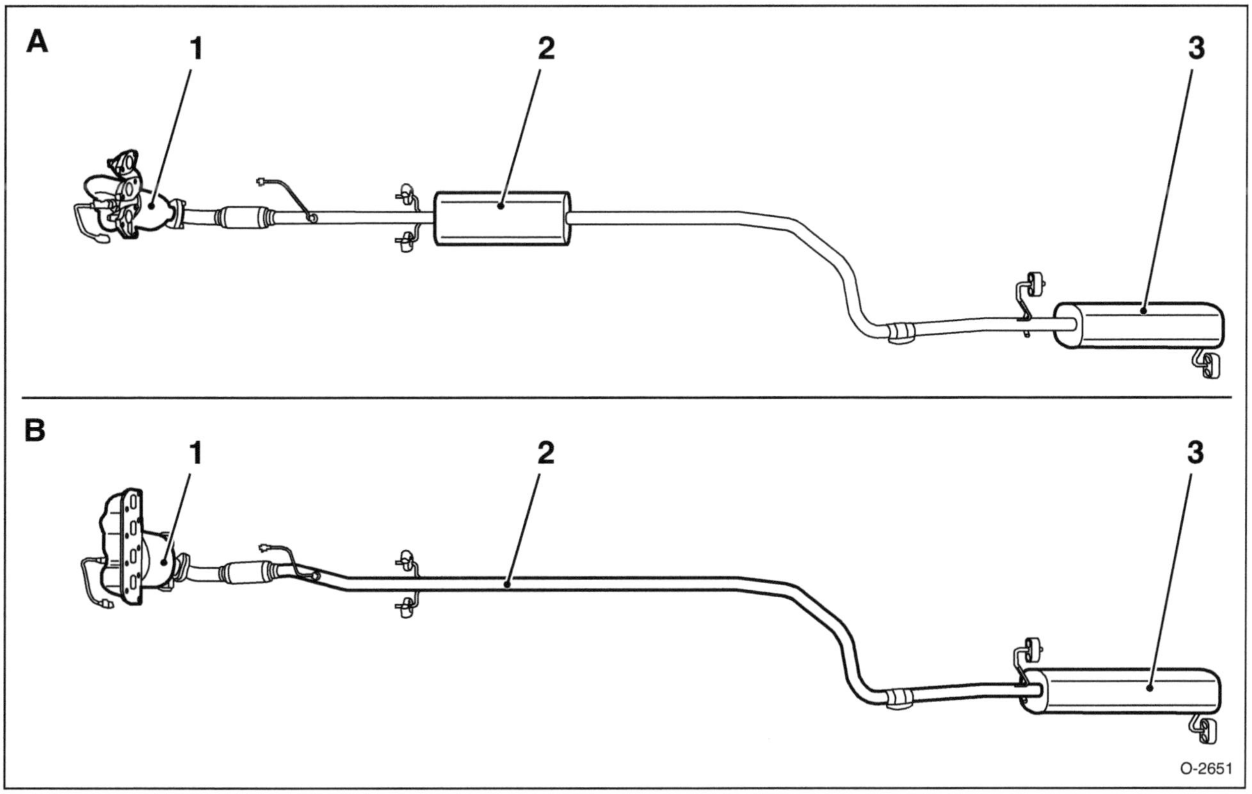

A – Abgasanlage 1,0-l-Motor

1 – Katalysator mit Auslasskrümmer
2 – Vorderes Abgasrohr mit Flexrohr und mittlerem Schalldämpfer
3 – Nachschalldämpfer

B – Abgasanlage 1,2-/1,4-l-Motor außer A14XEL

1 – Katalysator mit Auslasskrümmer
2 – Vorderes Abgasrohr mit Flexrohr
3 – Nachschalldämpfer

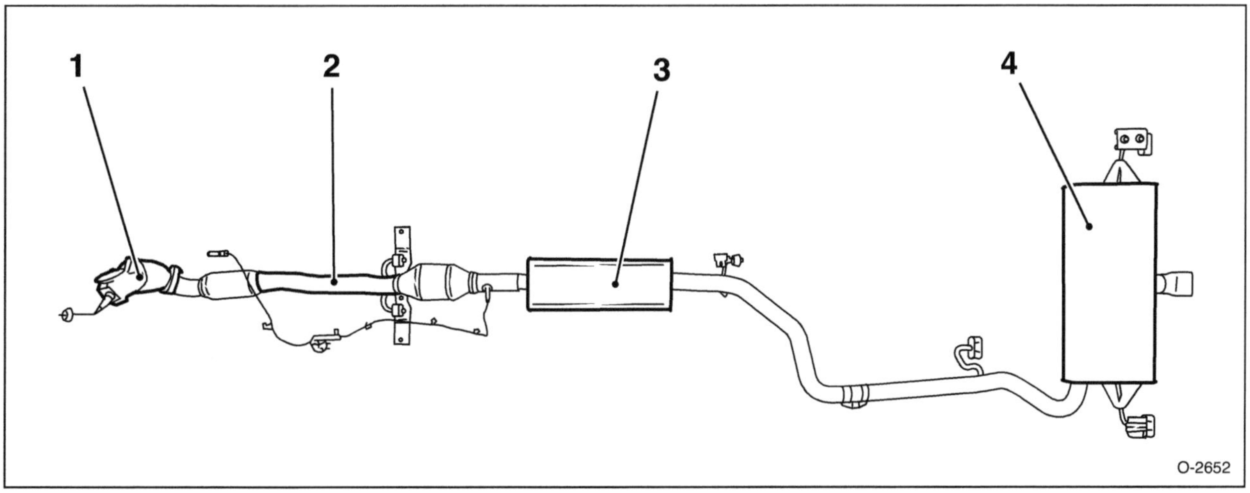

A – Abgasanlage Motor 1,6-l-Motor außer A/B16LES

1 – Katalysator
2 – Vorderes Abgasrohr mit Flexrohr und Unterflur-Katalysator
3 – Mittleres Abgasrohr mit Schalldämpfer
4 – Nachschalldämpfer. **Hinweis:** Beim Motor Z16LEL ist der Nachschalldämpfer nicht mittig ausgerichtet.

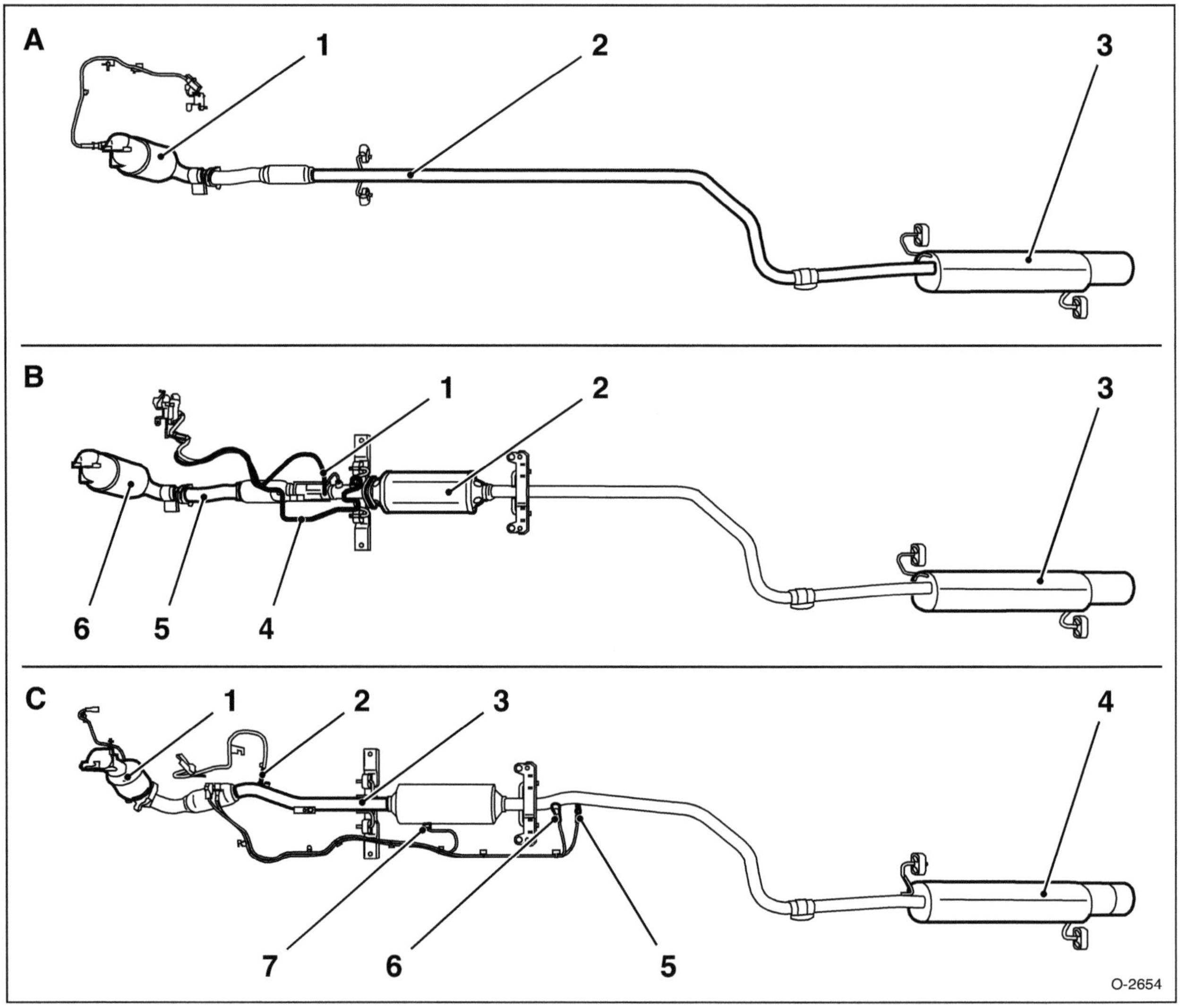

A – Motor Z13DT(J/H) ohne Dieselpartikelfilter

1 – Katalysator mit Lambdasonde
2 – Vorderes Abgasrohr mit Flexrohr
3 – Nachschalldämpfer

B – Motor Z13DT(J/H) mit Dieselpartikelfilter

1 – Temperatursensor für Partikelfilter
2 – Dieselpartikelfilter
3 – Nachschalldämpfer
4 – Rohr für Differenzdrucksensor
5 – Vorderes Abgasrohr mit Flexrohr
6 – Katalysator

C – Motor Z17DTR

1 – Katalysator mit Temperatursensor
2 – Rohr für Differenzdrucksensor
3 – Vorderes Abgasrohr mit Flexrohr und Dieselpartikelfilter
4 – Nachschalldämpfer
5 – Temperatursensor hinter Partikelfilter
6 – Lambdasonde
7 – Temperatursensor am Partikelfilter

Wichtige Hinweise bei Arbeiten an der Abgasanlage

- Sämtliche Schraubverbindungen der Abgasanlage, die voraussichtlich gelöst werden müssen, mit rostlösendem Mittel einsprühen. Rostlöser einige Zeit einwirken lassen.
- Dichtungen und Befestigungsteile grundsätzlich erneuern.
- Dichtfläche an wieder verwendeten Teilen mit Drahtbürste reinigen beziehungsweise abschmirgeln.

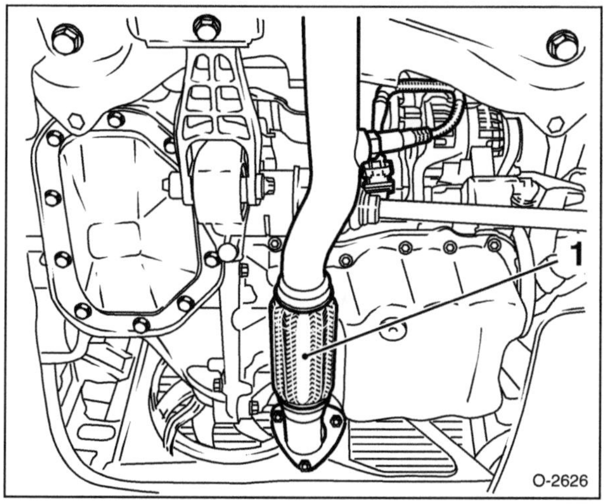

Achtung: Bei Arbeiten im Bereich der Abgasanlage ist das vordere Abgasrohr mit Flexrohr –1– gegen unkontrolliertes Durchhängen zu sichern. Bereits Beugungen des Flexrohres um 5 – 10 Winkelgrad und Verdrehungen um ± 0,5° aus der vorgesehenen Montageposition können eine Schädigung mit anschließendem Totalausfall des Flexrohres zur Folge haben.

Aus diesem Grund ist das Abgasanlagenstück mit dem darin befindlichen Flexrohr beispielsweise mit etwas Draht am Fahrzeugunterbau zu befestigen, dabei Abgasrohr, falls erforderlich, durch einen Helfer abstützen lassen.

Wenn das Flexrohr oder die komplette Abgasanlage ersetzt wird, Transportsicherung für Flexrohr erst nach Abschluss der Arbeiten, vor der Inbetriebnahme des Fahrzeuges, abnehmen. Es ist empfehlenswert die Transportsicherung aufzubewahren, damit sie für spätere Montagearbeiten an der Abgasanlage wieder verwendet werden kann. Dabei Montageanleitung auf der Transportsicherung beachten.

Abgasanlage aus- und einbauen

Ausbau

Achtung: Wichtige Hinweise für Arbeiten an der Abgasanlage beachten, siehe entsprechendes Kapitel.

Sicherheitshinweis
Beim Aufbocken des Fahrzeugs besteht Unfallgefahr! Hinweise im Kapitel »Fahrzeug aufbocken« beachten.

- Fahrzeug aufbocken.
- Falls vorhanden, untere Motorraumabdeckung ausbauen.

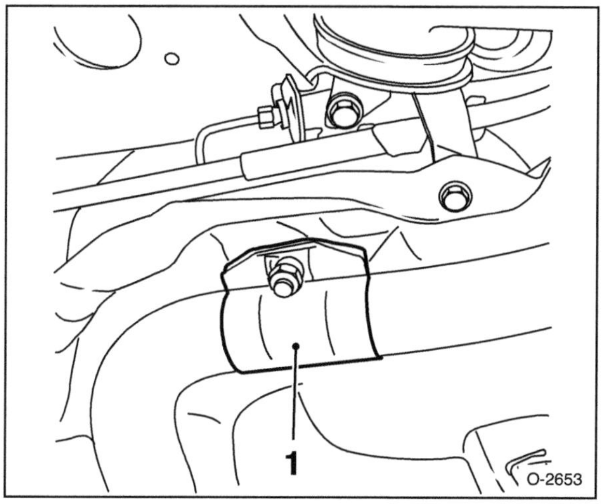

- 2 Haltegummis (Motor Z16LER: 3 Haltegummis) am hinteren Schalldämpfer aushängen.
- Klemmschelle –1– öffnen und hinteren Schalldämpfer abnehmen.

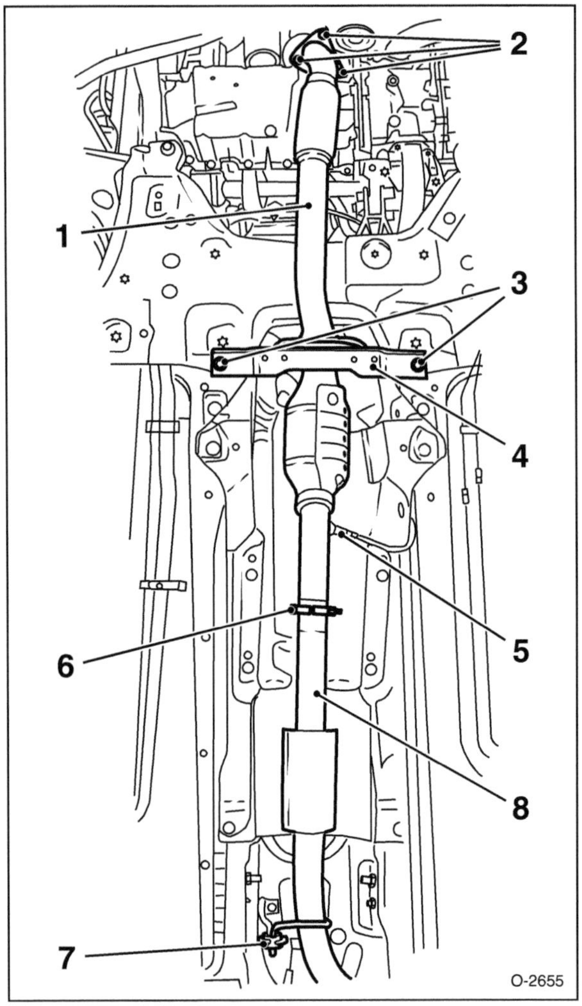

- Vorderes Abgasrohr –1– und mittleres Abgasrohr –8– abstützen oder mit Draht aufhängen.
- Dämpfungsring –7– aushängen.
- Lambdasonde für Katalysatorkontrolle –5– am vorderen Abgasrohr herausschrauben. **Hinweis:** Die Fachwerkstatt verwendet dazu den Spezialschlüssel KM-6179.
- 3 Muttern –2– abschrauben und vorderes Abgasrohr –1– vom Katalysator trennen.
- 2 Schrauben –3– herausdrehen und Querstrebe –4– abnehmen.
- Abgasanlage mit einem Helfer komplett abnehmen.
- Falls erforderlich, Schelle –6– öffnen und vorderes sowie mittleres Abgasrohr trennen. Dazu gegebenenfalls Abgasrohre an der Trennstelle anwärmen oder Trennmeißel verwenden.

Einbau

- Der Einbau erfolgt in umgekehrter Ausbaureihenfolge. Anzugsdrehmoment für vorderes Abgasrohr: **20 Nm.**

Vorderes Abgasrohr aus- und einbauen

Alle Motoren

Ausbau

Achtung: Wichtige Hinweise für Arbeiten an der Abgasanlage beachten, siehe entsprechendes Kapitel.

Sicherheitshinweis
Beim Aufbocken des Fahrzeugs besteht Unfallgefahr! Hinweise im Kapitel »Fahrzeug aufbocken« beachten.

- Fahrzeug aufbocken.
- Falls vorhanden, untere Motorraumabdeckung ausbauen.
- Hinteren Schalldämpfer ausbauen, siehe »Abgasanlage ausbauen«.

Benzinmotor, 1,3-l-Dieselmotor ohne Dieselpartikelfilter

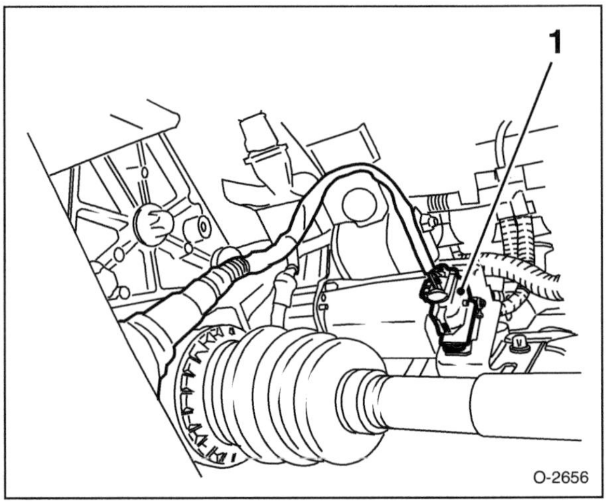

- Steckverbindung der Lambdasonde für Katalysatorkontrolle –1– trennen.

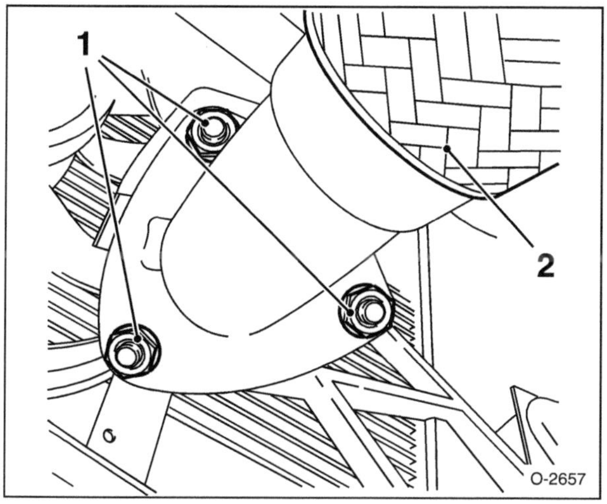

- 3 Muttern –1– abschrauben und vorderes Abgasrohr vom Katalysator trennen.

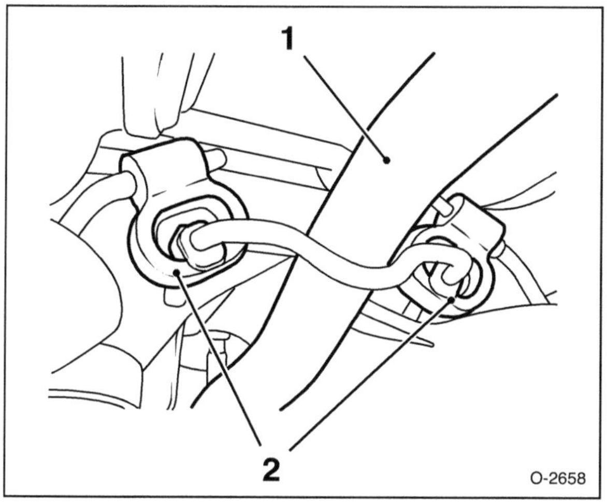

- 2 Dämpfungsringe –2– aushängen und vorderes Abgasrohr –1– herausnehmen.

Einbau

- Falls das vordere Abgasrohr ersetzt wird, Lambdasonde für Katalysatorkontrolle umbauen. Die Fachwerkstatt verwendet dazu den Spezialschlüssel KM-6179. **Hinweis:** Gewinde der Lambdasonde vor dem Einbau mit Montagepaste bestreichen und mit **40 Nm** festschrauben. **Achtung:** Die Montagepaste darf nur auf das Gewinde gelangen, nicht auf den Sondenkörper. Wird die Sonde ohne das Hochtemperatur-Spezialfett eingeschraubt, frisst sich das Gewinde mit der Zeit fest. Die Lambdasonde kann dann später nicht mehr herausgeschraubt werden. Neue Sonden sind bereits mit dem Spezialfett bestrichen.
- Falls erforderlich, Dichflächen von dem vorderen Abgasrohr und dem Katalysator mit Schmirgelleinen reinigen.
- Vorderes Abgasrohr in die beiden Gummilager einhängen und mit **neuer** Dichtung am Katalysator ansetzen. 3 Muttern aufschrauben und wechselweise mit **20 Nm** festziehen.
- Stecker der Lambdasonde für Katalysatorkontrolle verbinden.
- Hinteren Schalldämpfer einbauen.

1,3-l-Dieselmotor mit Dieselpartikelfilter

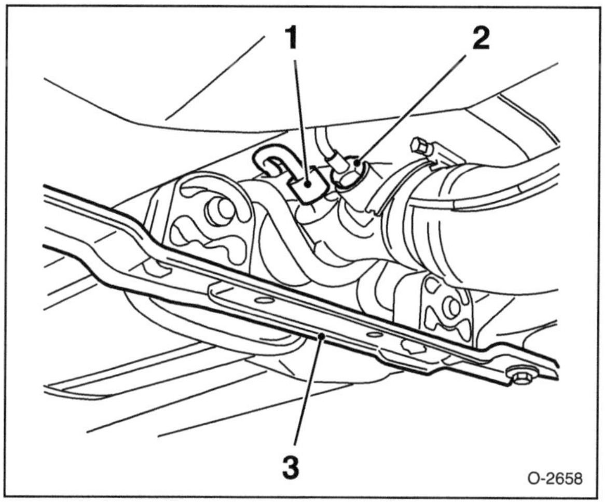

- Differenzdrucksensor –1– abbauen, dazu Überwurfmutter abschrauben.
- Temperatursensor –2– abbauen, dazu Überwurfmutter abschrauben.
- Querstrebe –3– abschrauben.

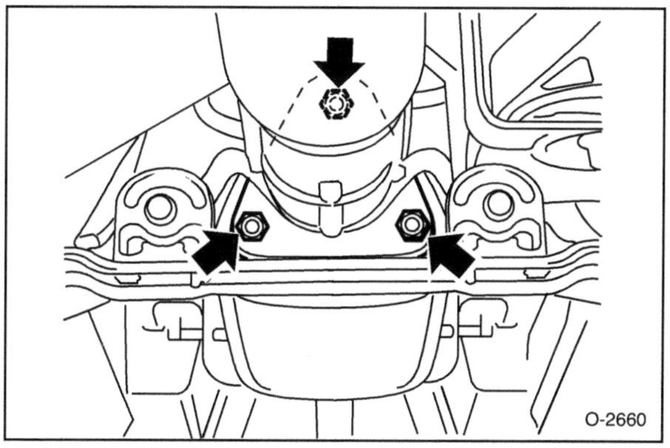

- 3 Muttern –Pfeile– abschrauben und vorderes Abgasrohr vom Dieselpartikelfilter trennen.
- Verbindungsschelle öffnen und vorderes Abgasrohr vom Katalysator trennen. Dazu gegebenenfalls Abgasrohre an der Trennstelle anwärmen oder Trennmeißel verwenden.

Einbau

- Der Einbau erfolgt in umgekehrter Ausbaureihenfolge. Anzugsdrehmoment für vorderes Abgasrohr an Dieselpartikelfilter: **20 Nm**; Temperatur- und Differenzdrucksensor: **45 Nm**.

Dieselpartikelfilter aus- und einbauen

1,3-l-Dieselmotor

Ausbau

Sicherheitshinweis
Beim Aufbocken des Fahrzeugs besteht Unfallgefahr! Hinweise im Kapitel »Fahrzeug aufbocken« beachten.

- Fahrzeug aufbocken.
- Falls vorhanden, untere Motorraumabdeckung ausbauen.
- Hinteren Schalldämpfer ausbauen, siehe »Abgasanlage ausbauen«.
- Vorderes Abgasrohr vom Dieselpartikelfilter abschrauben, siehe Abbildung O-2660.

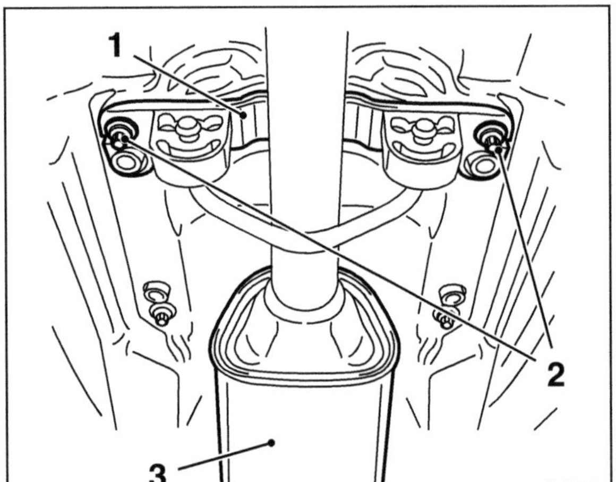

O-2661

- Dieselpartikelfilter –3– durch Helfer abstützen lassen.
- Querstrebe –1– von Fahrzeugunterboden abschrauben –2–.
- Dieselpartikelfilter herausnehmen.

Einbau

- Der Einbau erfolgt in umgekehrter Ausbaureihenfolge. Anzugsdrehmoment für vorderes Abgasrohr an Dieselpartikelfilter: **20 Nm**; Querstrebe: **22 Nm**.

Speziell 1,7-l-Dieselmotor

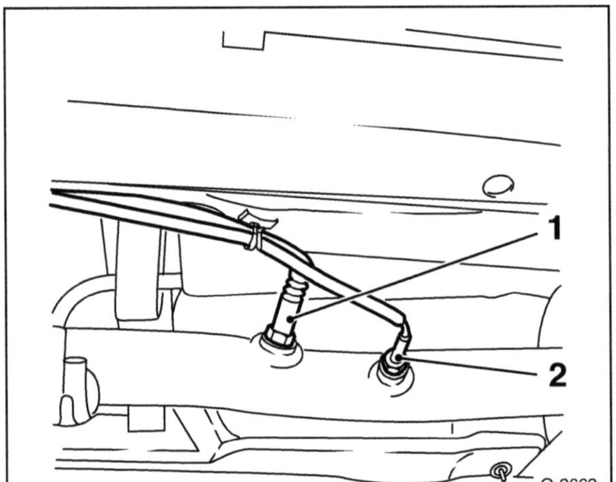

O-2662

- Temperatursensor –2– aus dem hinteren Abgasrohr herausschrauben.
- Lambdasonde –1– herausschrauben.

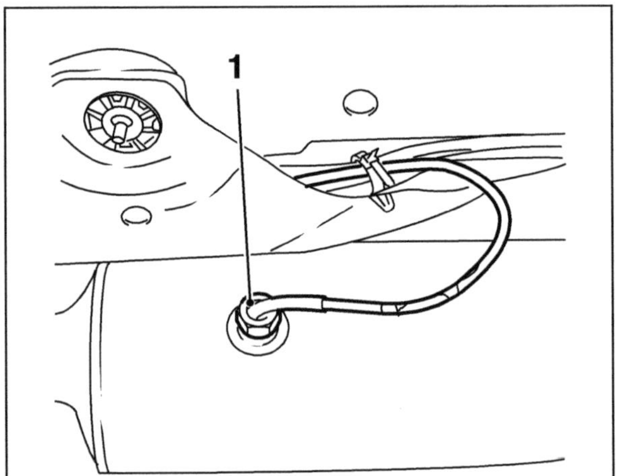

O-2663

- Temperatursensor –1– aus dem Dieselpartikelfilter herausschrauben.

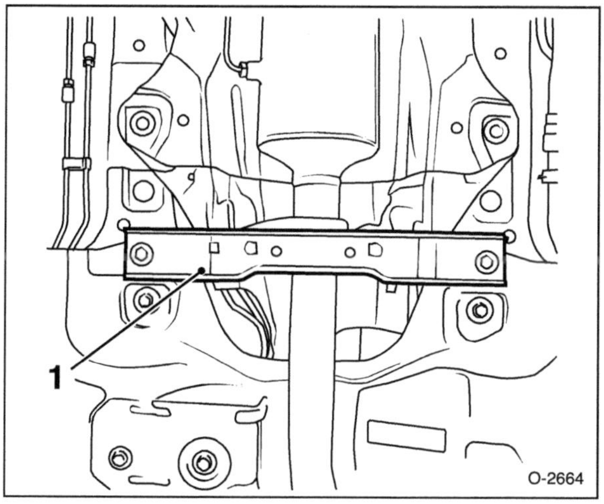

Hinweis: Einbaulage der Haltestrebe –1– für den späteren Einbau markieren.

- Dieselpartikelfilter durch Helfer abstützen lassen. 2 Schrauben herausdrehen und Haltestrebe –1– abnehmen.
- Dieselpartikelfilter aus den beiden Haltegummis aushängen und mit Helfer abnehmen.

Einbau

- Der Einbau erfolgt in umgekehrter Ausbaureihenfolge.

Abgasanlage auf Dichtheit prüfen

Bei Fahrzeugen mit geregeltem Katalysator können Undichtigkeiten der Abgasanlage vor der Lambdasonde zu folgenden Störungen führen:

- Startschwierigkeiten; Motor geht aus, schüttelt im Leerlauf, ruckelt beim Beschleunigen.

- Motor starten und bei laufendem Motor Abgasanlage mit einem Lappen oder Stöpsel verschließen.
- Abgasanlage auf Undichtigkeit abhören. Gegebenenfalls Verbindungsstellen Zylinderkopf/Krümmer und Krümmer/Abgasrohr vorn mit handelsüblichem »Leck-Sucher« einsprühen und auf Blasenbildung untersuchen.
- Undichtigkeit beseitigen.

Innenausstattung

Aus dem Inhalt:

- **Konsolen demontieren**
- **Innenverkleidungen**
- **Innenspiegel ersetzen**
- **Sitze ausbauen**
- **Ablagefächer ausbauen**

Wichtige Arbeits- und Sicherheitshinweise

Werden Arbeiten an der Innenausstattung ausgeführt, sind folgende Hinweise unbedingt zu beachten:

- Zum Abhebeln von Kunststoffverkleidungen und -blenden Kunststoffkeil verwenden, zum Beispiel HAZET 1965-20.
- Clips, die beim Ausbau von Verkleidungen beschädigt werden, immer erneuern.
- Die Fenster- und Türsäulen der Karosserie werden von vorn nach hinten als A-, B-, C- und D-Säulen bezeichnet.
- Sitze, Sicherheitsgurte und Airbags sind sicherheitsrelevante Bauteile. **Aus Sicherheitsgründen nur die hier beschriebenen Arbeiten durchführen. Komplexere Arbeiten nicht in Eigenregie vornehmen, sondern von einer Fachwerkstatt durchführen lassen.**

Achtung: Wenn im Rahmen von Arbeiten an der Karosserie auch Arbeiten an der elektrischen Anlage durchgeführt werden, **grundsätzlich** das Batterie-Massekabel (–) abklemmen. Dazu Hinweise im Kapitel »Batterie aus- und einbauen« beachten. Als Arbeit an der elektrischen Anlage ist dabei schon zu betrachten, wenn eine elektrische Leitung vom Anschluss abgezogen beziehungsweise abgeklemmt wird.

Achtung: Airbag-Sicherheitshinweise unbedingt befolgen, insbesondere bei Arbeiten an der Armaturentafel, siehe Seite 125.

Um ein Auslösen des Airbags zu verhindern, ist vor dem Trennen von Kabeln des Airbag-Systems die Zündung auszuschalten und dann zuerst das Batterie-Massekabel (–) und anschließend das Batterie-Pluskabel (+) von der Batterie abzuklemmen. Außerdem muss aus Sicherheitsgründen der Minuspol von der Batterie isoliert werden, siehe Seite 58.

Halteclips/Federklammern aus- und einbauen

Zahlreiche Abdeckungen und Verkleidungen sind mit Halteclips und Federklammern an der Fahrzeug-Karosserie befestigt.

Ausbau

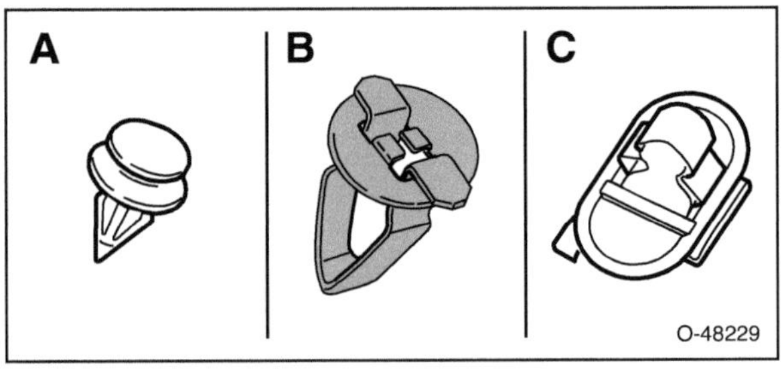

- Befestigungsclip: Clip –A– mit Schraubendreher, Lösehebel HAZET 799-3 oder Lösezange HAZET 799-4 herausziehen und Verkleidung abnehmen.
- Clip/Federklammer an der Rückseite der Verkleidung: Verkleidung mit einem Kunststoffkeil so an den Cliphalterungen lösen, dass der Clip –B– beziehungsweise die Federklammer –C– aus der Bohrung in der Karosserie herausgezogen wird.

Einbau

- Vor dem Einbau Halteclips auf Beschädigungen überprüfen und, wenn nötig, ersetzen. Gegebenenfalls auf richtigen Sitz an der Verkleidung überprüfen.
- Befestigungsclip: Verkleidung ansetzen, Clip in die Bohrung stecken und eindrücken.
- Clip/Federklammer: Verkleidung so ansetzen, dass die Clips in die Bohrungen greifen. Verkleidung fest andrücken und Cliphalterung einrasten.

Untere Armaturenbrettverkleidung links aus- und einbauen

Ausbau

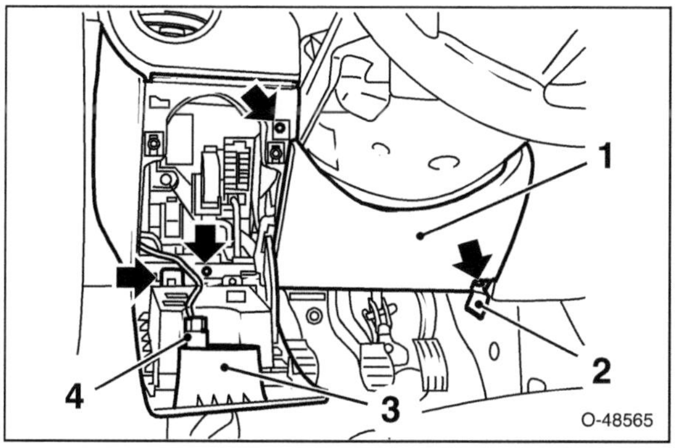

- Abdeckung für Sicherungskasten aufklappen.
- Stecker –4– vom Lichtschalter –3– abziehen.
- Blende –2– aufclipsen.
- 4 Schrauben –Pfeile– herausdrehen und Verkleidung –1– nach unten abnehmen.

Einbau

- Der Einbau erfolgt in umgekehrter Ausbaureihenfolge.

Obere Fußraumverkleidung links aus- und einbauen

Ausbau

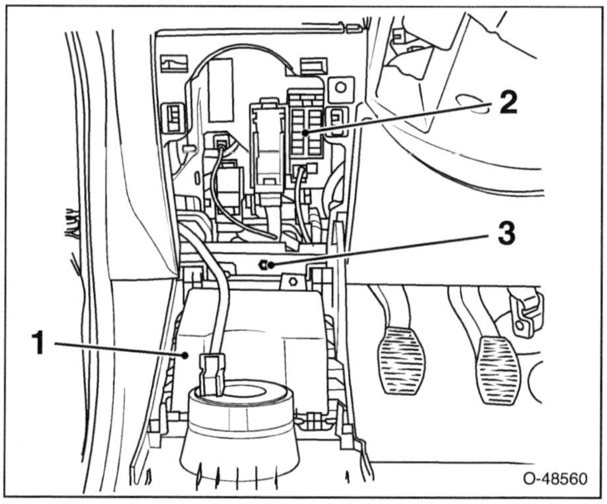

- Abdeckung –1– für Sicherungskasten –2– aufklappen.
- Schraube –3– herausdrehen.
- Abdeckung Sicherungskasten wieder schließen.

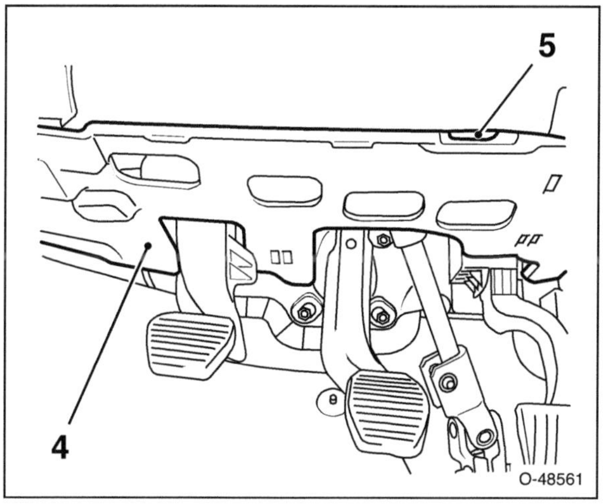

- Fußraumverkleidung –4– an Position –5– ausclipsen und herausnehmen.

Einbau

- Fußraumverkleidung einclipsen.
- Abdeckung für Sicherungskasten aufklappen.
- Schraube –3– festziehen.
- Abdeckung für Sicherungskasten schließen.

Seitliche Fußraumverkleidung links aus- und einbauen

Ausbau

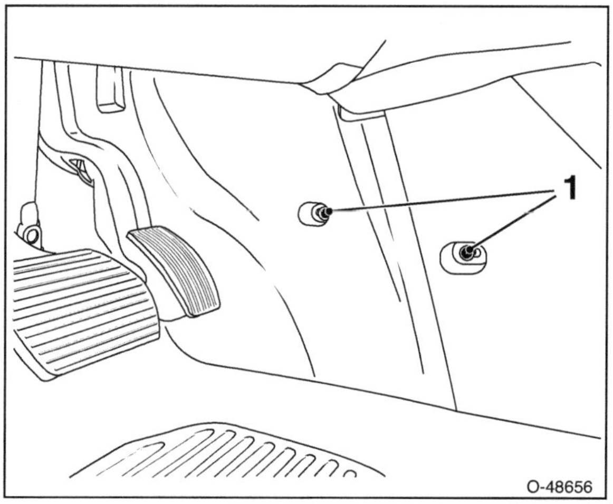

- 2 Schrauben –1– herausdrehen.
- Verkleidung aus den 2 Führungen herausziehen und abnehmen.

Einbau

- Der Einbau erfolgt in umgekehrter Ausbaureihenfolge.

Obere Fußraumverkleidung rechts aus- und einbauen

Ausbau

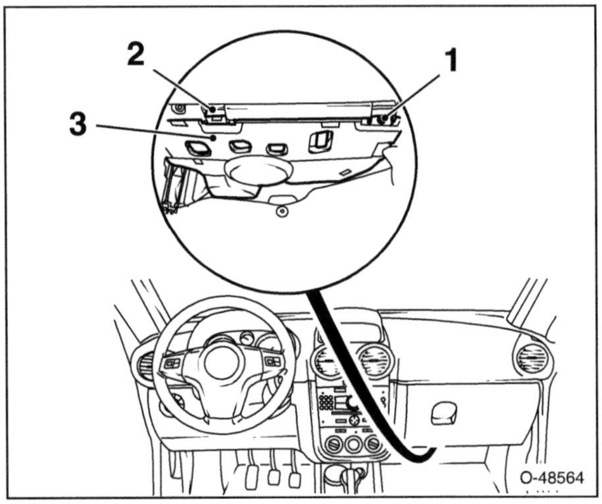

- Schraube –1– herausdrehen. Fußraumverkleidung –3– an der Stelle –2– ausclipsen und herausnehmen.

Einbau

- Der Einbau erfolgt in umgekehrter Ausbaureihenfolge.

Lenksäulenverkleidung aus- und einbauen

Ausbau

- Lenkrad um 90° nach links drehen.

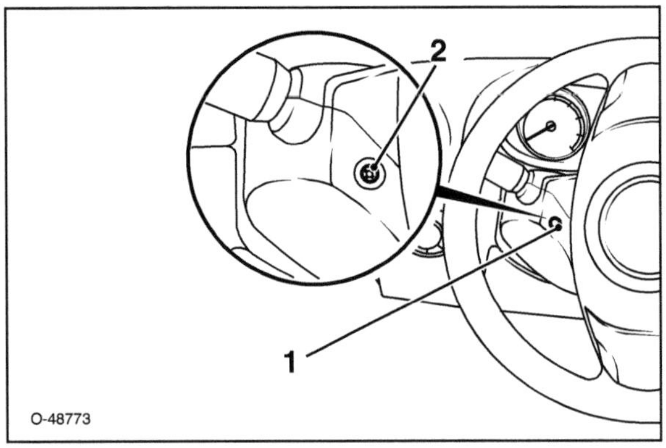

- Abdeckkappe –1– mit einem kleinen Schraubendreher abhebeln.
- Schraube –2– herausdrehen.

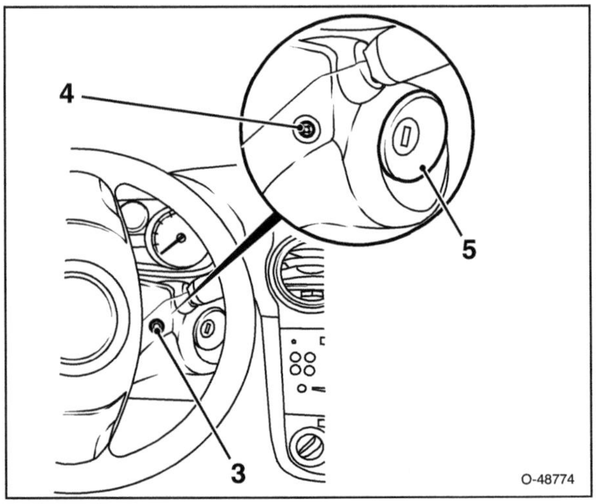

- Lenkrad um 180° nach rechts drehen.
- Abdeckkappe –3– mit einem kleinen Schraubendreher abhebeln.
- Schraube –4– herausdrehen.
- Abdeckung für Zündschloss –5– ausclipsen und abnehmen.
- Obere Lenksäulenverkleidung nach oben abziehen.

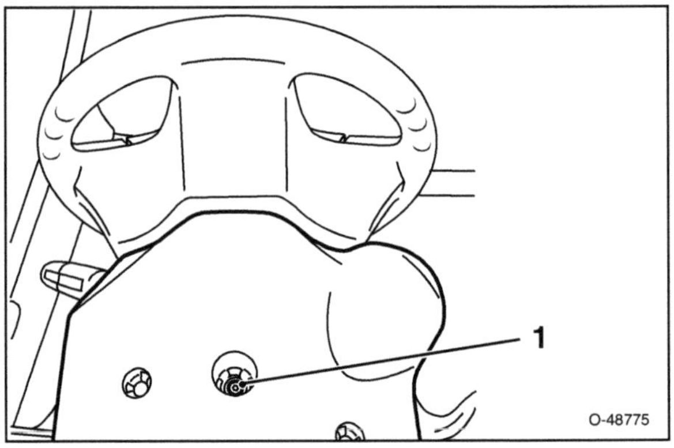

- Schraube –1– herausdrehen.

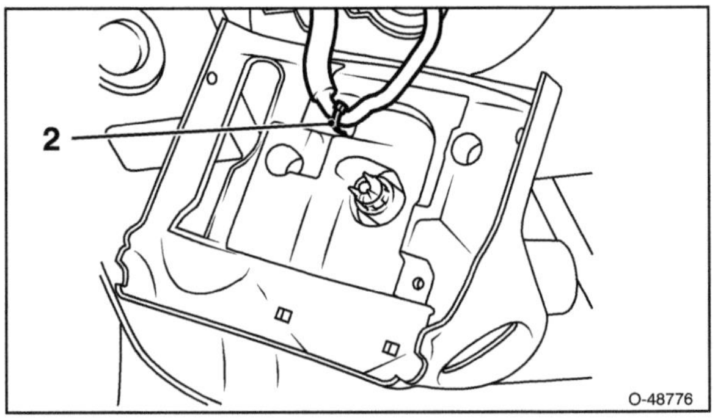

- Kabel –2– ausclipsen.
- Untere Lenksäulenverkleidung abnehmen.

Einbau

- Der Einbau erfolgt in umgekehrte Ausbaureihenfolge.

Handschuhkasten aus- und einbauen

Ausbau

- Obere Fußraumverkleidung rechts ausbauen, siehe entsprechendes Kapitel.

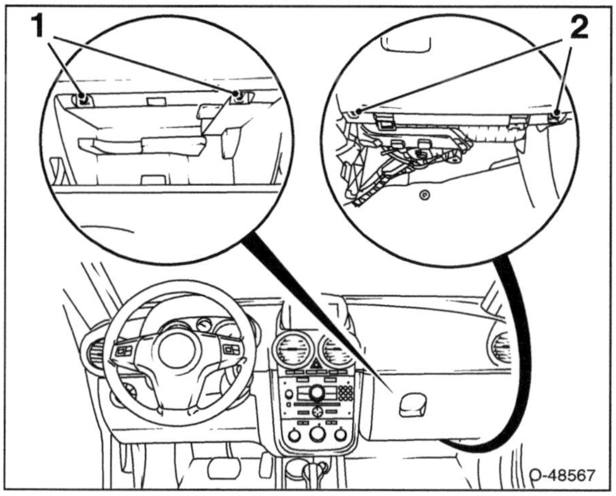

- 4 Schrauben –1– und –2– herausdrehen.
- Stecker für Handschuhkastenbeleuchtung abziehen.
- Handschuhkasten abnehmen.

Einbau

- Der Einbau erfolgt in umgekehrter Ausbaureihenfolge.

Handschuhkastendeckel aus- und einbauen

Ausbau

- Handschuhkasten ausbauen, siehe entsprechendes Kapitel.

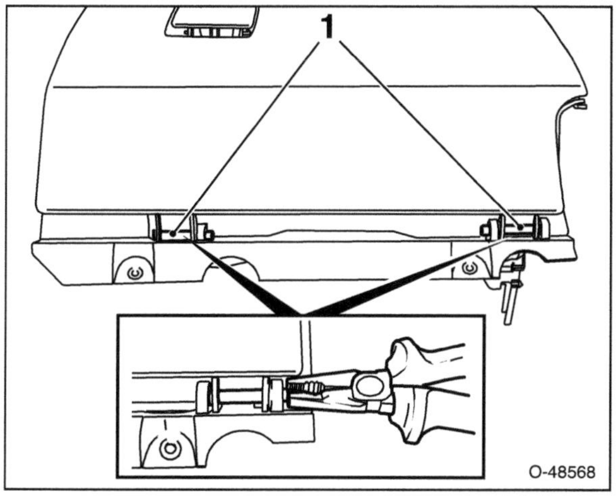

- 2 Stifte –1– mit einer Flachzange aus den Scharnieren herausziehen und Handschuhkastendeckel abnehmen.

Einbau

- Der Einbau erfolgt in umgekehrter Ausbaureihenfolge.

Mittlere Blende der Armaturentafel aus- und einbauen

Ausbau

- Radio und Radioeinschub ausbauen, siehe Seite 96/97.
- Anzeigeinstrument in der Mitte der Armaturentafel ausbauen, siehe Seite 93.
- Lautsprecher in der Armaturentafel abschrauben und herausnehmen.

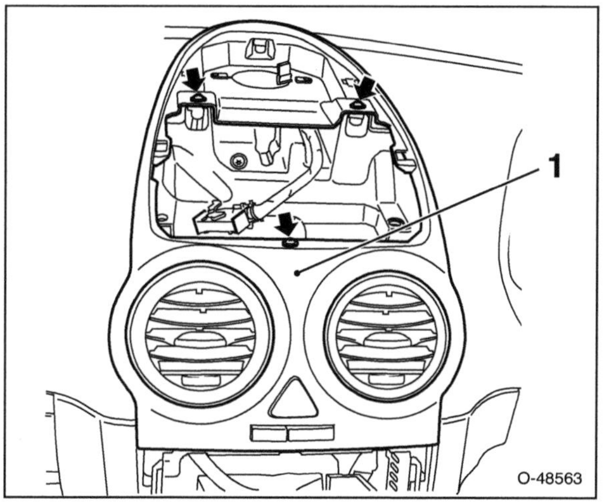

- 3 Schrauben –Pfeile– herausdrehen.
- Blende am Radioschacht an 2 Stellen ausclipsen und etwas abziehen.
- Mehrfachstecker von der Schalterleiste abziehen.
- Blende –1– herausnehmen.

Einbau

- Der Einbau erfolgt in umgekehrter Ausbaureihenfolge. Lautsprecher mit **2,3 Nm** anschrauben.

Mittelkonsole aus- und einbauen

Ausbau

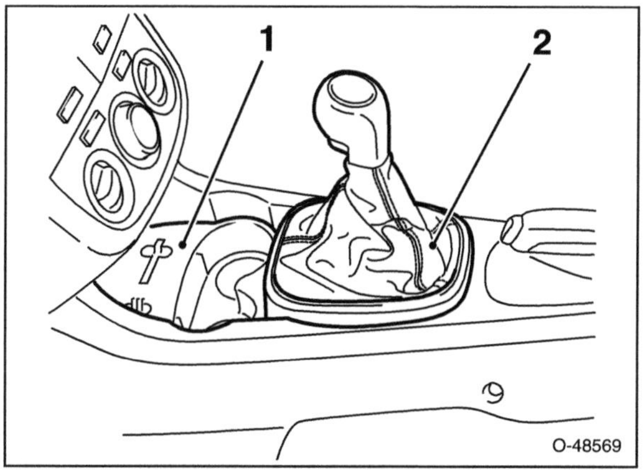

- Ablagefach vorne –1– an 5 Stellen ausclipsen.

- Schalthebelverkleidung –2– aus dem Ablagefach vorne ausclipsen und hochziehen.
- Ablagefach vorn herausnehmen.

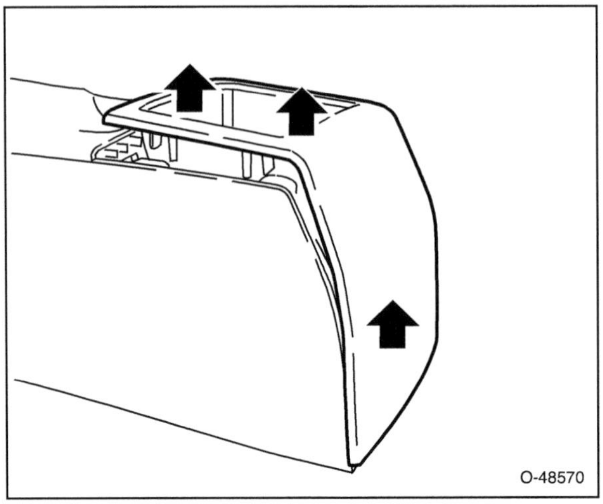

- Hinteres Ablagefach hochziehen –Pfeile– und an 4 Stellen ausclipsen.

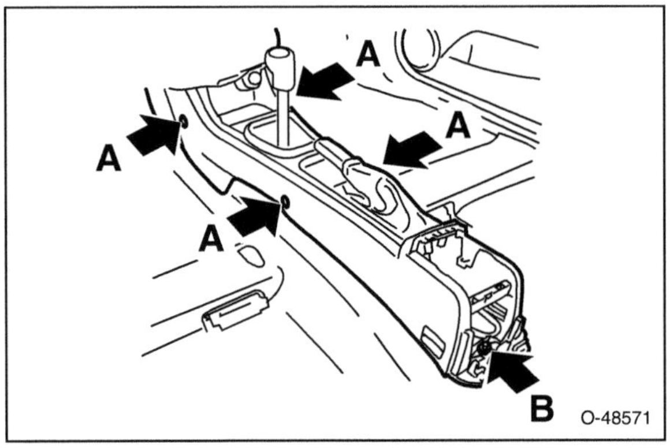

- 4 Schrauben seitlich herausdrehen –Pfeile A–.
- 1 Mutter hinten herausdrehen –Pfeil B–.

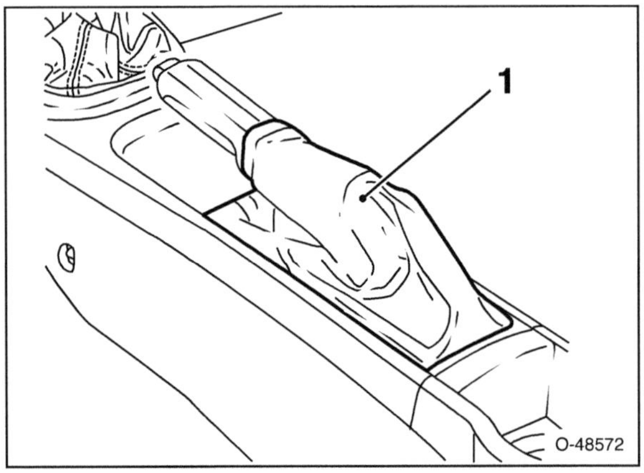

- Verkleidung –1– für Handbremshebel ausclipsen und abnehmen.
- Handbremse anziehen und Mittelkonsole nach oben abheben.

Einbau

- Der Einbau erfolgt in umgekehrter Ausbaureihenfolge.

A-Säulenverkleidung aus- und einbauen

Ausbau

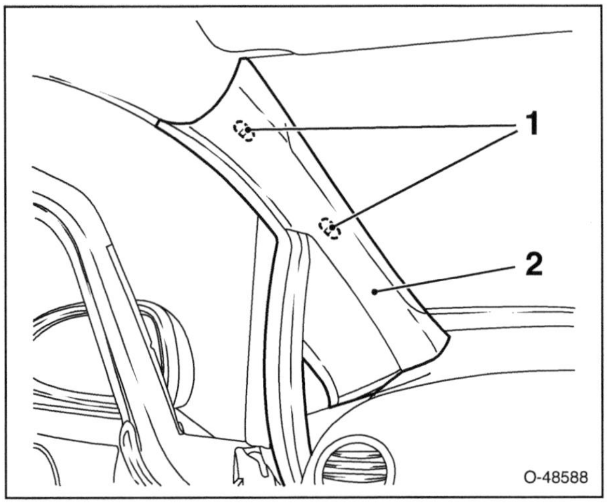

- A-Säulenverkleidung –2– mit Montagekeil vorsichtig abdrücken, aus den Clips –1– ausheben und abnehmen.

Einbau

- A-Säulenverkleidung über den Clips ansetzen, andrücken und einrasten.

B-Säulenverkleidung aus- und einbauen

5-Türer

Ausbau

Hinweis: Die B-Säulenverkleidung ist 2-teilig. Zuerst wird der obere, dann der untere Teil ausgebaut.

- Sitz in vorderste Position bringen.

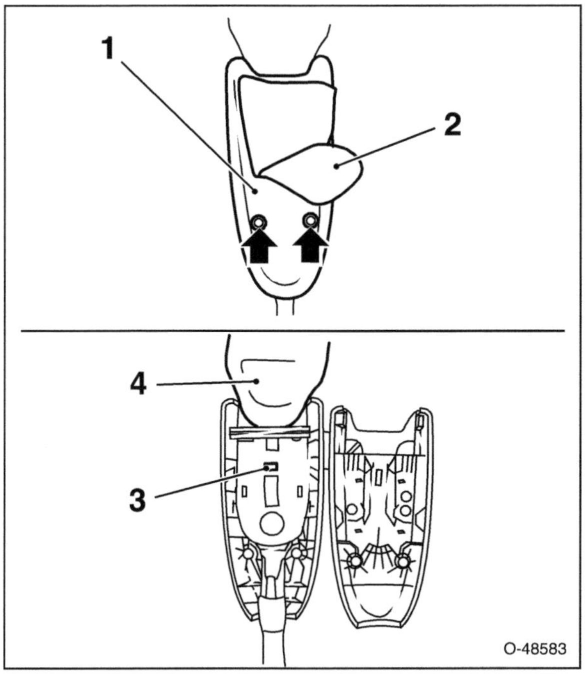

- Verkleidung für Gurtstraffer –1– abbauen. Dazu Scheuerschutz –2– teilweise abziehen,
- Schrauben –Pfeile– herausdrehen.
- Verkleidung aus den Führungen herausnehmen.
- Klammer –3– lösen und Gurt –4– abnehmen.
- Verkleidung für Gurtstraffer abnehmen.

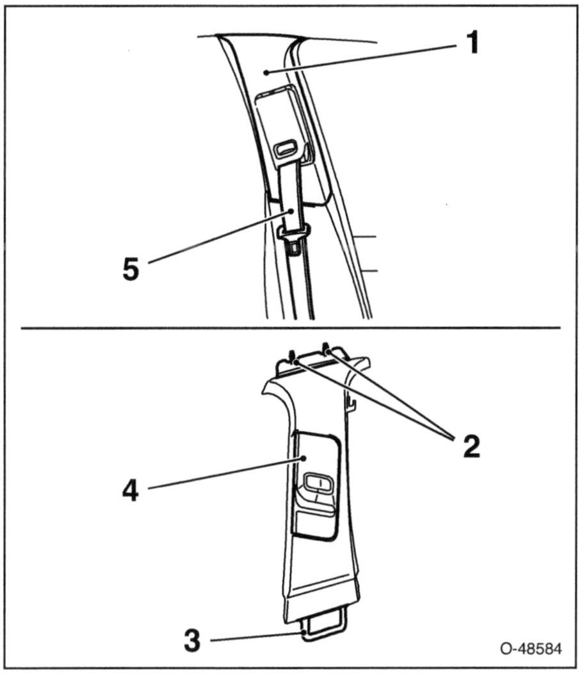

- Obere B-Säulenverkleidung –1– oben aus der Führung –2– herausnehmen und unten ausclipsen –3–.
- Gurt aus der oberen B-Säulenverkleidung ausfädeln.
- Blende für Gurthöhenverstellung –4– aus der Führung herausnehmen.

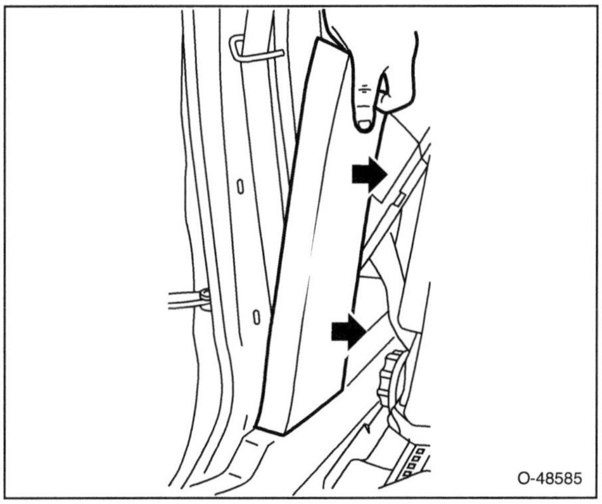

- Untere B-Säulenverkleidung mit einem Montagekeil von den 3 Cliphalterungen abdrücken –Pfeile– und abnehmen.

Einbau

- Der Einbau erfolgt in umgekehrter Ausbaureihenfolge. Dabei auf richtigen Sitz des Türgummis achten.

Einstiegsverkleidung vorn aus- und einbauen

3-Türer

Ausbau

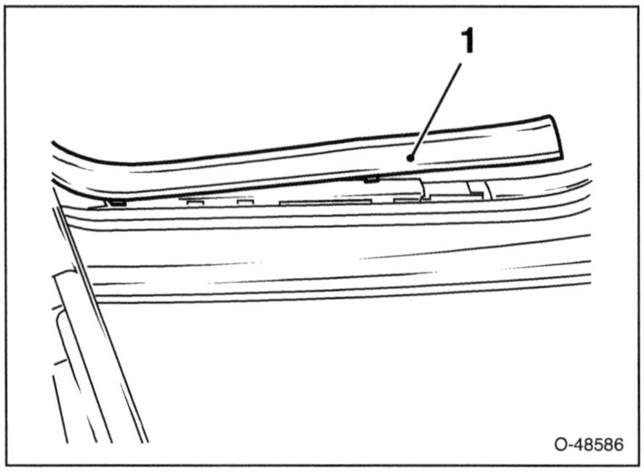

- Einstiegsverkleidung –1– mit Montagekeil aus den beiden Clips ausclipsen.

Einbau

- Der Einbau erfolgt in umgekehrter Ausbaureihenfolge.

5-Türer

Ausbau

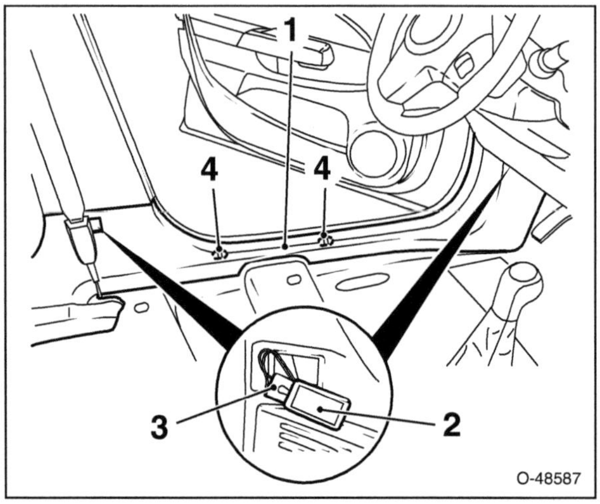

- 2 Fußraumleuchten –2– mit Montagekeil heraushebeln.
- Stecker –3– abziehen.
- 2 Clips –4– aushebeln und Einstiegsverkleidung –1– abnehmen.

Einbau

- Der Einbau erfolgt in umgekehrter Ausbaureihenfolge.

C-Säulenverkleidung aus- und einbauen

Ausbau

- Rücksitzbank ausbauen.

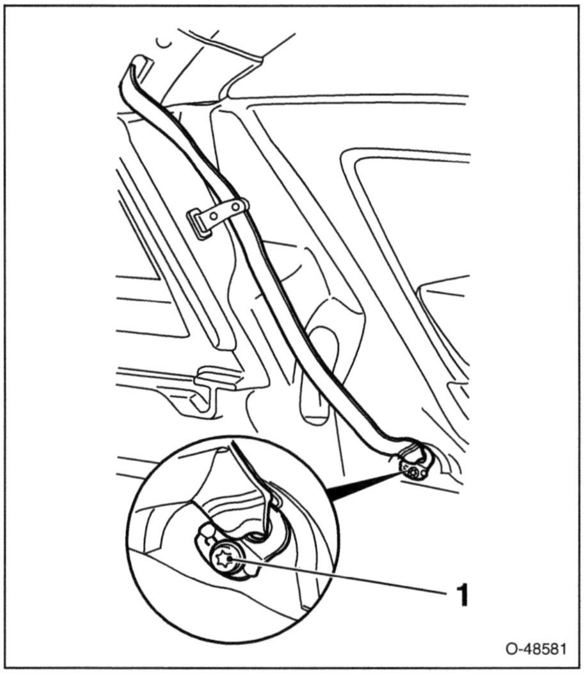

- Gurt unten abbauen. Dazu Schraube –1– herausdrehen. **Hinweis:** Anschließend Gewinde vorsichtig nachschneiden und dadurch reinigen.

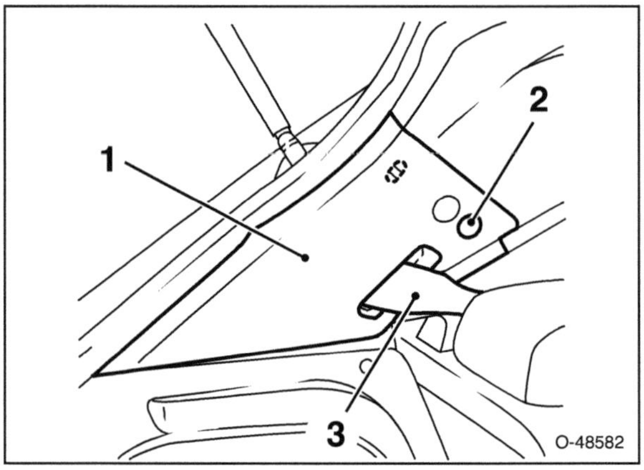

- Stopfen mit der Beschriftung »Airbag« –2– ausclipsen.
- C-Säulenverkleidung –1– mit Montagekeil vorsichtig abdrücken und aus der Führung herausnehmen.
- Gurt –3– ausfädeln.

Einbau

- Gurt einfädeln.

- Verkleidung in die Führung einsetzen, mit den beiden Clips andrücken und einrasten.
- Stopfen mit der Beschriftung »Airbag« einclipsen.
- Gurt unten ansetzen. Gewinde der Schraube mit Sicherungsmasse bestreichen, Schraube eindrehen und mit **35 Nm** festziehen.
- Rücksitzbank einbauen.

Seitliche Laderaumverkleidung aus- und einbauen

Ausbau

- Rücksitzbank ausbauen.
- Rücksitzlehne ausbauen.
- Heckabschlussverkleidung ausbauen.
- C-Säulen-Verkleidung ausbauen.

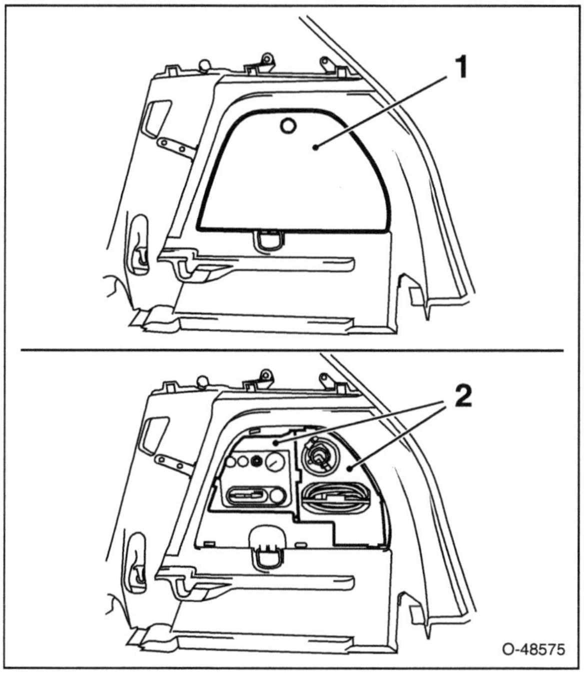

- Serviceklappe –1– in der seiltichen Laderaumverkleidung öffnen und aushängen.
- Reifenfüllanlage –2– herausnehmen.
- Kabelsatzstecker trennen.

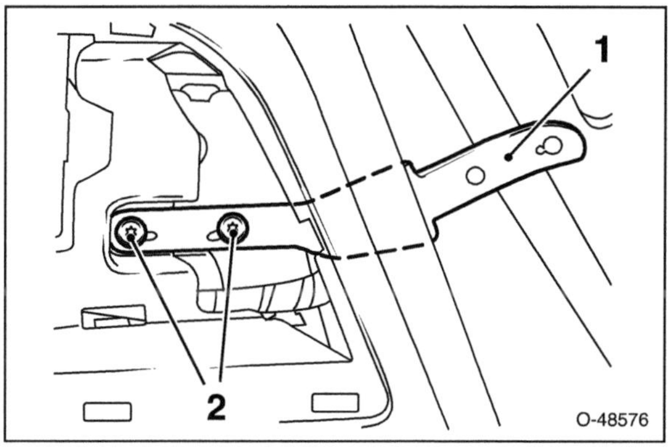

- Schließbolzen –1– für Rückenlehne ausbauen, dazu 2 Schrauben –2– herausdrehen.

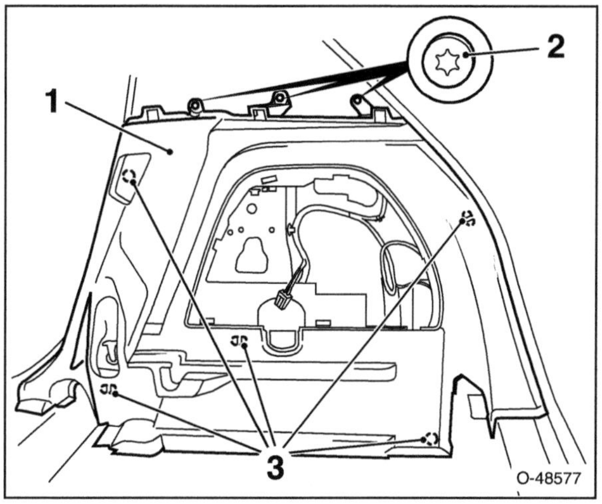

- 3 Schrauben –2– herausdrehen.
- 5 Spreizclips –3– herausziehen.
- Seitliche Laderaumverkleidung abnehmen.

Einbau

- Der Einbau erfolgt in umgekehrter Ausbaureihenfolge. **Achtung:** Beim Einsetzen der Laderaumverkleidung auf richtigen Sitz des Heckklappengummis achten. Schrauben für Schließbolzen mit **8 Nm** festziehen.

Heckabschlussverkleidung aus- und einbauen

Ausbau

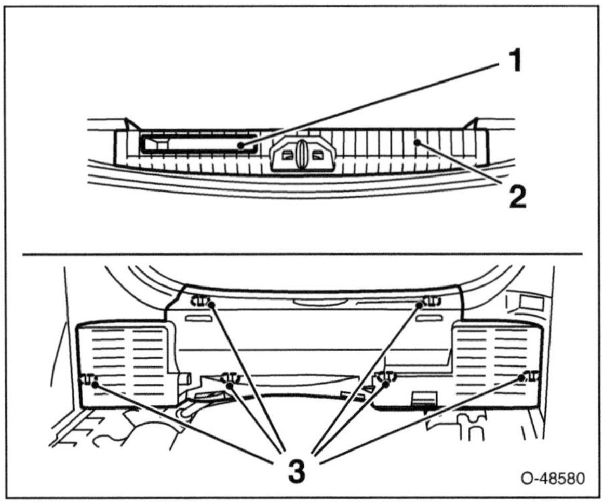

- Falls vorhanden, Blende –1– für Betätigungsgriff des Flex-Fix-Systems ausclipsen.
- Verkleidung an den 5 Clipbefestigungen –3– ausrasten und herausnehmen.

Einbau

- Der Einbau erfolgt in umgekehrter Ausbaureihenfolge.

Innenspiegel aus- und einbauen

Manuell abblendbarer Spiegel

Ausbau

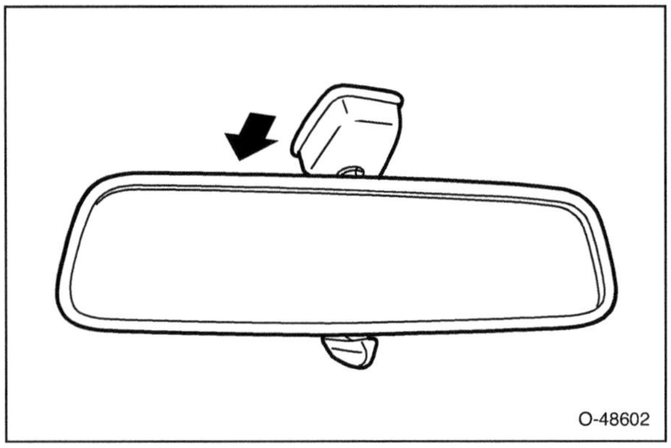

- Innenspiegel in Pfeilrichtung nach unten schieben und entriegeln. Innenspiegel herausnehmen.

Einbau

- Innenspiegel am Halter ansetzen, nach oben schieben und hörbar einrasten.

Automatisch abblendbarer Spiegel

Ausbau

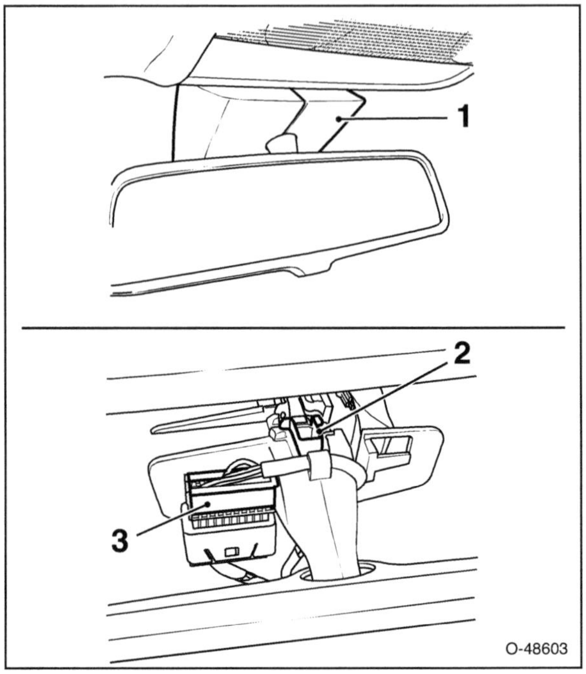

- Blende –1– mit Montagekeil öffnen und abnehmen.
- Klammer –2– zusammendrücken, Spiegel nach unten schieben und vom Halter abnehmen.
- Mehrfachstecker –3– abziehen.

Einbau

- Innenspiegel am Halter ansetzen, nach oben schieben und hörbar einrasten.
- Stecker verbinden.
- Blende einclipsen.

Vordersitz aus- und einbauen

Ausbau

- **Airbag-Sicherheitshinweise durchlesen und befolgen, siehe Seite 125.**
- **Batterie abklemmen, um ein Auslösen des Seiten-Airbags zu verhindern. Achtung: Hinweise im Kapitel »Batterie aus- und einbauen« beachten.**
- **Batteriepole isolieren.**
- Vordersitz ganz nach hinten schieben.

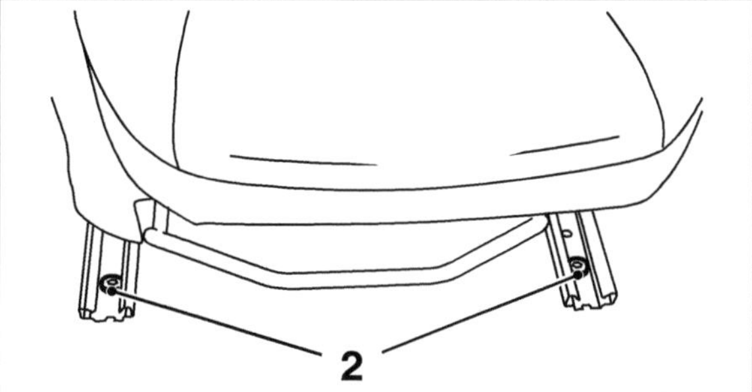

O-48593

- 2 Schrauben –2– herausdrehen. Gewinde reinigen, dazu vorsichtig mit einem Gewindeschneider nachschneiden.
- Vordersitz ganz nach hinten schieben.

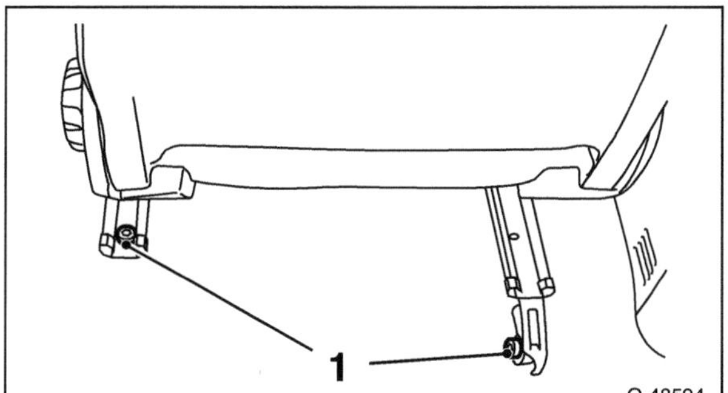

O-48594

- 2 Schrauben –1– herausdrehen. Gewinde reinigen, dazu vorsichtig mit einem Gewindeschneider nachschneiden.

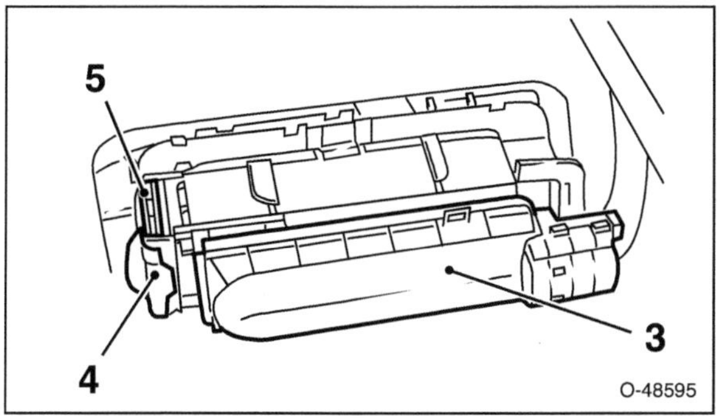

O-48595

Achtung: Vor dem Trennen der Steckverbindung für Seitenairbag, elektrostatische Aufladung abbauen; dazu kurz den Schließbügel der Tür oder die Karosserie anfassen.

- Verriegelung –4– für Steckverbindung nach hinten entriegeln.
- Verschluss –5– seitlich entriegeln.
- Mehrfachstecker –3– abzehen.
- Vordersitz aus dem Fahrzeug herausnehmen.

Einbau

- Schrauben für Vordersitz und Sicherheitsgurt-Endbeschlag mit Schraubensicherungsmittel, zum Beispiel LOCTITE 243, bestreichen. **Hinweis:** Vor dem Einsetzen der Schrauben das Einschraubgewinde mit einem Gewindeschneider nachschneiden und dadurch reinigen.
- Vordersitz vorne in die Aufnahmen einschieben.
- Stecker für Vordersitz verbinden und verriegeln.
- Schrauben hinten eindrehen und mit **35 Nm** festziehen.
- Sitz nach hinten schieben und vordere Schrauben mit **35 Nm** festziehen.
- Isolierband an den Polen der Batterie entfernen und Batterie anklemmen. **Achtung:** Hinweise im Kapitel »Batterie aus- und einbauen« beachten.

Achtung: Beim Anklemmen der Batterie darf sich keine Person im Innenraum des Fahrzeuges aufhalten.

- Zündung einschalten; die Airbag-Kontrolllampe im Kombiinstrument muss für etwa 4 Sekunden aufleuchten.

Rücksitz aus- und einbauen

Ausbau

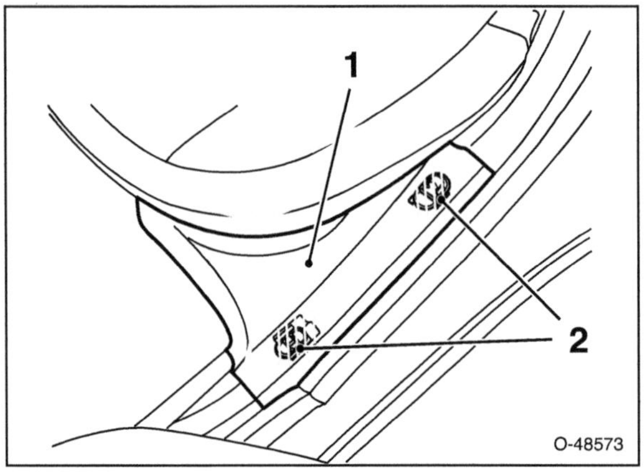

- 5-Türer: Einstiegsverkleidung –1– auf beiden Seiten ausbauen. Dazu jeweils 2 Clips –2– herausdrücken und Einstiegsverkleidungen aus den Führungen herausnehmen.

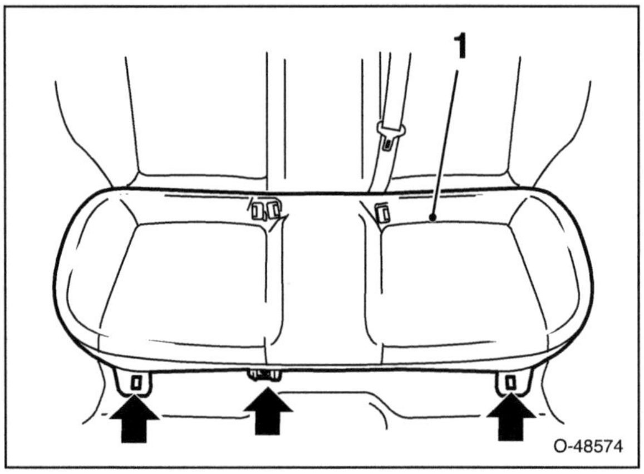

- 3 Schraubenabdeckungen –Pfelle– abclipsen und darunterliegende Schrauben herausdrehen.
- Sitzbank –1– nach hinten drücken und aus der hinteren Führung nach oben herausnehmen.
- Gewinde für die Schrauben vorsichtig nachschneiden und dadurch reinigen.

Einbau

- Sitzbank in die Führung einsetzen.
- Schrauben mit Sicherungsmasse, zum Beispiel LOCTITE 243, einsetzen.
- Sitzbank anschrauben und Schrauben mit **20 Nm** festziehen.
- 3 Schraubenabdeckungen einclipsen.
- Falls ausgebaut, Einstiegsverkleidungen in die Führungen einsetzen und mit 2 Clips einclipsen.

Rücksitzlehne aus- und einbauen

Ausbau

- Rücksitzbank ausbauen.

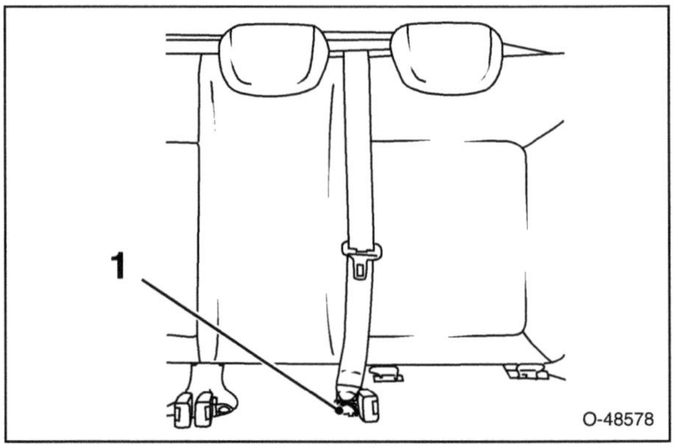

- Kofferraummatte herausnehmen.
- Rückenlehne vorn abschrauben –1–.

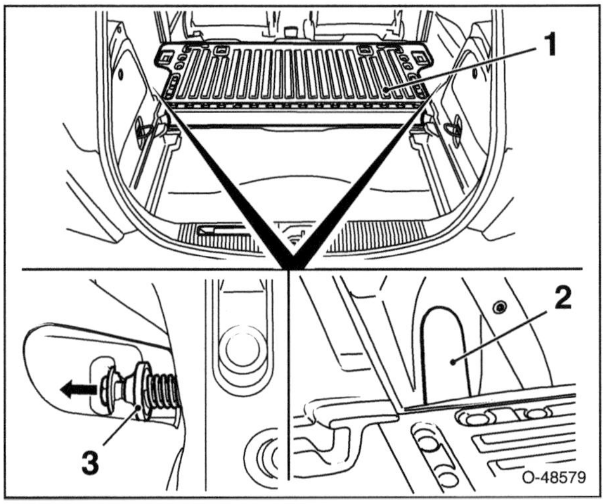

- Rückenlehne –1– umklappen.
- Blende für Lehnenführung –2– auf beiden Seiten aus der seitlichen Laderaumverkleidung unten ausclipsen.
- Rücksitzlehne auf beiden Seiten in Pfeilrichtung entriegeln –3– und herausnehmen.

Einbau

- Der Einbau erfolgt in umgekehrter Ausbaureihenfolge.

Karosserie außen

Aus dem Inhalt:

- Stoßfänger
- Kotflügel
- Motorhaube
- Heckklappe
- Tür zerlegen
- Außenspiegel

Bei der selbsttragenden Karosserie des CORSA sind Bodengruppe, Seitenteile, Dach und die hinteren Kotflügel miteinander verschweißt. Die Reparatur größerer Karosserieschäden sowie das Auswechseln von Front- und Heckscheibe sollten von einer Fachwerkstatt durchgeführt werden. Alle Karosserieteile sind gegen Durchrostung verzinkt.

Motorhaube, Heckklappe, Türen und die vorderen Kotflügel sind angeschraubt und lassen sich leicht auswechseln. Beim Einbau ist dann unbedingt ein gleichmäßiger Luftspalt einzuhalten, sonst klappert beispielsweise die Tür, oder es können während der Fahrt erhöhte Windgeräusche auftreten. Der Luftspalt muss auf jeden Fall parallel verlaufen, das heißt, der Abstand zwischen den Karosserieteilen muss auf der gesamten Länge des Spaltes gleich groß sein. Abweichungen bis zu 1 mm sind zulässig.

Achtung: Wenn im Rahmen von Arbeiten an der Karosserie auch Arbeiten an der elektrischen Anlage durchgeführt werden, **grundsätzlich** die Batterie abklemmen. Dazu Hinweise im Kapitel »Batterie aus- und einbauen« durchlesen. Als Arbeit an der elektrischen Anlage ist dabei schon zu betrachten, wenn eine elektrische Leitung vom Anschluss abgezogen beziehungsweise abgeklemmt wird.

Hinweis: Zum Lösen von Tür- und Heckklappenverkleidungen einen Kunststoffkeil verwenden, zum Beispiel HAZET 1965-20. Clips, die beim Ausbau von Verkleidungen beschädigt werden, immer erneuern.

Sicherheitshinweise bei Karosseriearbeiten

Sicherheitshinweis
Bei Karosseriearbeiten entstehen oft starke Erschütterungen, beispielsweise durch Hammerschläge. Daher immer Zündung ausschalten und beide Batteriekabel abklemmen, sonst kann der Airbag ausgelöst werden. Airbag-Sicherheitshinweise durchlesen, siehe Seite 131.

- Muss an der Karosserie geschweißt werden, soll dies grundsätzlich durch Widerstandspunktschweißen (RP) durchgeführt werden. Nur wenn sich die Schweißzange nicht ansetzen lässt, ist das Schutzgas-Schweißverfahren anzuwenden.
- So weit Schweißarbeiten oder andere funkenerzeugende Arbeiten durchgeführt werden, grundsätzlich die Batterie komplett abklemmen (Pluskabel und Massekabel) und beide Batteriepole (+) und (–) sorgfältig mit Klebeband isolieren. Bei Arbeiten in Batterienähe muss die Batterie ausgebaut werden. **Achtung:** Unbedingt Hinweise im Kapitel »Batterie aus- und einbauen« beachten.
- **Fahrzeuge mit Klimaanlage:** An Teilen der befüllten Klimaanlage darf weder geschweißt noch hart- oder weichgelötet werden. Das gilt auch für Schweiß- und Lötarbeiten am Fahrzeug, wenn die Gefahr besteht, dass sich Teile der Klimaanlage erwärmen.

Sicherheitshinweis
Der **Kältemittelkreislauf** der Klimaanlage darf **nicht geöffnet** werden, da das Kältemittel bei Hautberührung Erfrierungen hervorrufen kann.
Bei versehentlichem Hautkontakt, die Stelle sofort mindestens 15 Minuten lang mit kaltem Wasser spülen. Austretendes Kältemittel verdampft bei Umgebungstemperatur. Das Kältemittel ist farb- und geruchlos sowie schwerer als Luft. Da das Kältemittel nicht wahrnehmbar ist, besteht am Boden beziehungsweise in einer Montagegrube Erstickungsgefahr.

- **Lackierung trocknen.** Im Rahmen einer Reparatur-Lackierung darf das Fahrzeug im Trockenofen oder in der Vorwärmzone nicht über **+80° C** aufgeheizt werden. Sonst können elektronische Steuergeräte im Fahrzeug beschädigt werden. Außerdem kann dadurch in der Klimaanlage ein starker Überdruck entstehen, der möglicherweise zum Platzen der Anlage führt.

■ **PVC-Unterbodenschutz entfernen.** Der Unterboden ist mit einer PVC-Schicht gegen Korrosion geschützt. Unterbodenschutz an der Reparaturstelle mit rotierender Drahtbürste entfernen oder mit einem Heißluftgebläse auf maximal +180° C erwärmen und mit einem Spachtel ablösen. **Achtung:** Durch Abbrennen beziehungsweise Erwärmen von PVC-Material über +180° C entsteht stark korrosionsfördernde Salzsäure, außerdem werden stark gesundheitsschädliche Dämpfe frei.

Steinschlagschäden an der Frontscheibe

Hinweis: Kleinere Schäden an der Frontscheibe, zum Beispiel durch Steinschlag verursacht oder Scheibenwischerstreifen, beeinträchtigen die Sicht und können zu Folgeschäden an der Scheibe (Risse) führen. Diese Schäden sollten so bald wie möglich behoben werden. Verschiedene Glas-Unternehmen sind auf Reparaturen an Auto-Scheiben spezialisiert. Der Austausch der Scheibe kann auf diese Weise vermieden werden. Überdies werden die Kosten für die Scheibenreparatur von der Kaskoversicherung übernommen.

Spreiznieten aus- und einbauen

Viele Abdeckungen und Verkleidungen sind mit Spreiznieten befestigt. Für den Aus- und Einbau weiterer Halteclips, siehe Seite 198.

Ausbau

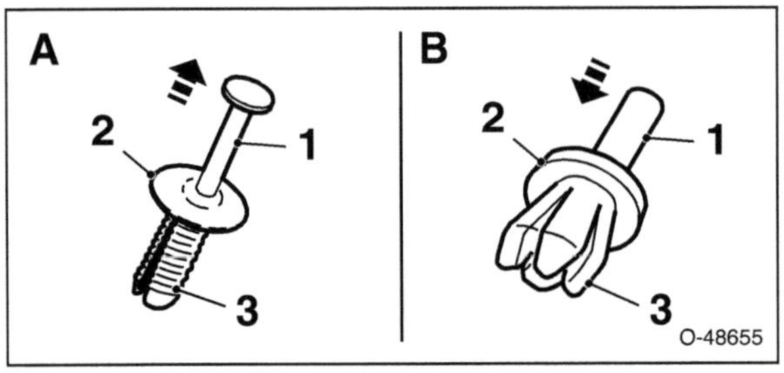

- A – Lange Spreizniete: Bolzen –1– herausziehen –Pfeil–.
- B – Dicke Spreizniete: Bolzen –1– mit einem geeigneten Dorn durchdrücken –Pfeil–. **Hinweis:** Der Bolzen geht dabei unter Umständen verloren und muss ersetzt werden.
- Spreizniete –2– aus der Bohrung herausziehen.

Einbau

- Beschädigte oder fehlende Spreiznieten durch Neuteile ersetzen.
- Spreizniete –2– in die Bohrung setzen und Bolzen –1– eindrücken. **Hinweis:** Dadurch werden die Clipnasen –3– gespreizt und die Spreizniete sitzt sicher in der Bohrung.

Blindnieten aus- und einbauen

Zum Entfernen von Blindnieten (Popnieten) zunächst nur den Nietkopf ausbohren und dann die Niete mit einem Dorn aus der Bohrung heraustreiben. Dadurch wird verhindert, dass die Bohrung ausgeweitet wird.

Neue Niete in die Bohrung einsetzen und mit einer Blindniet-Zange festquetschen, die Niethülse hat dabei denselben Durchmesser wie die Bohrung.

Häufig verwendete Nieten-Durchmesser: 2,4 mm, 3,2 mm, 4,0 mm und 4,8 mm.

Schutzleiste aus- und einbauen

Ausbau

Hnweis: Vor dem Ausbau der Schutzleiste je nach Bedarf Einbaumarkierungen am Türblech anbringen. Zum Beispiel Markierungs-Klebestreifen neben der eingebauten Schutzleiste anbringen.

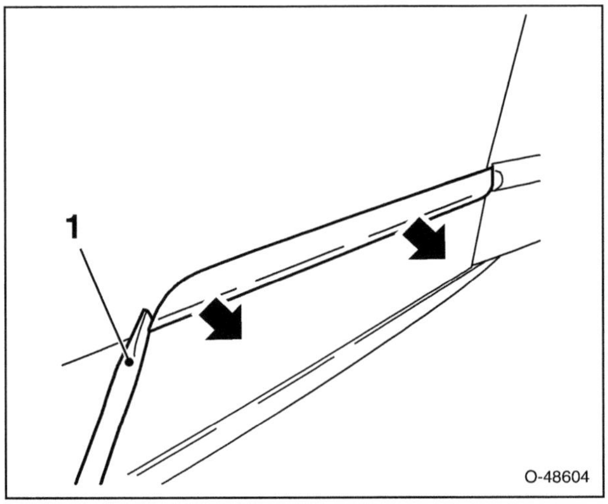

- Kunststoffkeil –1– zwischen Tür und Schutzleiste schieben und Schutzleiste gleichmäßig Stück für Stück abziehen –Pfeile–.

Einbau

- Klebeflächen mit Benzin reinigen, mit Silikonentferner nachbehandeln und anschließend trockenreiben.
- Folie von der selbstklebenden Schutzleiste abziehen.
- Schutzleiste auf der Rückseite im Bereich der Klebefläche mit einem Föhn erwärmen.
- Schutzleiste am Außenblech ansetzen, leicht anheften und danach kräftig andrücken.

Abdeckleiste auf dem Wagendach ersetzen

Ausbau

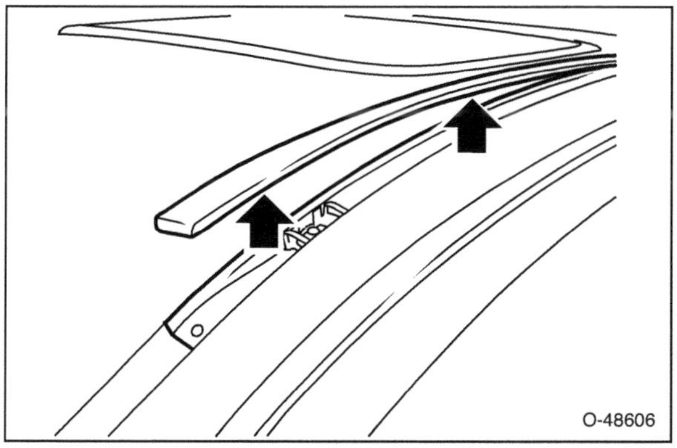

- Abdeckleiste vorsichtig nach oben abziehen –Pfeile– und dabei aus den 4 Clips ausclipsen.

Einbau

- Der Einbau erfolgt in umgekehrter Ausbaureihenfolge.

Windlaufgrill aus- und einbauen

Ausbau

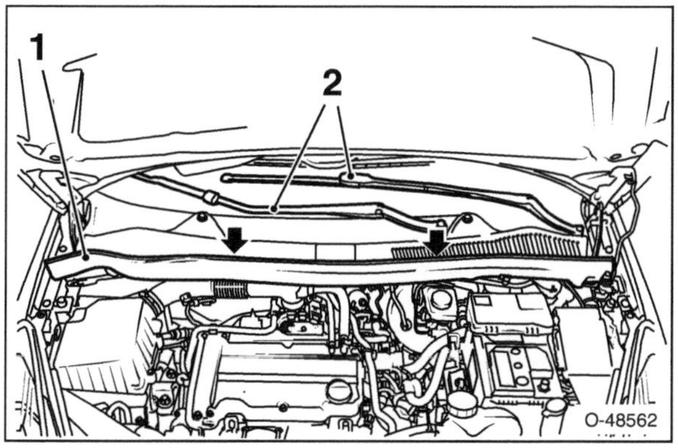

- Abdichtung –1– für Windlaufgrill abziehen.
- Scheibenwischerarme –2– ausbauen, siehe Seite 75.
- 2 Schrauben –Pfeile– herausdrehen.
- Windlaufgrill aus der Führung an der Frontscheibe herausziehen.
- Schlauch für Scheibenwaschdüse abziehen und gegebenenfalls mit einem Stopfen verschließen.

Einbau

- Der Einbau erfolgt in umgekehrter Ausbaureihenfolge.

Stirnwand-Schließteil aus- und einbauen

Ausbau

- Windlaufgrill ausbauen, siehe entsprechendes Kapitel.

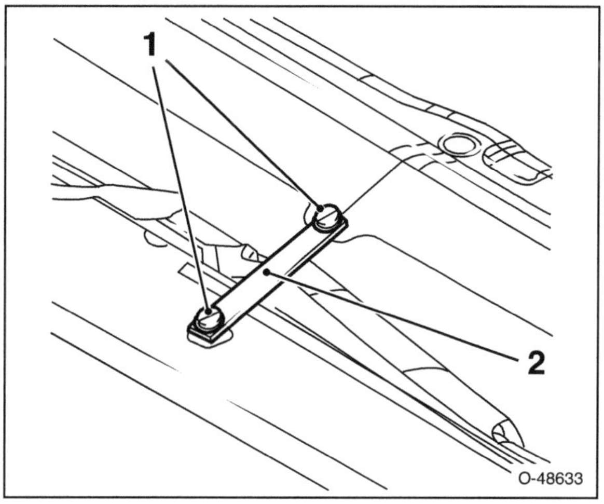

- 2 Verschlüsse –1– aufdrehen und mittlere Haltestrebe –2– abnehmen. **Hinweis:** Die Haltestrebe kann je nach Modelljahr auch mit Spreiznieten befestigt sein.

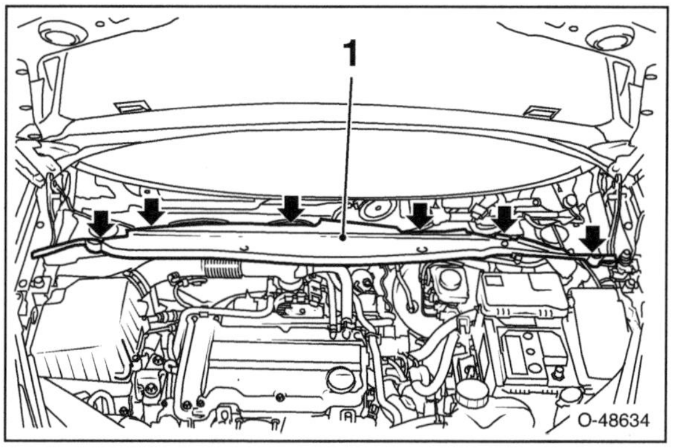

- 6 Schrauben –Pfeile– herausdrehen und Stirnwand-Schließteil –1– herausnehmen.

Einbau

- Der Einbau erfolgt in umgekehrter Ausbaureihenfolge.

Stoßfängerverkleidung vorn

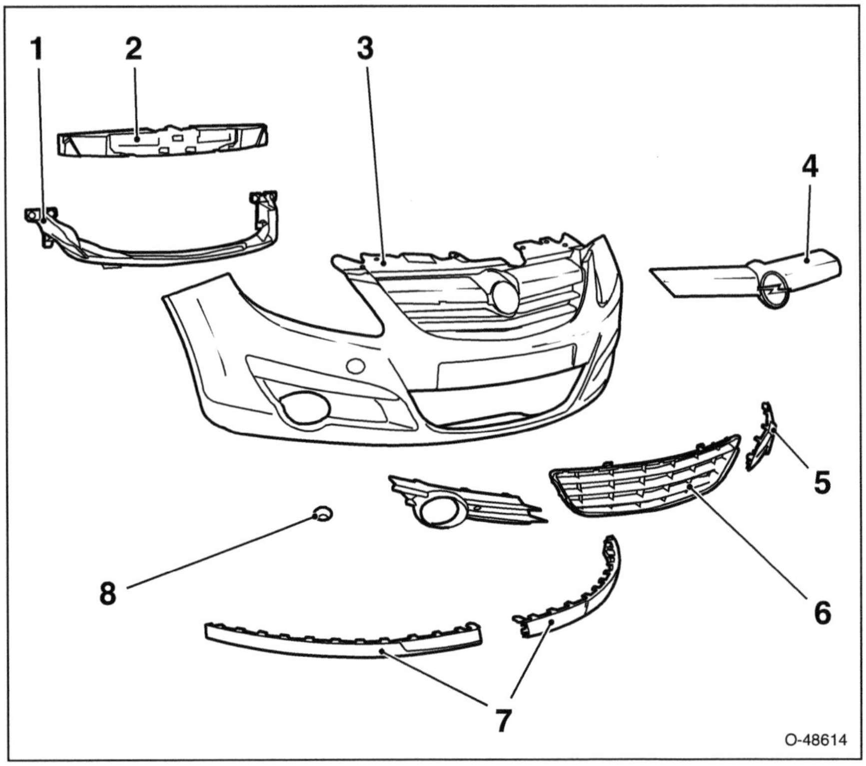

Hinweis: In der Abbildung ist die Stoßfängerverkleidung bei Fahrzeugen bis 12/2010 dargestellt.

1 – Stoßfängerverstärkung unten
2 – Dämpfungselement
3 – Stoßfängerverkleidung
4 – Blende Kühlergrill
5 – Seitliches Gitter
6 – Mittleres Gitter
7 – Spoilerlippe
8 – Blende für Abschleppöse

Stoßfänger/Stoßfängerverkleidung vorn aus- und einbauen

Ausbau

Hinweis: In den Abbildungen ist jeweils das Modell bis 12/2010 dargestellt. Der Ausbau bei Fahrzeugen ab 1/2011 (nach Facelift) erfolgt auf die gleiche Weise.

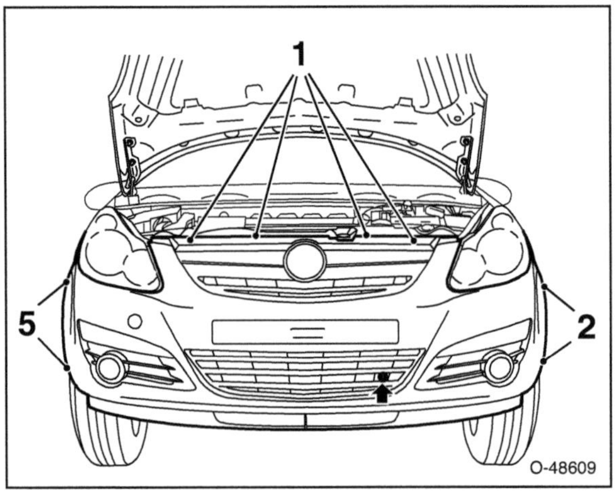

- 4 Schrauben –1– oben herausdrehen.
- 2 Schrauben –2– außen links herausdrehen.
- 2 Schrauben –5– außen rechts herausdrehen.
- Außentemperaturfühler aus dem Lüftungsgitter ausclipsen –Pfeil–.

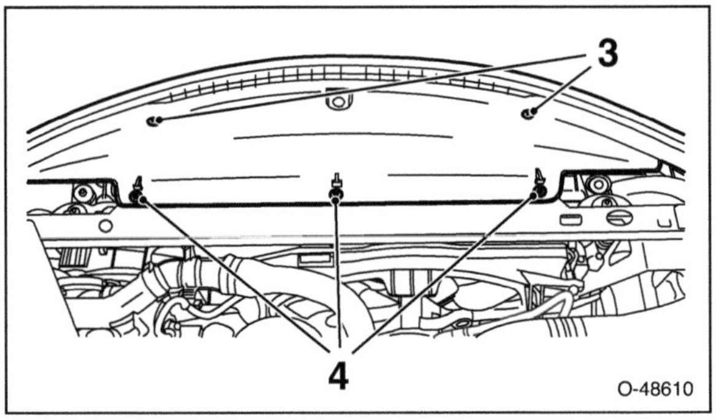

- 2 Schrauben –3– an der Verstärkung der Stoßfängerverkleidung unten herausdrehen.
- 3 Schrauben –4– am Kühler-Querträger herausdrehen.
- Fahrzeuge mit Nebelscheinwerfer: Mehrfachstecker für Nebelscheinwerfer rechts und links trennen.

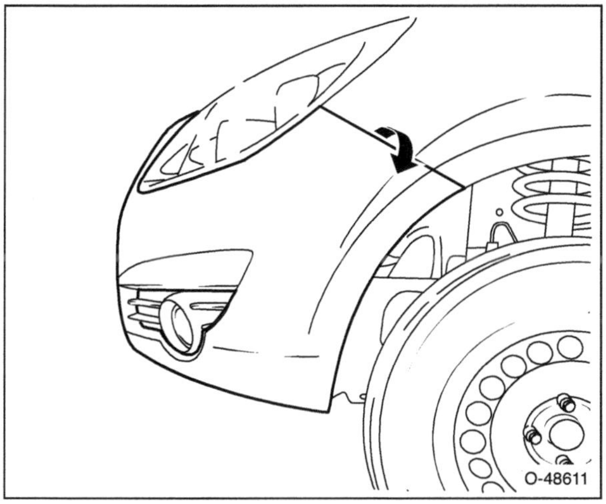

- Stoßfängerabdeckung an den Seiten nach oben drücken und gleichzeitig nach außen aus den Führungsschienen herausziehen –Pfeil–.

Achtung: Befestigung der Stoßfängerabdeckung dabei nicht beschädigen.

- Stoßfängerabdeckung mit einem Helfer nach vorne herausziehen.

Hinweis: Falls die Stoßfängerverkleidung ersetzt wird, Spoilerlippe, mittleres Gitter sowie seitliche Gitter ausclipsen und ebenso wie die Nebelscheinwerfer auf die neue Verkleidung umbauen.

Stoßfängerträger ausbauen

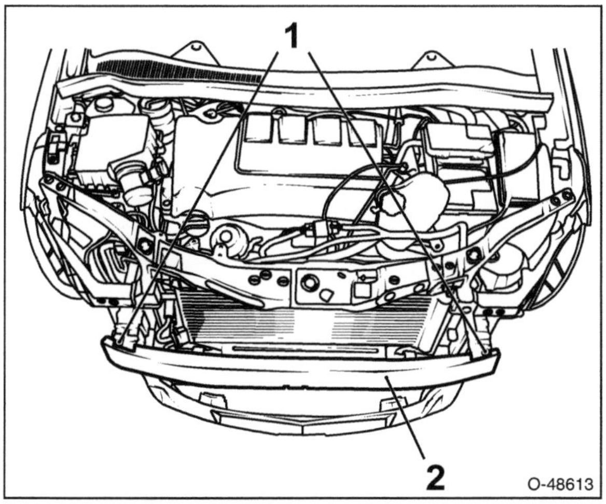

- Scheinwerfer ausbauen, siehe Seite 83.
- Kabelsatz für Temperaturfühler ausclipsen.
- 2 Schrauben –1– herausdrehen und Stoßfängerträger –2– abnehmen.

Stoßfängerverstärkung ausbauen

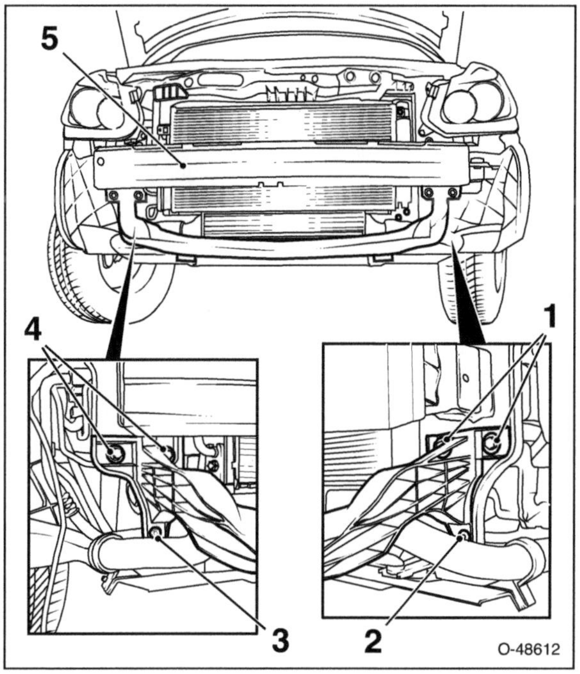

- Blindnieten –2– und –3– abbohren.
- 2 Schrauben links –1– herausdrehen.
- 2 Schrauben rechts –4– herausdrehen. 5 – Stoßfängerträger
- Stoßfängerverstärkung mit Helfer abnehmen.

Einbau

- Der Einbau erfolgt in umgekehrter Ausbaureihenfolge. **Achtung: Schrauben für Stoßfängerträger immer erneuern.**

Abschlussleiste für Stoßfängerverkleidung aus- und einbauen

Ausbau

Sicherheitshinweis
Beim Aufbocken des Fahrzeugs besteht Unfallgefahr! Deshalb die Hinweise im Kapitel »Fahrzeug aufbocken« beachten.

- Fahrzeug aufbocken.

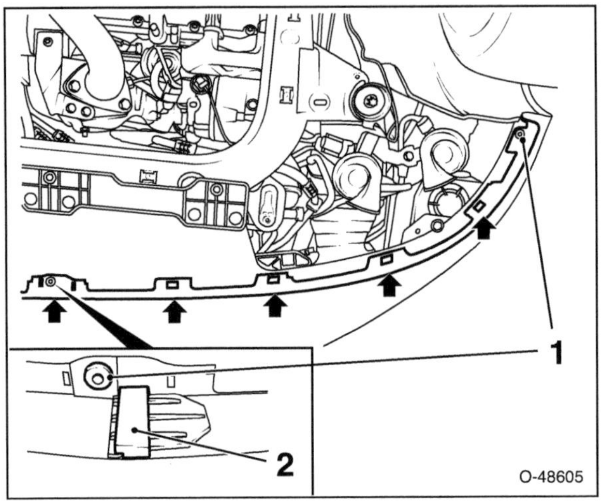

- Spoilerabschlussleiste links abbauen. Dazu 2 Spreiznieten –1– herausziehen.
- Abschlussleiste an 5 Stellen –Pfeile– ausclipsen, aus der Führung –2– herausziehen und aus der Stoßfängerverkleidung ausclipsen.
- Die Spoilerabschlussleiste rechts wird auf die gleiche Weise ausgebaut.

Einbau

- Der Einbau erfolgt in umgekehrter Ausbaureihenfolge.

Seitliche Führungsschiene für Stoßfängerverkleidung aus- und einbauen

Ausbau

- Stoßfängerverkleidung ausbauen, siehe entsprechendes Kapitel.

- 3 Blindnieten –Pfeile– vorsichtig ausbohren und seitliche Führungsschiene abnehmen.

Einbau

- Der Einbau erfolgt in umgekehrter Ausbaureihenfolge.

Stoßfänger/Stoßfängerverkleidung hinten aus- und einbauen

Fahrzeuge ohne Flexfix-System

Ausbau

- Beide Heckleuchten ausbauen, siehe Seite 85.
- Kennzeichen ausbauen.
- Kennzeichenleuchten ausbauen, siehe Seite 87.

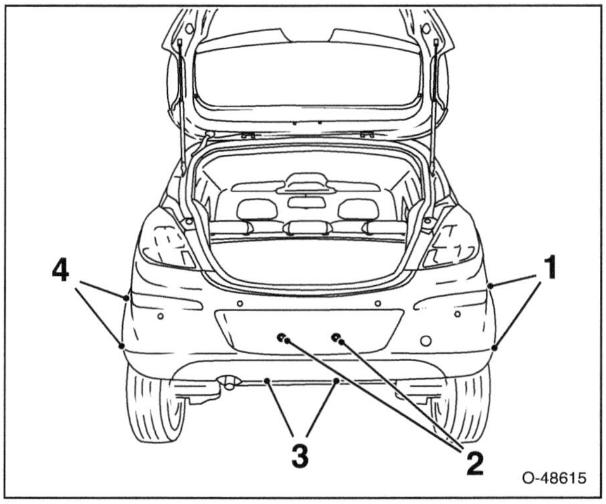

- 8 Schrauben –1– bis –4– herausdrehen.

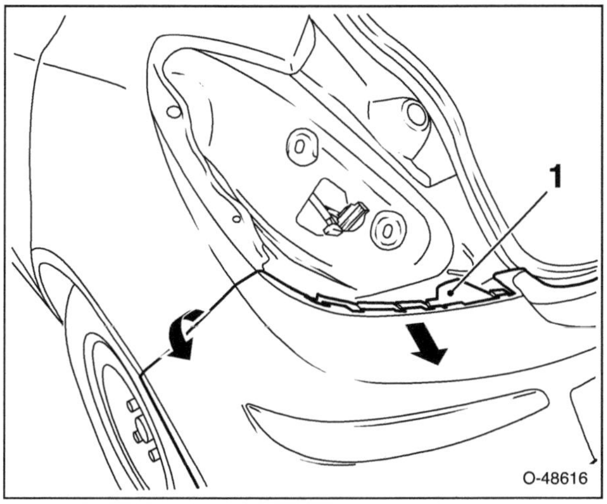

- Stoßfängerverkleidung an den Seiten nach oben drücken und gleichzeitig nach außen aus den Führungsschienen –1– herausziehen –Pfeile–. **Achtung:** Befestigung der Stoßfängerverkleidung dabei nicht beschädigen.
- Stoßfängerabdeckung mit einem Helfer nach hinten herausziehen. Gegebenenfalls Steckverbindungen für Parkpilot trennen.

Stoßfängerträger ausbauen

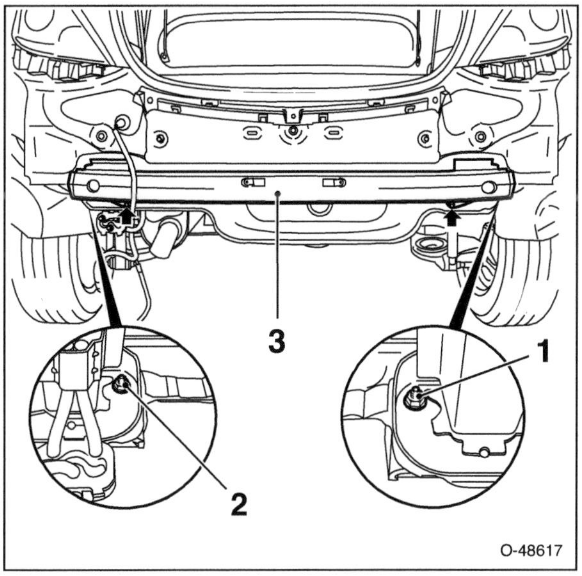

- 4 Muttern –1/2/Pfeile– herausdrehen und Stoßfängerträger –3– abnehmen.

Einbau

- Der Einbau erfolgt in umgekehrter Ausbaureihenfolge. Muttern mit **40 Nm** festziehen.

Innenkotflügel aus- und einbauen

Innenkotflügel vorn

Ausbau

- Reifen-Laufrichtung mit Pfeil am Reifen markieren. Radschrauben lösen. Fahrzeug vorne aufbocken und Vorderrad abnehmen. **Achtung:** Unbedingt Hinweise im Kapitel »Rad aus- und einbauen« beachten.

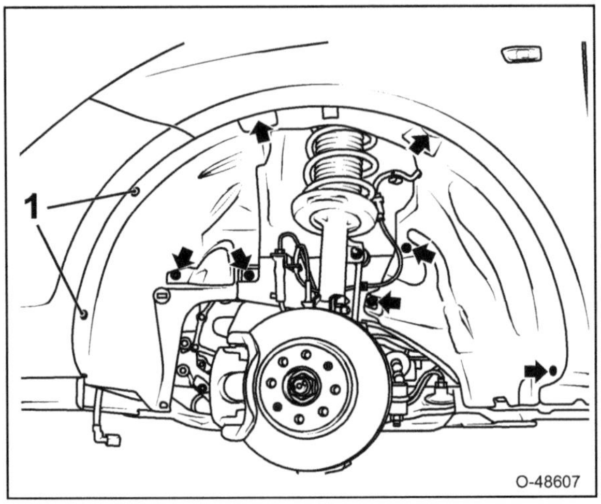

- 2 Schrauben –1– herausdrehen.
- 7 Spreiznieten –Pfeile– herausziehen.
- Innenkotflügel aus dem Radkasten herausziehen.

Einbau

- Der Einbau erfolgt in umgekehrter Ausbaureihenfolge.

Innenkotflügel hinten

Ausbau

- Reifen-Laufrichtung mit Pfeil am Reifen markieren. Radschrauben lösen. Fahrzeug hinten aufbocken und Vorderrad abnehmen. **Achtung:** Unbedingt Hinweise im Kapitel »Rad aus- und einbauen« beachten.

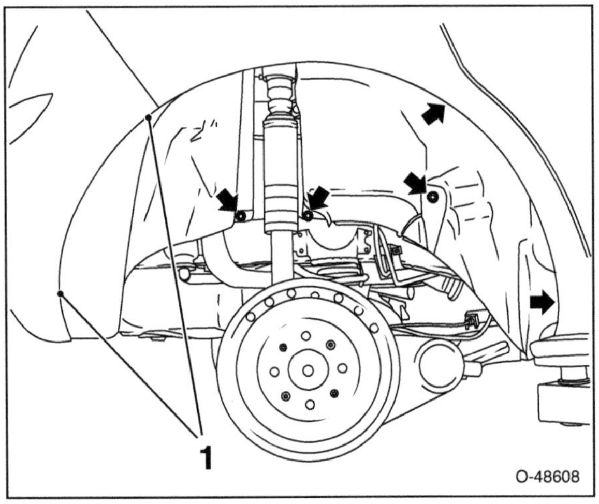

- 2 Schrauben –1– herausdrehen und 5 Muttern –Pfeile– abschrauben.
- Innenkotflügel aus dem Radkasten herausziehen.

Einbau

- Der Einbau erfolgt in umgekehrter Ausbaureihenfolge.

Kotflügel vorn aus- und einbauen

Ausbau

- Stoßfängerverkleidung vorn ausbauen, siehe entsprechendes Kapitel.
- Windlaufgrill ausbauen, siehe entsprechendes Kapitel.
- Stirnwand-Schließteil ausbauen, siehe entsprechendes Kapitel.
- Reifen-Laufrichtung mit Pfeil am Reifen markieren. Radschrauben lösen. Fahrzeug vorne aufbocken und Vorderrad abnehmen. **Achtung:** Unbedingt Hinweise im Kapitel »Rad aus- und einbauen« beachten.
- Innenkotflügel ausbauen, siehe entsprechendes Kapitel.
- Scheinwerfer ausbauen, siehe Seite 83.
- Zusatzblinkleuchte ausbauen, siehe Seite 82.
- Führungsschiene Stoßfängerverkleidung seitlich ausbauen, siehe entsprechendes Kapitel.

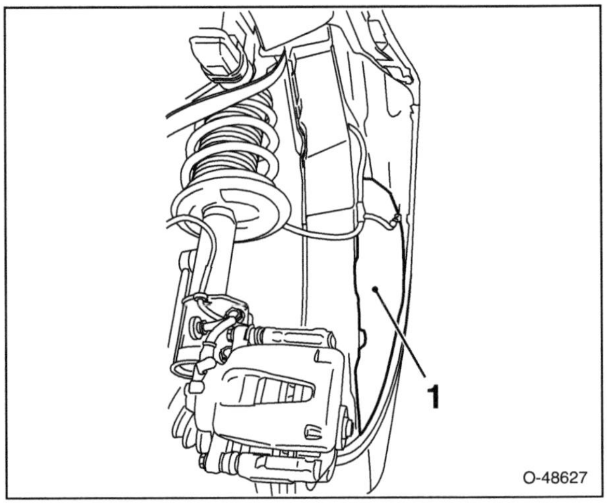

- Isolierung Kotflügel innen –1– ausbauen.

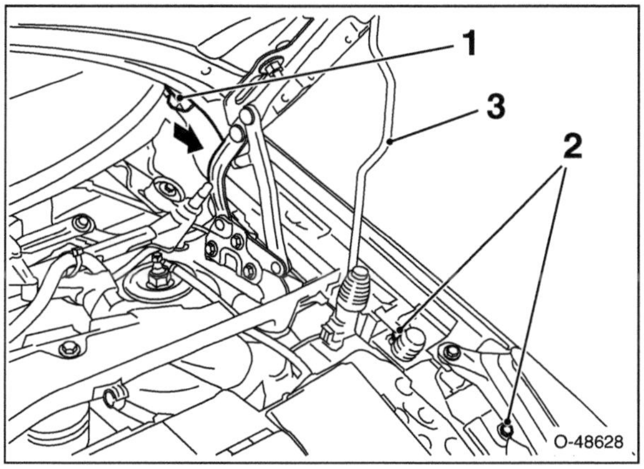

- Bei Ausbau des linken Kotflügel die Motorhaube gegen herabfallen sichern und Stütze –3– für Motorhaube ausbauen.
- Schrauben –2– herausdrehen.
- Mutter –1– abschrauben.
- Randspaltabdeckung aus dem Füller an der A-Säule ausclipsen –Pfeil– und abnehmen.

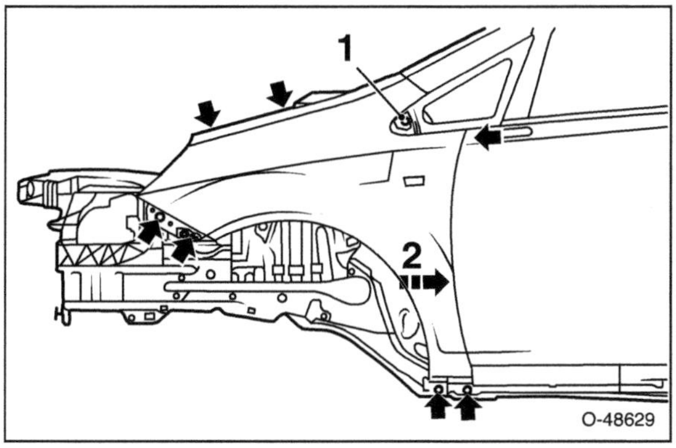

- 8 Schrauben herausdrehen. **Hinweis:** Die Schraube unter dem Fenster in der A-Säule –1– muss mit einem Gabelschlüssel von unten abgeschraubt werden.
- Kotflügel im Bereich der A-Säule –Pfeil 2– mit einem Heißluftföhn erwärmen und abnehmen. Gegebenenfalls Dichtungsmasse mit einem Messer durchtrennen. **Achtung:** Dichtungsmasse nur leicht und kurzzeitig erwärmen. Es dürfen weder Farbveränderungen noch Blasen zu sehen sein.

Einbau

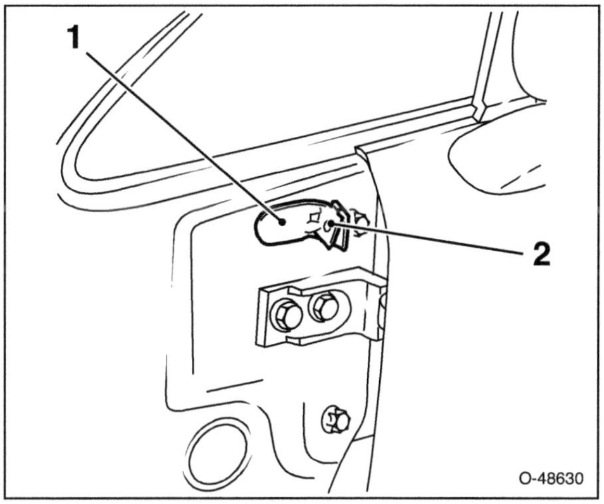

Achtung: Am Kotflügelhalter an der A-Säule oben ist eine Flanschumkehr vorzunehmen. Dazu Blechmutter –2– am Kotflügelhalter –1– abschrauben und umgedreht einbauen. Die Schraube am Kotflügelhalter an der A-Säule oben muss dadurch von innen angeschraubt werden.

- Neuen Kotflügel vor dem Einbau an den später unzugänglichen Stellen lackieren.
- Anlageflächen des Kotflügels reinigen, gegebenenfalls ausrichten und handelsübliches Kotflügelabdichtband auflegen oder Dichtmasse auftragen.

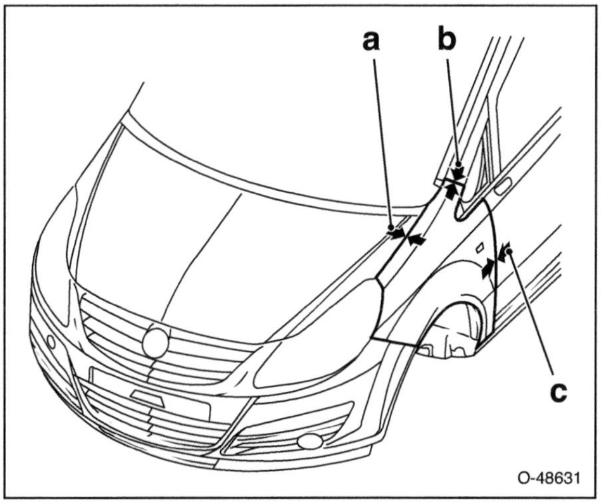

- Kotflügel ansetzen, leicht anschrauben und auf gleichmäßige Spaltmaße ausrichten.

Spaltmaße, Sollwerte – CORSA:

Position	Spaltmaß in mm
a	3,5 ± 1,0
b	2,4 ± 1,2
c	3,8 ± 1,0

- Kotflügel mit **8 Nm** anschrauben.
- Füller an der A-Säule einclipsen.

- Mutter festziehen.
- 2 Schrauben festziehen.
- Stütze für Motorhaube einbauen.
- Isolierung im Kotflügel innen einbauen.
- Seitliche Führungsschiene für Stoßfängerverkleidung einbauen.
- Innenkotflügel einbauen, siehe entsprechendes Kapitel.
- Reifen-Laufrichtung beachten, Rad anschrauben, Fahrzeug ablassen, erst dann Radschrauben über Kreuz mit **110 Nm** festziehen. **Achtung:** Unbedingt Hinweise im Kapitel »Rad aus- und einbauen« beachten.
- Seitliche Blinkleuchte einbauen, siehe Seite 82.
- Stirnwand-Schließteil einbauen, siehe entsprechendes Kapitel.
- Windlaufgrill einbauen, siehe entsprechendes Kapitel.
- Stoßfängerverkleidung einbauen, siehe entsprechendes Kapitel.

Motorhaube aus- und einbauen/einstellen

Ausbau

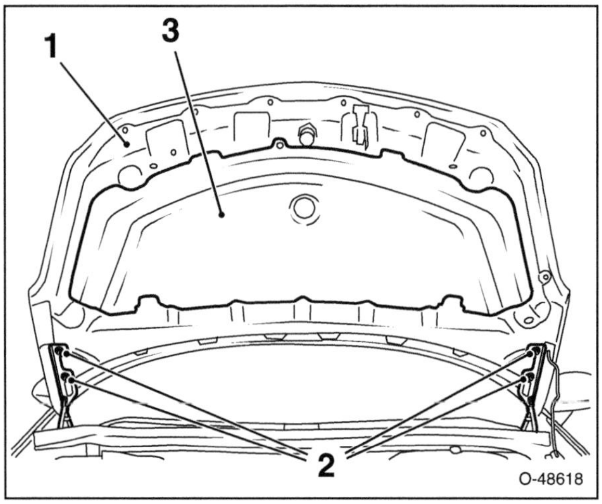

O-48618

- Motorhaube –1– öffnen.
- Für den Wiedereinbau Einbaulage der Scharniere mit Filzstift an der Motorhaube markieren.
- Motorhaube von Helfer abstützen lassen. 4 Scharnierschrauben –2– auf jeder Seite an der Motorhaube herausdrehen.
- Motorhaube mit Helfer abnehmen und vorsichtig ablegen.
- Falls eingebaut, Verkleidung von der Motorhaube abclipsen (10 Clips) und abnehmen.

Einbau

- Wird eine neue Motorhaube eingebaut, zuvor Hohlräume mit Schutzwachs konservieren.
- Motorhaube mit Helfer am Scharnier ansetzen. Die alte Motorhaube dabei nach den angebrachten Markierungen ausrichten. 4 Scharnierschrauben –2– handfest eindrehen.
- Motorhaube schließen und auf korrekte Spaltmaße einstellen, siehe entsprechenden Abschnitt.
- Scharnierschrauben mit **20 Nm** festziehen.
- Falls ausgebaut, Verkleidung –3– an der Motorhaube einclipsen.

Einstellen

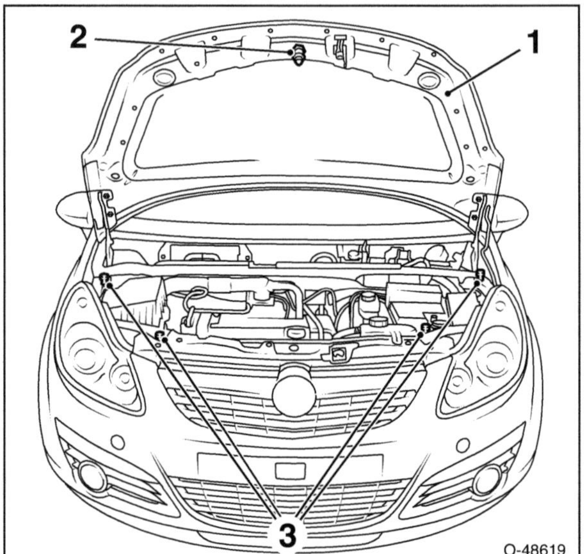

O-48619

Hinweis: Die Motorhaube –1– wird über den Motorhauben-Schließzapfen –2– und die 4 Gummipuffer –3– eingestellt.

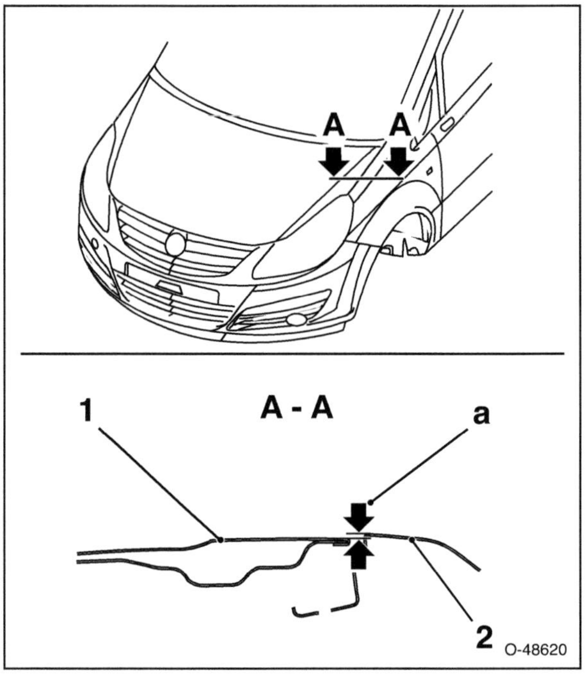

O-48620

Hinweis: Als Einstellhilfe Knetmasse an den Gummipuffern aufdrücken. Nach Schließen der Motorhaube ist am Abdruck in der Knetmasse zu erkennen, ob die Motorhaube richtig aufliegt.

- Gummipuffer eindrehen bis die Flucht der Motorhaube **2 mm** unter der Oberkante des Kotflügels liegt.
  A-A = Schnittdarstellung von Motorhaube und Kotflügel an der Stelle wie im oberen Teil der Abbildung.
- Motorhauben-Schließzapfen einbauen und einstellen, siehe entsprechendes Kapitel.
- Gummipuffer um 180° herausdrehen und dadurch Vorspannung des Motorhaubenverschlusses einstellen.
- Die Flucht der Motorhaube –1– muss nach der Einstellung 1 mm –a– unter Oberkante des Kotflügels –2– liegen.

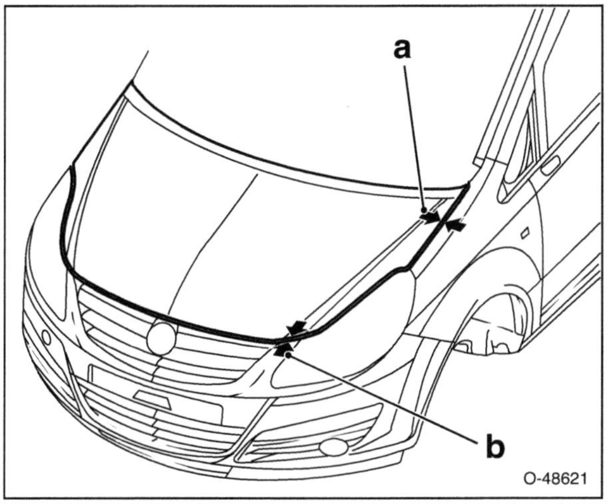

O-48621

- Scharnierschrauben an der Motorhaube lockern.
- Motorhaube schließen und Spaltmaße der Motorhaube prüfen, dabei soll der Spalt zum rechten und linken Kotflügel jeweils gleichmäßig breit sein und parallel verlaufen.

  Spaltmaße, Sollwerte:
  a .... $3{,}5^{+1{,}0}$ mm
  b .... $4{,}5^{+1{,}5}$ mm
- Gegebenenfalls Motorhaube durch Verschieben nach links oder rechts ausrichten.
- Scharnierschrauben mit **20 Nm** festziehen.
- Windlaufgrill einbauen, siehe entsprechendes Kapitel.
- Motorhaube schließen und einwandfreie Passung und Schließfunktion prüfen, gegebenenfalls nochmals einstellen.

Schließhaken/Schließzapfen einbauen

Hinweis: Bei Einbau einer neuen Motorhaube müssen der Schließhaken und der Schließzapfen an der Haube angebaut werden.

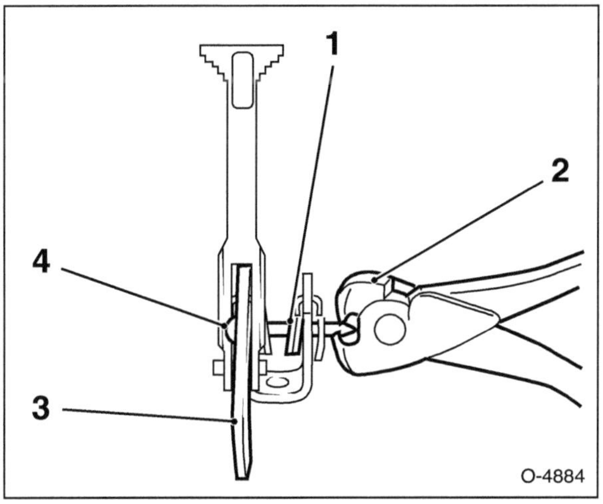

O-4884

- Schließhaken –3– mit Feder –1– und Niet –4– an der Motorhaube einbauen, dabei Nietenden mit Zange –2– aufweiten.

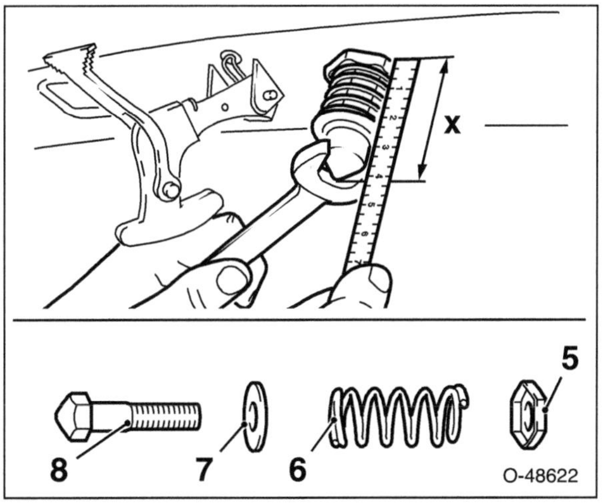

O-48622

- Schließzapfen –8– mit kleiner Scheibe –7–, Spiralfeder –6– und großer Scheibenmutter –5– in die Haube einschrauben und auf das Abstandsmaß **X = 43 mm** einstellen. Das Maß –X– wird vom Haubenblech bis zum Ende des Bolzens gemessen. Anschließend Schließzapfen mit Gabelschlüssel festhalten und Scheibenmutter –5– gegen das Haubenblech drehen. Dadurch wird der Schließzapfen gekontert. Scheibenmutter mit **22 Nm** festziehen.
- Schließzapfen mit Mehrzweckfett bestreichen.

Heckklappe aus- und einbauen

Ausbau

- Batterie abklemmen. **Achtung:** Hinweise im Kapitel »Batterie aus- und einbauen« beachten.
- Heckklappe öffnen.

Hinweis: Um die Heckklappe vor Lackschäden beim Ausbau zu schützen, Kanten mit Klebeband abkleben.

- Laderaumabdeckung herausnehmen.
- C-Säulen-Verkleidung ausbauen, siehe entsprechendes Kapitel.

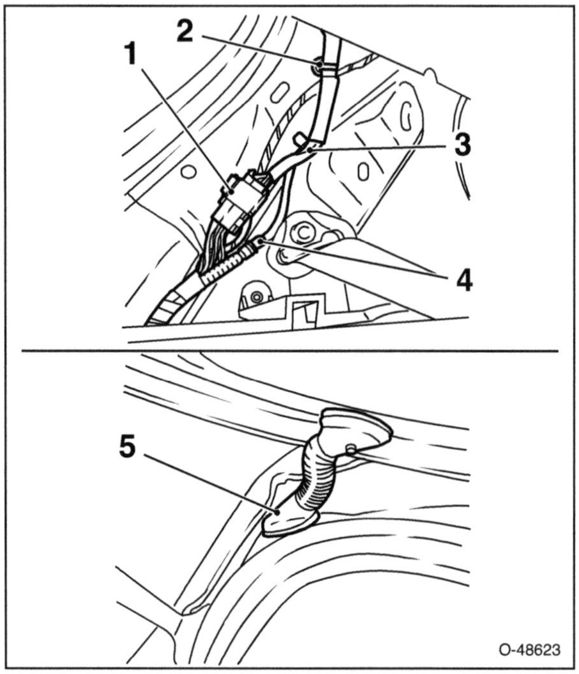

O-48623

- Mehrfachsteckverbindung –1– trennen.
- Kabelsatz ausclipsen –2–.
- Schlauch für Wisch-Waschanlage an der Trennstelle –4– trennen.
- Gummitülle der Kabelführung zur Heckklappe –5– am Dachrahmen herausziehen.
- Kabelsatz –3– und Schlauch für Wisch-Waschanlage aus dem Dachrahmen herausziehen.

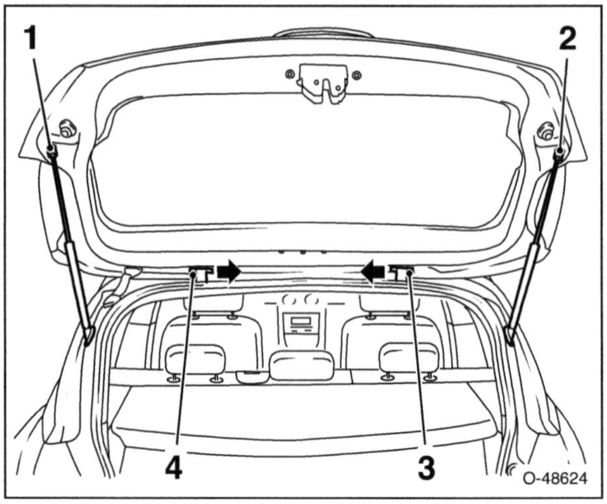

O-48624

- Sicherungsringe –3– und –4– mit kleinem Schraubendreher an den Scharnierbolzen herausdrücken. 1/2 – Gasdruckfedern.

Sicherheitshinweis
Heckklappe unbedingt durch einen Helfer abstützen lassen, bevor eine Gasdruckfeder gelöst wird. Sonst fällt die Heckklappe herunter, da sie durch einen Dämpfer allein nicht gehalten werden kann.

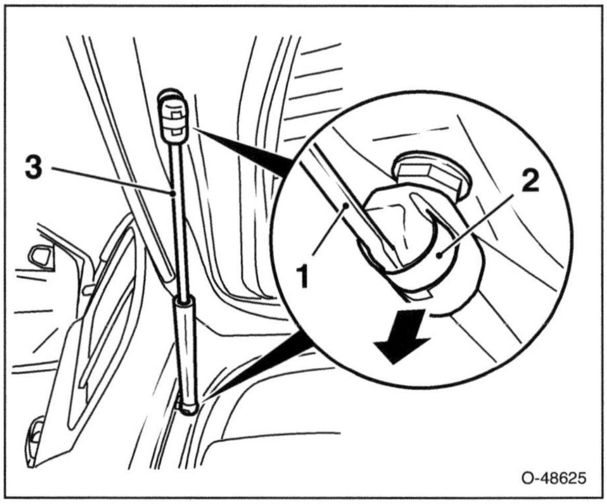

O-48625

- Mit einem kleinen Schraubendreher –1– den Sicherungsbügel –2– etwas anheben und Gasdruckfeder –3– vom oberen Kugelzapfen abziehen.
- Zweite Gasdruckfeder auf die gleiche Weise abbauen.
- Hecklappe mit Helfer abnehmen und auf eine weiche Unterlage ablegen.

Einbau

- Heckklappe mit Helfer an die Scharniere ansetzen und Bolzen an den Scharnieren durchschieben. Sicherungsklammern aufschieben.
- Heckklappe schließen und auf korrekte Spaltmaße einstellen, siehe entsprechenden Abschnitt.

- Gasdruckfeder auf Kugelzapfen aufdrücken und einrasten. Zweite Gasdruckfeder auf die gleiche Weise einbauen.
- Wasserschlauch sowie elektrische Leitungen durch den Dachrahmen führen. Wasserschlauch und elektrische Leitungen verbinden.
- Kabelsatz einclipsen
- Gummidurchführung an der Heckklappe eindrücken.
- C-Säulenverkleidung einbauen, siehe entsprechendes Kapitel.
- Batterie-Massekabel (–) anklemmen. **Achtung:** Hinweise im Kapitel »Batterie aus- und einbauen« beachten.
- Heckklappenverkleidung einbauen, siehe entsprechendes Kapitel.
- Laderaumabdeckung einsetzen.

Einstellen

- Schließzapfen an der Ladekante abschrauben.
- Scharnierschrauben lockern.

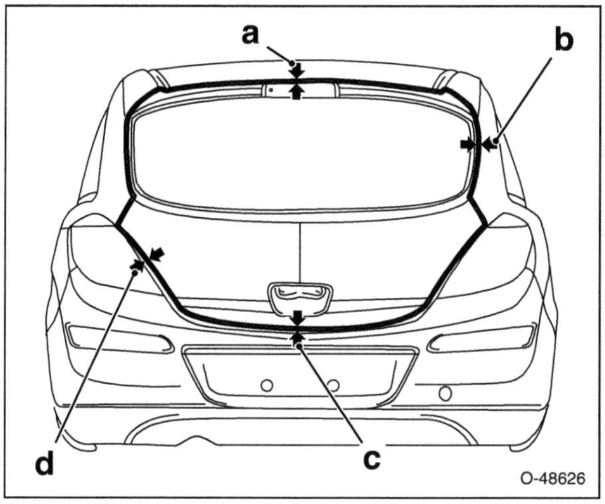

- Heckklappe schließen und Spaltmaße der Heckklappe prüfen. Die Heckklappe ist richtig eingestellt, wenn sie im geschlossenen Zustand überall ein gleichmäßiges Spaltmaß hat, nicht zu weit nach innen oder außen steht und die Konturen mit den umliegenden Karosserieteilen fluchten.

Spaltmaße, Sollwerte in mm

Position	3-Türer	5-Türer
a	$5{,}5^{\pm 1{,}5}$	$5{,}5^{\pm 1{,}2}$
b	$4{,}0^{\pm 1{,}0}$	$4{,}0^{\pm 1{,}0}$
c	$6{,}0^{\pm 1{,}5}$	$6{,}0^{\pm 1{,}5}$
d	$4{,}0^{\pm 1{,}2}$	$4{,}0^{\pm 1{,}25}$

- Gegebenenfalls Heckklappe durch Verschieben nach links und rechts ausrichten.
- Gummipuffer an beiden Seiten so weit herausdrehen, dass die Heckklappe in geschlossenem Zustand spannungsfrei auf den Puffern aufliegt.

Hinweis: Als Einstell-Hilfe Knetmasse an den Gummipuffern aufdrücken. Nach Schließen der Heckklappe ist am Abdruck in der Knetmasse zu erkennen, ob die Heckklappe richtig aufliegt.

- Scharnierschrauben mit **25 Nm** festziehen.
- Schließzapfen ausrichten und mit **20 Nm** festschrauben.
- Batterie anklemmen. **Achtung:** Hinweise im Kapitel »Batterie aus- und einbauen« beachten.

Gasdruckfeder entsorgen

Achtung: Falls die Gasdruckfeder ersetzt wird, muss die alte Feder entgast werden, bevor sie entsorgt wird.

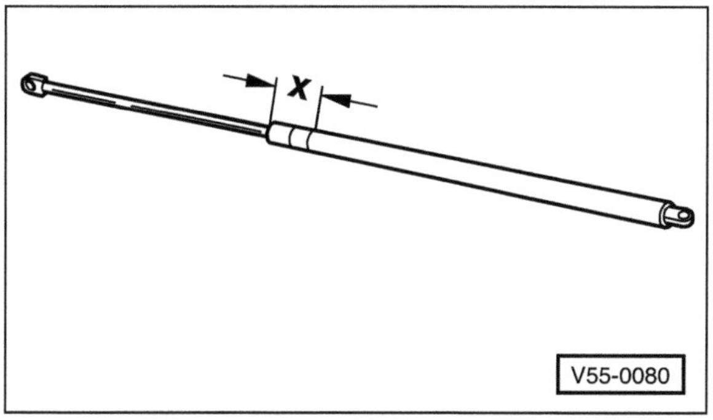

- Gasdruckfeder im **Bereich x = 50 mm** in den Schraubstock einspannen. **Achtung**: Feder unbedingt **nur in diesem Bereich** einspannen, sonst besteht Unfallgefahr!
- Zylinder im ersten Drittel der Zylindergesamtlänge aufsägen, und zwar ausgehend von der Bezugskante auf der Kolbenstangenseite. Um herausspritzendes Öl aufzufangen, Bereich des Sägetrennschnittes mit einem Lappen abdecken. **Achtung:** Während des Sägevorganges Schutzbrille tragen.

Heckklappenverkleidung aus- und einbauen

Ausbau

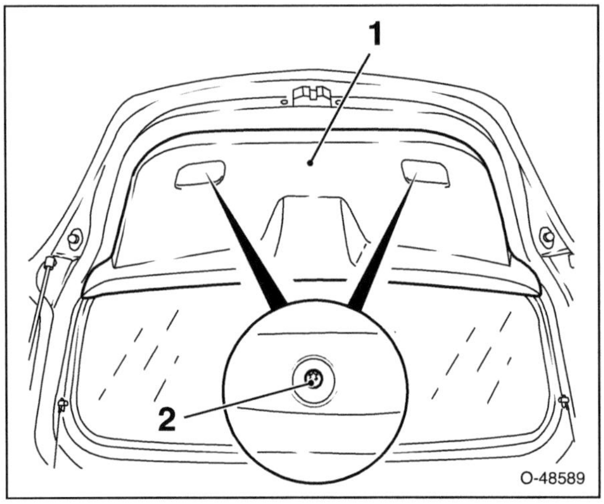

- 2 Schrauben –2– herausdrehen.
- Verkleidung –1– mit Montagekeil vorsichtig abdrücken und an 8 Stellen ausclipsen.

Einbau

- Verkleidung mit den Clips über den Öffnungen ansetzen, andrücken und einrasten.
- 2 Schrauben anschrauben.

Heckklappenschloss aus- und einbauen

Ausbau

- Laderaum-Abdeckung herausnehmen.
- Heckklappenverkleidung ausbauen, siehe entsprechendes Kapitel.

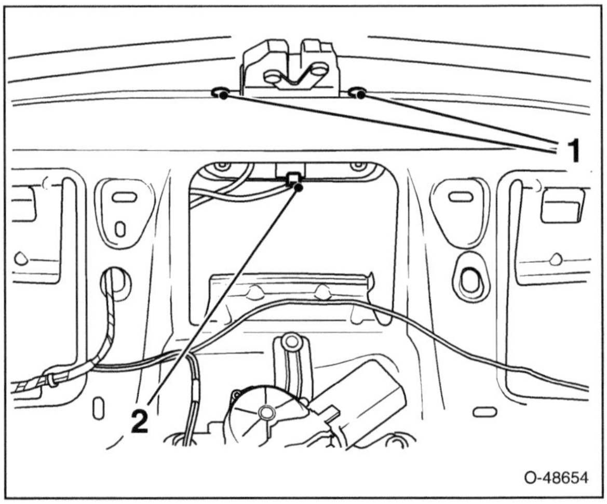

- Mehrfachstecker –2– abziehen.
- 2 Schrauben –1– herausdrehen.
- Heckklappenschloss herausnehmen.

Einbau

- Heckklappenschloss einsetzen und mit **8 Nm** anschrauben.
- Mehrfachstecker aufstecken.
- Heckklappenverkleidung einbauen, siehe entsprechendes Kapitel.
- Laderaum-Abdeckung einsetzen und Heckklappe schließen.

Tür vorn aus- und einbauen

Ausbau

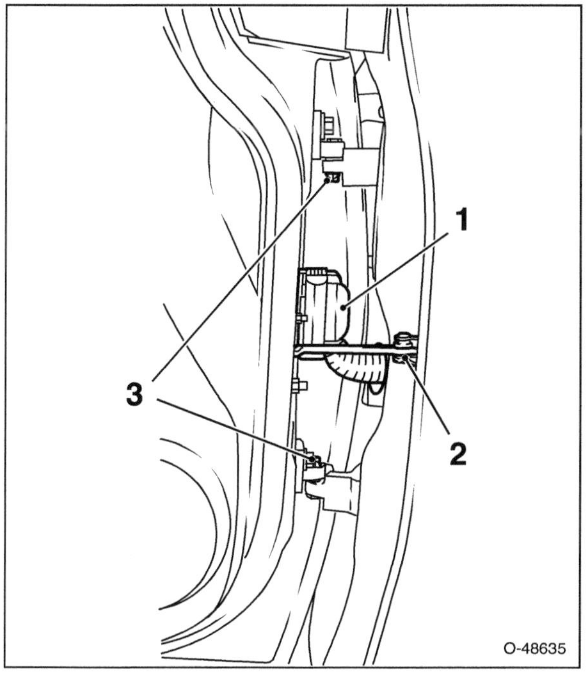

- Schraube –2– herausdrehen und Türbremse von der A-Säule abbauen.
- Mehrfachsatzstecker –1– entriegeln und trennen.
- 2 Schrauben –3– herausdrehen und Vordertür lösen.

Achtung: Zum Ausbau der Vordertür ist ein Helfer erforderlich.

- Vordertür mit Helfer nach oben aus den Scharnieren heben und abnehmen.

Einbau

- Vordertür mit Helfer von oben in die Scharniere einsetzen. 2 Schrauben eindrehen und mit **27 Nm** festziehen.
- Mehrfachstecker verbinden und verriegeln.
- Türbremse an der A-Säule mit **26 Nm** anschrauben. **Achtung:** Dabei Schraube mit Schraubensicherungsmasse einsetzen. **Hinweis:** Falls erforderlich, Türbremse an der Tür mit **8 Nm** anschrauben.
- Spaltmaße der Tür zu den umliegenden Bauteilen prüfen, gegebenenfalls Tür einstellen.

Tür einstellen

- Schließbügel von der B-Säule abschrauben.
- Die Einstellung erfolgt durch Ausrichten (Verbiegen) der Scharniere. Dies erfordert einige Erfahrung, daher im Zweifelsfall Fachwerkstatt aufsuchen. Spezielle Biegewerkzeuge werden im Handel angeboten, zum Beispiel HAZET 1931 und HAZET 1973-1.
- Spaltmaße der Tür prüfen. Die Tür ist richtig eingestellt, wenn sie im geschlossenen Zustand überall ein gleichmäßiges Spaltmaß hat, nicht zu weit nach innen oder außen steht und die Konturen mit den umliegenden Karosserieteilen fluchten.

Spaltmaße 3-Türer

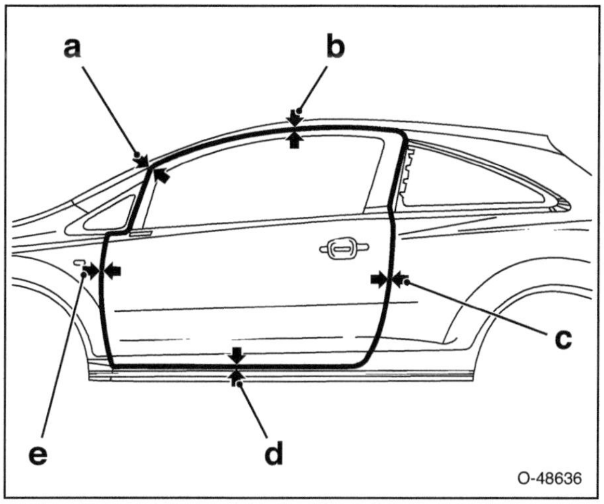

Position	Spaltmaß in mm
a	4,5 $^{\pm 1,0}$
b	4,6 $^{\pm 1,0}$
c	3,8 $^{\pm 0,8}$
d	4,5 $^{\pm 1,0}$
e	3,8 $^{\pm 1,0}$

Spaltmaße 5-Türer

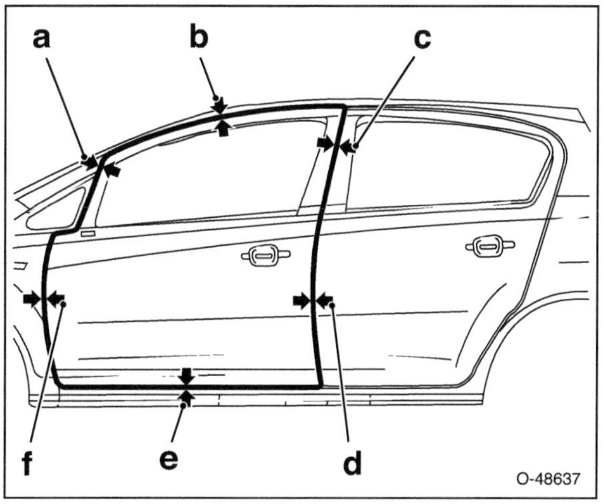

Position	Spaltmaß in mm
a	4,5 $^{\pm 1,0}$
b	4,6 $^{\pm 1,0}$
c	3,8 $^{\pm 1,0}$
d	3,8 $^{\pm 1,0}$
e	4,5 $^{\pm 1,0}$
f	3,8 $^{\pm 1,0}$

- Tür an die Karosseriekontur anpassen: Schließt die Tür in geschlossenem Zustand nicht bündig mit der umliegenden Karosserie ab, Scharniere entsprechend nach außen oder innen ziehen. Die hintere Tür darf vorne maximal 1 mm weiter innen stehen als die Vordertür.

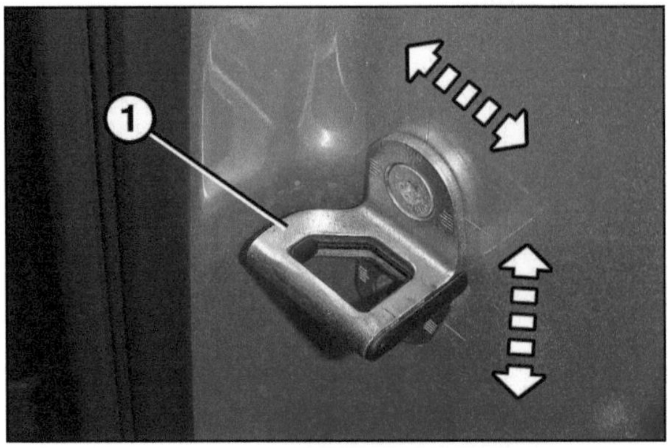

- Schließbügel –1– anschrauben und Schrauben handfest anziehen, so dass der Schließbügel leicht verschoben werden kann.
- Tür schließen und ausrichten. Dadurch wird auch der Schließbügel ausgerichtet. Anschließend Tür vorsichtig öffnen und Schrauben für Schließbügel mit **20 Nm** festziehen. Falls erforderlich, Schließbügel mithilfe der Einkerbungen an B-Säule und Schließbügel nachjustieren.
- Falls erforderlich, die durch das Verbiegen der Scharniere entstandenen Lackschäden beheben.

Türverkleidung aus- und einbauen

Ausbau

- Türfenster vollständig herunterfahren.

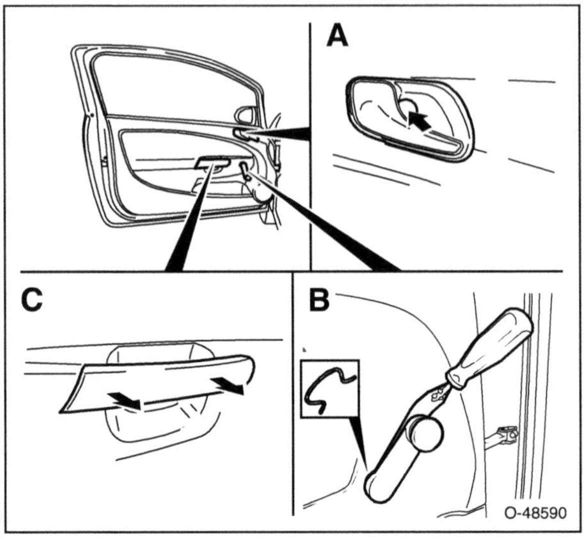

- Abdeckkappe am Türöffner mit einem kleinen Schraubendreher ausclipsen –Pfeil A–.
- Falls vorhanden, Fensterkurbel ausbauen –B–. Dazu mit Spezialzange HAZET 799 die Drahtklammer abdrücken. **Hinweis:** Zum Ausbau sollte die Fensterkurbel nach vorn oben zeigen.

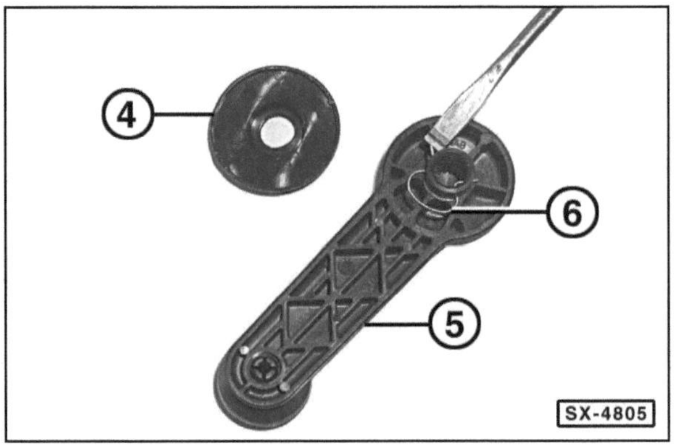

- Steht das Werkzeug nicht zur Verfügung, Drahtklammer –6– mit einem schmalen Schraubendreher abdrücken.
- Kurbel –5– von der Achse abziehen. Falls beim Ausbau die Drahtklammer ganz aus der Fensterkurbel herausgedrückt wurde, Drahtklammer wieder in die Nut der Kurbel eindrücken. Kunststoffscheibe –4– abnehmen.
- Blende am Türgriff –C– mit einem Montagekeil in Pfeilrichtung abhebeln, siehe Abbildung O-48590.

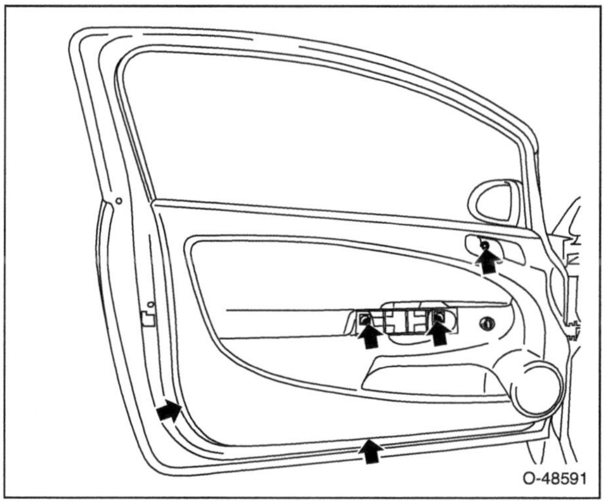

- 5 Schrauben –Pfeile– herausdrehen.
- Verkleidung mit Montagekeil vom Türrahmen abdrücken, dabei 4 Clips und 2 Metallklammern oben ausclipsen.
- Falls vorhanden, Stecker für elektrischen Fensterheber abziehen.
- Bowdenzug für Türinnenbetätigung aushängen und Türverkleidung abnehmen.

Einbau

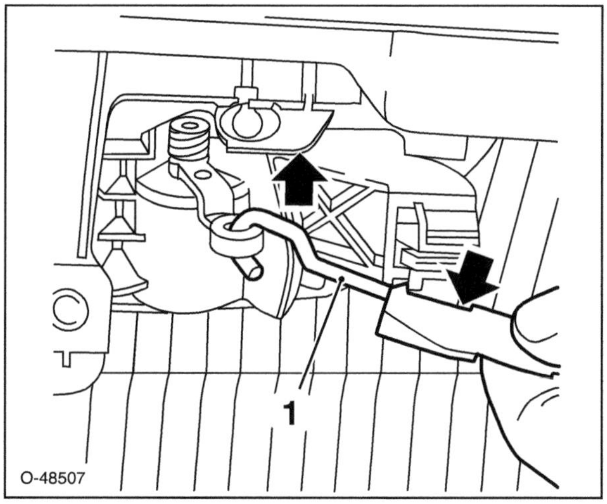

- Türverkleidung ansetzen.
- Bowdenzug –1– für Türinnenbetätigung in den Türgriff und in das Widerlager einhängen –Pfeile–.
- Falls vorhanden, Stecker für elektrischen Fensterheber aufstecken.
- Türverkleidung andrücken und einclipsen.
- 5 Schrauben für Türverkleidung eindrehen und ganz leicht, mit **1,8 Nm**, anschrauben.
- Blende für Türgriff ansetzen, aufdrücken und einclipsen.
- Kunststoffscheibe auf die Kurbelachse schieben.
- Türfenster schließen. Dazu Fensterkurbel gegebenenfalls vorsichtig aufstecken, nicht einrasten.
- Fensterkurbel so ansetzen, dass die Kurbel nach oben zeigt. In dieser Stellung Fensterkurbel auf die Kurbelachse schieben und mit dem Handballen aufschlagen, dabei muss die Drahtklammer in die Nut der Achse einrasten.
- Abdeckkappe am Türöffner einclipsen.

Türfenster vorn aus- und einbauen

Ausbau

- Türverkleidung ausbauen, siehe entsprechendes Kapitel.
- Schachtabdichtung innen ausbauen.
- Schachtabdichtung aussen ausbauen.

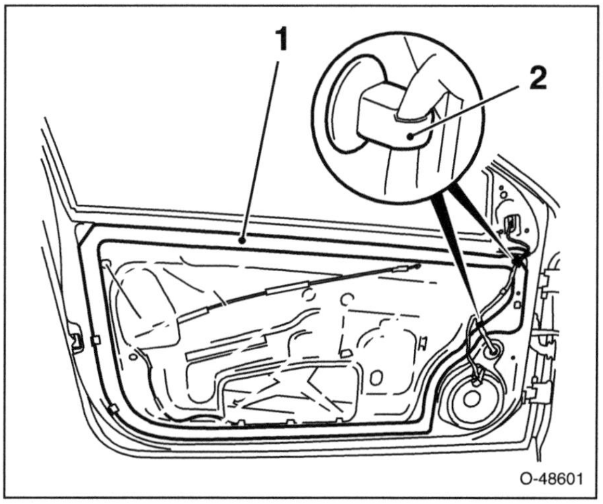

- Lagerbock –2– abbauen und Wasserabweisfolie –1– vorsichtig teilweise abziehen.

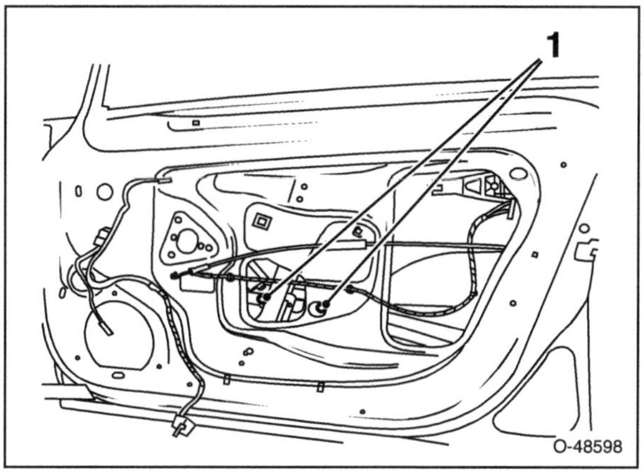

- 2 Schrauben –1– herausdrehen.
- Türfenster nach oben herausnehmen.

Einbau

- Der Einbau erfolgt in umgekehrter Ausbaureihenfolge. Wasserabweisfolie mit Sprühkleber benetzen und ankleben. **Hinweis:** Geringe Beschädigungen der Folie können mit breitem Tesaband abgedeckt werden. Die Folie muss ringsum dicht aufgeklebt werden.

Fensterheber an der Vordertür aus- und einbauen

Ausbau

- Fenster ausbauen, siehe entsprechendes Kapitel.

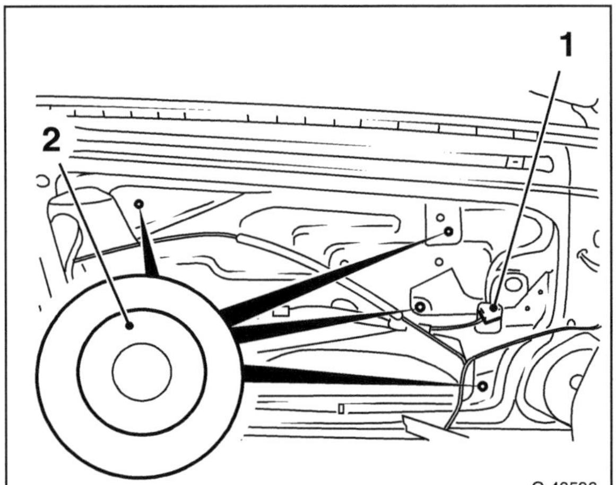

O-48596

- Mehrfachstecker –1– für elektrischen Fensterheber trennen.
- Köpfe der 4 Nieten –2– vorsichtig abbohren. Nietreste entfernen. **Hinweis:** Beim 5-türer ist der Fensterheber mit 5 Nieten befestigt.
- Fensterheber aus der Tür aushängen und mit Stellmotor herausnehmen.

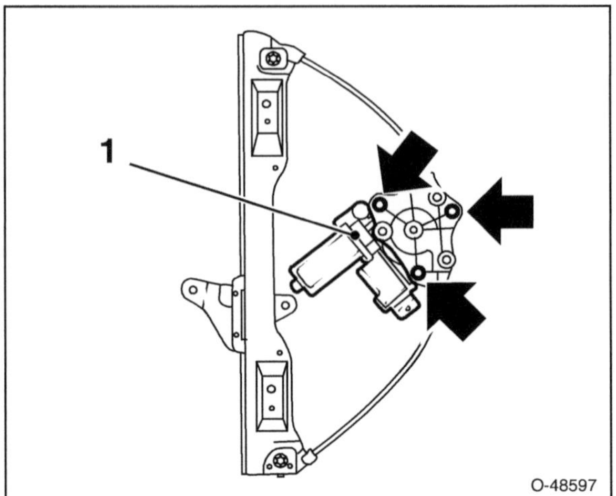

O-48597

- Falls erforderlich, Stellmotor –1– vom Fensterheber abschrauben –Pfeile–. Zuvor Einbaulage des Stellmotors markieren.

Einbau

- Der Einbau erfolgt in umgekehrter Ausbaureihenfolge.

Fensterschachtleiste Vordertür aus- und einbauen

Innere Leiste

Ausbau

- Türverkleidung ausbauen.

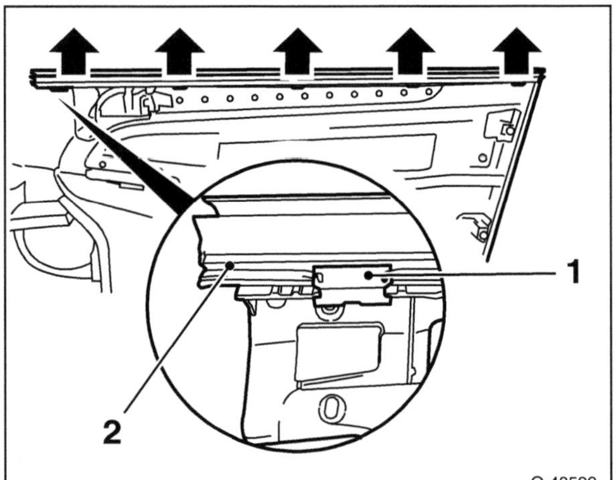

O-48599

- Schachtabdichtung –2– mit Montagekeil vorsichtig nach oben abhebeln –Pfeile–.
- 4 Klammern –1– abziehen. **Hinweis:** Beim 5-Türer ist die Schachtabdichtung mit 3 Klammern befestigt.

Einbau

- Der Einbau erfolgt in umgekehrter Ausbaureihenfolge.

Äußere Leiste

Ausbau

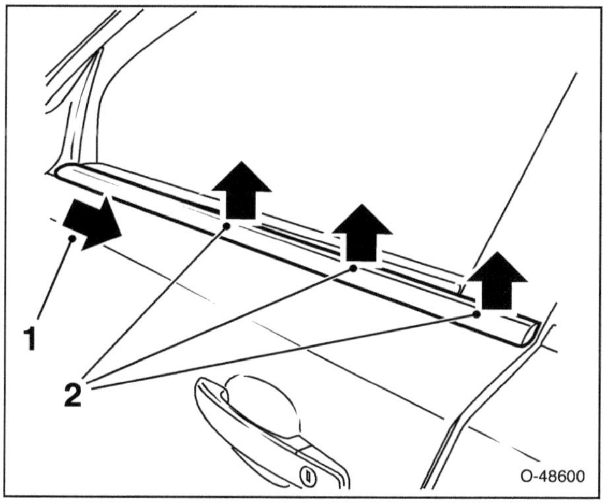

- Clip an Türrahmen hinten innen ausbauen.
- Schachtleiste zum entriegeln 1 cm nach hinten schieben –Pfeil 1– und dann nach oben abnehmen –Pfeile 2–.

Einbau

- Schachtleiste von oben aufstecken.
- Schachtleiste zum Verriegeln 1 cm nach vorn schieben.
- Clip an Türrahmen hinten innen einclipsen.

Türschloss aus- und einbauen

Ausbau

- Türverkleidung ausbauen, siehe entsprechendes Kapitel.

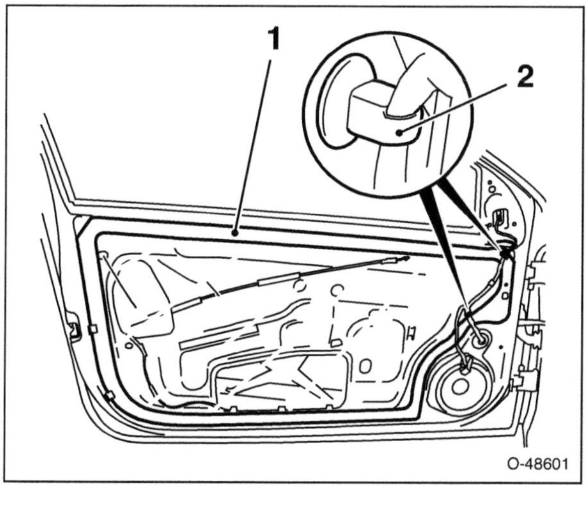

- Lagerbock –2– vom Türrahmen abbauen.
- Wasserabweisfolie –1– teilweise abziehen.

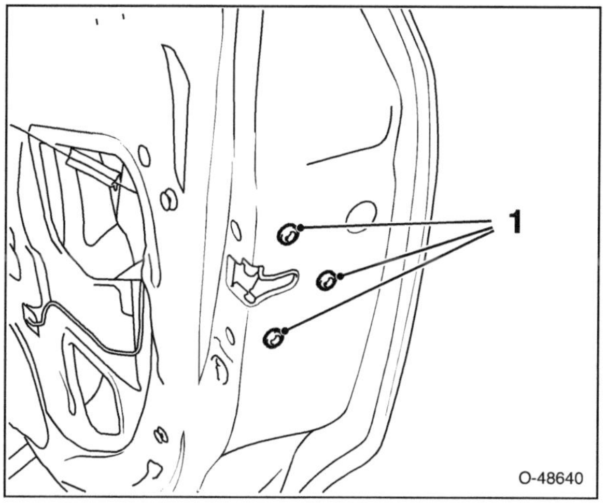

- Gestänge am Türschloss aushängen.
- 3 Schrauben –1– herausdrehen.
- Türschloss aus dem Türrahmen herausnehmen.

Einbau

- Türschloss einsetzen, mit 3 Schrauben und **8 Nm** festziehen.
- Betätigungsgestänge am Türschloss einhängen.
- Wasserabweisfolie mit Sprühkleber benetzen und ankleben. **Hinweis:** Geringe Beschädigungen der Folie können mit breitem Tesaband abgedeckt werden. Die Folie muss ringsum dicht aufgeklebt werden.
- Lagerbock einbauen.
- Türverkleidung einbauen, siehe Seite 224.

Tür-Außengriff aus- und einbauen

Ausbau

- Türverkleidung ausbauen, siehe Seite 224.

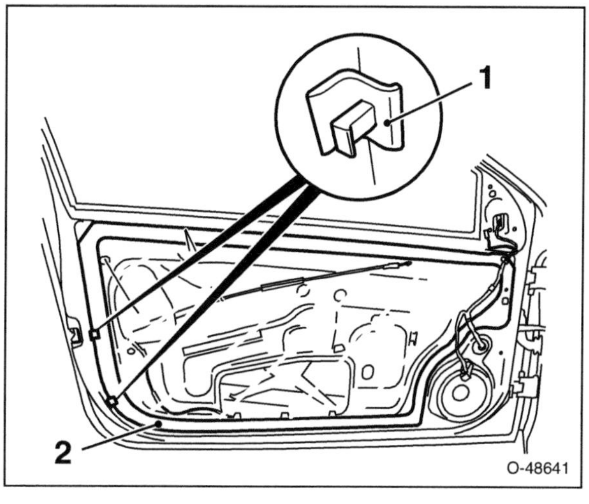

- Wasserabweisfolie –2– teilweise abziehen.

- Haltesockel –1– abbauen.

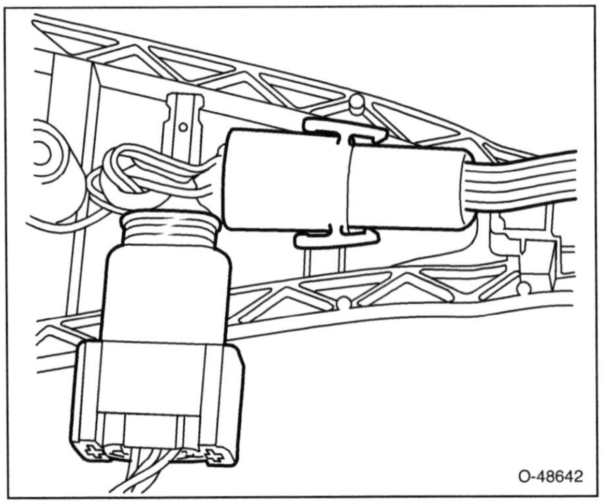

- Bei Fahrzeugen mit »Open and Start«-Türöffnung 2 Kabelsatzstecker trennen.

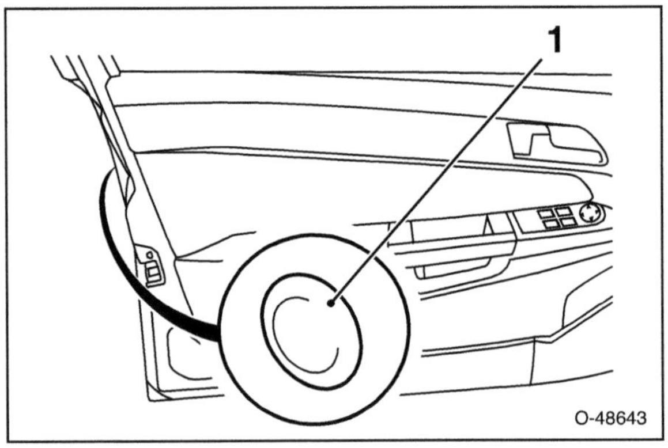

- Gummitülle –1– von der Montageöffnung mit einem Montagekeil vorsichtig abhebeln.

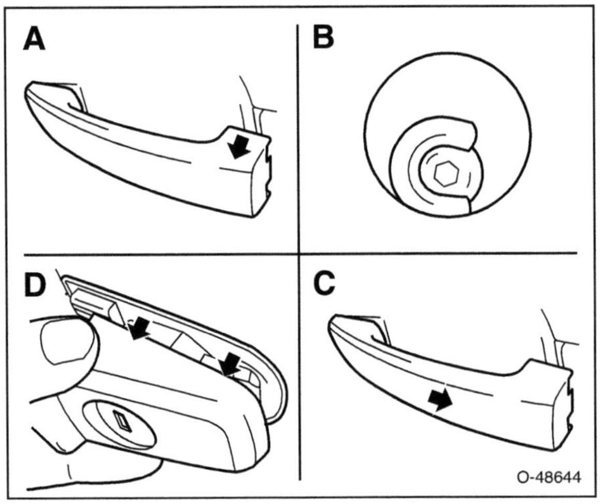

- Bewegliches Griffteil –A– nach außen ziehen und halten.
- Torxschraube –B– bis zum Anschlag nach links drehen.

Hinweis: Bewegliches Griffteil muss jetzt in gezogener Position fixiert sein.

- Feststehendes Griffteil –D– abnehmen.
- Bewegliches Griffteil –C– nach hinten ziehen und herausnehmen.

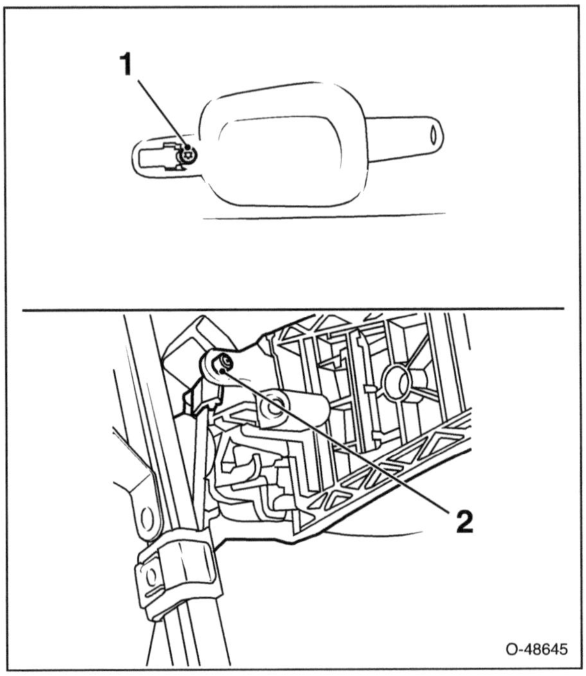

- Schraube –1– lösen.
- Gestänge –2– am Türschloss aushängen und Halter für Türgriff abnehmen.

Einbau

- Halter für Türgriff ansetzen, Gestänge am Türschloss einhängen und Befestigungsschraube für Halter festziehen.
- Bewegliches Griffteil in Türblech einführen und einrasten.
- Feststehendes Griffhinterteil einsetzen.
- Schraube –B– bis zum Anschlag nach rechts drehen, siehe Abbildung O-48644.

Achtung: Bewegliches Griffteil während des Schraubvorganges auf Zug halten und feststehendes Griffteil leicht gegenhalten.

- Abdeckkappe aufdrücken.
- Außengriff ziehen und in der Position »Tür öffnen« gezogen halten. In dieser Stellung feststehendes Griffteil mit Schließzylinder einsetzen.
- Gummitülle in die Montageöffnung einsetzen.
- Wasserabweisfolie mit Sprühkleber benetzen und ankleben. **Hinweis:** Geringe Beschädigungen der Folie können mit breitem Tesaband abgedeckt werden. Die Folie muss ringsum dicht aufgeklebt werden.
- Bei Fahrzeugen mit »Open and Start«-Türöffnung 2 Kabelsatzstecker verbinden.
- Haltesockel mit Bolzen eindrücken.
- Türverkleidung einbauen, siehe Seite 224.

Spiegelglas für Außenspiegel aus- und einbauen

Ausbau

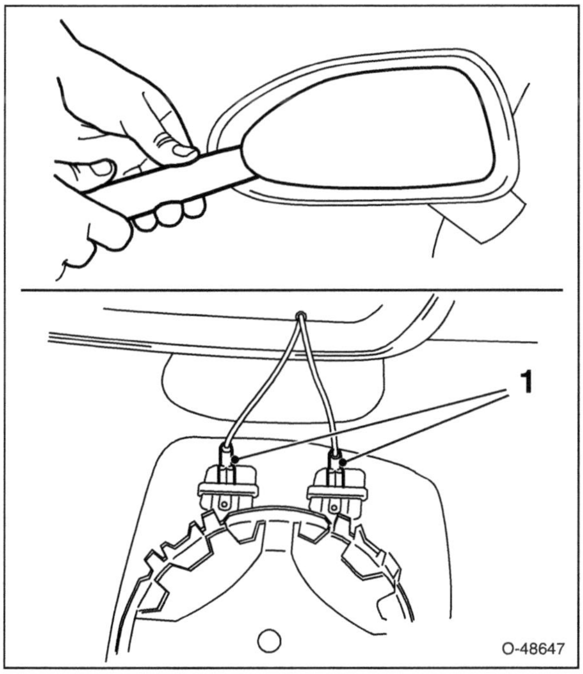

- Spiegelglas mit einem Montagekeil ringsum an 8 Stellen aus dem Spiegelgehäuse ausclipsen.
- 2 Stecker –1– an der Rückseite vom Spiegelglas abziehen.
- Spiegelglas abnehmen.

Einbau

- Stecker an der Rückseite vom Spiegelglas aufschieben.
- Spiegelglas mit den Rastnasen über den Aufnahmen ansetzen, aufdrücken und einrasten.

Außenspiegel aus- und einbauen

Hinweis: Die Beschreibung bezieht sich auf den elektrisch verstellbaren Außenspiegel.

Ausbau

- Türverkleidung ausbauen, siehe Seite 224.

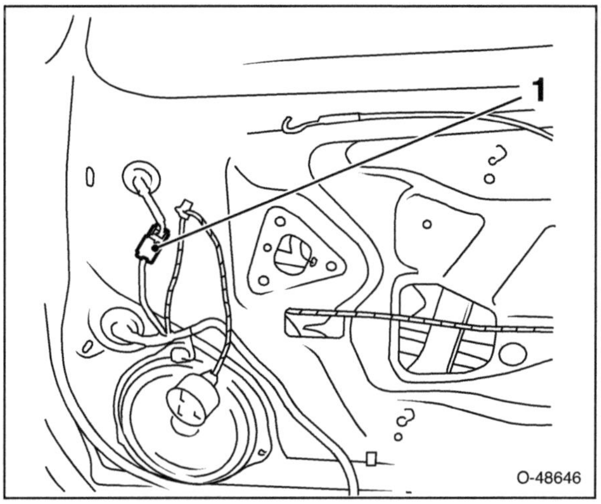

- Steckverbindung –1– für elektrischer Außenspiegel trennen.
- Spiegelglas ausbauen, siehe entsprechendes Kapitel.

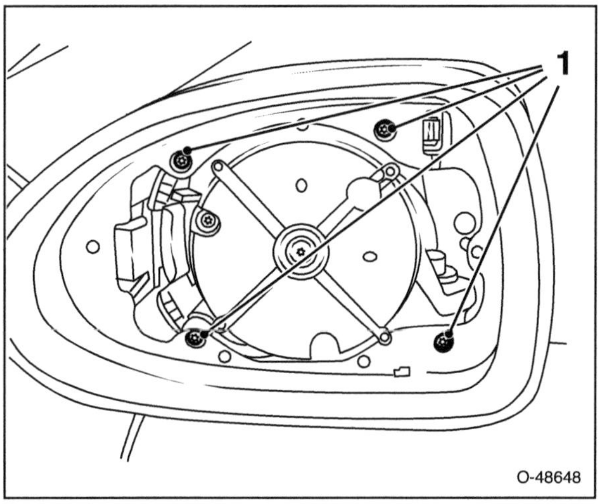

- 4 Schrauben –1– herausdrehen.
- Spiegelgehäuse-Hinterteil ausclipsen und abnehmen.
- Spiegelgehäuse-Vorderteil nach vorn ausclipsen.

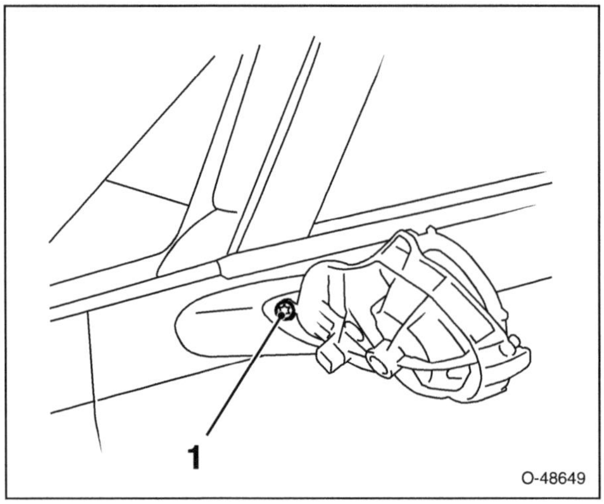

- Schraube –1– herausdrehen.
- Spiegelfuß mit Kabelsatz und Gummitülle herausnehmen.

Einbau

- Kabelsatz mit Gummitülle in die Öffnung an der Tür einführen und mit einem geeigneten Drahthaken durchziehen.
- Spiegelfuß anschrauben.
- Spiegelgehäuse-Vorderteil nach hinten einclipsen.
- Spiegelgehäuse-Hinterteil aufstecken.
- 4 Schrauben festziehen.
- Spiegelglas einbauen, siehe entsprechendes Kapitel.
- Stecker für elektrischen Außenspiegel verbinden.
- Türverkleidung einbauen, siehe entsprechendes Kapitel.

Flexfix-System aus- und einbauen

Ausbau

- Heckabschlussverkleidung ausbauen, siehe Seite 205.

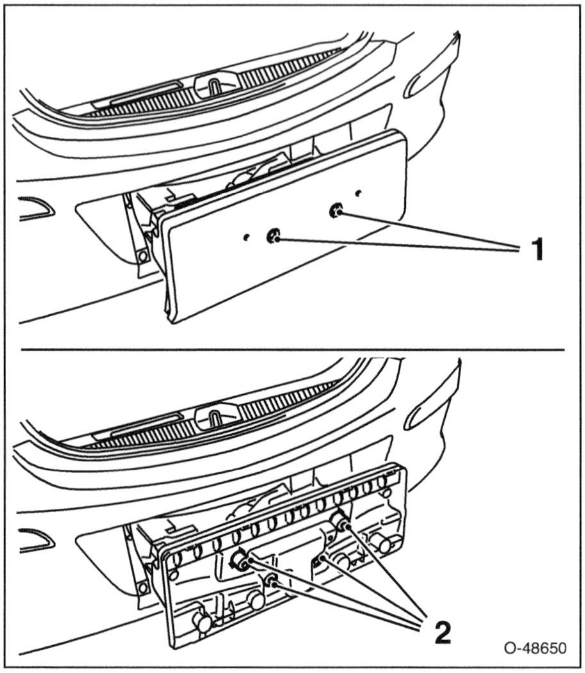

- Flexfix öffnen und leicht herausziehen.
- 2 Schrauben –1– herausdrehen und äußere Flexfix-Blende ausclipsen.
- 4 Schrauben –2– herausdrehen und innere Flexfix-Blende abnehmen.
- Hintere Stoßfängerverkleidung ausbauen, siehe entsprechendes Kapitel.

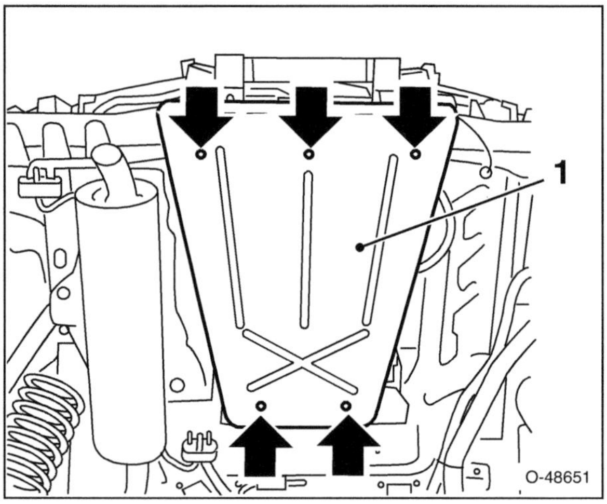

- Schrauben –Pfeile– herausdrehen und Unterfahrschutz –1– abnehmen.

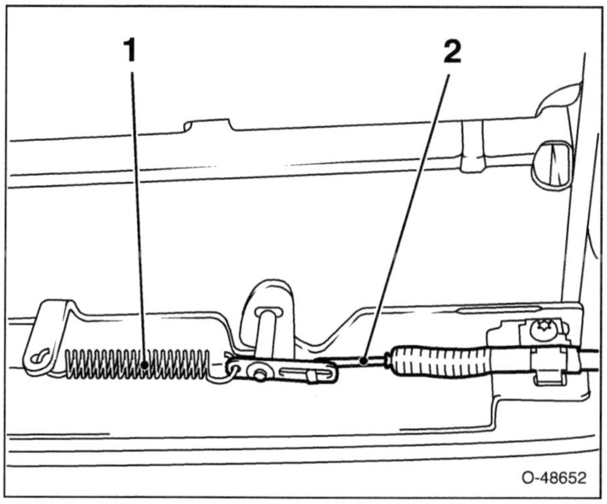

- Bowdenzug –2– und Feder –1– für Flexfix-System aushängen.
- Kabelbaum lösen und aus dem Kofferraum herausnehmen.
- Gummitülle herausnehmen.

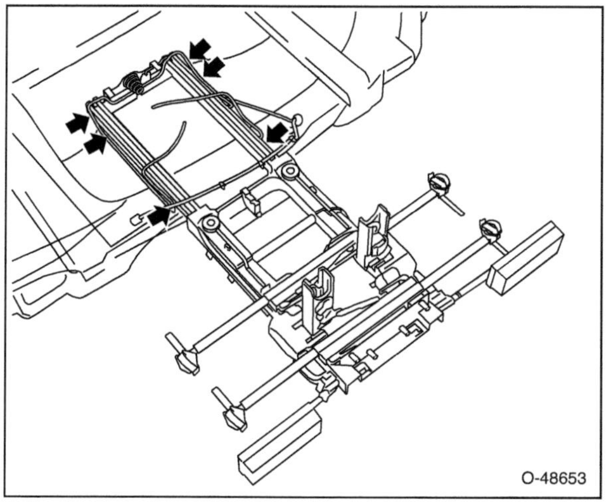

- 6 Schrauben herausdrehen. **Hinweis:** Die Pfeile zeigen zur besseren Darstellung die Position der von unten verschraubten Befestigungspunkte.
- Flexfix-System herausnehmen.

Einbau

- Flexfix-System mit Helfer einsetzen, anschrauben und mit **45 Nm** festziehen.
- Kabelbaum in den Kofferraum einsetzen.
- Gummitülle einsetzen.
- Bowdenzug und Feder für Flexfix-System einhängen.
- Unterfahrschutz anschrauben.
- Hintere Stoßfängerverkleidung einbauen, siehe entsprechendes Kapitel.
- Blenden für Flexfix-System einclipsen und anschrauben.
- Heckabschlussverkleidung einbauen, siehe Seite 205.

Stromlaufpläne

Aus dem Inhalt:

- **Zeichenerklärung**
- **Stromlaufplan-Übersicht**
- **Einzelpläne**

Der Umgang mit dem Stromlaufplan

In einem Personenwagen werden bis zu 3.000 Meter Leitungen verlegt, um alle elektrischen Verbraucher (Scheinwerfer, Radio usw.) mit Strom zu versorgen.

Will man einen Fehler in der elektrischen Anlage aufspüren oder nachträglich ein elektrisches Zubehör montieren, kommt man nicht ohne Stromlaufplan aus; anhand dessen der Stromverlauf und damit die Kabelverbindungen aufgezeigt werden. Grundsätzlich muss der betreffende Stromkreis geschlossen sein, sonst kann der elektrische Strom nicht fließen. Es reicht beispielsweise nicht aus, dass an der Plusklemme eines Scheinwerfers Spannung anliegt, wenn nicht gleichzeitig über den Masseanschluss der Stromkreis geschlossen ist.

Deshalb ist auch das Massekabel von der Batterie mit der Karosserie verbunden. Mitunter reicht diese Masseverbindung jedoch nicht aus, und der betreffende Verbraucher bekommt eine direkte Masseleitung, deren Isolierung in der Regel braun eingefärbt ist. In den einzelnen Stromkreisen können Schalter, Relais, Sicherungen, Messgeräte, elektrische Motoren oder andere elektrische Bauteile integriert sein. Damit diese Bauteile richtig angeschlossen werden können, haben die einzelnen Kontakte entsprechende Klemmenbezeichnungen.

Um das Kabelgewirr zumindest auf dem Stromlaufplan übersichtlich zu ordnen, sind die einzelnen Strompfade senkrecht nebeneinander angeordnet und durchnummeriert.

Die senkrechten Linien münden oben in Rechtecken, die die plusseitigen Anschlüsse des Stromkreises symbolisieren. Es handelt sich dabei um die Klemmen 30 und 15. Die Ziffern in den Rechtecken weisen auf die weiterführenden Strompfade zum Batterie-Pluspol beziehungsweise Zündschloss hin. Unten mündet der Stromkreis auf einer waagerechten Linie, die den Masseanschluss symbolisiert. Die Masseverbindung wird normalerweise direkt über die Karosserie hergestellt oder aber über eine zusätzliche Leitung von einem an der Karosserie angebrachten Massepunkt.

Die wichtigsten Klemmenbezeichnungen sind:

Klemme 15 wird über das Zündschloss gespeist. Die Leitungen führen nur bei eingeschalteter Zündung Strom. Die Kabel sind meist schwarz oder schwarz mit farbigem Streifen.

Klemme 30. An dieser Klemme liegt immer die Batteriespannung an. Die Kabel sind meist rot oder rot mit farbigem Streifen.

Klemme 31 führt zur Masse. Die Masse-Leitungen sind in der Regel braun.

Wenn der Stromkreis durch ein Quadrat unterbrochen wird, in dem eine Zahl steht, weist die Ziffer auf den Strompfad hin, in dem der Stromkreis weitergeführt wird.

Im Stromlaufplan sind in den einzelnen Leitungen Buchstabenkombinationen und Ziffern eingefügt.

Beispiel: **BKWH 0.5**

Die Buchstaben weisen auf die Leitungsfarben hin. Besteht die Kennzeichnung aus zwei Buchstabengruppen wie im Beispiel, dann nennt die erste Buchstabenfolge die Leitungsgrundfarbe: BK = schwarz und die zweite die Zusatzfarbe: WH = weiß. Die Ziffern 0.5 geben an, welchen Leitungsquerschnitt in mm^2 die Leitung hat.

Schlüssel für Leitungsfarben

BK = Schwarz	GY = Grau	VT = Violett
BN = Braun	OG = Orange	WH = Weiß
BU = Blau	PK = Rosa	YE = Gelb
GN = Grün	RD = Rot	

Zuordnung der Stromlaufpläne

OPEL CORSA D, Modelljahr 2008

Wegen des großen Umfangs können nicht alle Stromlaufpläne aus jedem Modelljahr berücksichtigt werden. Jedoch kann man sich auch an den vorliegenden Stromlaufplänen orientieren, wenn das eigene Fahrzeug einem anderen Modelljahr angehört, da die Änderungen in der Regel nur Teilbereiche betreffen.

Gebrauchsanleitung für Stromlaufpläne

Hinweis: Alle Schalter und Kontakte sind in mechanischer Ruhestellung gezeichnet.

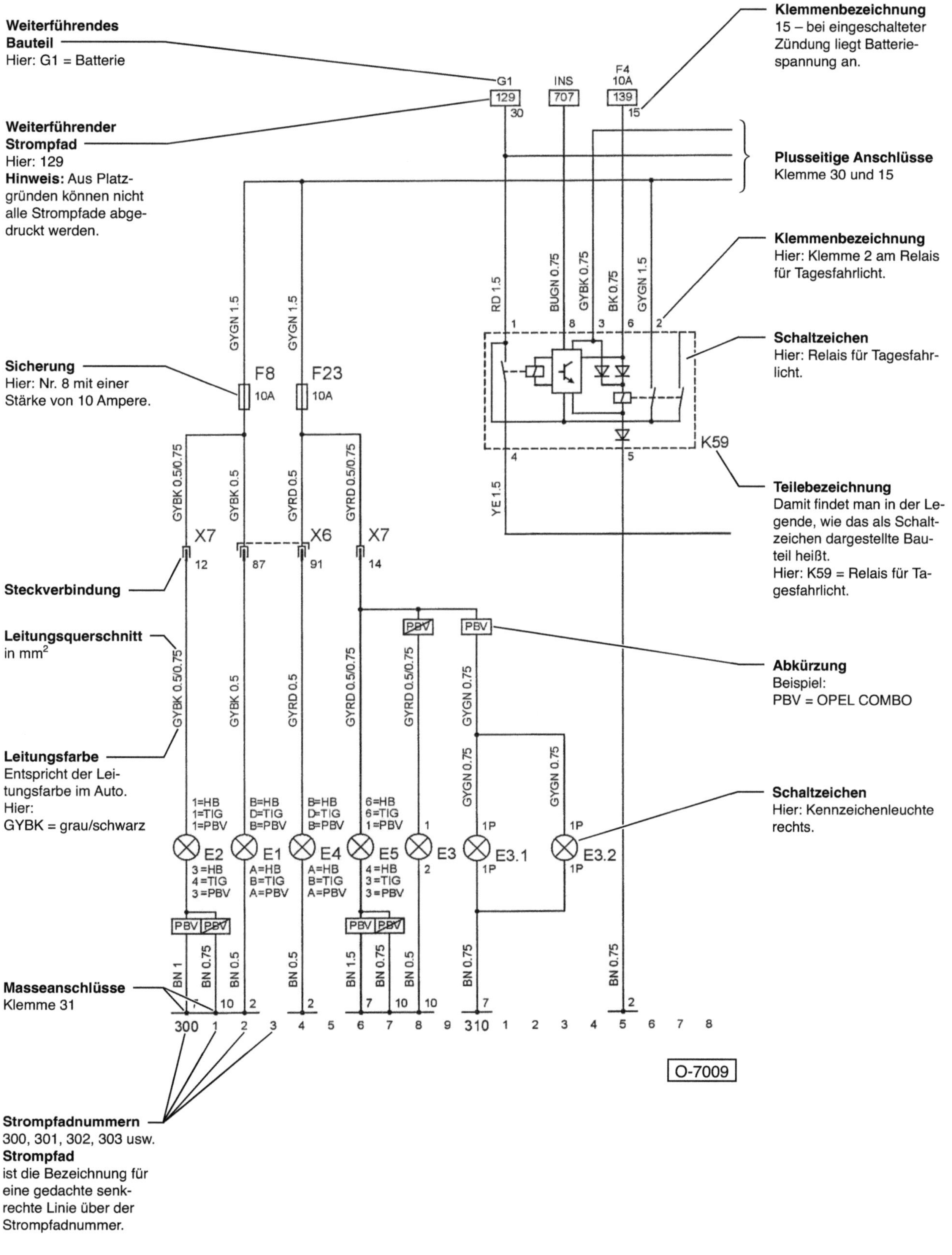

Abkürzungen

15 . . . . Klemme 15, Zündspannung
30 . . . . Klemme 30, Batteriespannung
31 . . . . Klemme 31, Masse
5A . . . . 5 Ampere
7.5A . . . . 7.5 Ampere
10A . . . . 10 Ampere
15A . . . . 15 Ampere
20A . . . . 20 Ampere
30A . . . . 30 Ampere
80A . . . . 80 Ampere
ABS . . . . Antiblockiersystem
AC . . . . Klimaanlage (Air-Condition)
ASP . . . . Außenspiegel
AT . . . . Automatikgetriebe
CLS . . . . Kupplungsschalter
CTS . . . . Kühlmitteltemperatursensor
DWA. . . . . . . Diebstahlwarnanlage
ECC . . . . Elektronische Klimaregelung
EMP . . . . Radio
FB/FE/FU . . . . Sicherung
FFD . . . . Signalhorn, doppelt
FNX . . . . Scheinwerfer (nicht Xenon-Lampen)
HSCAN-H. . . . Hochgeschwindigkeits-CAN-Bus - High
HSCAN-L . . . . Hochgeschwindigkeits-CAN-Bus - Low
HSH . . . . Heckscheibe, beheizt
HZG/AC. . . . . Heizung/Klimaanlage
INS . . . . Kombiinstrument
IRL. . . . . Innenbeleuchtung
KSP . . . . Kraftstoffpumpe
KSR . . . . Kraftstoffpumpenrelais
LHD . . . . Linkslenker
LMD . . . . Lampe, Türen
LSL . . . . Leselampe, hinten
LSW . . . . Lichtschalter
MIC . . . . Mikrofon
MK. . . . . Motorkühlung
MTA . . . . Automatisch geschaltetes Schaltgetriebe
PEPS . . . . . . Passiv Eingang Passiv Start = »Open & Start-System«
PP . . . . Einparkhilfe (Parkpilot)
PPS . . . . Pedalwertgeber
RC. . . . . Fernbedienung
RHD . . . . Rechtslenker
SCC . . . . Schalter, Mittelkonsole
SD. . . . . Schiebedach
SDD . . . . Schalter, Fahrertür
SLS . . . . Bremslichtschalter
SMP . . . . Raucher-Paket
SDD . . . . Schalter, Fahrertür
STA . . . . Start & Laden
STT . . . . Schalter Easytronic
TEL . . . . Telefon
TL . . . . Blinkleuchten
TWA . . . . Twin Audio
XNL . . . . Xenon Scheinwerfer
Z10XEP . . . . . Motor Z10XEP
Z12XEP . . . . . Motor Z12XEP
Z14XEP . . . . . Motor Z14XEP
Z16LEL . . . . . Motor Z16LEL
Z16LER . . . . . Motor Z16LER
Z13DTJ . . . . . Motor Z13DTJ
Z13DTH. . . . . Motor Z13DTH
Z17DTR. . . . . Motor Z17DTR
ZV . . . . Zentralverriegelung

otor: Z12XEP/Z14XEP (Motronic ME 7.6.2) – Teil 1

mkreis	Strompfad
r Z12XEP/Z14XEP	1500 – 1549

Stecker

- X18 Karosserie vorn & Motor
- XC1 Motor & Motorsteuergerät
- XC2 Frontpartie & Steuergerät - Motor
- XC30 Motor & Motorsteuergerät

Gerätebezeichnungen

- A40 Zündspule - Direktzündung
- A84 Steuergerät - Motor
- A111 Drosselklappenansteller
- B57 Lambdasonde - Katalysatorkontrolle
- B65 Sensor - Klopfregelung
- B166 Lambdasonde, Gemischregelung, beheizt
- L2A Einspritzventil - Zylinder 1
- L2B Einspritzventil - Zylinder 2
- L2C Einspritzventil - Zylinder 3
- L2D Einspritzventil - Zylinder 4
- Y21C Magnetventil - Twinport
- Y56 Magnetventil - Abgasrückführung
- Y123 Magnetventil - Tankentlüftung

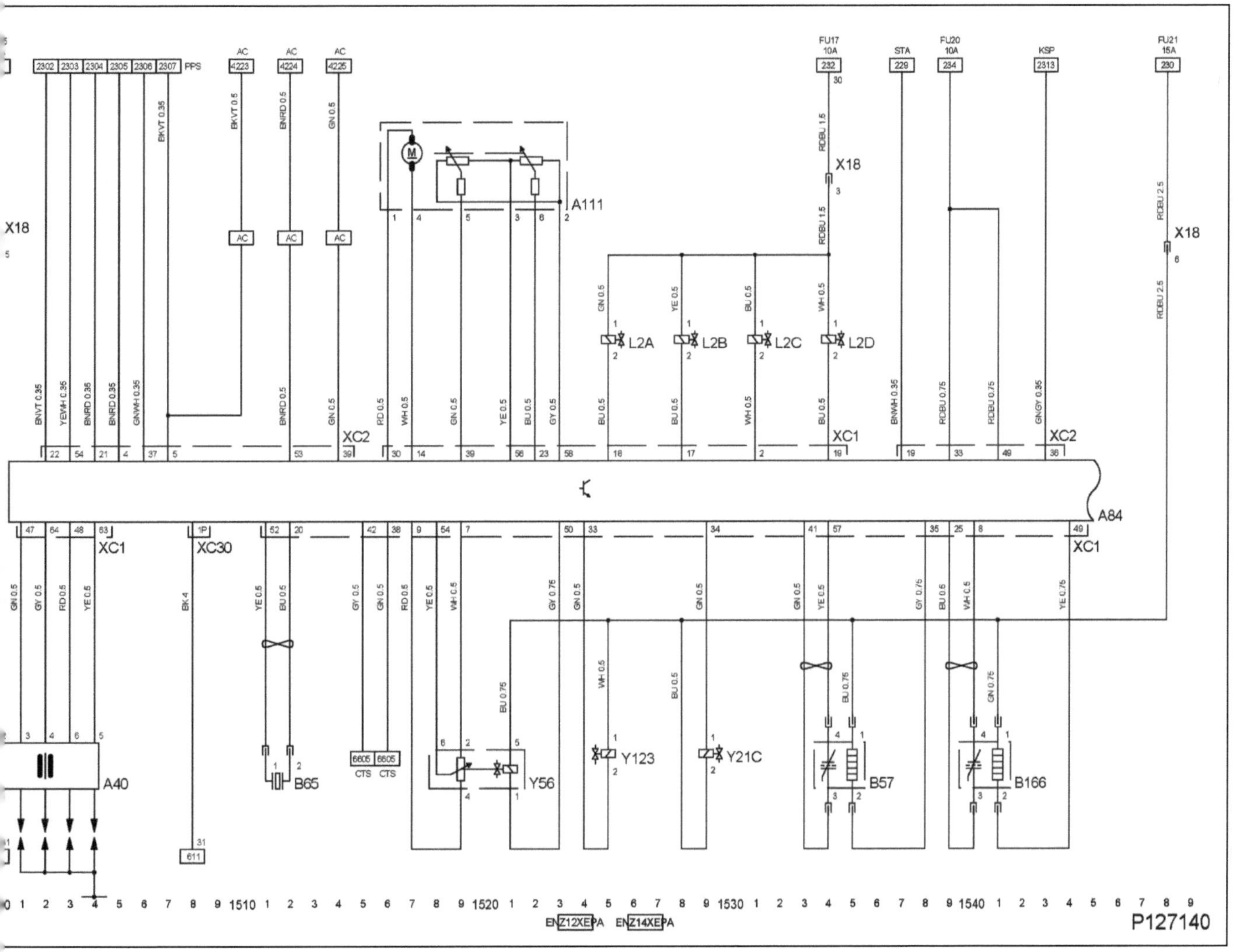

Motor: Z12XEP/Z14XEP (Motronic ME 7.6.2) – Teil 2

Stromkreis	Strompfad	Stecker		Gerätebezeichnungen	
Motor Z12XE/Z14XEP	1600 – 1649	XC1	Motor & Motorsteuergerät	A84	Steuergerät - Motor
		XC2	Frontpartie & Steuergerät - Motor	B28	Sensor - Nockenwelle
				B30	Impulsgeber - Kurbelwelle
				B64	Sensor - Temperatur, Ansaugluft
				B67	Sensor - Absolutdruck, Saugrohr

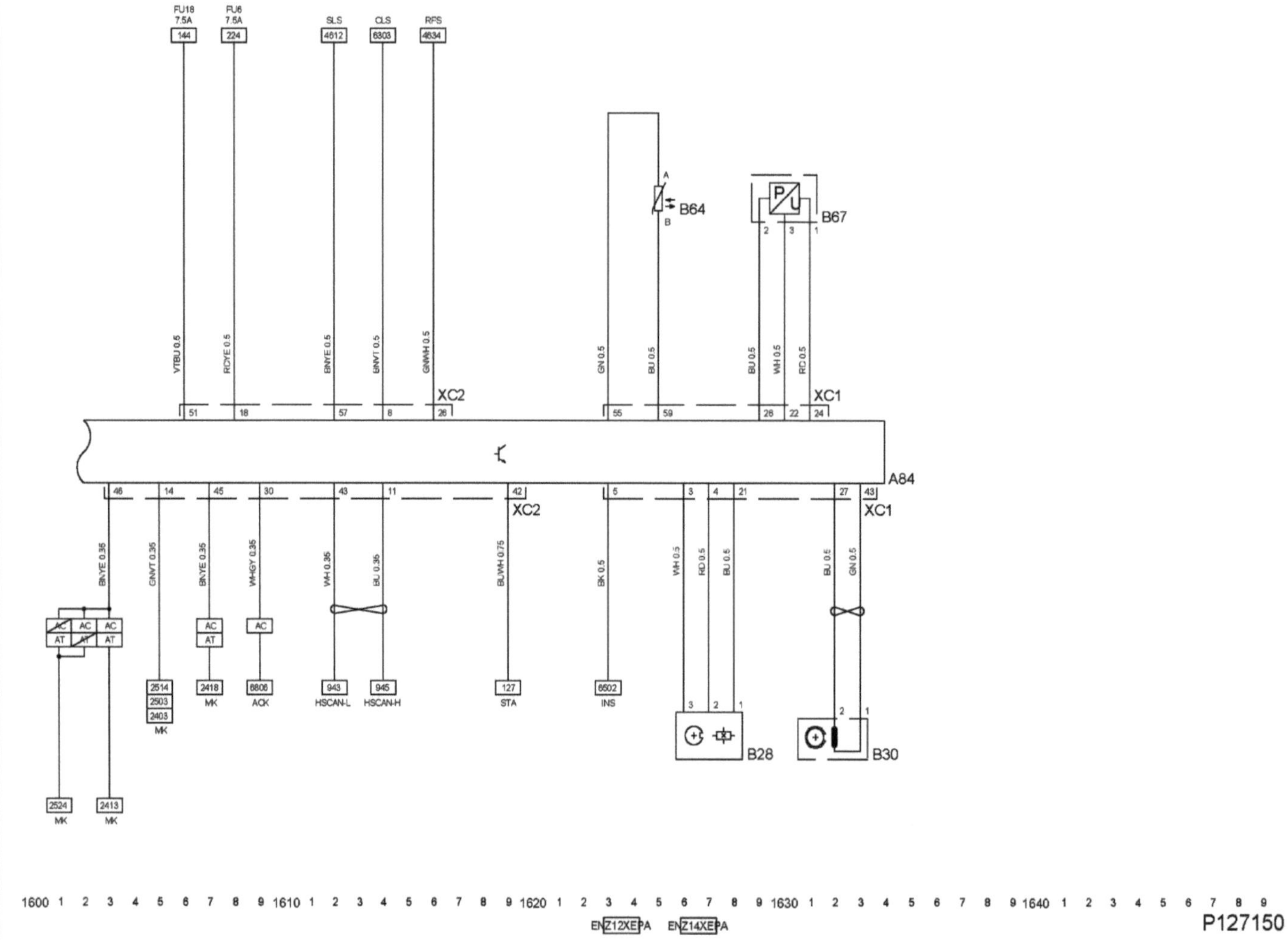

Motor: Kraftstoffpumpe Benziner & Diesel

Stromkreis	Strompfad
Pedalwertgeber - PEDALSEN	2300 – 2310
Kraftstoffpumpe - PU	2311 – 2335
Filterheizung (Diesel) - FIL	2336 – 2349

Stecker

X2	Karosserie & Karosserie vorn
X10	Karosserie & Kraftstofftank
XI1	Karosserie & Instrumenten-Elektronikmodul

Gerätebezeichnungen

A1_X129	Steuergerät - Elektronikmodul, Instrumententafel
B1_M8	Sensor - Tankinhalt
B22	Sensor - Pedalstellung
FU3	Sicherung, vordere Verteilereinheit
FU24	Sicherung, vordere Verteilereinheit
K34	Relais - Kraftstoffpumpe
K40	Relais - Filterheizung
M1_M8	Pumpe - Kraftstoff
M8	Einheit - Kraftstoffbehälter
R26	Filterheizung
X124	Vordere Verteilungseinheit
X129	Instrumententafel & elektrisches Karosseriemodul

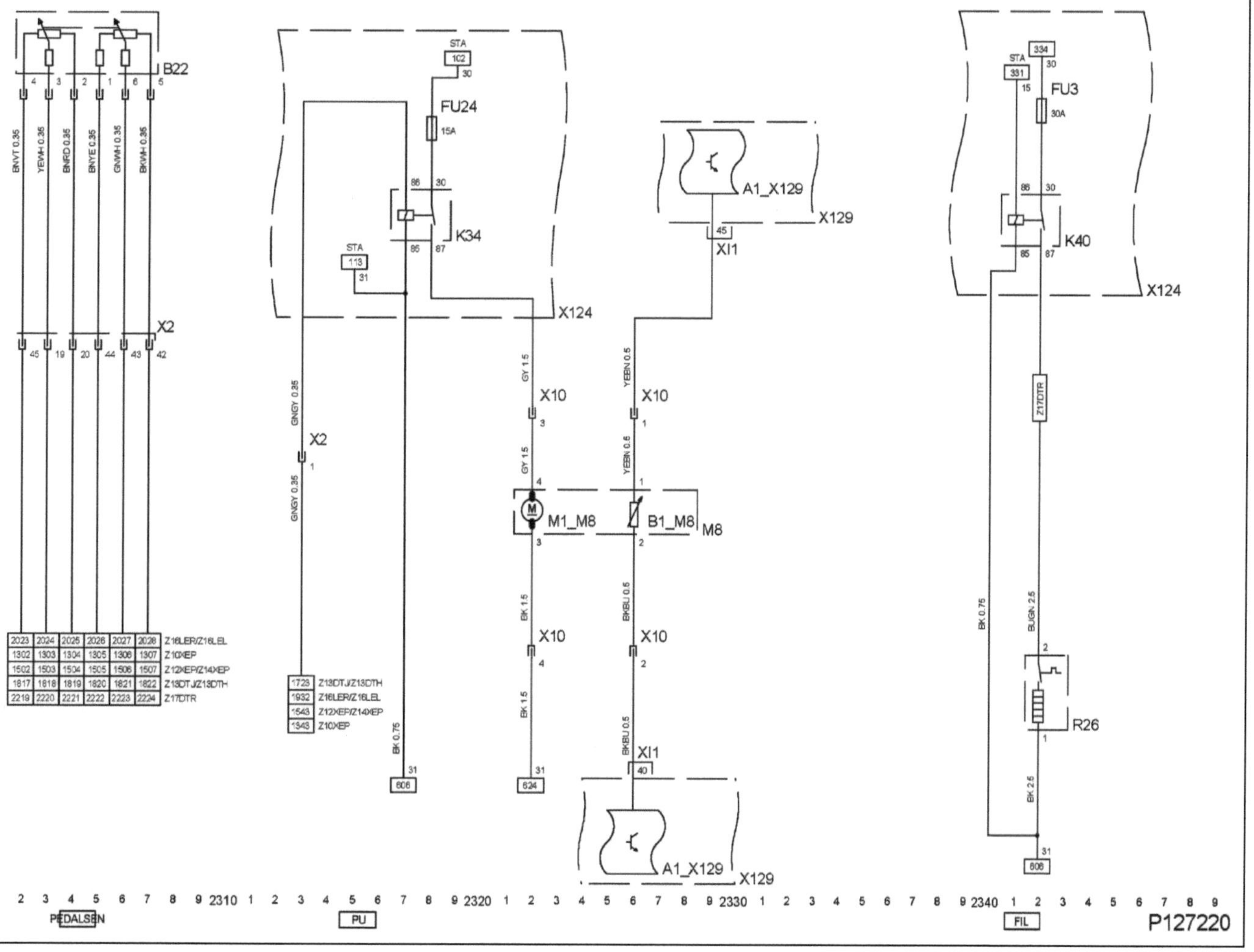

Motor: **Motorkühlung Z13DT(J/H)/Z16LE(L/R)/Z17DTR** (Fahrzeuge mit Schaltgetriebe)

Stromkreis	Strompfad
Motorkühlung mit Klimaanlage .	2600 – 2627
Motorkühlung ohne Klimaanlage	2628 – 2649

Stecker

X11 Karosserie vorn & Motorkühlung

Gerätebezeichnungen

K30A Relais - Lüfter, Kühler
K30C Relais - Lüfter, Kühler
M7A Motor - Lüfter, Kühler
M7B Motor - Lüfter, Kühler
R8A Widerstand - Gebläse, Kühler
X124 Vordere Verteilungseinheit

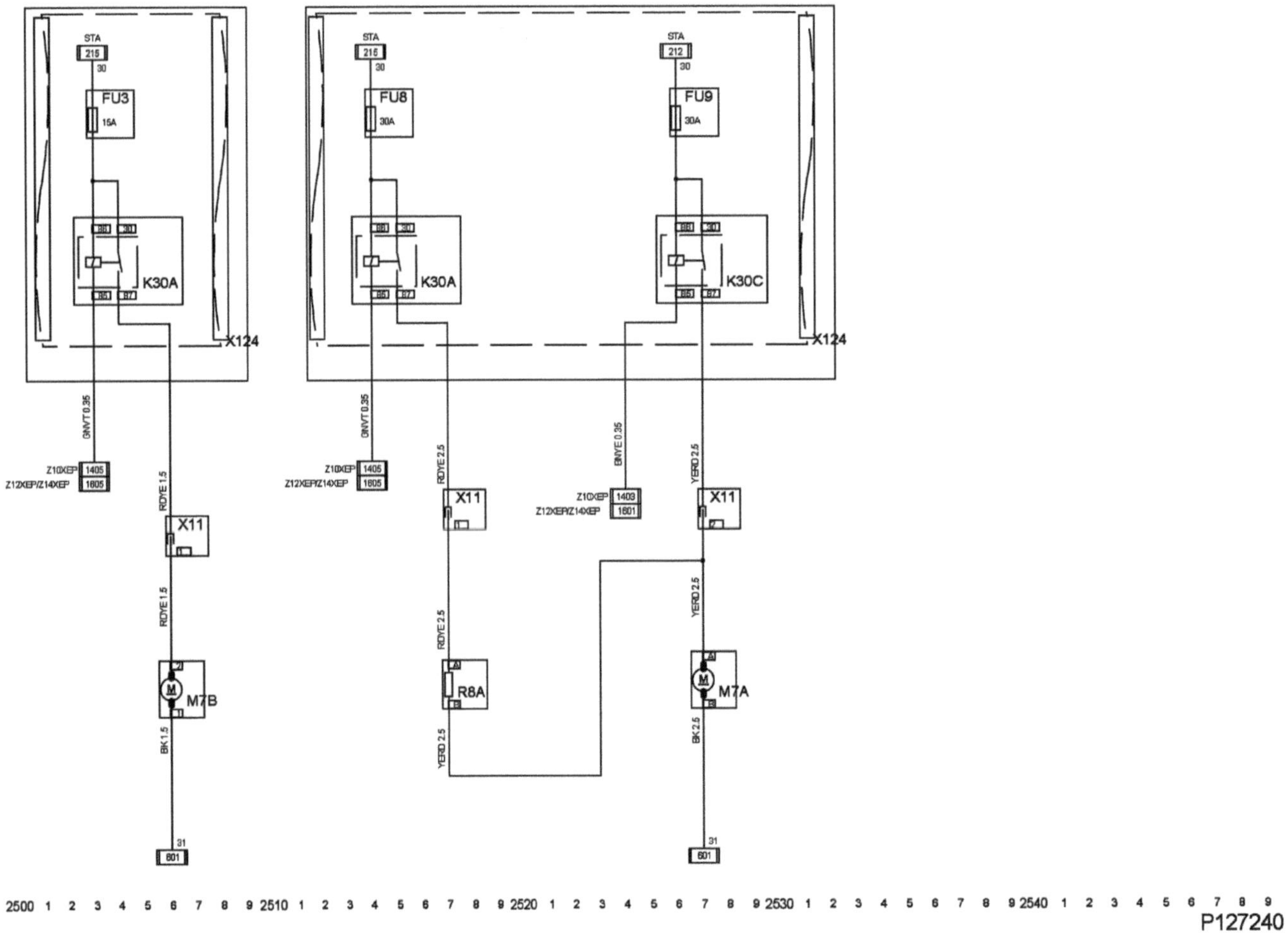

lektrische Anlage: Radio

omkreis	Strompfad	Stecker		Gerätebezeichnungen	
ıbedienung für Radio - REMOT	3319 – 3338	XC46	Instrumententafel & Säulenintegriertes Modul	A1_X129	Steuergerät - E lektronikmodul, Instrumententafel
kradbeheizung - SWH	3300 – 3318	XC47	Lenkrad & Säulenintegriertes Modul	A105A	Lenksäulenschaltermodul
enschalter - TRUMPET . . .	3339 – 3349	XI3	Instrumententafel & Instrumenten-Elektronikmodul	R29L	Lenkradheizung - links
				R29R	Lenkradheizung - rechts
				S5	Schalter - Fanfare
				S208L	Schalter - Fernbedienung, Radio, links
				S208R	Schalter - Fernbedienung, Radio, rechts
				X129	Instrumententafel & elektrisches Karosseriemodul

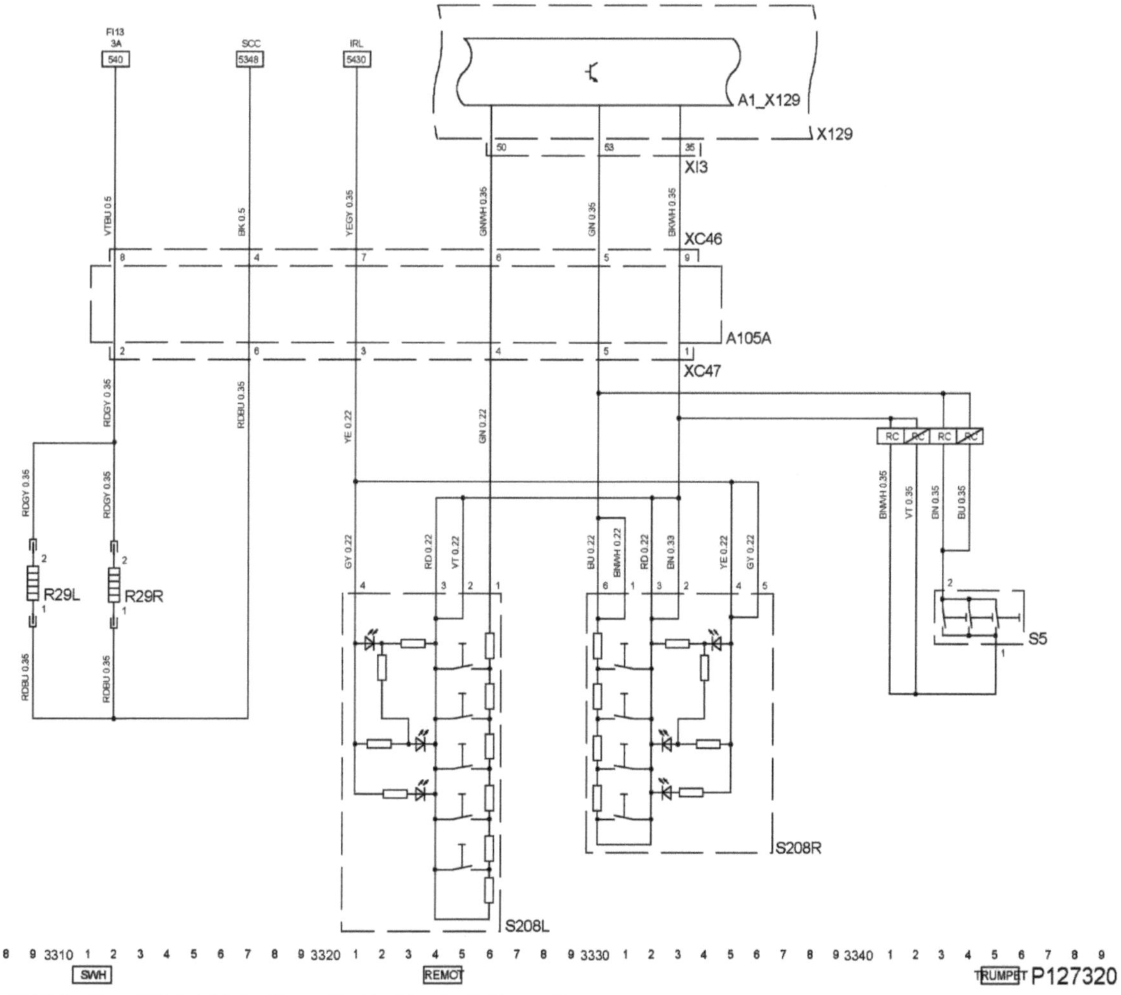

Elektrische Anlage: Lichtschalter

Stromkreis	Strompfad	Stecker		Gerätebezeichnungen	
Lichtschalter - SW-HEAD	4300 – 4349	X1	Karosserie & Instrumententafel	A1_X129	Steuergerät - Elektronikmodul, Instrumententafel
		XI3	Instrumententafel & Instrumenten-Elektronikmodul	S122	Schalter-Einheit - Licht
				S122.1	Schalter - Licht
				S122.2	Dimmer - Instrumentenbeleuchtung
				S122.3	Schalter - Leuchtweitenregelung
				S122.5	Schalter - Nebelscheinwerfer
				S122.6	Schalter - Nebelschlusslicht
				X129	Instrumententafel & elektrisches Karosseriemodul

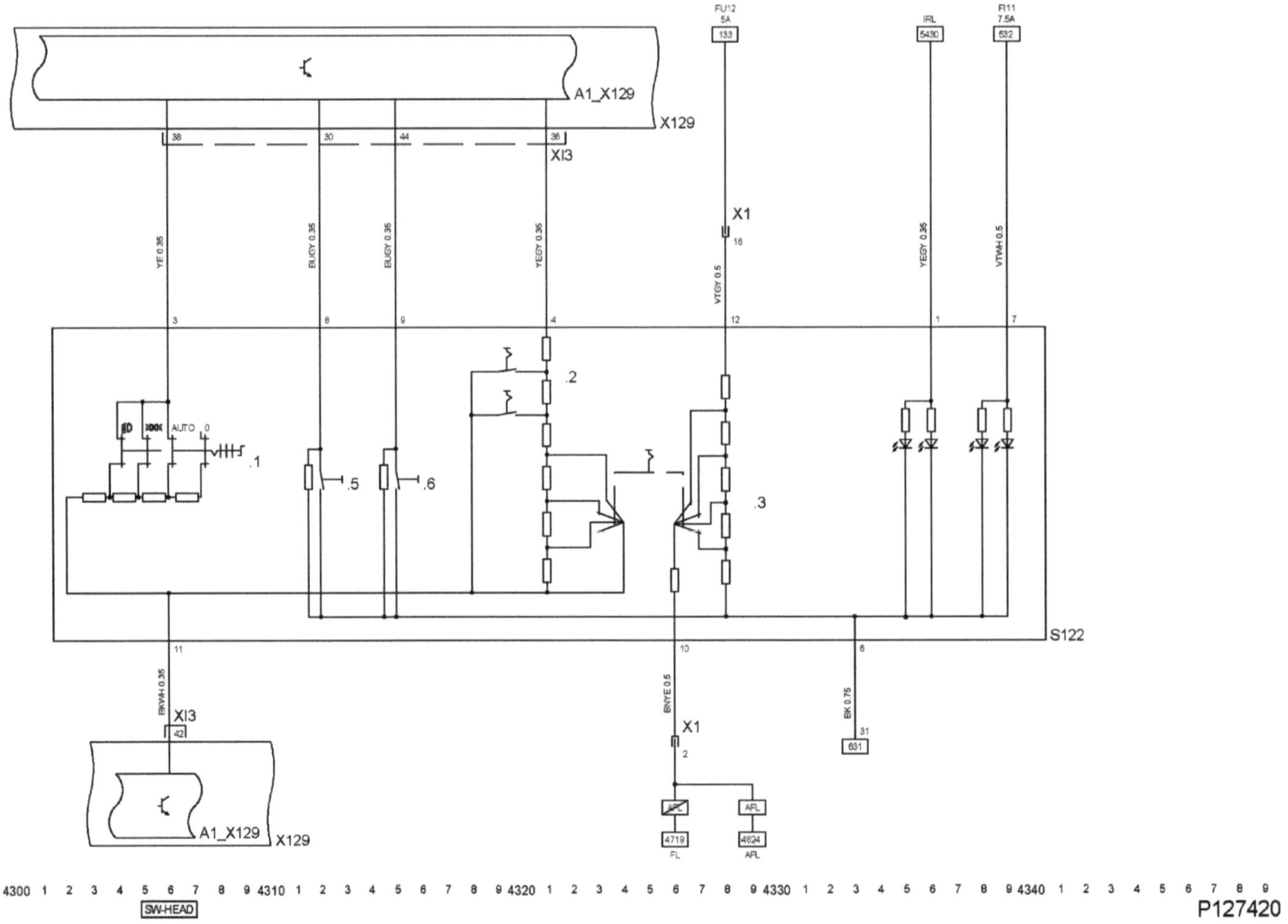

Elektrische Anlage: Zentralverriegelung 1

Stromkreis	Strompfad
Zentralverriegelung (ZV) - CDL	4400 – 4449

Stecker

X3	Karosserie & Fahrertür
X4	Karosserie & Beifahrertür
X7	Karosserie & Hintertür, links
X8	Karosserie & Hintertür, rechts
XI1	Karosserie & Instrumenten-Elektronikmodul
XI4	Karosserie & Instrumenten-Elektronikmodul

Gerätebezeichnungen

A1_X129	Steuergerät - Elektronikmodul, Instrumententafel
Y13D.5	Schalter - Fahrertür, Ver-/Entriegel.
K24A	Relais - Verriegelung Fahrertür
K24B	Relais - Verriegelung
K24C	Relais - Entriegelung
K24D	Relais - Diebstahlsicherung
Y13P	Zusammenbau - ZV, Beifahrertür
Y13P.1	Motor - ZV, Beifahrertür
Y13P.2	Kontaktschalter - Beifahrertür
Y35L	Zusammenbau-Einheit - Zentralverriegelung, Türe hinten, links
X129	Instrumententafel & elektrisches Karosseriemodul
Y10	Motor - ZV, Tankklappe
Y13D	Zusammenbau - ZV, Fahrertür
Y35L.1	Motor - ZV, Türe hinten, links
Y35L.2	Kontaktschalter - Türe hinten, links
Y35R	Zusammenbau-Einheit - Zentralverriegelung, Türe hinten, rechts
Y13D.1	Motor - ZV, Fahrertür
Y13D.2	Kontaktschalter - Fahrertür
Y35R.1	Motor - ZV, Türe hinten, rechts
Y35R.2	Kontaktschalter - Türe hinten, rechts

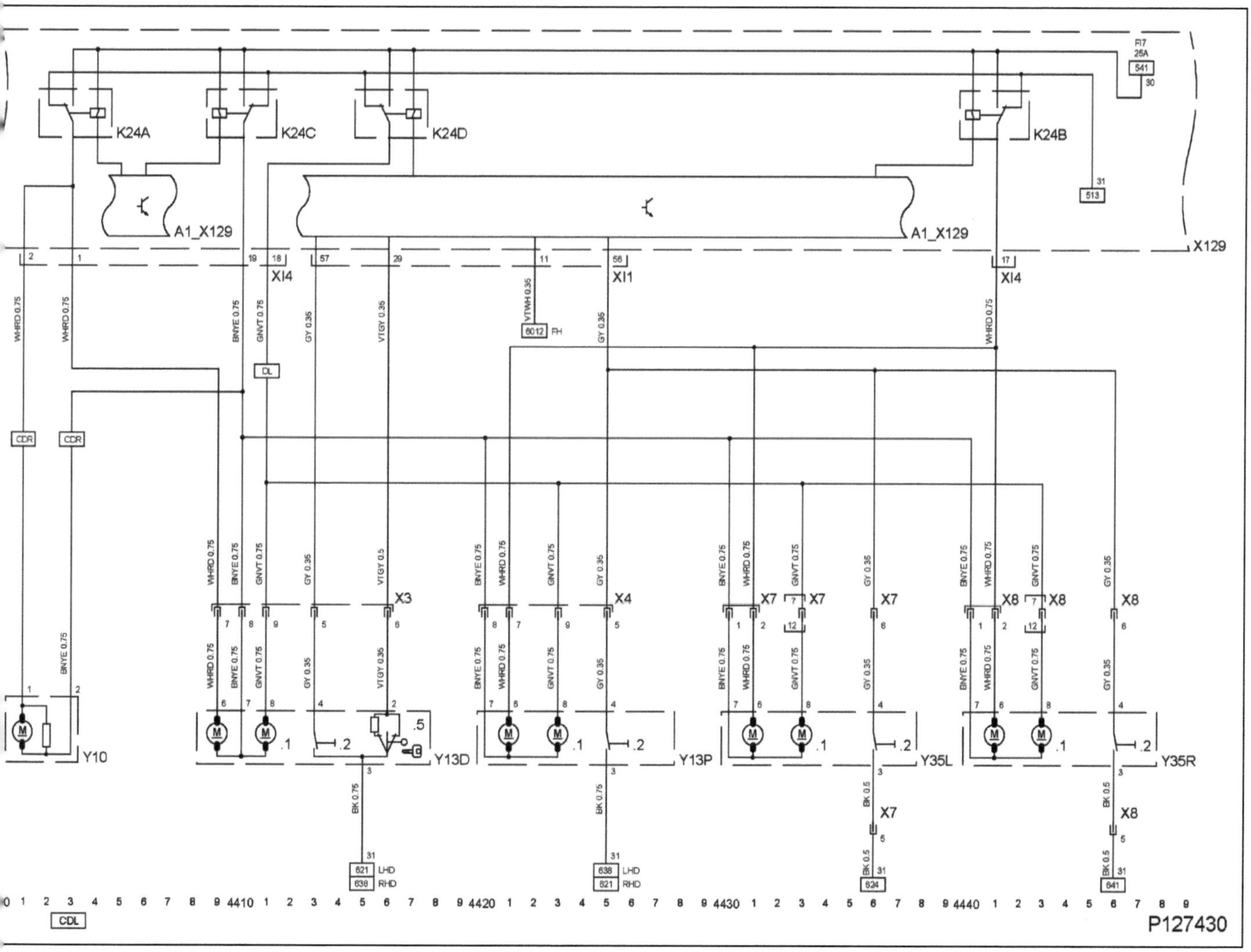

Elektrische Anlage: Zentralverriegelung 2

Stromkreis	Strompfad
Zentralverriegelung - CDL	4500 – 4526
Diebstahlwarnanlage - ATWU . .	4527 – 4549

Stecker

X20	Karosserie & Heckklappe
XI1	Karosserie & Instrumenten-Elektronikmodul
XI4	Karosserie & Instrumenten-Elektronikmodul
XI7	Karosserie & Instrumenten-Elektronikmodul

Gerätebezeichnungen

A1_X129	Steuergerät - Elektronikmodul, Instrumententafel
H16	Signalhorn - Diebstahlwarnanlage
W468	Antenne - Zentralverriegelung
K24F	Relais - Verriegelung, Kofferraum/Heckklappe
X129	Instrumententafel & elektrisches Karosseriemodul
S135	Schalter - Motorhaube, Diebstahlwarnanlage
S159	Schalter - Entriegeln, Kofferraum/Heckklappe
Y31	Zusammenbau-Einheit - Verriegelung, Kofferraum/Heckklappe

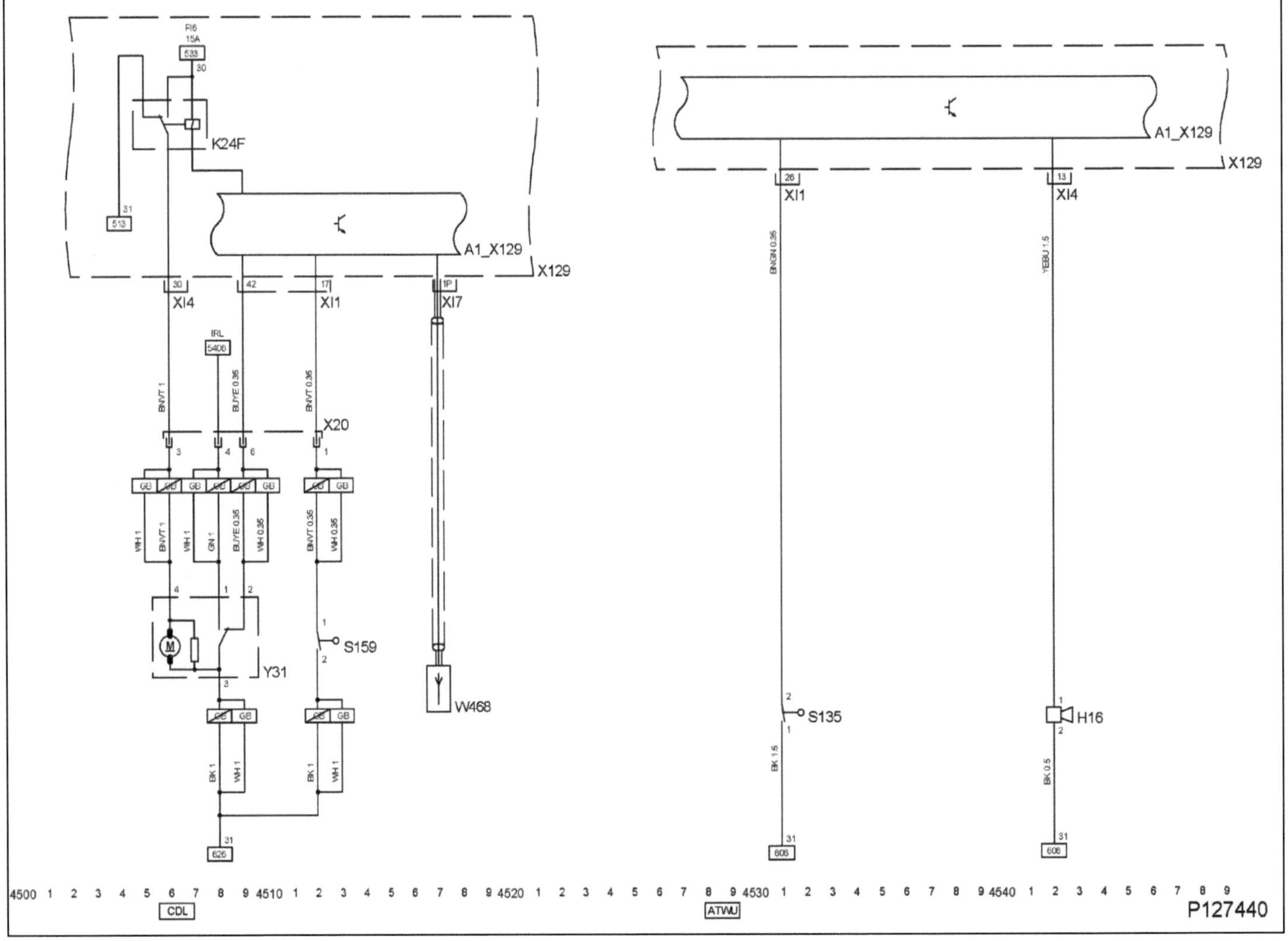

›eleuchtung: **Halogen-Scheinwerfer** (ohne Kurvenlicht)

›omkreis — **Strompfad**

›einwerfer (ohne Kurvenlicht)
- FL-NAFL . . . . . 4700 – 4739

›elscheinwerfer - FOG-F . . . 4740 – 4749

Stecker

X2	Karosserie & Karosserie vorn
XI1	Karosserie & Instrumenten-Elektronikmodul
XI2	Karosserie & Instrumenten-Elektronikmodul
XI4	Karosserie & Instrumenten-Elektronikmodul

Gerätebezeichnungen

A1_X129	Steuergerät - Elektronikmodul, Instrumententafel
E69L	Nebelscheinwerfer - links
E69R	Nebelscheinwerfer - rechts
E121L	Scheinwerfer - links
E121L.1	Abblendlicht - links
E121L.2	Fernlicht - links
E121L.3	Blinkleuchte - Vo rne, links
E121L.4	Parkleuchte - links
E121L.5	Leuchtweitenregelung - links
E121R	Scheinwerfer - rechts
E121R.1	Abblendlicht - rechts
E121R.2	Fernlicht - rechts
E121R.3	Blinkleuchte - Vorne, rechts
E121R.4	Parkleuchte - rechts
E121R.5	Leuchtweitenregelung - rechts
FU7	Sicherung, vordere Verteilereinheit
K39	Relais - Nebelscheinwerfer
X124	Vordere Verteilungseinheit
X129	Instrumententafel & elektrisches K arosseriemodul

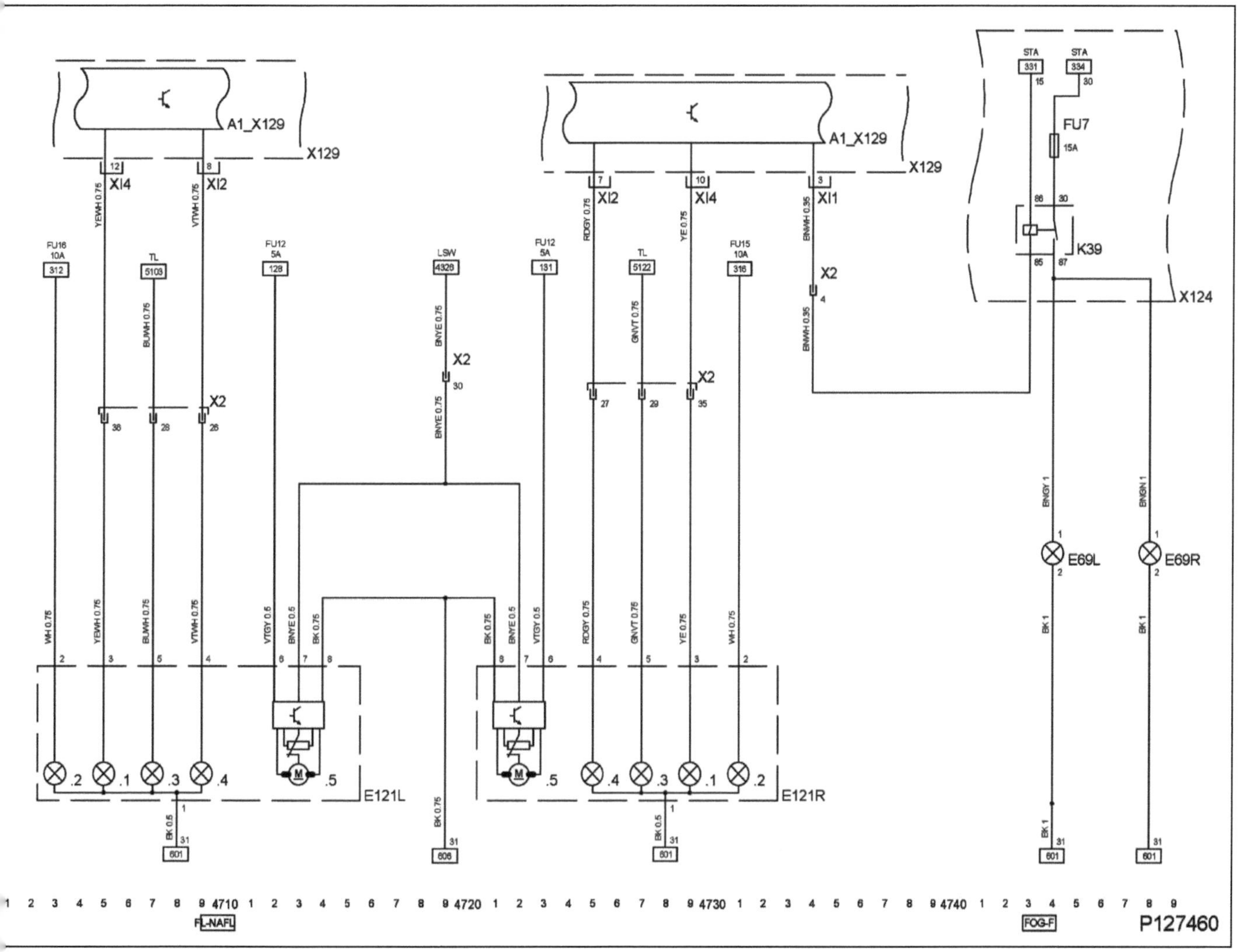

Beleuchtung: Kennzeichenleuchten

Stromkreis	Strompfad
Beleuchtung hinten (Schrägheck 3 Türen) - LIG-R-HB3	4900 – 4925
Kennzeichenleuchten - KZL	4926 – 4937
Bremsleuchte - Mitte - SL-M	4938 – 4949

Stecker	
X20	Karosserie & Heckklappe
XI2	Karosserie & Instrumenten-Elektronikmodul

Gerätebezeichnungen	
A1_X129	Steuergerät - E lektronikmodul, Instrumententafel
E106L.6	Brems-/Rückleuchte - Links
E79	Brem sleuchte - Mitte
E98L	Leuchte - Kennzeichen, links
E98R	Leuchte - Kennzeichen, rechts
E106L	Heckleuchten-Einheit - links
E106L.1	Schlussleuchte - Links
E106L.3	Rückfahrscheinwerfer - links
E106L.4	Blinkleuchte - hinten, links
E106L.5	Nebelschlussleuchte - Links
E106L.6	Brems-/Rückleuchte - Links
E106R	Heckleuchten-Einheit - rechts
E106R.1	Schlussleuchte - Rechts
E106R.3	Rückfahrscheinwerfer - rechts
E106R.4	Blinkleuchte - hinten, rechts
E106R.5	Nebelschlussleuchte - Rechts
E106R.6	Brems-/Rückleuchte - Rechts
X129	Instrumententafel & elektrisches Karosseriemodul

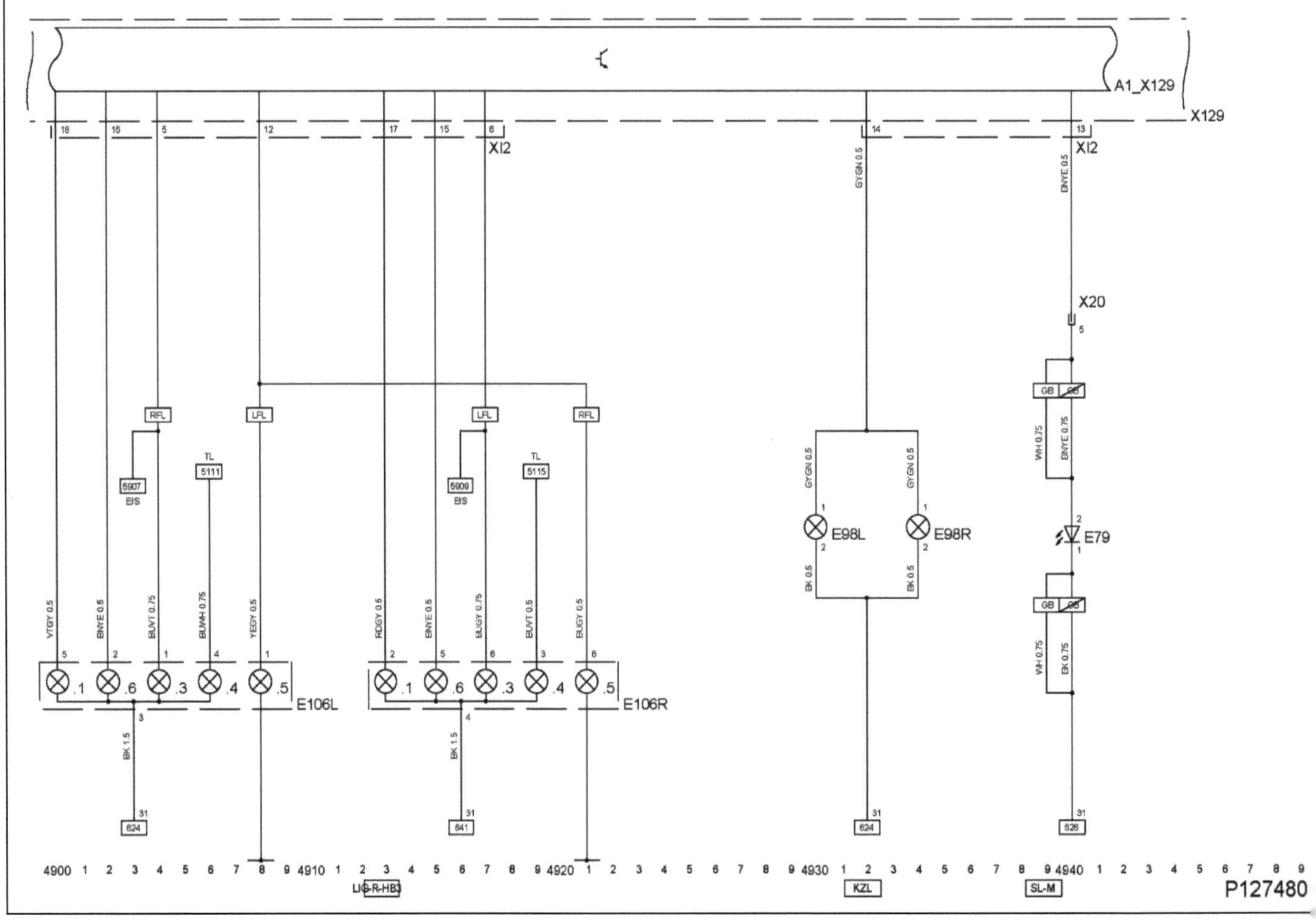

Beleuchtung: Rückleuchten

Stromkreis **Strompfad**

Beleuchtung hinten (Schrägheck 5 Türen)
- LIG-R-HB5 . . . . 5000 – 5049

Stecker

X51 Batterieplus & Motor
XI2 Karosserie & Instrumenten-Elektronikmodul

Gerätebezeichnungen

A1_X129 Steuergerät - E lektronikmodul, Instrumententafel
E106L Heckleuchten-Einheit - links
E106L.1 Schlussleuchte - Links
E106L.3 Rückfahrscheinwerfer - links
E106L.4 Blinkleuchte - hinten, links
E106L.5 Nebelschlussleuchte - Links
E106L.6 Brems-/Rückleuchte - Links
E106R Heckleuchten-Einheit - r echts
E106R.1 Schlussleuchte - Rechts
E106R.3 Rückfahrscheinwerfer - rechts
E106R.4 Blinkleuchte - hinten, rechts
E106R.5 Nebelschlussleuchte - Rechts
E106R.6 Brems-/Rückleuchte - Rechts
X129 Instrumententafel & elektrisches Karosseriemodul

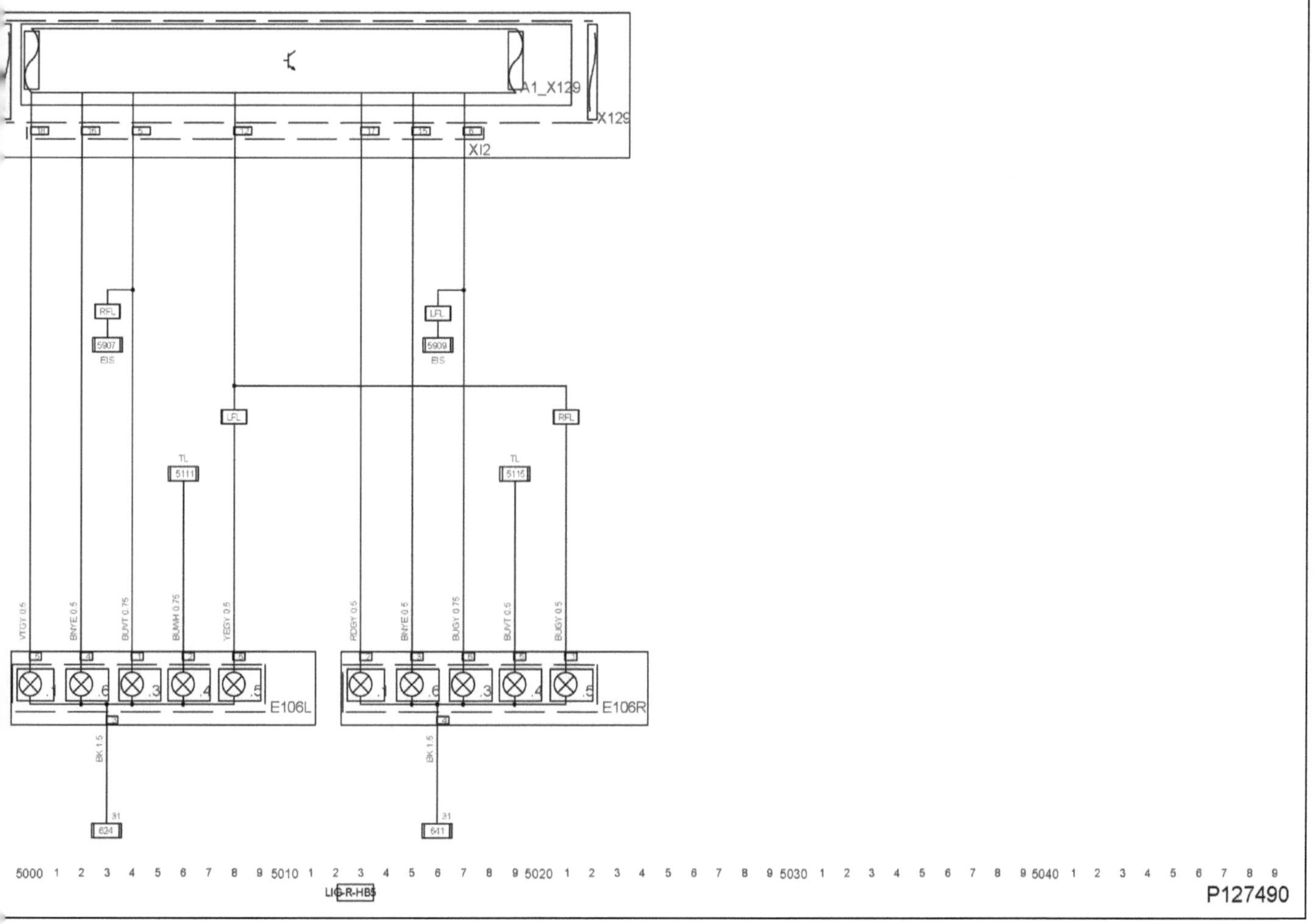

P127490

Elektrische Anlage: Scheibenwischer

Stromkreis — **Strompfad**

Scheibenwischer vorn/hinten
- WA . . . . 5600 – 5619

Frontscheibenwischer - WI-F . . 5620 – 5627
Heckscheibenwischer - WI-B . . 5628 – 5645
Regensensor - RAIN . . . . . . 5646 – 5649

Stecker

X20 Karosserie & Heckklappe
XI1 Karosserie & Instrumenten-Elektronikmodul
XI4 Karosserie & Instrumenten-Elektronikmodul

Gerätebezeichnungen

A1_X129 Steuergerät - E lektronikmodul, Instrumententafel
B86 Sensor - Regen
K56 Relais - Wischer, Heckscheibe
K69 Rel ais - Wischer, Frontscheibe, langsam/schnell
K70 Relais Wascherpumpe Frontscheibe
K74 Relais Wascherpumpe, Heckscheibe
M12 Motor - Wischer, Heckscheibe
M17 Motor - Wischer, Frontscheibe
X129 Instrumententafel & elektrisches K arosseriemodul
Y105 Pumpe - Wascher, Front- & Heckscheibe

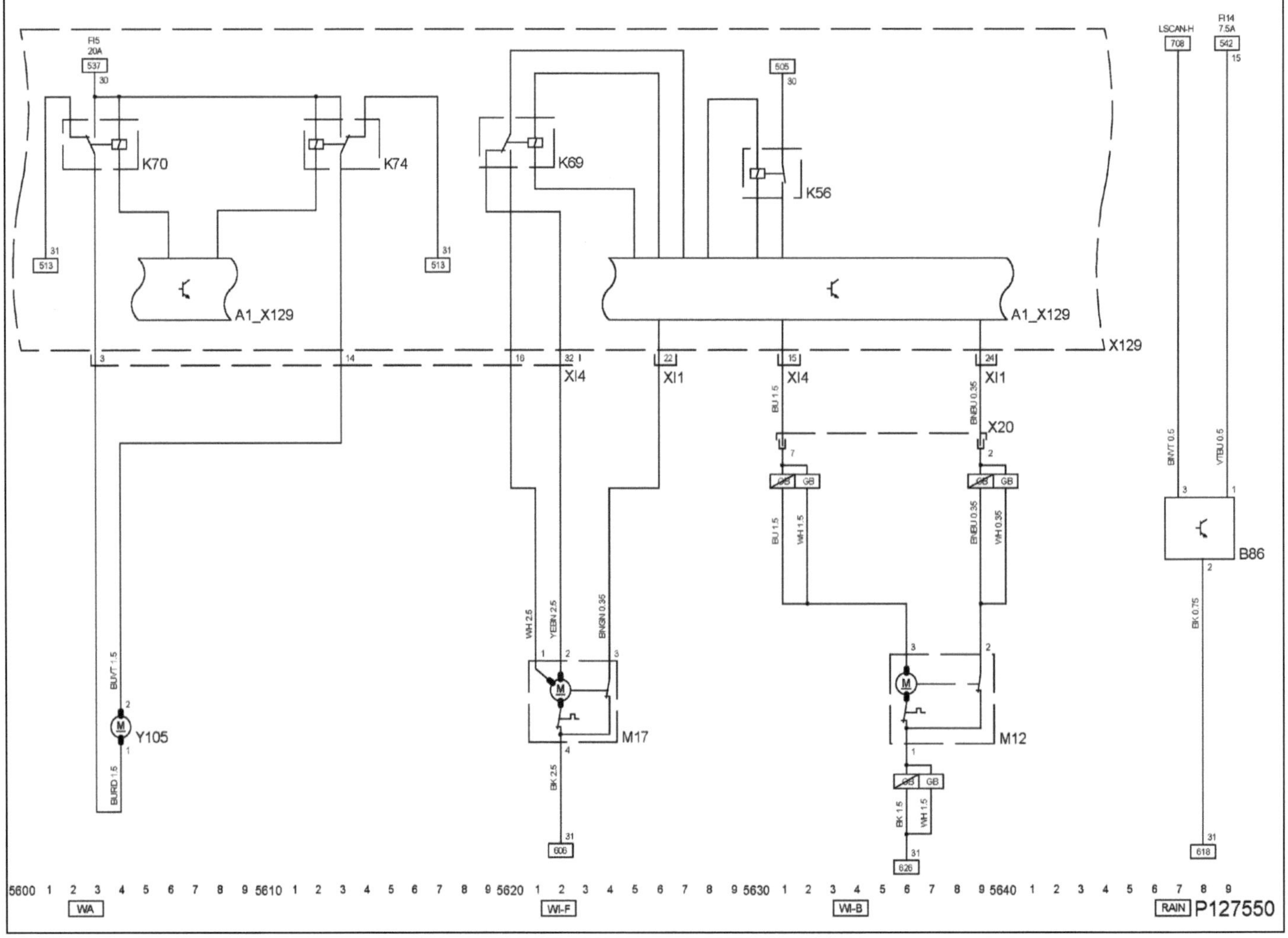

lektrische Anlage: Schaltereinheit Fahrertür

omkreis	Strompfad	Stecker		Gerätebezeichnungen			
alter-Einheit, Fahrertür - SW-DD	5700 – 5749	X3	Karosserie & Fahrertür	A1_X129	Steuergerät - Elektronikmodul, Instrumententafel	S169.2	Schalter - Außenspiegel, links/rechts
		XI4	Karosserie & Instrumenten-Elektronikmodul	S115	Schalter-Einheit - Fahrertür	X129	Instrumententafel & elektrisches Karosseriemodul
				S115.3	Schalter - Fensterheber, vorne, rechts		
				S115.4	Schalter - Fensterheber, vorne, links		
				S115.7	Schalter - Außenspiegel		
				S115.8	Schalter - Außenspiegel, Auswahl		
				S169	Schalter - Außenspiegel		
				S169.1	Schalter - Außenspiegel, Einstellung		

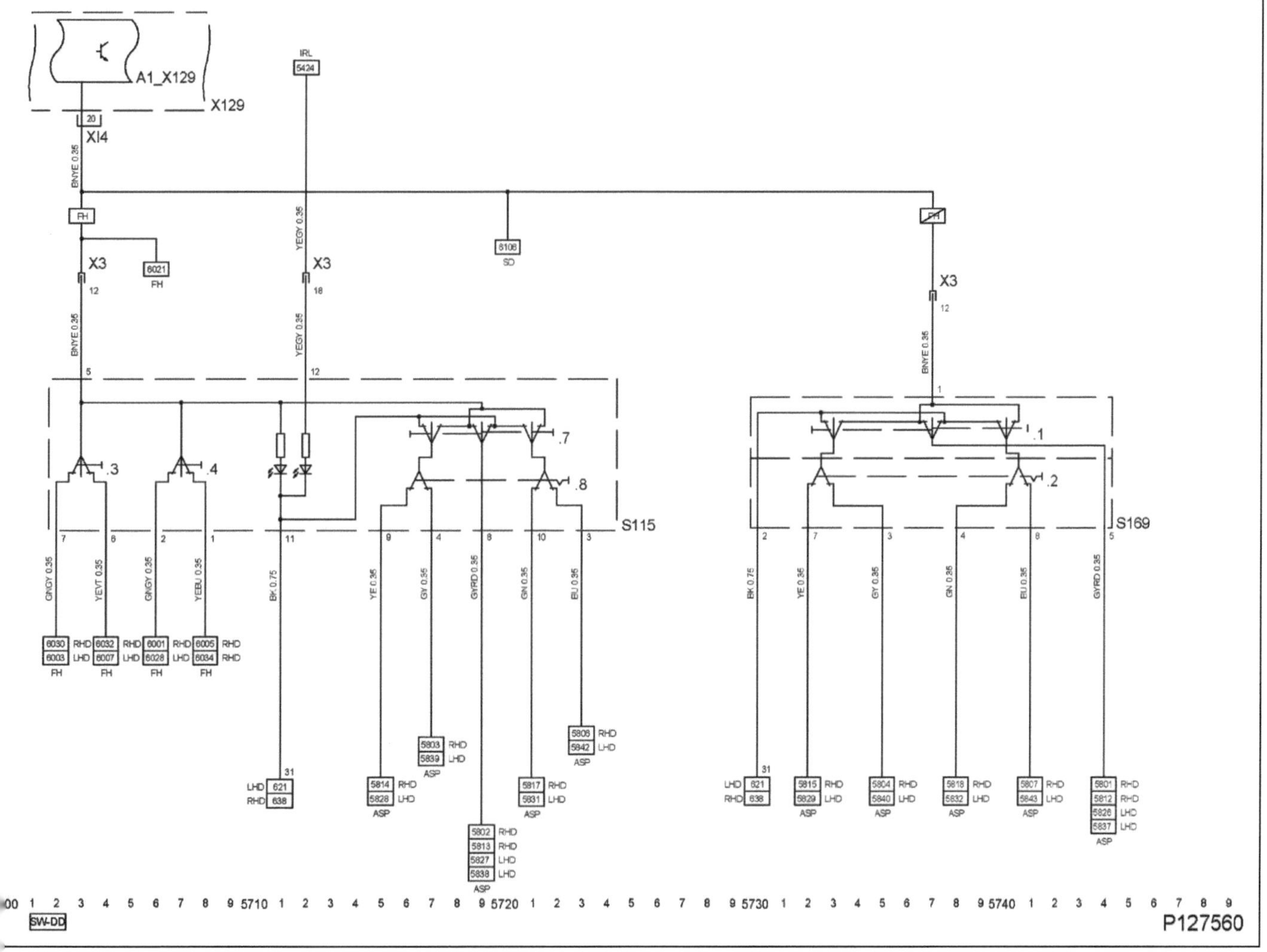

P127560

Elektrische Anlage: Außenspiegel

Stromkreis	Strompfad
Außenspiegel (Rechtslenker)	
- MIR-R	5800 – 5825
Außenspiegel (Linkslenker)	
- MIR-L	5826 – 5849

Stecker	
X3	Karosserie & Fahrertür
X4	Karosserie & Beifahrertür

Gerätebezeichnungen	
M11D	Spiegel-Einheit - Fahrertür
M11D.1	Motor - Außenspiegel, Fahrertür
M11D.3	Heizung - Außenspiegel, Fahrertür
M11P	Spiegel-Einheit - Beifahrertür
M11P.1	Motor - Außenspiegel, Beifahrertür
M11P.3	Heizung - Außenspiegel, Beifahrertür

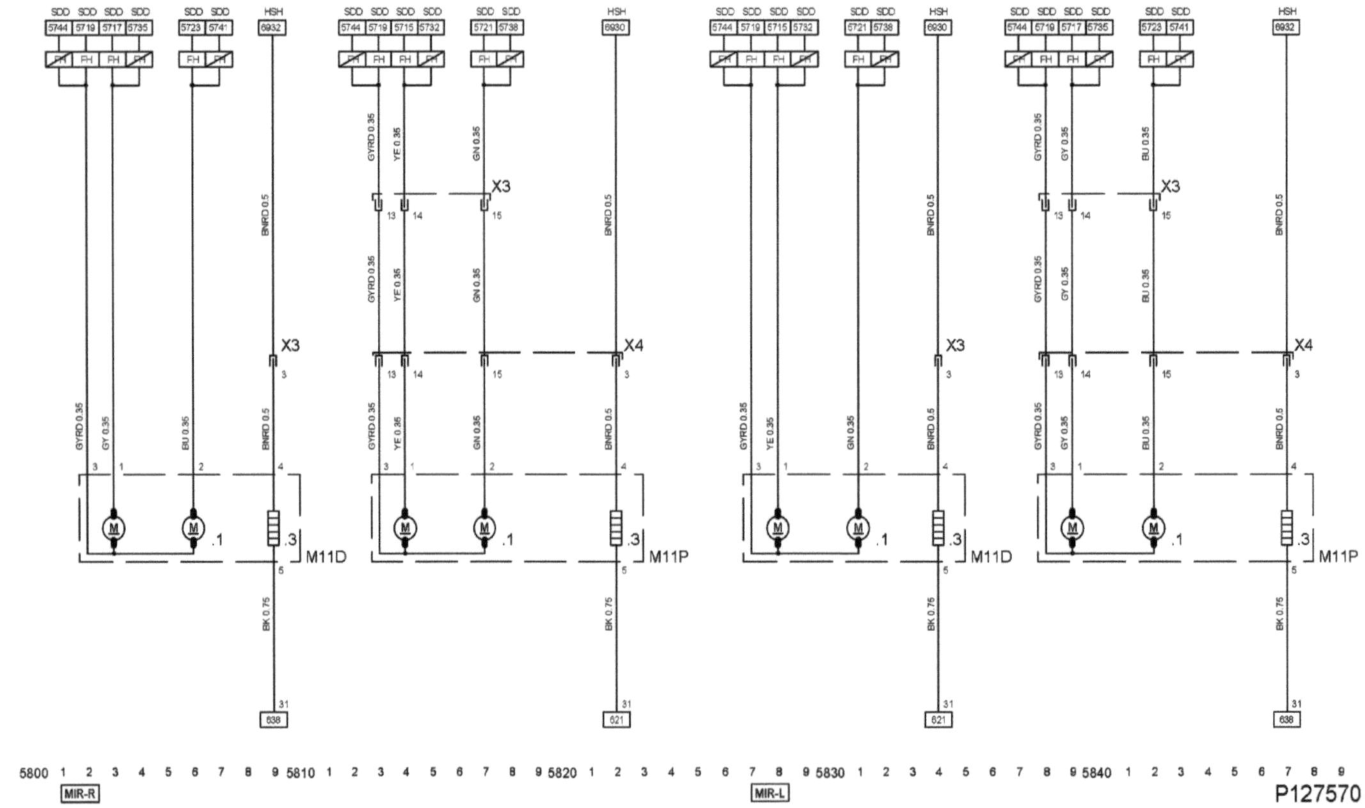

Elektrische Anlage: Fensterheber

Stromkreis	Strompfad	Stecker		Gerätebezeichnungen	
Fensterheber - FH	6000 – 6049	X3	Karosserie & Fahrertür	M10D	Motor - Fensterheber, Fahrertür
		X4	Karosserie & Beifahrertür	M10P	Motor - Fensterheber, Beifahrertür
				S112P	Schalter-Einheit - Beifahrertür

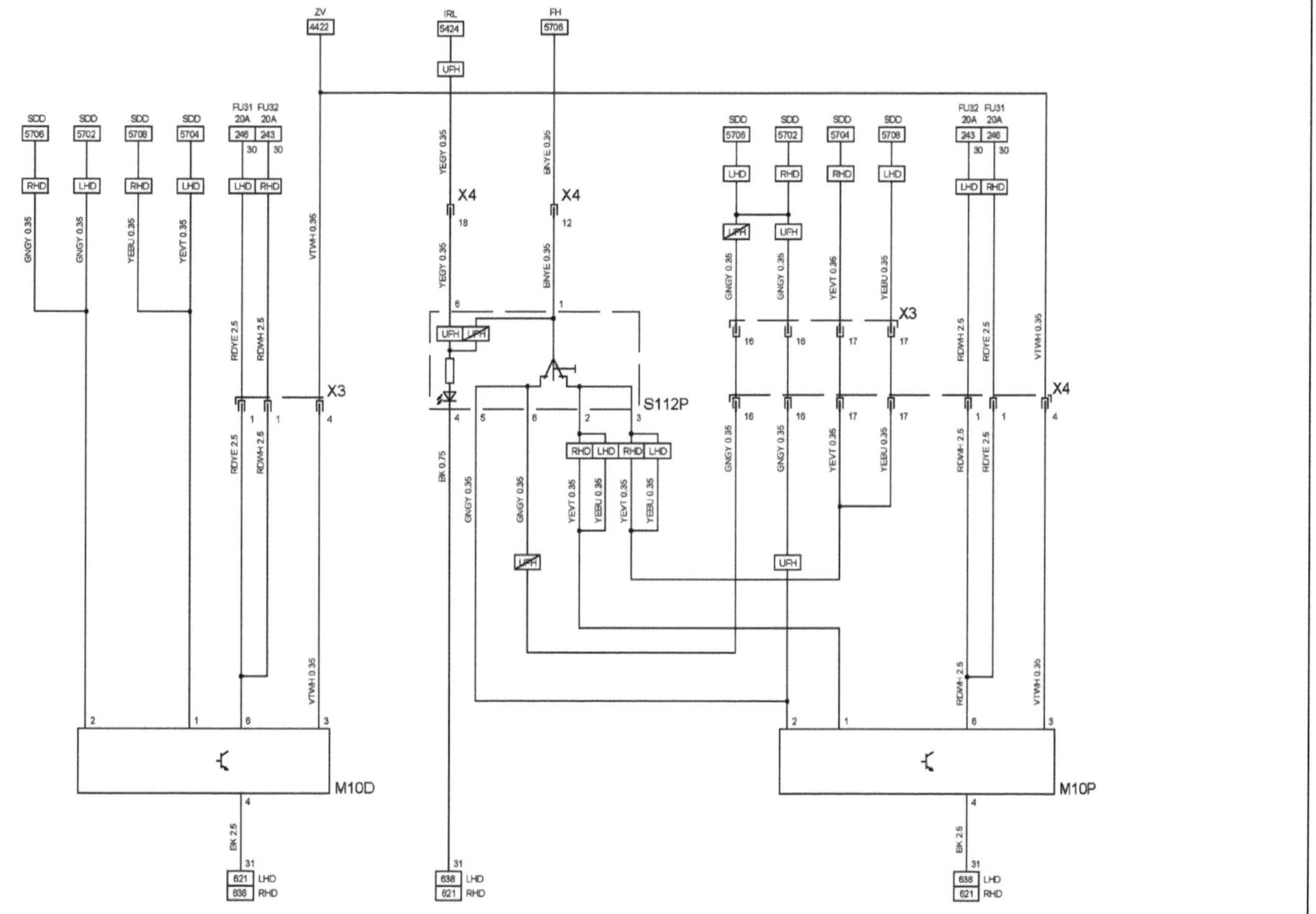

6000 1 2 3 4 5 6 7 8 9 6010 1 2 3 4 5 6 7 8 9 6020 1 2 3 4 5 6 7 8 9 6030 1 2 3 4 5 6 7 8 9 6040 1 2 3 4 5 6 7 8 9

FH

P127590

Elektrische Anlage: Heckscheibenheizung

Stromkreis	Strompfad
Heckscheibe, beheizt - RSH. . .	6900 – 6949

Stecker	
X20	Karosserie & Heckklappe
XI1	Karosserie & Instrumenten-Elektronik-modul

Gerätebezeichnungen	
A1_X129	Steuergerät - Elektronikmodul, Instrumententafel
FU26	Sicherung, vordere Verteilereinheit
FU33	Sicherung, vordere Ver teilereinheit
K49	Relais - Heckscheibe, beheizt
R22	Heckscheibe, beheizt
X124	Vordere Verteilungseinheit
X129	Instrumententafel & elektrisches Karosseriemodul

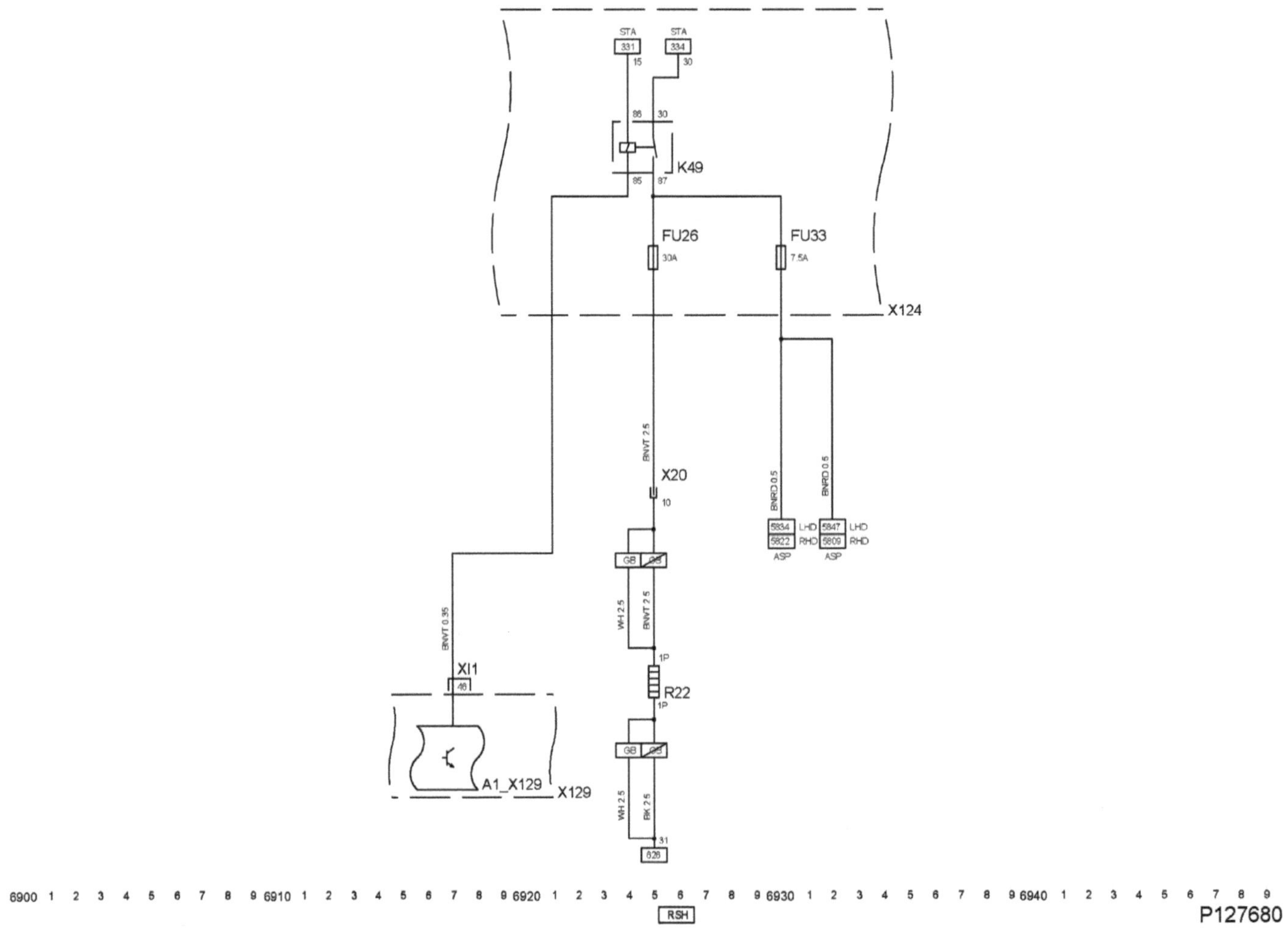